中国科协学科发展研究系列报告

中国科学技术协会 / 主编

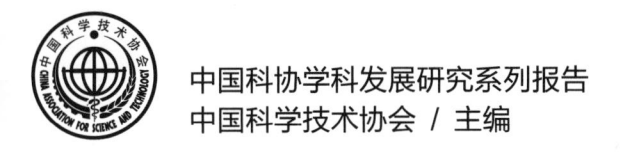

2022—2023
采矿工程学科发展报告

中国有色金属学会 编著

中国科学技术出版社
·北京·

图书在版编目（CIP）数据

2022—2023采矿工程学科发展报告/中国科学技术协会主编；中国有色金属学会编著.--北京：中国科学技术出版社，2024.6

（中国科协学科发展研究系列报告）

ISBN 978-7-5236-0797-8

Ⅰ.①2… Ⅱ.①中… ②中… Ⅲ.①矿山开采-学科发展-研究报告-中国-2022-2023 Ⅳ.①TD8-12

中国国家版本馆CIP数据核字（2024）第112313号

策　　划	刘兴平　秦德继
责任编辑	王　菡
封面设计	北京潜龙
正文设计	中文天地
责任校对	焦　宁
责任印制	徐　飞

出　　版	中国科学技术出版社
发　　行	中国科学技术出版社有限公司
地　　址	北京市海淀区中关村南大街16号
邮　　编	100081
发行电话	010-62173865
传　　真	010-62173081
网　　址	http://www.cspbooks.com.cn

开　　本	787mm×1092mm　1/16
字　　数	369千字
印　　张	17
版　　次	2024年6月第1版
印　　次	2024年6月第1次印刷
印　　刷	河北鑫兆源印刷有限公司
书　　号	ISBN 978-7-5236-0797-8 / TD・54
定　　价	118.00元

（凡购买本社图书，如有缺页、倒页、脱页者，本社销售中心负责调换）

2022—2023
采矿工程学科发展报告

首席科学家   吴爱祥   王家臣

专 家 组 长   贾明星

专家副组长   高焕芝

专家组成员 （按姓氏拼音排序）

     陈　结   阮竹恩   王李管   吴顺川   杨胜利
     张钦礼   赵兴东   朱万成

编写组成员 （按姓氏拼音排序）

     白国良   毕　林   蔡　鑫   陈　结   陈庆发
     陈秋松   陈绍杰   陈　鑫   陈宜华   程海勇
     池汝安   褚洪涛   代碧波   代　风   邓文学
     邓雪杰   杜　坤   段进超   冯　岩   顾清华
     关　凯   郭进平   郭利杰   韩龙强   何将福
     何荣兴   何煦春   贺桂成   侯　晨   胡炳南
     胡建华   黄　丹   黄艳利   黄　震   贾明涛

江　贝	江　松	姜关照	姜元勇	蒋长宝
雷少刚	李桂臣	李　晶	李　磊	李良晖
李铭辉	李　宁	李全贵	李世航	李　文
李向东	李　杨	李元辉	李云鹏	梁敏富
梁新民	吝曼卿	刘光生	刘建国	刘　绒
刘　伟	刘溪鸽	刘祥鑫	刘志强	马　丹
马少维	年文强	牛雷雷	庞义辉	彭平安
秦波涛	饶运章	阮竹恩	盛　佳	石长岩
宋卫东	孙　伟	谭丽龙	唐世斌	汪洪星
王爱文	王光进	王海军	王洪江	王家臣
王建栋	王晋淼	王　凯	王雷鸣	王李管
王　琦	王少锋	王少勇	王卫东	王贻明
王　勇	王兆会	吴爱祥	吴顺川	夏志远
肖柏林	熊良锋	徐　涛	许献磊	薛希龙
杨成祥	杨健健	杨胜利	杨卓明	姚强岭
尹　乾	尹土兵	张海胜	张洪国	张锦旺
张　炬	张俊文	张鹏海	张钦礼	张维国
张　岳	张臻悦	赵兴东	郑志杰	钟德云
周　芳	周子龙	朱泉企	朱瑞军	朱万成
朱卫兵				

学术秘书　李　芳　邹博尧

序

习近平总书记强调，科技创新能够催生新产业、新模式、新动能，是发展新质生产力的核心要素。要求广大科技工作者进一步增强科教兴国强国的抱负，担当起科技创新的重任，加强基础研究和应用基础研究，打好关键核心技术攻坚战，培育发展新质生产力的新动能。当前，新一轮科技革命和产业变革深入发展，全球进入一个创新密集时代。加强基础研究，推动学科发展，从源头和底层解决技术问题，率先在关键性、颠覆性技术方面取得突破，对于掌握未来发展新优势，赢得全球新一轮发展的战略主动权具有重大意义。

中国科协充分发挥全国学会的学术权威性和组织优势，于2006年创设学科发展研究项目，瞄准世界科技前沿和共同关切，汇聚高质量学术资源和高水平学科领域专家，深入开展学科研究，总结学科发展规律，明晰学科发展方向。截至2022年，累计出版学科发展报告296卷，有近千位中国科学院和中国工程院院士、2万多名专家学者参与学科发展研讨，万余位专家执笔撰写学科发展报告。这些报告从重大成果、学术影响、国际合作、人才建设、发展趋势与存在问题等多方面，对学科发展进行总结分析，内容丰富、信息权威，受到国内外科技界的广泛关注，构建了具有重要学术价值、史料价值的成果资料库，为科研管理、教学科研和企业研发提供了重要参考，也得到政府决策部门的高度重视，为推进科技创新做出了积极贡献。

2022年，中国科协组织中国电子学会、中国材料研究学会、中国城市科学研究会、中国航空学会、中国化学会、中国环境科学学会、中国生物工程学会、中国物理学会、中国粮油学会、中国农学会、中国作物学会、中国女医师协会、中国数学会、中国通信学会、中国宇航学会、中国植物保护学会、中国兵工学会、中国抗癌协会、中国有色金属学会、中国制冷学会等全国学会，围绕相关领域编纂了20卷学科发展报告和1卷综合报告。这些报告密切结合国家经济发展需求，聚焦基础学科、新兴学科以及交叉学科，紧盯原创性基础研究，系统、权威、前瞻地总结了相关学科的最新进展、重要成果、创新方法和技术发展。同时，深入分析了学科的发展现状和动态趋势，进行了国际比较，并对学科未来的发展前景进行了展望。

报告付梓之际，衷心感谢参与学科发展研究项目的全国学会以及有关科研、教学单位，感谢所有参与项目研究与编写出版的专家学者。真诚地希望有更多的科技工作者关注学科发展研究，为不断提升研究质量、推动成果充分利用建言献策。

前 言

我国很早就开始开发和利用矿产资源。三千多年前就开始凿井开采铜矿，留下了灿烂的青铜文化。两千多年前已有较规范的采选技术。到明代末年的《天工开物》，已经具体记述了采矿、选矿的情形。西方在第一次工业革命后，随工业发展而较早出现矿业工程学科。我国的矿业工程学科萌生于 19 世纪末 20 世纪初。1895 年建校的北洋大学、1909 年建校的焦作路矿学堂是我国设立矿业工程学科的先驱，为我国近现代矿业人才培养做出了开创性的贡献。但是真正形成学科体系是在 1949 年后。

采矿工程是隶属于矿业工程的二级学科，是支撑国民经济的关键学科之一。改革开放后，我国矿业取得了举世瞩目的成就，采矿工程学科也进入了新的蓬勃发展时期。我国在矿业工程领域取得了巨大成就，满足了我国国民经济发展对矿物资源日益增长的需求。经过 60 多年的发展，采矿工程学科已形成本科、硕士、博士、博士后多层次的研究型人才培养体系，培养了众多基础知识扎实、富于协同创新、具有国际视野，具备处理矿业及其相关领域复杂工程技术问题能力，能在矿业规划设计、生产经营、投资、教育和科研等单位从事现代化、智能化矿产资源开发利用与保护相关工作的宽口径、高素质的工程技术人才。多年来，采矿界的工作者奋战在工作岗位上，兢兢业业为我国经济发展做出了巨大的贡献。一大批科研成果应用到具体生产过程中，极大地促进了采矿工程向绿色化、深地化、智能化方向迈进。目前，我国采矿工程技术已逐渐进入世界先进行列，许多采矿技术和设备已出口到国外，正从矿业大国向矿业强国迈进。

在中国科学技术协会的指导下，以中国有色金属学会理事长贾明星教授任组长、中国工程院吴爱祥院士和中国矿业大学（北京）王家臣教授为首席科学家的编写小组的百余位专家学者的共同努力下，历经两年，集思广益，几易其稿，终于完成了本报告。综合报告全面总结了我国近年来在采矿工程学科方面取得的成就，并通过国内外采矿工程技术发展的分析对比，预测了未来五年的发展趋势，提出了我国在采矿工程学科领域的发展策略建议。专题报告则根据矿业发展的方向，将采矿工程分为绿色采矿、深地采矿和智能化采矿三个专题，分别论述了近年来的发展现状和趋势。报告的重点放在近年来采矿工程学科取得的重大进展、存在的问题和未来发展的方向。

截至 2022 年年底，全国已发现 173 种矿产，主要包括能源矿产、金属矿产、非金属矿产、水气矿产四大类。各类矿产开采方式多样，本报告主要分析总结了金属矿产开采和能源矿产中的煤炭开采。尽管撰稿人员力求选材客观、公正，但是受制于资料，特别是知识水平和时间，本报告难免存在疏漏之处，敬请同行专家、广大读者批评指正。

本报告的编写得到中国科学技术协会领导的支持与关怀，得到了采矿工程及相关的高等学校、科研院所、工矿企业的大力支持和帮助，广大采矿工程领域专家和技术人员也是积极参与，在此一并表示衷心的感谢！

中国有色金属学会

2024 年 2 月

序

前言

综合报告

采矿工程技术的研究现状和发展前景 / 003

一、引言 / 003

二、采矿工程学科近年的最新研究
进展 / 004

三、采矿工程学科国内外研究进展 / 053

四、采矿工程学科发展趋势及策略 / 063

参考文献 / 072

专题报告

绿色采矿研究进展 / 085

深地采矿研究进展 / 142

智能化采矿研究进展 / 212

索引 / 260

综合报告

采矿工程技术的研究现状和发展前景

一、引言

矿产资源是人类赖以生存和社会发展的重要物质基础。国民经济和社会发展所需要的95%的能源资源、80%的工业原材料和70%以上的农业生产资料均来自矿产资源。矿业工程学科是关于矿产资源安全、高效、环境友好地开采以及有效加工和清洁利用的工程技术科学。由于自然矿藏赋存条件及矿业生产与环境条件的复杂性、多样性和不确定性,矿业工程学科发展受到很多因素制约,经历了漫长而艰难的道路,如今已成为学科综合度和交叉关联度很高的一门工程科学。

采矿工程学科是以矿物资源的安全、高效、环境友好地开采为目的的应用性基础学科,是矿业工程学科的二级学科。我国是目前世界上矿产开采量最大的国家,年开采量超过55亿吨。全国有300多座因矿业发展而兴起的城市,有数千万人从事矿业工作。目前全国共有53所高校和科研机构建设有矿业工程学科学位点,其中一级博士点授权单位21个,一级硕士点授权单位34个,二级硕士点授权单位4个。学位授权点单位数量和布局适度,地域分布合理,基本满足我国矿业开发和人才培养需求。

采矿工程学科历史悠久,是基础科学与工程技术紧密结合、以应用技术为主导的交叉学科。主要研究固体矿床开采的基本理论和方法,包括矿区规划、矿山开采设计、岩层控制技术、矿山安全技术及工程设计等,培养资源开发及地下建设工程领域的技术和管理人才。

分析我国采矿工程学科的研究现状及发展趋势,总结我国近年来在采矿工程学科方面取得的成就,比较国内外学科发展状况,可以为采矿工程学科在国民经济发展中的创新发展、科技引领指明发展方向及实现途径。预测未来的发展趋势,提出我国在采矿工程学科领域的发展策略建议,将进一步提高该学科在国际上的地位,同时为我国矿业经济的快速可持续发展保驾护航。

二、采矿工程学科近年的最新研究进展

（一）采矿工程在国民经济中的地位、与各行业的关联性及其产业现状

1. 采矿工程在国民经济中的地位

矿产资源是在地球长达46亿年的演化过程中形成的，不可再生的可开发利用矿物质的聚合体。矿业是人类开发利用矿产资源而形成的产业，包括矿产地质勘探、矿床开采和矿物加工，是获取初级矿产品、为后续工业提供原材料的基础性产业。

人口、资源、环境是人类社会可持续发展的三大要素，而矿产资源是核心要素。人猿揖别后，人类文明"一切从矿业开始"：从旧石器时代到当前大数据、人工智能、物联网协同发展的"大人物"时代，人类从未须臾离开过矿业，矿产资源的开发利用与人类社会的发展，在历史长河中相辅相成，各类矿产资源为人类的衣、食、住、行、社会的发展与科技进步提供了重要的物质基础，衍生了人类社会，创造了人类的物质文明、科技文明和精神文明。

矿产资源开发在国民经济中具有极其重要的地位。首先，矿产资源是国家的重要财富，是国家财政的重要来源之一，也是保证国家经济稳定发展的基础。矿产资源的开采与利用可以增加国家财政收入，提高国家税收水平，促进经济发展，增强国家实力。其次，矿产资源是国民经济的重要原材料和能源，是各行业的生产和发展的基础。矿产资源的开发和运用，能够促进工业和农业的现代化和发展，支持国家经济转型升级，促进城市化进程，提高人民生活水平。最后，矿产资源的开发与利用还能够促进区域经济的发展。矿产资源丰富的地区还可以利用这种优势，进行矿业产业园区的建设，提升当地经济发展水平，创造就业机会，改善当地人民生活。

矿产资源在中国国民经济中扮演着至关重要的角色，这些资源的开采、提炼、加工和销售直接促进着中国的经济发展，并对全球经济产生着重要的影响。我国目前已经发现的矿产有173种，其中金属矿产59种、非金属矿产95种、能源矿产13种、水气矿产6种。我国是世界上矿产资源消费量最大的国家，80%以上的工业原材料、70%以上的农业生产原料都来自矿产资源，矿业的发展直接关系到国民经济的可持续发展以及我国未来战略新兴产业发展的重要保障，关乎国家的经济和国防安全。美国及有关国家已把确保战略性矿产安全可靠性上升到国家战略，2017年美国发布了总统行政令《确保战略性矿产安全和可靠供应的联邦战略》；2019年澳大利亚启动了旨在勘探、开采、生产和加工等方案均领先世界的矿产资源战略；2020年欧盟发布了第四版原材料清单并制定了详细的行动计划，这些举措将改变战略性矿产全球供应格局，直接威胁到了我国的战略性矿产资源安全。

我国大部分矿产资源的供给安全面临严峻形势。绝大多数战略性矿产对外依存度高达60%~90%，其中铁矿石对外依存度达到82%、铬矿对外依存度达到98%、铜矿对外依存度达到72%，已构成国际发展的重大安全隐患之一。党中央国务院高度重视能源和战略性矿产资源安全保障工作，党的十九届五中全会通过的《中共中央关于制定国民经济和社会发展第十四个五年规划和2035年远景目标的建议》明确要求"保障能源和战略性矿产资源安全"。2022年10月中共二十大报告中提出"巩固优势产业领先地位，在关系安全发展的领域加快补齐短板，提升战略性资源供应保障能力。增强维护国家安全能力，确保粮食、能源资源、重要产业链供应链安全"。《国家安全战略（2021—2025年）》中提出"要增强产业韧性和抗冲击能力，确保粮食安全、能源矿产安全"。2022年12月中央经济工作会议中提出"加强重要能源、矿产资源国内勘探开发和增储上产，加快规划建设新型能源体系，提升国家战略物资储备保障能力"。2023年3月政府工作报告中提出"加强重要能源、矿产资源国内勘探开发和增储上产"。2023年3月"两会"自然资源部部长通道发言中提出"加强国内勘查开发力度，巩固和新增一批战略性矿产资源基地，真正实现增储上产"。最近，国家安全局把基础原料短缺列为突出的国家安全问题。为保障我国战略性矿产资源的安全供应迫切需要提升生产加工过程中的技术保障能力，发展国产矿石的压舱石作用，支撑我国在战略性矿产领域的国际控制力和话语权。

采矿工程学科旨在研究矿产资源的开采技术和过程，探索如何在可持续的前提下提高矿产资源的开采效率和实现资源的合理利用。对于矿产资源开采的独特性：采矿工程是针对金属矿山、非金属矿山和煤矿等地下资源开采工作的一门专业技术学科。这十分注重实践，涉及大规模地下工程建设，通常需要耗费大量资金、时间和人力资源，而且往往存在很高的风险。对于技术的独特性：采矿工程是一门综合性技术，结合了地质学、工程学、机械工程、材料科学、控制工程、信息技术等多个学科的知识和技术。它将先进的技术和方法应用于矿产资源的开发和利用，涉及井下和地面各个环节，包括地面建设、井下回采、运输、提炼等多个方面的技术。基于可持续发展：随着环境保护意识的不断提升，采矿工程学科越来越关注可持续发展。采矿工程不仅要追求资源的高效利用，还要关注环境保护和社会效益，提高矿井安全、降低污染、优化资源配置等问题。采矿工程学科涉及一整套从勘探、开发到生产的完整技术体系，注重实践和可持续发展，需要高度的跨学科和集成创新能力。

采矿工程学科与矿产资源开发是密切相关的。矿产资源开发是指通过勘探、开采、选矿等技术手段，利用地球上的矿产资源，创造价值和财富，满足人类社会的需求。而采矿工程学科则是在矿产资源开发中发挥重要作用的学科之一，它主要研究开采、运输、处理矿产资源的技术和方法。矿产资源开发需要依靠采矿工程技术。采矿工程技术是矿产资源开发的核心，它涉及矿物勘探、开采、运输、选矿等诸多环节，是矿产资源开发的重要技术支撑。采矿工程学科的研究能够提高矿产资源开发的效率和效益。随着矿产资源的逐渐减少，矿产资源开发过程中的成本和风险也越来越高。采矿工程学科的研究可以提高矿产资源开发的效率和效益，减少成本和风险，提升采矿企业的竞争力。采矿工程学科和矿产资源开发的发展相互促进。采矿工程学科的发展，需要以实践为基础，不断地对采矿技术进行改进和优化。而矿产资源开发实践中的问题，也需要采矿工程学科的支持和帮助。因此，采矿工程学科和矿产资源开发的发展相互促进、相互依赖。总之，采矿工程学科和矿产资源开发是密不可分的。只有通过不断的研究和实践，将采矿工程学科的技术应用到矿产资源开发中，才能更好地满足社会的需求，并为人类社会的可持续发展做出贡献。

采矿工程在国民经济中举足轻重，是一个非常重要的领域。矿产资源开采及采矿工程学科的高效发展对于国民经济增长、可持续发展、环境保护以及科技创新等都起着至关重要的作用。

1）矿产资源供应：矿产资源是国民经济的重要补充资源，其开采和利用对于能源、建筑材料、冶金、化工等行业至关重要。采矿工程学科为这些行业提供了开采、选矿、冶炼等技术支持，保障了矿产资源的供应。

2）经济发展：采矿工程学科的发展，直接影响国民经济的增长和发展水平。采矿业作为国民经济和工业生产的重要领域，其发展对于促进经济增长、技术创新和就业创造都具有重要的作用。

3）资源利用效率提高：随着矿产资源的日益枯竭，提高资源利用效率成为国民经济发展的趋势。采矿工程学科能够通过科学技术的研发、创新，帮助提高资源利用效率，减少资源浪费，有利于国民经济的可持续发展。

4）环境保护：采矿工程的科学发展能够帮助减轻环境污染问题。采矿过程中产生的渣矿、尾砂等都需要得到合理的处理，以减少对环境的影响。因此，此方面的研究和发展对于国民经济的可持续发展至关重要。

5）科技创新：采矿工程学科的发展对科技创新亦具有重要意义。采矿行业面临许多难题，例如能源不足、人力成本过高、安全隐患等，科学技术的研发和应用能够有效解决这些问题，提高采矿工程的效率和安全性。

综上所述，采矿工程对国民经济有着不可替代的作用，未来针对采矿工程学科的发展，国家可以出台相关政策，探索采矿工程学科的支持和发展，这些政策可以包括给予专业人员培训、开展研究、建设实验室和设施等支持计划；国家可以增加对采矿工程学科的投资，以吸引更多的优秀人才和资金加入该领域，这些资金可以用于开展科研、购置设备和建设实验室等活动；国家可以进一步推动采矿工程学科与企业和产业的结合，实现产学研合作，将学术成果转化为工业应用，促进该领域的创新和发展，推动其变得更加现代化和适应未来的需求。

2. 采矿工程与各行业的关联性

（1）采矿业和其他行业关系

采矿业作为一个古老的行业，是人类社会经济发展的基础产业。没有钾盐、磷矿等农用矿产资源，农业的高产稳产就无从谈起；没有煤炭、铁、铜、铝等大宗矿产资源，工业的现代化是无米之炊；没有镍、钴、锂、稀土、硅等关键矿产，高端制造业和其他战略性新兴产业就是"空中楼阁"；没有盐、水泥灰岩、宝玉石等矿产资源，"幸福生活"也索然无味……采矿业似乎与人们很遥远，却无时无刻不在影响着每个人的生活。

按照最新版的《国民经济行业分类》（GB/T 4754—2017），采矿业共分为煤炭开采和洗选业、石油和天然气开采业、黑色金属矿采选业、有色金属矿采选业、非金属矿采选业等七大类。

从煤炭开采和洗选业看，煤炭作为重要的能源来源，主要用于火力发电。虽然在碳达峰碳中和背景下，国家大力发展清洁能源产业，但煤炭在我国能源消费结构中仍占主要地位，根据国家统计局发布的最新数据，2022年我国能源消费总量54.1亿吨标准煤，煤炭占能源消费总量的56.2%。

从黑色金属矿采选业看，铁矿的开采和铁质农具的使用推动农业文明的发展实现了质的飞跃。进入工业文明时代，钢铁在飞机、火车、轮船、汽车、机械制造、房屋桥梁建筑等领域得到广泛应用，钢铁工业对铁矿石的巨大需求也极大促进了黑色采选业的技术进步和效率提升。

从有色金属矿采选业看，有色金属作为国民经济发展的基础材料，航空、航天、汽车、机械制造、电力、通信、建筑、家电等绝大部分行业都以有色金属材料为生产基础。随着现代化工业、农业和科学技术的突飞猛进，有色金属在人类发展中的地位愈来愈重要。以新能源汽车产业为例，近年来的迅猛发展离不开镍钴锂等关键原材料开发的有力支撑。

从非金属矿采选业看，主要包括土砂石开采、化学矿开采、采盐、石棉及其他非金属矿采选。大多数的建筑原料都是通过开采得到，农业使用的磷肥、钾肥等也由相应的矿产资源加工制成，生产光伏和半导体工业的原材料硅由石英矿石中提炼而来，餐桌上的盐也是由盐湖中的原盐精制而成。

人类从有意识地使用工具的第一天起，就与矿产资源的开发与利用结下了不解之缘。从石器时代到青铜器时代、铁器时代、油气时代，再到如今发展如火如荼的新能源时代，矿产资源都是不可或缺的。每个历史阶段，都有不同的矿产资源在发挥至关重要的作用。矿产资源的开发利用、矿业的发展，推进了人类社会的发展和文明的进步。

（2）采矿工程与其他行业

采矿工程是以自然界赋存的矿产资源为研究对象，通过露天或地下开采方式通达矿体并将矿石破碎、转运至地表工业场地的工程活动。采矿业是国家经济社会发展的重要支柱产业，通过采矿工程活动获取的煤、金属及非金属等矿产资源为社会经济发展提供重要能源保障与物质基础。伴随着机械制造、计算机、通信等技术的高速发展，采矿工程已逐渐由传统高强度劳动密集型发展模式向智能、绿色、低碳的知识密集型发展模式转型升级。

采矿工程与隧道、水利水电、国防等与岩石体密切相关的工程活动具有紧密关联性，其共同理论基础均为岩石力学。岩石力学是一门应用性基础学科，其研究对象是大自然中赋存的岩石体，对岩石体的物理力学性质、结构性质、工程性质的综合研究，随着科技水平的提高及分析方法的多元化而不断发展与进步。矿山岩石力学是从岩石力学的角度分析采矿工程活动形成的露天坑边坡、地下井巷/硐室/采场结构等在采矿全生命周期的稳定性，保障采矿工程活动的安全运行。矿山岩石力学在采矿工作围岩稳定控制方面发挥了重要作用，同时也促进了隧道、水利水电、国防等行业岩石力学问题的有效解决。

采矿工程的发展推动了地下空间的高效利用。针对露天采矿形成的大型露天采坑，通过建设矿山公园可以实现矿业遗迹自然景观与人文历史的高度融合，体现矿业发展历史内涵，具备游览观赏、科学考察的功能，对于项目所在地旅游业发展具有较好促进作用。黄石国家矿山公园位于湖北省黄石市铁山区境内，"矿冶大峡谷"为黄石国家矿山公园核心景观，形如一只硕大的倒葫芦，东西长2200米、南北宽550米、最大落差444米、坑口面积达108万平方米，被誉为"亚洲第一天坑"。首云国家矿山公园位于北京市密云区巨各庄镇，占地面积3.58平方千米，距离密云城区16千米，距北京城区80千米，是迄今为止国内少有的矿业旅游主题公园，是北京乃至全国范围内的铁矿作业与主题旅游同步实施的首例，它以矿业旅游为主题，以运动旅游为内容，以体验式主题活动为载体，是集矿业观光、娱乐休闲、拓展培训于一体的主题旅游区，主要由矿业遗迹区、地质遗迹区、工业生产区和旅游接待区四大景区组成，是北京市首家国家矿山公园。针对地下采矿形成的大量硐室及采空区，首云国家矿山公园为地下储库、地下试验室等地下空间建设和利用提供了良好的应用场地。中国工程院重大咨询研究项目"我国煤矿安全及废弃矿井资源开发利用战略研究"，对利用废弃地下空间进行油气存储及核废物处置的可能性及可行性进行了探索性研究，提出了中国地下储存空间利用战略及措施建议。目前全球共有三座煤矿地下储气库，分别位于比利时和美国（美国的储气库还在运行），均是为了满足天然气调峰需求而建设。利用关闭/废弃矿井进行地下空间资源储水蓄能，对解决中国水资源匮乏问题有很大帮助。废弃煤矿地下空间储油安全性高、运行成本低、火灾风险低、气温恒定，已有许多国家就废弃矿井储存石油展开相关实践。核能的开发利用受到人们越来越多的重视，但妥善处理核废料也是必须要解决的问题。利用关闭/废弃矿井经过改性、筛选从而作为中低放废物的处置场所，不仅可以解决中低放废物的去向，还可以实现关闭/废弃矿井的再次利用。利用废弃矿山地下空间建设地下实验室也得到了较广泛的应用。美国杜赛尔（DUSEL）深地下实验室位于美国南达科他州布莱克山的废弃矿井中，该地下实验室首期将建设一个岩石覆盖厚度为1500米的地下实验室，并开展实验工作。未来将不断建设，最终将建设一个深度为 2300 米的地下实验室。DUSEL 不仅可以开展暗物质探测、中微子探测、双 β 衰变、核天体物理实验,而且能够实施科学、技术、工程创新,包括微生物学研究及低截面测量、钻探技术、地下成像、分析技术、纯晶体创作研究等。

（3）其他行业的发展对采矿工程的促进作用

采矿行业与其他行业的双向融合,可以更好地推动采矿工程的发展。其中 IT 行业在近三十年来的发展迅速,各种 IT 技术的运用正在改变采矿行业,对采矿工程的发展影响最为深远。例如在地质勘探及建模方面,计算机模拟技术、数字处理及图像自动生成技术等正在联合起来。又如矿业环境及安全工程方面,自动化与机器人应用、遥感技术（RS）、三维图像处理等已有密切结合,全球定位技术（GPS）、地理信息系统（GIS）等技术,也在迅速推广应用之中。在矿山生产监测工作中,多媒体技术有望与成套监测仪器设备及数字处理技术结合起来,形成综合实时监测系统。3S 系统集成技术在采矿系统中的研究与应用,也是一种新趋势。

1）自动化技术：采矿工程是一个复杂的过程,需要大量的设备和人力投入来完成。自动化技术可以帮助采矿工程实现高效、安全、节能、环保的生产过程。自动化技术可以应用于采矿工程中的各个环节,如勘探、开采、运输、处理等。例如,在勘探阶段,自动化技术可以通过遥感、地质雷达等设备来实现高效、精确的勘探；在开采阶段,自动化技术可以通过自动化采矿机、无人机等设备来实现高效、安全的采矿；在运输阶段,自动化技术可以通过自动化输送带、自动化运输车等设备来实现高效、安全的运输；在处理阶段,自动化技术可以通过自动化分选机、自动化浮选机等设备来实现高效、环保的处理。采矿工程和自动化技术的关系十分密切,自动化技术的应用可以提高采矿工程的生产效率和产品质量,同时也可以降低生产成本和环境污染。

2）软件工程和信息技术：软件在矿业领域的应用越来越广,对采矿工程的安全和高效发展起到了越来越重要的作用。国内外许多矿山都建立矿山管理信息系统,覆盖地测、设计、计划、设备、库存、营销、财会、人事等工作。矿山内部各子系统用局域网相连；对外联系则通过互联网。随着互联网技术的发展,也就出现企业内部网络和企业外部网络。近年来,由于 ERP 等管理软件的发展,更促使矿山管理信息系统向智能化决策支持系统发展,为中高级管理人员提供决策依据。

3）CAD 技术：计算机辅助设计（CAD）技术是一种让计算机来帮助设计师们快速精确的设计技术,将工业制图转换成数据、将建筑图纸信息转换成数据,有助于改善采矿设计质量和提高采矿生产率。在矿山设计中,CAD 技术可以根据地质调查结果,缩小设计和计算成本,减少设计时间,提高设计质量,更好地发掘和开采矿山资源；在采矿设备设计中,CAD 技术可以完成细部设计,准确评估设备尺寸、形状、参数和重量,从而更好地设计出更具针对性的设备；在矿山安全分析中,CAD 技术可以将计算机模拟技术用于采矿工程设计,通过实验、模拟和数学模型的方法,对矿山生产场所的安全性和环境影响进行优化分析，避免潜在的安全隐患和环境风险；在数字化矿山建设中，CAD技术可以帮助开发者构建数字化模型，实施现代采矿开发技术、实现现代采矿工艺，并可以帮助开发者更方便地对矿山内部和外部的采矿状况进行数字化监察。

4）大数据分析和挖掘技术：利用大数据分析和挖掘技术，采矿工程师可以计算出更精确的储量和产量预测，以改善未来开采规划，更快捷地进行采矿资源识别和估算；可以预测和识别针对采矿工程的安全威胁，实现多工程设备和人员空间安全管理；可以更准确地识别采矿设备的故障模式和原因，并采取有效的维修策略，以提高采矿设备的可靠性和可用性；可以更好地控制采掘过程，实现现场采矿设施安全精确控制，提高采掘生产效率。

5）机器视觉技术：利用机器视觉技术，可以提高生产的灵活性和自动化程度，如可以在矿山一些不适于人工作业的危险工作环境利用机器视觉来替代人工视觉；在矿山生产过程中可以利用机器视觉系统监控矿山采空区和机械设备等，及早识别危险，预防安全事故的发生；在井下工程自动化建设过程中，可以借助机器视觉实现钻孔精确识别，提高效率；利用机器视觉技术可以实现井下车辆驾驶自动化；可以精确识别矿块的外形轮廓，避免因为粗放式处理而损失贵重资源。此外，可以使用机器视觉系统获取现场数据，实现智能分析及优化，从而进一步提升采矿工程和维护的效率。

3. 采矿工程产业现状

（1）金属矿开采产业现状

金属矿产是国民经济、国民日常生活及国防工业、尖端技术和高科技产业必不可少的重要战略物资。我国金属矿产品种比较齐全，在世界已发现的200余种矿产中，我国就发现了约160种，矿产资源总储量位于世界第三位。黑色金属矿产中，铁锰矿资源较丰富，但以贫矿为主；钛、钒探明储量多，居世界前列；铬铁矿严重短缺。有色金属矿中铝、铅、锌、钼、镍矿资源较丰富，钨、锡、钼、锑、汞等是我国传统出口的优势矿产，探明储量居世界前列。贵金属矿产中，金银矿探明储量较多，资源远景较大。金属矿产几乎遍布全国各省区，其资源整体呈现出分布不均、贫矿多富矿少的特点。

21世纪以来，我国有色金属工业蓬勃发展，进入了规模扩张最快、经济效益最好、技术进步最明显、综合实力增强最显著的阶段。从生产来看，2002年我国十种有色金属产量达到1012万吨，位居世界第一。到2021年我国十种有色金属产量达6454万吨，约占全球总产量的50%，近10年十种有色金属产量年均增速达6.3%。其中铜、铝、铅、锌冶炼产品产量分别占到全球比重的42%、56%、41%和45%，遥居世界第一。

在我国有色金属矿山总量上露天开采约占50%，低成本的大型露天开采不失为一种有效的矿石开采方式。而在强化露天开采和提高劳动生产率这一过程中，其主要发展方向是开采工艺的综合化，根据矿山具体特点，采用不同的开采工艺，并形成综合工艺，以实现优化开采效果；开采设备大型化，优势资源集中化开采，简化剥采工程，实现过程自动化。

进入21世纪后，一方面因露天矿逐步转入地下开采，需要通过露天地下联合开采以形成相对稳定的产量规模；另一方面则因深凹露天矿开采条件越来越差，剥采比大，采矿综合成本增加，需要采用露天地下联合采矿技术以改善矿山经营效益。因此，越来越多的矿山将进行露天地下联合开采。

扩大产量规模的主要途径是实现机械化大规模采矿。而井下自动化、智能化采矿是现阶段提高地下矿山采矿效率的主要途径。近年来我国通过一系列有针对性的研发逐步建立起地下开采智能化管理系统，将无线电技术、仿真技术、传感技术、监控技术加以融合，逐步实现自动化采矿和智能化控制管理。自动化采矿设备降低成本，提高安全性，借助各种先进装置，可以实现采矿设备工况和性能的监控，达到一定程度上的智能化和自动化的作业。

提高采矿效率固然与高效率、先进采矿设备密切相关，但大规模高效率的采矿方法将不仅为高效采矿设备创造应用条件，同时也是提高矿山生产能力的根本技术途径。近十多年来，国内已研究应用了多种大规模高效率地下采矿方法，如自然崩落法、深孔采矿法和中深孔采矿法等。由于浅地表矿石储量逐步减少，地下开采已逐步向深部发展，国内金属矿山开采深度在不断地增加，其深度已达到1000米以上。开采深度增加普遍会遇到地压大、岩温高和水文地质条件复杂等特殊困难，常规采矿技术往往难以解决。对此，深部开采岩爆、矿震、冲击地压等动力灾害控制、预报与防治技术，深部开采的采、掘技术，深部开采通风与降温技术将在对正在或逐步进行的深井矿山开采技术研究及理论研究的基础上获得快速发展。

随着工业的日益发展，势必引起金属量的需求大量增加，以致陆地上的资源日益减少。因此海洋矿产资源，已逐步为很多国家所瞩目。西方国家早在20世纪50年代末便开始涉足海洋矿产资源研究与开发领域，并基本做好了海底矿产资源商业开发前的技术储备工作。而目前我国各种深海采矿系统的基本原理与方案已基本定型，有关多金属结核采出与提升方面的基本原理正在建立，深海采矿的主要发展方向已确定为探采掘设备研制。在进一步深入开展基础研究的同时，现有的理论也已能满足开始设备研究的需要。但在战略上我国仍处于初创阶段，整体主要表现为单一的资源研究且技术开发较为薄弱。

（2）煤矿开采产业现状

煤炭是我国的主体能源，煤炭工业一直发挥着能源支柱作用，为国民经济和社会发展提供了能源稳定供应和能源安全保障。在我国能源资源禀赋和现有能源格局下，煤炭仍然是能源安全的压舱石和稳定器，这种现状在未来相当长时间内不会改变。在"双碳"目标以及"去煤化"影响下，2022年全国煤炭产量达到了45.6亿吨，超过全球煤炭产量的54.7%，这体现了煤炭在短期内仍将作为我国主体能源是无可替代的。煤炭智能绿色开发与清洁低碳利用是发展主题，煤炭低碳利用技术的颠覆性创新将使煤炭成为最有竞争力的能源和原材料资源。

我国在厚煤层开采、绿色开采、煤矿智能化等都处于国际领先或者国际先进水平。

在厚煤层开采方面，2018年神东上湾煤矿开展8米以上超大采高综采技术的研发应用，促进了超大采高技术的推广应用，8米以上超大采高综采技术装备逐步成熟。针对陕北地区坚硬特厚煤层，2022年启动了10米的超大采高综采成套装备研发，首先在陕煤曹家滩煤矿应用。2019年，针对金鸡滩煤矿浅埋深、坚硬、特厚煤层赋存条件，研制了首套7米超大采高两柱掩护式综放液压支架（ZFY21000/35.5/70D），工作面最大割煤高度达到6.5米，实现了工作面最高日产7.91万吨、最高月产202.01万吨，解决了坚硬特厚煤层安全高效开采难题。

在绿色开采方面，为了避免矸石升井、降低成本，近年来开滦集团、新汶矿业集团试验了井下分选、矸石不升井、破碎后直接充填到采空区的采选充一体化充填开采技术。充填开采在冀中能源、开滦集团等"三下"采煤中广泛应用。除了工作面充填，也开发了覆岩离层注浆充填控制地表下沉技术，在淮北矿业集团等进行应用。利用煤炭开采产生的覆岩裂隙场和卸压场增加煤层中瓦斯解吸速率和煤岩透气性进行煤与瓦斯共采，这一技术在淮南矿区已经广泛应用，取得了瓦斯灾害防治和瓦斯资源化的双重效果。在神东矿区，地下水库技术成功通过实验，利用煤矿开采的地下采空区构筑坝体来存储矿井水，经净化处理后，用于井下和地面工业用水，以及地面生态用水、生活用水，避免了大量矿井水排到地面浪费，达到了矿井水资源化利用目的。

在煤矿智能化方面，已经形成了以黄陵煤矿为代表，形成基于采煤机记忆截割、综采装备可视化远程干预的开采方式，实现了工作面"自动控制＋远程序干预"的智能化开采。正在攻关基于惯性导航的工作面直线度智能控制，实现工作面设备自动找直，逐步解决基于自主学习的智能决策问题，以大数据分析和深度学习为基础，通过系统的自主学习与数据训练形成自主分析与决策机制，解决智能控制系统自主决策难题。在未来，将在智能感知、智能控制技术的基础上，建立协调联动机制，通过各设备的协同控制，协调工作面各设备自动运行，实现工作面智能化开采。据不完全统计，截至2022年年底，全国已建成近一千个智能化采掘工作面，初步实现了"有人巡视、无人操作"的智能开采。但是，我国煤矿智能化建设仍处于培育示范阶段，发展还不充分、不平衡，距离全面实现无人化智能开采还有较大的差距。我国煤矿智能化建设还面临诸多挑战和"痛点"，亟须加快技术创新，突破技术"瓶颈"。

（二）金属矿开采科学技术研究进展

1. 金属矿开采基础理论研究进展

（1）金属矿产与地热资源共采模式

随着矿产资源开采深度的不断增加，岩层温度显著升高，超千米深井的井下温度可达40℃以上，深层地温诱发的高温热害已成为制约矿产资源安全高效开采的重要因素之一。

因此，采取有效的降温措施，保证井下环境维持在合理的温度和湿度，是深部矿产资源安全高效开采的重要前提。

地热能是一种储量巨大的可再生清洁能源，深部矿山已有的井巷设施和岩层内部所蕴含的丰富热量能够为地热能的大规模开发利用提供有利条件。将深部地热开发与深井采矿联系起来，实现矿产与地热资源共采，对降低深部开采成本、促进深部资源高水平开发具有重要战略意义。

金属矿产资源开采过程中，可通过多种途径实现矿产与地热资源的协同开采，主要包括：①开采层蓄热采热。对采空区进行充填过程时，向充填区域埋设多层采热管路形成蓄热池，充填体从高温岩体吸收热量后，通过热传导的方式将热量传递给采热管。②岩层采热。以采矿地层巷道为基础向开采层较近的高温地热区首先掘进直径较小的换热通道，通过向换热巷道内注入矿井水与高温岩石发生热交换提取岩层热量获得高温热水。③余热提取。在回风井内安装回风余热利用装置提取风中的热量。

目前，我国金属矿产与地热资源共采模式面临的挑战包括：①矿产资源与地热资源共同赋存区域勘查程度低。金属矿床与地热资源的分布、类型、储量以及两类资源之间关联性的调查研究还不充分，矿产资源与地热共采的远景区、有利区、目标区、开采区都有待进一步精细化圈定。②矿产资源和地热资源共同开发利用基础研究薄弱。矿产资源与地热协同开采由我国首次提出，在国际上没有先例，相关研究与实施是跨领域、多学科的系统工程，因而相关基础研究极为薄弱，众多方向仍是空白，需要跨学科、系统性、持续性地开展创新研究。③行业规划、政策措施有待完善。国家现行的一些财政、价格鼓励政策没有针对矿产与地热资源共采开发利用这一新兴方向，专门的行业规划、技术标准、管理办法等有待制定。

未来，我国金属矿产与地热资源共采模式的重点研究方向包括：①精准探测矿产与地热资源共存的详细分布状况，探明矿区深部的工程地质、水文地质条件、岩体物理力学性能，为矿产资源与地热协同共采系统的优化设计以及安全、高效、精准开采提供保障。②提出矿产资源开采结构与地热开发结构共建、共用的方式方法，统筹实现采矿系统为地热开发提供必需的主体通道，地热开采为采矿作业降温提供有效的节能手段。③研发适应深部高温地层环境条件的矿产与地热资源共采工艺、遥控智能化作业方式及技术装备，提升深部矿产与地热共采系统的智能化水平。

（2）金属矿膏体流变学

作为膏体充填技术创新与装备研发设计的基础，膏体流变学重点研究膏体充填工艺过程中膏体或充填体在应力、应变、温度、时间等作用下的流动与变形行为，其目的在于解决膏体充填的浓密、搅拌、输送和充填四个工艺过程中的工程问题。但是，因为膏体浓度高、物料组成复杂和不分层、不离析、不脱水的"三不"工程特性，导致膏体流变学研究非常复杂。

近年来，我国学者详细分析了全尾砂深度浓密流变行为、膏体搅拌流变行为、膏体输送流变行为和充填体流变行为，基本构建了金属矿膏体流变框架体系。

针对全尾砂深度浓密流变行为，形成了凝胶浓度、压缩屈服应力和干涉沉降系数构成深度浓密过程全尾砂流变行为的表征体系，将 C-C 理论和 B-W 理论结合，建立了剪切作用下基于流变学的连续稳态浓密模型。该模型与凝胶浓度、干涉沉降系数和压缩屈服应力有关，通过该模型的预测值和实际值相比，相对误差较小，从而实现了浓密机性能的精准预测。

针对膏体搅拌流变行为，深入分析了剪切均化过程对流变的影响，发现膏体的流变参数与结构系数变化趋势一致，搅拌剪切破坏了膏体的细观结构，膏体更加均匀，导致结构系数降低，降低其屈服应力与黏度，从而改善膏体流动性。基于上述规律，初步建立了考虑触变特性的膏体宾汉姆模型。

针对膏体输送流变行为，建立了考虑管壁滑移的管输阻力模型，其中滑移系数与滑移层厚度和滑移层的黏度有关，滑移层黏度可近似等于水的黏度。和传统的阻力公式相比，预测精度提高了30%，实现了精准预测。近年来，随着浅部资源的开采殆尽，深部开采成为金属矿开采的必然趋势。但是深部开采对于充填至少在两个方面带来影响，一方面是高井深导致管输时间变长；另一方面是温度随着深度不断升高，因此除了管壁滑移，还需考虑时间、温度对管阻的影响。为此，首先分析了膏体流变特性的时温效应，分别建立了屈服应力和黏度关于时间、温度变化的方程，再代入前面考虑管壁滑移的管输阻力模型，从而得到了考虑管壁滑移、时温效应的耦合管阻模型。

针对充填体流变行为，目前的研究主要集中在蠕变行为上。发现了充填体裂纹发育演化规律和微裂纹数量与应变关系，将充填体破裂的整个过程划分为四个阶段：无微裂纹区域阶段、微裂纹启动与聚集阶段、微裂纹贯通阶段、宏观破裂区域形成阶段。然后将损伤变量引入 Burgers 模型中，得到改进后的蠕变损伤本构方程，该方程综合考虑了加载时间和应力水平对蠕变参数的影响，反映了参数随时间弱化的现象和材料的损伤劣化规律。将理论拟合得出的曲线与试验所得曲线进行对比，发现二者相对误差均在1%以下，曲线拟合度较高，说明该模型能够较好地反映充填体失稳破坏前的蠕变变形规律。

（3）岩石破裂机制与强度准则

1）岩石破裂机制：岩石破裂机制是岩石力学领域研究的热门话题，众多学者基于室内试验对岩石破裂机制开展了广泛研究。吴顺川等系统深入地研究脆性岩石在不同应力路径（拉伸、单轴压缩、三轴压缩）下的强度与变形特性，采用声发射监测、扫描电镜技术等探明了岩石破裂的宏微观机制。冯夏庭等对花岗岩、大理石和砂岩试样开展了真三轴循环加卸载试验，研究了岩石特性随累积损伤的演化规律。夏开文等介绍了围压分离式霍普金森压杆的发展进程，并系统讨论围压条件下岩石的动态压缩、拉伸、弯曲、剪切强度的实验方法及动态响应特性。李夕兵等通过动静组合加载岩石力学试验，揭示了深部岩石在动静组合受力状态下的力学响应与破坏特征。针对孔隙岩石的非弹性变形这一科学问题，吴顺川等研究了岩石微观结构属性与外部荷载环境的协同作用机制。

针对岩石破裂诱发机制不明的难题，近年来发展了一系列监测手段来获取岩石试样在破坏过程中的应力-应变、声学、表面应变场、破坏后形态等特征，用于分析岩石破裂机制。在声发射监测方面，吴顺川等提出了到时拾取、震源定位及矩张量反演新方法，提高了岩石破裂先兆信息获取的准确性；通过联合主动超声与被动声发射监测数据进行波速层析成像反演，探明了波速变化与试样损伤之间的关联性。潘鹏志等采用数字图像相关（DIC）技术对缺陷大理岩试样表面相对变形的演变过程和开裂过程进行了分析。岩石细微观表征中常用的技术是扫描电镜（SEM）和计算机断层扫描（CT）技术，吴顺川等采用SEM技术对花岗岩、砂岩等试样破坏微观裂纹特征进行统计分析，揭示了岩石脆性破坏和脆-延性演化过程中的破裂特征；鞠杨等基于CT技术构建了三维裂缝网络表征新方法，获得了试样加载过程中微观裂缝状态演化特征；李晓等发明了高能加速器CT岩石力学试验系统，获得岩石在单轴、三轴和孔隙压力等条件下的全应力-应变曲线和所选应力点对应的破裂三维扫描图像。

2）岩石强度准则：岩石强度准则用于研究岩石在复杂应力条件下的破坏规律，作为研究岩石力学性质和行为的重要工具在近年来得到快速发展。吴顺川等发现了不同类型岩石材料强度模型的自相似性，综合考虑岩土材料压拉强度比、静水压力效应及中间主应力效应等本质特征，提出一种新的双参数偏平面函数，构建了一种适用于不同摩擦材料的广义非线性强度准则，实现了经典强度准则的统一。冯夏庭等在总结真三轴压缩条件下的破坏强度特征基础上，开发了一种适用于坚硬岩石的三维破坏准则，用于预测硬岩破坏强度。宫凤强等构建了高应变率下动态Mohr-Coulomb和Hoek-Brown强度准则，并通过实验数据验证了该准则在高应变和低围压条件下的适用性。

（4）盐矿废弃溶腔综合利用的基础理论

不同于欧美地区的盐丘型构造，我国盐岩多为湖相沉积的层状构造，具有盐层薄、夹层多、杂质高等特点。夹层和杂质的存在一方面会影响腔体的稳定性和密闭性，另一方面在腔体建造或运营期间可能会发生垮塌，造成套管砸弯和油气泄漏等事故。近年来，国内学者针对层状盐岩的安全性开展了广泛的研究，相关团队逐渐开始关注温度、化学等因素的影响，出现了较多在多场耦合条件下层状盐岩力学性质和孔渗特性等宏观性质的研究，并尝试将微观结构、矿物成分等因素与宏观性质建立联系。梁卫国等在建立固—流—热—传质多场耦合理论基础上，提出单层星型、多层错位布置的层状盐岩矿床大型水平储库群建造方案。张桂民等根据沉积韵律将盐岩和夹层分为两类，并对盐穴储气库矿柱稳定性进行研究。王军保等利用核磁共振仪器研究了循环荷载作用下盐岩的微观结构变化和损伤规律。在盐腔利用的新方法上，2021年由中盐集团、中国华能和清华大学共同开发世界首个非补燃压缩空气储能电站——金坛压缩空气储能国家试验示范项目成功并网发电，在全世界范围为溶腔综合利用提供了新选择。同时，中盐金坛盐化公司已经研发出在饱和卤水中仍具有较高转化效率和稳定循环性能的电解液，在地下盐穴液流电池电解液储库设计与建造方面迈出坚实的一步。此外，以中科院武汉岩土力学研究所杨春和院士和重庆大学姜德义教授等为代表的研究团队，提出了包括双直井、水平连通井等一系列适用于层状盐岩水溶造腔和畸形腔体改造的方法，系统研究了不同腔体内流场的动态分布规律和空间结构特性，基本掌握了造腔过程中腔体的动态演化规律，并开发出与之配套的模拟软件。

国内对于盐矿废弃溶腔的综合利用虽然起步较晚，但经过几十年的追赶，我国学者在岩石力学和储能领域高水平期刊的发文量大幅提升。在针对层状盐岩的部分研究领域已经处于国际领先地位，为世界上其他具有相似地质结构的国家和地区开发地下空间提供了理论依据和工程参考。这表明中国在盐矿废弃溶腔综合利用领域的学术地位迅速提升，正处于盐矿废弃溶腔开发和利用的高峰期。但与国外研究相比，在溶腔利用的新方式上进展较慢。部分盐矿废弃溶腔开发较早的国家，如英国、法国和波兰，已经开始从工程应用的角度对其特定地区地下盐腔的储氢潜力进行评估。此外，国外学者对于盐穴储库长期运行有限元模拟的时间跨度开始达到500年以上（对于CO_2地质封存，500年以上被认为是永久储存）。尽管国内学者也利用数值模拟软件对盐腔稳定性进行计算评估，但模拟的时间跨度只有数十年。

随着世界人口的不断增长和国家经济的高速发展，地下空间的开发利用将愈发被重视。盐矿废弃溶腔综合利用的未来发展趋势与对策主要包括以下方面：①存储介质－围岩相互作用机理。随着盐矿废弃溶腔利用新方法的不断涌现，需要进一步研究新介质与盐岩和夹层的作用机理。②畸形腔体修复与改造技术。由于盐化企业的最初目的仅是采盐，并未考虑到溶腔的利用，所以大部分老腔的腔体形态、稳定性和密闭性不能满足作为地下储库的要求，需要对其进行改造和进一步研究。③溶腔全生命周期可靠度评价体系。现有的盐腔安全评价方法主要依靠数值模拟软件对预设的腔体进行计算分析，无法满足实际工程复杂的应用需求。④多场耦合模拟软件开发。由于盐矿造腔过程十分复杂，对模型精度和计算性能需求极高，现有的模拟软件往往牺牲精度提高速度，仅对腔体扩展形态或腔内流场分布等单一因素进行计算，开发速度和精度并存的多场耦合模拟软件是盐矿废弃溶腔综合利用研究的重要方向。

（5）深海金属矿产资源开采系统对复杂工作环境的响应机理

采用理论分析、数值模拟、模型实验的方法对深海采矿系统在复杂工作环境下的动力学响应机理开展研究。

建立了室内模拟试验系统，将物料输送、存储以及提升集成到一套系统中，可进行不同参数下的单环节及多环节联动作用的研究，基于该试验系统，对粗颗粒在扬矿泵和输送软管中的运移规律和机理进行研究。开展不同波浪角和P-M波浪谱下采矿船多自由度的运动响应分析，将采矿船的运动与波浪进行敏感性关联，最终提出深海采矿平台可分为水面生产系统和水下生产系统的设计概念。建立了基于有限元理论的输送软管在内外流作用下的流固耦合动力学模型,并开展了内流密度、内流黏度、软管直径及弹性模量变化时单拱和双拱两种构形软管的动力学响应特征,证明了在深海采矿系统设计时要综合考虑洋流强度和方向的影响。开展基于有限元方法的不同剪切率、固有频率比与折减速度对来流作用下串列布置的三圆柱体涡激振动问题,数值模拟结果表明随剪切率、固有频率比与折减速度的改变,上游圆柱体的振幅变化规律与单圆柱工况类似,但上述参数对下游两圆柱体的振幅影响更大,同时对非等直径串列双圆柱、非等直径上游方柱–下游圆柱、串列布置双方柱的尾激动力响应规律进行了深入分析,发现不同圆柱布置方式下的尾涡形态表现出较大差异,采用大涡模拟方法对亚临界雷诺数下圆柱体结构群的三维绕流问题进行研究,发现不同形态和尺寸的柱体群绕流模式和尾流分布特征具有不同的演化规律和内在机理。对集矿机与深海底质土之间的作用机理进行了研究,对集矿机的设计提供合理参数。通过利用原子力显微镜(AFM)对底质土与四种金属材料之间的黏附力进行测试,发现铝合金5052材料与底质土的黏附力最小,可以用于设计集矿机履带材料,然后利用牵引流变实验对底质土流变参数随牵引力的变化进行研究,最终获得在较大的牵引力($\geq 3000\,N$)下集矿机的运动速度和履带接地长度参数,通过控制法向压力和加载速率对深海底质土进行三轴实验发现合理的法向压力和加载速率有利于减黏脱泥,最后建立了牵引力–速度模型并获取了仿生脱黏履齿最佳齿形参数,上述研究对于集矿机的设计提供了重要参数。开展了深海采矿系统的动力学特征研究,分析了系统作业过程中的动力学行为的和临界条件与判据,并建立了简易力学模型和虚拟样机模型。对强约束下的水下缆线的空间构形和受力进行分析,建立了"两端水平悬链线中点作用垂向集中力的非线性数学模型",初步完成了"悬链线空间构形和张力计算软件"的开发调试工作。

(6)风化壳淋积型稀土矿原地浸出传质过程强化理论

稀土(rare earth,RE)为全球装备制造业、新能源、电子通信、国防科工、航空航天等重要工业原料,是世界各国高度重视的战略金属矿产资源。其中,我国南方以中重型稀土为主,尤其存在大量的风化壳淋积型稀土矿(离子吸附型稀土矿),是我国稀土资源有效保护、绿色开发和高效利用的"主战场"。

当前,风化壳淋积型稀土矿原地浸出主要为基于硫酸铵的化学浸出。浸取剂传质渗流过程直接影响着稀土浸出效率,主要面临浸取剂渗流速率慢、矿物浸出反应慢、溶液回收率低三大突出难题。对此,国内外专家学者针对反应传质过程机理、溶液渗流扩散行为、多因素关联调控方面开展了大量研究工作,主要研究进展与成果包括:

1)反应传质过程机理方面:稀土传质过程包括离子扩散过程和离子交换过程,重点探究包括浸取液阳离子等因素对渗流、传质过程的影响机制。其中,罗嗣海等利用对流扩散方程与Kerr模型,对稀土原位浸出过程中铵离子(NH_4^+)和稀土离子(Re^{3+})的溶质迁移规律实现模拟预测;罗仙平等采用十二烷基硫酸钠表面活性剂改善稀土原位溶液渗流,有效提高了离子吸附稀土矿的浸出效果；hahbaz 系统探讨了从原生稀土矿物、次生稀土矿物中回收稀土元素的浸出规律与主要方法；Whitty-Léveillé 等优化了 Na$_2$CO$_3$/NaHCO$_3$ 和 HCl 添加层序，实现了含稀土矿石中快速选择性地浸出锕系元素和稀土元素。

2）溶液渗流扩散行为方面：风化壳淋积型稀土矿由黏土矿物组成，属于一类典型的多孔介质、饱和与非饱和溶液区共存。其中，池汝安等利用 CT 扫描探测、数值模拟与分形理论，探讨了不同深度矿样在浸出过程中孔隙结构的变化特征和溶液的渗流规律；尹升华等利用变水头渗透装置，考察了不同孔隙结构下风化壳淋积型稀土的渗透特性；池汝安等研发了适用于风化壳淋积型稀土矿的新型注液技术，有效避开腐殖层，实现完全风化层和部分风化层高效浸出；美国 Hydro GEOPHYSICS 公司的 Rucker 利用电阻层析成像技术，改善金属矿原位浸出过程中地下溶浸液流动路径、控制渗流范围。

3）多因素关联调控方面：刘戈探究了离子型稀土浸出孔隙结构演化及渗流特性；何正艳等利用复合铵盐浸出风化壳淋积型稀土矿，并且探究了浸取过程中稀土铝、铵的行为规律；薛强等采用（NH$_4$）$_2$SO$_4$ 和 EDTA 组合浸出风化壳淋积型稀土矿，有效监测镧、铅的萃取效果和组分变化；邱廷省等利用响应曲面法探究了多因素对稀土浸出过程的影响机制；Feng 等探究了离子型稀土原位浸出传质过程的动力学规律，并探究了氯化钾对风化壳淋溶型稀土尾矿残铵浸出过程的影响。江西理工大学谈成亮等利用渗透仪器控制不同注液压、轴压和围压来模拟原地浸出环境，实现离子型稀土矿浸出渗流-反应-应力过程耦合。

2. 金属矿开采技术研发及应用进展

（1）深部地热与金属矿产资源共采关键技术

深部金属矿产和地热能共采是保障深部资源持续利用的重要手段，有利于推进我国深部资源开发和实现"碳达峰、碳中和"的双碳目标，具有广阔应用前景。总结深部地热与金属矿产资源的共采技术如下。

1）基于崩落法的矿-热资源共采技术：金属矿崩落法回采在矿体崩落和围岩塌落阶段，有大量破碎矿岩提供裂隙流热交换空间，在回收矿产资源的同时，可实现地热资源的开发利用。地热资源可利用 EGS-E 增强型深地热系统，热储通过爆破或水力压裂等方法进行自然崩落，通过爆碎矿体裂隙流热交换降温、爆碎塌落围岩长期热交换以及上部采空区热风提取热量，矿体和围岩裂隙流热交换后流入底部热储池，在热储池内进行管道换热，抽送至地表开发利用。该共采技术流程主要包括：爆破或者非爆压裂、区域采场封闭隔热、封闭采场崩落体内裂隙换热、采场底部热储区管道换热、采热降温后出矿、空区内热风抽取至地表热力系统等。

2）基于空场或空区的矿-热资源共采技术：在空场法回收资源的基础上，构筑人工坝体挡墙，使空区形成密闭防渗储水空间，也可利用闭坑矿井的空区，通过采空区顶板裂隙渗透水或人工补给水，储水与高温岩体热交换并逐步升温，当温度达到地热能利用阈值时，将热水提取至地表并加以利用，实现矿产资源-地热共采。

3）基于充填法的矿-热资源共采技术：在满足传统充填体结构性和体积性的基础上，兼顾蓄热/储能、载冷/蓄冷等拓展功能，以充填体为储热载体，达到矿产-地热资源共采目的。该技术有效结合了矿井分级开采和地源热泵埋管换热器系统的工艺特点，在充填体内组装及敷设采热管道，使采热管道与充填材料固化形成热力学性能良好的一体性蓄热/储能功能性充填体，建立充填体耦合热交换系统，获取的地热能通过充填井内的地热输送管送至地面的地热工厂。整个地热开采系统为封闭式，通过管道内的循环流体取热不取水，避免了常规地热开采污染地下水和地面沉降的问题。

4）基于深地金属矿流态化浸出的矿-热资源共采：包括原位钻孔压裂溶浸共采和破碎堆浸共采技术，在流态化浸出开采金属矿产资源的同时提取地热能源，实现矿产和地热的共采。该共采系统主要包含溶浸液与菌种制备系统、钻井与管路运输系统、地热利用系统、金属析出系统以及生产辅助系统。使用爆破或是水力压裂的方式制造孔隙裂隙，扩展溶浸液与矿石的接触面积与路径，为高效浸出提供预备环境；将制备好的溶浸液与菌种通过管路输送至矿体；通过生产辅助系统实时监测溶浸液温度、矿物浸出速率等参数；高温、高金属浓度的浸出液通过生产井抽出，首先经过地热利用系统提取其热能，再经过金属析出系统提取矿物成分，最后贫液输送至溶浸液与菌种制备系统，经浓缩提纯后储存接续使用。

（2）金属矿膏体充填关键技术与装备

膏体技术能够有效解决采矿引发的环境和安全问题，是实现绿色开采的关键技术。相关装备主要包括料浆制备设备、搅拌设备、输送设备和控制监测系统等。该技术在金属矿山中的应用已日益普及，并在提高采矿效率和环境保护方面发挥着重要作用。随着膏体技术应用逐渐成熟，其正朝着智能化、精细化和个性化的研究方向发展，旨在提高充填质量、降低充填成本。

1）全尾砂膏体浓密技术与装备：高浓度的全尾砂浆是制备优质膏体的前提，尾砂浓密主要有重力浓密和机械过滤两种方式。随着重力浓密技术发展，全尾砂膏体浓密技术在经历了传统浓密机、高效浓密机、深锥浓密机的发展阶段，放砂底流浓度也由40%~60%增加至70%~80%。深锥浓密机通过重力、化学力和耙架剪切力等联合作用，可将低浓度全尾砂浆制备成高浓度底流砂浆，是实现尾砂深度浓密的重要装备，同时可实现连续进料、连续出料的连续性工艺，生产效率高。目前，以膏体浓密机为代表的高效絮凝沉降技术发展迅猛，因此重力浓密成为尾砂脱水研究的主要方向。

2）膏体搅拌技术与装备：固液混合与搅拌制备是充填料浆形成的关键环节，主要是将废石等多尺度惰性材料、水泥等活性材料、泵送剂等改性材料与高浓度砂浆混合搅拌，在搅拌机叶片作用下通过物料的轴向循环与径向对流，充分分散散体材料，实现充填料浆的均质化，提高料浆的可输性和充填体的强度性能。搅拌机是充填料浆搅拌制备的核心设备，其性能的优劣直接关系到料浆生产的质量和效率。搅拌工艺一般分为间歇式和连续式两种。矿山充填中多采用连续搅拌工艺。连续搅拌设备主要包括立式搅拌桶、卧式搅拌机等，通过对流混合、扩散混合与剪切混合综合实现良好的搅拌效果。立式搅拌通过创造强大的局部湍动，破坏浆体内部平衡，实现多种物料的均匀混合。

3）膏体输送技术与装备：管道输送是膏体充填技术的关键环节。膏体充填管道输送就是将充填站搅拌均匀的全尾砂膏体料浆，以自流或泵压的方式，通过管道系统由地表输送至井下采场的过程。与传统充填相比，膏体具有不分层、不离析、不沉淀的特点，更利于管道的长距离输送。但是，膏体黏度高、屈服应力大，表现出明显的非牛顿流体特征，其管内流动行为更为复杂，因此，保证膏体料浆在管内的稳定流动是矿山顺利生产、系统高效运行的重要前提。膏体在管道中的输送形态有别于传统两相流体，多认为是以结构流的形态存在。吴爱祥等将膏体流动区划分为柱塞流动区、剪切流动区和滑移流动区，建立了考虑管壁滑移效应的膏体管道输送阻力模型，并对滑移层厚度及影响因素进行了初步探讨。同时认为膏体的时变性使管道沿程阻力在恒定剪切作用下逐渐降低并趋于稳定。膏体管道输送阻力影响因素复杂，不仅受物料特性影响，同时还与输送条件和外加场影响有重大关系，如何构建"全因素"管道输送阻力计算模型是下一步研究的重大课题。

4）智能化控制技术与装备：在"中国制造2025"战略背景下，国家工信部提出智能制造和两化融合，发改委提出互联网＋、云计算和大数据，应急管理部提出机械化换人、自动化减人，大力推动深部金属矿开采智能化进程。矿山充填智能化需要考虑3个层面的内容。一是充填采矿方法选择与参数设计。通过人工智能方法对矿区开采技术条件、环境地质条件和工程地质条件进行综合分析，从安全、环保、经济、高效4个层面推荐最优采矿方法，并进行最优参数设计。二是充填材料制备。结合图像分析和人工智能方法对尾砂浓密效果、混合搅拌质量综合判定，以流动性和强度为目标，开展多参数配比优化。三是充填体与次生环境匹配关系。分析充填体对大尺度开采扰动阻隔关系，建立时空合理的回采及充填顺序。

5）国家标准：全尾砂膏体充填是绿色矿山建设的重要支撑技术之一，可以高效解决尾矿库和采空区生态安全问题。但膏体充填关键技术指标界定尚不明确，使得该技术在应用过程中偏离初衷，达不到应有的实施效果。为此，由全国黄金标准化技术委员会提出并归口，北京科技大学牵头先后制定了《全尾砂膏体充填技术规范》与《全尾砂膏体制备与堆存技术规范》，旨在规范膏体新型材料制备、膏体材料技术指标、膏体充填工艺要求、堆存技术要求及其检测方法和排放工艺、堆场技术要求等。

膏体技术实现了固废资源化利用，是一门多学科交叉系统性工程。我国在尾砂浓密、管道输送、膏体采场性能、新材料开发以及工程实验室建设方面已有大量研究并取得了重要进展。目前膏体技术研究逐渐趋向于智能化和精细化，主要目的是实现膏体的高质量制备和降低充填成本，同时实现系统的可靠运行。在井下能够有效提高接顶率，控制岩层移动。同时厂前回水实现了水资源循环利用，降低了水资源浪费。有效解决了尾矿库安全、污染问题。膏体技术已经成为我国矿业领域的研究热点与发展新动向。

（3）金属矿机械采矿技术与装备

金属矿产资源为国民经济的快速发展提供了强有力的支撑。经济社会发展对矿产品需求持续增长，对矿产资源开发利用能力提出了更高的要求。随着金属矿山采掘向深部延伸，传统采矿工艺技术和装备难以满足深部开采的需求。

部分断面掘进机中最常用也是最重要的一种就是悬臂式掘进机。世界第一台悬臂式掘进机出自20世纪30年代的美国，并将该项技术应用到采矿作业之中，悬臂式巷道掘进机自产生至今，已有90多年的发展历史。近年来随着悬臂式掘进机及配套装备的发展，特别是悬臂式掘进机机械落矿设备在隧道及铝土矿、钾盐、钙芒硝矿等矿山的成功应用，为该类设备应用于金属矿山进行采矿提供了借鉴和支撑。基于悬臂式掘进机，机械采掘技术在金属软弱破碎难采矿体开采中，已展现出较大的优势，如三山岛金矿、阿希金矿、紫金锌业、瓮福磷矿、瓦厂坪铝土矿等破碎软弱矿岩采掘中取得了良好的应用效果。悬臂式掘进机的适用范围不断扩大，掘进断面与适应坡度不断增大，辅助功能以及智能控制水平也在不断提升，设备稳定性与截割岩石硬度较以往均有大幅度的提高，从而使悬臂式掘进机在采矿业发展中占据了越来越重要的地位。

当前TBM装备与掘进技术已今非昔比，在设备断面尺寸、断面形状、斜井施工、小转弯半径等方面不断优化与创新，提高了TBM对井巷、隧道工程的适用性。随着TBM装备小型化、灵活性及掘进效能的发展和提升，TBM相关技术已成为未来矿山规模化采掘和深部资源开发的重要方向和采矿技术变革的前引。TBM可掘进通达矿体的平硐、斜井/斜坡道，具备在大型矿床开拓工程中应用的条件，目前小型TBM设备可适应±15%坡度与30米转弯半径的工程场景，满足了大型矿山井巷开拓工程的基础要求。国外从20世纪70年代就开始将TBM用于煤矿和金属矿山的井巷工程，从90年代开始应用案例数量显著增加，取得了很多工程经验。国内已有超过35个煤矿工程采用了TBM掘进技术。我国金属矿山如多宝山金矿、巨龙铜矿、三山岛金矿、瑞海金矿均已确定应用矿用TBM掘进井巷工程。金属矿山TBM采掘工程技术对实现大规模矿山的高效开发、缩短矿山建设周期、降低投资风险、提高企业盈利能力和破解深部高应力复杂地质环境下的掘进难题具有重要现实意义（图1，图2）。

机械连续采掘技术与装备研发应用后，采掘效率可达钻爆法的3~10倍，施工质量好，安全能效高，可实现采掘作业全流程机械化、自动化与智能化。它从根本上变革了凿岩爆破采掘方式，机械破岩连续采掘技术是实现矿山绿色智能采矿的重要途径。

图 1　掘锚一体机图

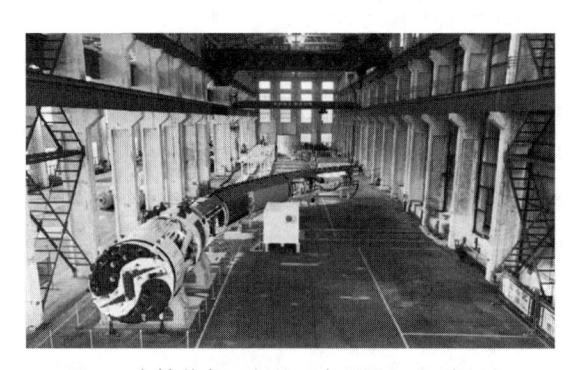

图 2　中铁装备研制的"文登号"小型 TBM

（4）金属矿山采动灾害监测预警云平台

我国对矿产资源的需求量持续增加的同时，由于我国金属非金属矿山禀赋相对于国外较差，开采诱发的边坡失稳、空区坍塌等矿山灾害越发严重，对采矿过程中围岩的稳定性进行实时监测并预警矿山潜在工程地质灾害发生的时空位置，是实现矿山安全开采的重要技术保证。

在国家重点研发计划项目"金属非金属矿山重大灾害致灾机理及防控技术研究"第七课题"基于云计算的矿山多灾种耦合风险监测预警平台"（课题编号 2016YFC0801607）的资助下，东北大学采矿工程系岩石破裂与失稳研究所（CRISR）课题组以实现金属矿山采动灾害预测预警和科学防控为最终目标，在采动岩体损伤机理、矿山灾害监测预警指标体系等应用研究基础上，提出了现场监测与数值模拟相结合的矿山采动灾害风险监测预警方法，结合物联网、云计算、大数据、虚拟现实等技术，研发了金属矿山地质灾害监测预警云平台。

首先，在矿山精细化建模方面，基于无人机倾斜摄影测量、三维激光扫描、井巷、地质等数据，提出了多源数据驱动下精细化建模技术，实现了由表及里矿山精细化模型的构建。进一步,将深度学习、安卓开发及钻孔岩芯 RQD 计算相结合,研发了岩芯图像拍照识别 App,实现了岩体质量空间变异性的量化表征。同时,借助于 unity3d 虚拟现实引擎,搭建了精细化真三维矿山虚拟现实场景,实现矿山场景云端一键查阅,为多源监测数据的集成及矿山风险状态的可视化奠定基础。

其次,在多源多模态采动岩体大数据实时采集与动态挖掘方面,基于物联网通信技术,研发了具有强协议兼容性的矿山多源监测设备云端接入系统,实现了"天 – 空 – 地 – 深地"多模态监测数据的云端接入,同时,引入 K–means 等无监督学习算法,实现了多模态数据的实时清洗与传感器运行状态的动态检测,为灾害的精准预测提供保障。基于此,提出了云边协同的多源多模态监测数据动态处理架构,实现了 MATLAB、Python 等主流编程语言撰写算法的云端管控,为数据挖掘算法集成及多源多模态监测数据的动态处理提供技术支撑;进一步结合人工智能、大数据、云边协同等技术,挖掘了多源监测大数据间时空关联性,完成监测数据的超前预测,同时探究了历史监测数据与岩体损伤破裂的关系,实现了预警关键指标的动态提取,为灾害的综合预测预警提供重要指标。

再次,在精细化数值模拟方面,提出了一种亿级自由度结构化六面体网格智能划分算法,实现了以往非结构化四面体粗大网格自动转化为结构化六面体亿级自由度网格,并研发了 RFPA、COMSOL、FLAC 等常用模拟软件的导入接口;提出了一种弹脆性损伤本构模型,完成数值模拟软件的集成;提出了微震数据驱动的岩体力学参数时空变异性动态修正算法,在此技术上,将边缘计算、云计算、物联网通信与数值模拟技术相结合,形成了监测数据驱动下动态模拟云服务,形成了监测和模拟相结合的灾害预测预警方法。

最后,在灾害智能化预警方法,基于百度地图 API,结合知识图谱等人工智能算法,开展了地质灾害案例的收集,形成了包含岩爆灾害 236 例、滑坡灾害 82 例、顶板灾害 86 例的地质灾害案例库,提出了基于案例挖掘的预警指标体系构建算法;进一步将地质灾害案例分析、现场监测大数据挖掘、数值模拟云计算分析数据融合,基于模糊综合评价等决策算法,形成灾害评判专家系统,最终形成地质灾害案例库 + 现场监测大数据挖掘 + 模拟云计算分析 + 专家系统评判"四位一体"矿山灾害风险动态评价方法,并进一步搭建了金属矿山地质灾害监测预警云平台,完成了上述技术内容的落地,实现风险的动态评价及灾害的实时预测预警。

2019 年矿山工程地质灾害监测预警云平台在山东黄金新城金矿、山东黄金阿尔哈达铅锌矿和中国黄金乌山铜钼矿等矿山推广应用,其中在山东黄金新城金矿和阿尔哈达铅锌矿应用产生的成果通过中国黄金协会鉴定达到国际领先水平,在中国黄金乌山铜钼矿应用产生的成果通过中国黄金协会鉴定达到国际先进水平。

(5)复杂环境矿山边坡灾害防控技术

随着露天开采持续向深部、高强度、大规模方向发展,滑坡等灾害逐年增多,严重制约矿产资源开采,威胁国家资源安全与经济发展。复杂环境矿山边坡灾害防控技术研究,符合《"十四五"国家综合防灾减灾规划》重大需求。

1）露天矿边坡稳定性评价理论与设计标准：针对边坡稳定性评价方法问题，昆明理工大学吴顺川团队建立了岩土体不同强度参数间的非等比折减数学关系式，研发了滑面智能搜索方法，并基于滑面应力状态，构建了边坡稳定性评价"双安全系数法"。另外，考虑条间法向力不均匀分布特征，完善了传统极限平衡条分法，提高了安全系数计算精度。绍兴文理学院杜时贵团队针对露天矿总体边坡普遍偏安全、台阶边坡或组合台阶边坡普遍偏不安全的现象，提出了大型露天矿山边坡稳定性等精度评价方法，建立了稳定系数误差与边坡设计安全系数相关关系，构建了近期静态精度与评价期静态设计安全系数、长期动态精度与服务期动态设计安全系数的关系，为边坡设计安全系数的不确定性问题提供了一种确定性解决方案。

针对矿山边坡设计标准问题，昆明理工大学吴顺川团队将矿山边坡划分为总体边坡、路间边坡和台阶边坡三种尺度，并对其控制因素、破坏模式进行了分析；提出了综合考虑服务年限、边坡尺度规模的设计安全系数改进方案；并构建了考虑边坡安全等级与服务年限双重因素的目标可靠度，拓展了边坡稳定性评价的设计标准。牵头制定了《露天矿山岩质边坡工程设计规范》，对矿山岩质边坡工程地质分析、岩体参数确定、稳定性分析方法及工程设计作出了明确规定，有效提升了非煤露天矿岩质边坡稳定性评价的合理性和科学性。

2）露天矿边坡灾害监测预警技术：露天矿滑坡灾害监测指标主要可分为三类：坡体表面位移指标、锚固结构变化特性指标以及声发射信号指标。依据坡体表面位移的监测预警问题，中国安全生产科学研究院马海涛团队研发了完全自主知识产权的边坡变形监测设备——S-SAR合成孔径雷达，突破了高稳双通道宽频带和高隔离度收发通道技术瓶颈；工作环境温度：$-45℃\sim 60℃$，监测范围：$60°\times 30°$，精度：亚毫米级，监测距离：>5千米；建立了基于变形速度和变形面积的双指标滑坡预警模型，攻克了监测数据振荡性强、趋势性弱、预报时效性差的技术难题。打破了国外技术垄断，显著提升了滑坡灾害的预警时效，并已被列为国家级专业救援力量。

依据锚固结构变化特性的监测预警问题，中国矿业大学（北京）何满潮团队系统开展了滑坡牛顿力监测预报理论与技术研究。在岩石力学领域首次提出地质体灾变牛顿力变化定律，构建了基于牛顿力变化测量的滑坡"双体灾变力学理论"，形成了一套完善的滑坡牛顿力测量理论体系。自主研发了滑坡灾害牛顿力远程监测预警系统以及具有高恒阻、大变形、超强吸能特性的适用于滑坡牛顿力监测的负泊松比（NPR）锚索，构建了滑坡牛顿力灾变预警模式及预警等级，形成了滑坡"加固－监测－预警"一体化防控技术，解决了滑坡监测预警存在的预警成功率低、预警时间滞后等问题，并实现了远程监测预警的工程应用。

依据声发射信号监测预警问题，昆明理工大学吴顺川团队构建了一种改进AR-AIC拾取法，在应用中实现了实测声发射信号高精度的自动到时拾取；并结合应力波在颗粒流模型中的传播规律,构建了针对缓倾地层的定位方法和二维非测速条件下震源定位方法,克服了传统方法定位误差大的缺陷;最终结合数值模型和室内平板试验,建立了一套完整的室内试验主/被动超声技术,在试样尺度上实现了声发射事件的精确定位,为矿山灾害监测提供了技术支撑。

3)露天矿边坡灾害处治技术:影响露天矿边坡稳定的因素较多,其中岩体性质(岩石组成、岩体构造)和地下水是最主要的因素。针对特殊岩体结构边坡稳定性治理问题,中国矿业大学(北京)何满潮团队开展了不同岩层组合型式下的边坡物理模型试验研究,厘清了不同结构边坡的典型破坏模式,并根据不同模式研发了NPR锚索支护技术;NPR锚索能够在边坡变形中提供恒定的支护阻力,吸收边坡释放的能量,进而适应边坡因开挖产生的大变形,为复杂结构体边坡支护问题提供了解决措施。

针对地下水害控制边坡稳定性问题,昆明理工大学吴顺川团队依据富水地层露天矿边坡的低强度 – 高水压复杂条件,首次引入大型地下连续墙止水固坡技术,并针对墙后不同被动土压力条件,提出了两种地连墙止水固坡结构:单一地连墙结构和锚拉式地连墙结构,解决了矿山面临的高水压 – 低强度问题。我国露天矿首个大型地下连续墙工程的顺利实施具有重要的环保意义,可避免抽排水造成的地下水位下降、水环境污染、水资源浪费等问题,符合"绿色、安全、可持续发展"要求,对类似矿山边坡的防渗堵水工程具有一定的参考和推广应用价值。

(6)地下金属矿生产作业链全过程高效智能协同技术

"智能矿山"是国家"智能制造"战略的重要组成部分,基于数字化技术的生产作业链协同是地下金属矿智能化建设的核心内容。地下金属矿山作业场所分散、工艺过程离散、人员设备移动频繁、作业对象与空间动态变化和强扰动等特点,导致生产作业数据难以持续精准快速获取,进而造成动态反映井下复杂开采环境和作业工况的全场景数字矿山体系构建困难,最终使生产作业链工序与装备高效协同运转成为难题。为此,通过研究和攻克了"矿山生产作业数据持续精准快速获取和多源异质数据集成管理""井下无轨装备自动驾驶""井下环境和作业工况可视化集成管控",以及"全作业链生产过程实时调度"等核心难题,实现了地下金属矿生产作业链全过程高效智能协同,实现矿山智能化回采。

1)矿山生产作业数据持续精准快速获取和多源异质数据集成管理:井下空区位置和形态精确探测对于矿山精准开采和安全管理至关重要;资源开采过程中作业场所与装备的位置、矿量和品位等数据的实时获取是实现生产作业管控的关键;融合地质资源、工程结构与过程管理等多源异构数据,构建大数据中心是实现生产作业链数字化协同与决策的基础。

通过研发了井下空间复杂形态、装备位置与姿态精准获取成套技术,构建了融合空间、实时和关系等异质数据为一体的数字矿山数据集成技术体系。发明了综合轴向步进角度和径向数据采集时间双重控制的自适应等距三维激光扫描技术,研制了适应复杂空区的便携式三维激光探测装备与系统，解决了测量速度慢、测点分布不均而导致重构模型质量较差的难题。以井下作业点和无轨装备为监控目标，提出了远端固定近端车载的异构、全覆盖高带宽通信技术，率先研发了融合超宽带、定位桩和微惯导的移动装备位姿采集技术，解决了井下移动装备实时跟踪及物料智能化计量的问题，为采矿作业计划有效实施及作业过程实时调度和管理提供了保障（图3）。构建了地下金属矿多源异构数据统一时空框架，形成了开采技术、过程与管理的数据标准与存储规范，建立了基于分布式架构云平台的矿山大数据存储与管理系统，解决了矿山行业多层级实时（自动化）系统、生产作业系统、管理与决策系统的数据独立存储、信息孤岛现象严重的问题。

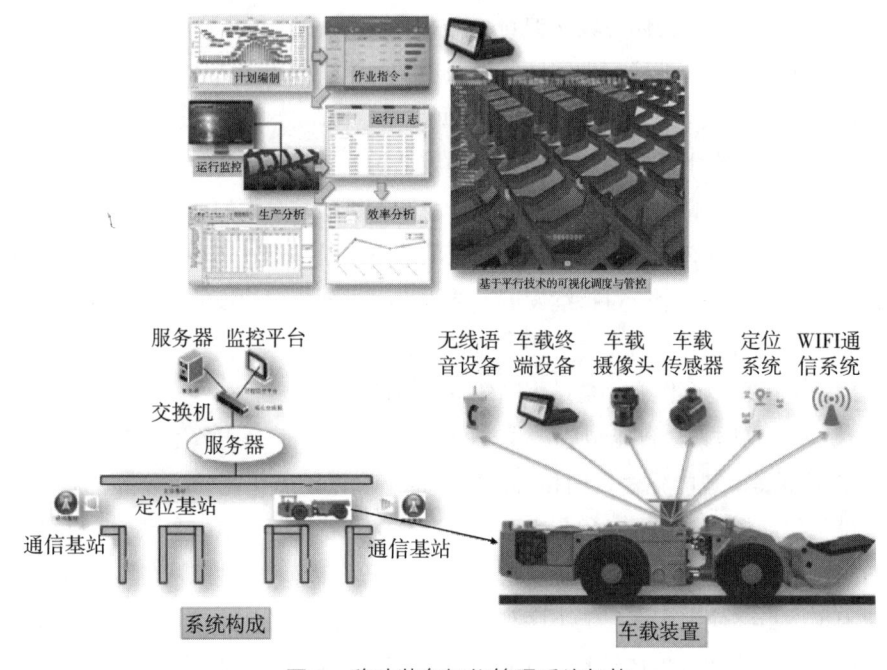

图3 移动装备智能管理系统架构

2）井下无轨装备自动驾驶：随着地下矿山开采规模的不断增加，采矿条件愈加复杂恶劣，安全生产压力越来越大。传统采矿模式存在的劳动者密集、资源消耗多、生产效率低、安全性差等缺点，已难以适应矿山发展要求。与此同时，国家安监总局出台了"机械化换人、自动化减人"科技强安行动、《新一代人工智能发展规划》等一系列政策。在此推动下，业内在逐步提高矿山生产机械化、自动化、信息化、智能化、标准化水平，以推动矿山向以机械化、自动化为主要特征的现代化采矿模式转型升级。

以铲运机为代表的井下大型无轨装备是实现金属矿山自动化作业的重要手段。为此，基于多元信息融合理论，研发集成激光雷达、红外摄像等感知手段的车载环境融合感知单元，通过运动模型和传感器实时反馈信息，进行铲运机作业过程连续跟踪与反馈控制；针对地下金属矿开采面临的湿度大、粉尘多、地磁干扰强等特点，提出可靠网络信号传输方法，解决高速无线网络漫游快速切换以及复杂环境下的网络可靠性问题，构建适用于地下铲运机自动作业的高可靠性、实时性的通信网络系统。基于模块化设计思想，研究铲运机自动控制技术及远程操纵平台，实现铲运机地面集中化控制，将井下工人从危险的环境中解决出来（图4）。该平台为操作人员提供可视化的人机交互界面，实现对地下铲运机实时的可视化调度与紧急接管控制，以及对铲运机工作状况进行视频监控，记录铲运机工作状态等功能，为矿山提供具有高度自动化水平的装备及精准科学管控服务，实现地下矿山安全出矿、提高资源回收率、提升企业经济效益的目标。

图 4　普朗铜矿铲运机地面集中控制中心

3）井下环境和作业工况可视化集成管控：地下矿山作业点多、面广、过程离散，数字孪生是实现透明管控、协同作业的基础，地质体与工程自动建模与动态更新，数据多层存储与分级调度，基于实时数据驱动的装备位姿和行为仿真、态势预测与预警等是实现矿山数字孪生的关键。

提出了融合多种地质与工程规则约束的广义径向基函数插值方法，开发了不同约束条件下隐式函数高效求解和隐式曲面快速重构技术，研发了适合不同场景的自动建模系统，突破了传统建模方法的时效性瓶颈，攻克了矿体、岩层、构造耦合分布模型的重构和快速动态更新难题。根据地下矿山场景特征并利用自适应八叉树对复杂场景不同层次粒度空间的划分与数据组织，提出了一种基于视觉感知驱动的地下矿山复杂场景数据自适应组织管理与动态调度方法，解决了地下矿山大规模复杂三维场景可视化的数据调度效率不高、视觉一致性差等难题。建立了矿山多尺度生产装备模型库，研发了一种面向对象的状态传递与实时数据驱动机制及装备位姿和行为仿真新技术，开发了集开采环境、装备作业状态、生产指标分析和异常状况报警等功能于一体的矿山生产与安全可视化管控技术和产品体系，为实现地下矿生产与安全可视可控奠定了基础（图5）。

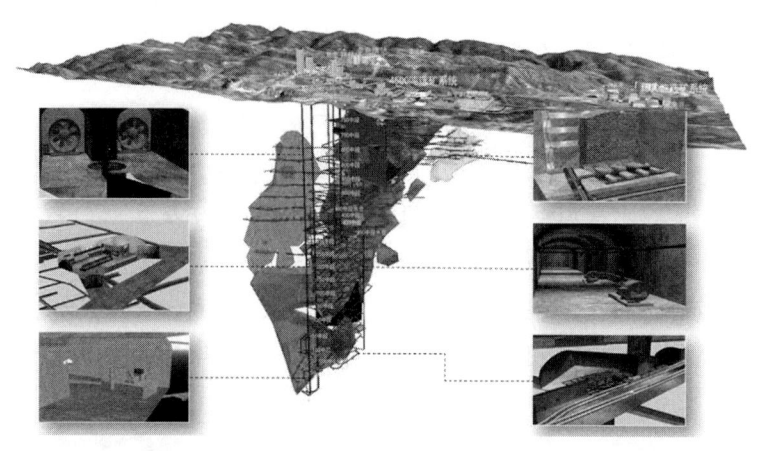

图 5　全景数字孪生矿山构建技术体系

4）全作业链生产过程实时调度：高可靠度与执行度的生产和作业计划、作业过程和效果的精准分析，以及作业方案实时调整和过程动态调度，是作业链工艺与装备高效高质量运转的关键前提与保障（图 6）。

图 6　作业链数字化协同技术支撑闭环

面向异常条件下生产与作业计划的快速调整以及生产过程的动态调度，构建了以最短路径、最低闲置率、最均衡品质和产量为目标，有效路径和场所、可用装备等为约束的作业计划优化调整数学模型，突破了计划实时调整和装备与人员动态调度技术瓶颈。适应企业生产执行层、管理决策层对矿山全域全过程安全和生产状况管控的不同需求，研发了多层次数据分析和类组态化的业务与数据可视化人机交互技术，开发了矿用三维激光扫描、矿用车载智能终端、迪迈矿山平行系统等覆盖生产作业链全业务场景，融合空间、实时和关系等异质数据为一体的 15 类软硬件产品，实现了基于大数据技术的地下金属矿作业链生产安全协同管理（图 7，图 8）。

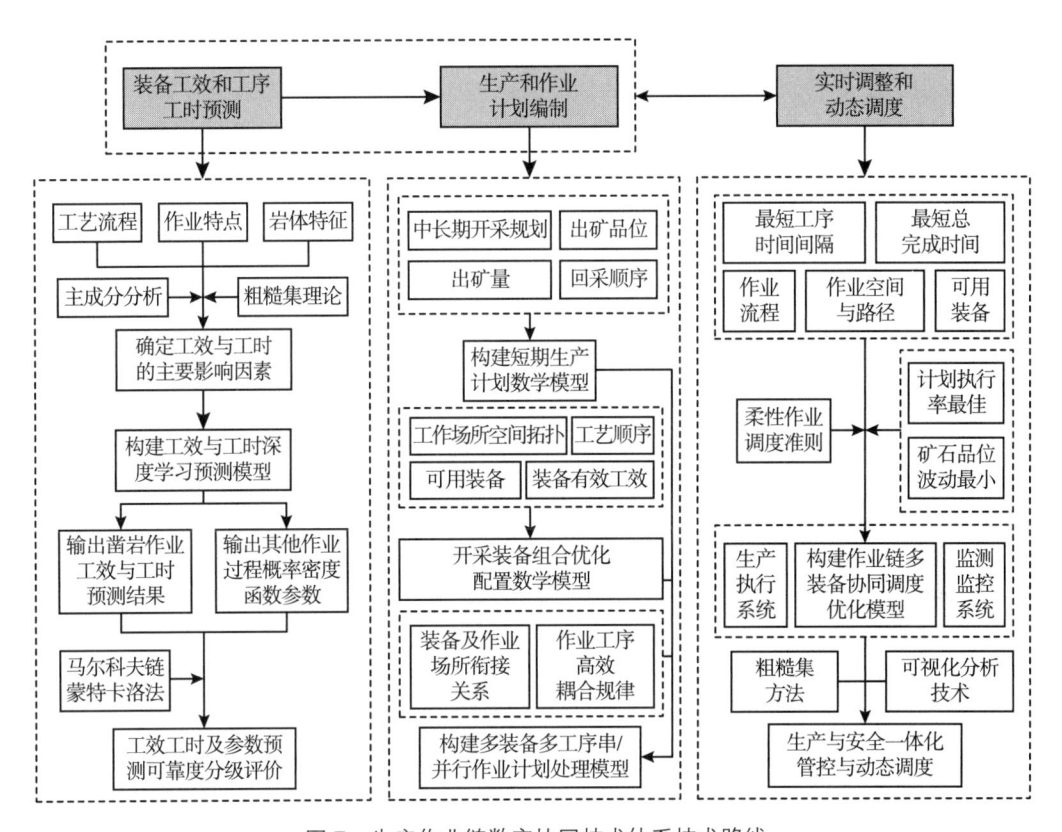

图 7 生产作业链数字协同技术体系技术路线

图 8 矿山生产安全协同管控

上述相关技术的成功研发和实施，革新了地下金属矿山作业模式，实现了地下金属矿生产作业链全过程高效智能协同，建成了普朗铜矿、谦比希铜矿等典型金属智能矿山示范，促进了矿山的数字化转型和"两化融合"。

（7）金属露天矿无人采矿装备及智能管控关键技术

金属露天矿无人采矿装备及智能管控关键技术是在金属露天矿生产环境下，将无人驾驶、配矿作业计划、采－装－运－卸智能调度以及运输量自动计量与管理集成为一体，综合应用多传感器融合技术、5G通信技术、高精度组合导航定位技术、模式识别、智能控制及群体智能优化调度等多门前沿学科，实现对采－装－运－卸生产过程的实时数据采集、判断、显示、控制与管理，对配矿计划实施动态智能优化，实时监控和智能调度挖机、卡车、破碎机等设备的运行，实时对采矿生产的数据进行智能监测及智能控制，从而形成一种全方位的新型金属露天矿无人采矿智能生产管控系统。图9为智能管控系统整体架构图。该系统主要包含以下五项关键技术的研发。

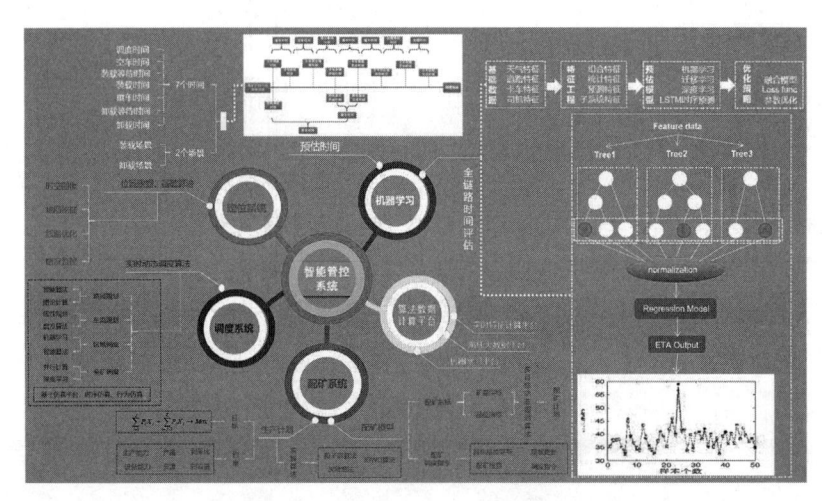

图9　金属露天矿无人采矿装备及智能管控系统架构图

1）无人驾驶车辆开放式体系结构设计与集成控制技术：根据矿区无人驾驶车辆感知、决策、控制和驱动执行的功能要求，对应建立具有感知层、决策层、控制层和执行层的无人驾驶车辆分层体系结构；研发矿用新能源电动无人驾驶硬件平台，完成车辆的转向、油门、制动、急停等改造；采用开放式通用化结构，设计实现电动卡车的无人驾驶技术。

2）露天矿区复杂环境下的无人驾驶自主运行及避障技术：利用车载轮速里程计、惯导系统、激光雷达和机器视觉等多传感器信息，构建基于矿用卡车运动微分模型的航迹推算方法，减少定位误差；针对点云无特征匹配性质，优化点云配准方法；结合障碍物检测技术，融合局部与整体GPS路网，实现无人驾驶局部路线规划与自主避障。

3）多金属多目标露天矿全要素智能精细化配矿技术：针对多金属伴生露天矿配矿特点，分析各要素与选矿回收率之间的内在关系，构建多金属多目标露天矿精细化配矿模型，并提出相应的高维多目标智能优化求解算法；在不同时间粒度下，根据生产过程实时数据自适应调整不同时间段下的配矿计划，实现了配矿计划的智能动态生成。

4）数据驱动下的露天矿无人驾驶多车协同智能调度技术：在车铲定位、运输过程及实时路网等数据基础上，以多智能体协同作业为对象，构建了多目标露天矿智能调度模型，实现露天矿多智能体协同作业规划；提出数据驱动的工业大数据建模与分析方法，对多智能体在不同天气、道路特征下的运输行为进行预估分析。

5）云服务下的金属露天矿无人开采一体化管控平台：以大数据技术为支撑，在获取无人作业设备位置轨迹的基础上，智能调配作业设备运行，自动化完成精细化配矿与作业设备计量分析；基于设备状态、计划完成率、工效及能效等数据进行实时决策控制，实现露天矿无人开采装备智能管控。

金属露天矿无人采矿装备及智能管控关键技术体系，可有效解决有色金属配矿品位波动大、配矿与调度难以智能化协同的难题，该技术目前已在洛钼集团、马钢集团、广纳集团、冀东水泥、中国电建等 28 个露天矿区推广应用，管控大型设备 3665 台。洛钼集团应用后提高设备作业效率 13.29%，品位波动率由 15.82% 降低到 4.35%，年创经济效益达 2.72 亿元。该技术成果可在国内外大、中、小型金属露天矿山进行推广应用，尤其是作业环境恶劣或特定条件下的矿区极具推广应用价值，为我国露天矿无人高效开采提供了重要的理论及应用依据，对推动露天开采领域科技进步具有十分显著的作用与意义。

（8）深海矿产资源开发技术

深海矿产资源是指分布在深海海底的各种金属矿产资源，包括多金属结核、富钴结壳、多金属硫化物矿床、磷酸盐矿等，其富含的钴、锰、镍等稀有金属资源储量远超陆地。深海矿产资源开发技术是指利用各种技术手段，实现深海矿产资源的勘查、开采和利用的过程。为了更快实现深海矿产资源的商业化开采，世界各国都在加紧深海矿产资源开发技术的研究，深海矿产资源开发技术也逐渐成为衡量国家综合国力和前沿科技水平的关键因素之一，对于维护国家海洋资源安全和推进海洋强国建设具有重要战略意义。

目前，深海矿产资源开发技术主要集中在以下几个方面：

1）勘探技术：深海矿产资源的详细勘探和调查是深海矿产资源开发的基础，包括海洋地形测量、水文测量、声学勘探、地球物理勘探、遥感勘探、复杂环境取样、化学分析、深海数字矿区建设、深海智能勘探机器人制造等。

2）采矿技术：深海矿产资源开采技术的先进性源于深海采矿系统以及所需设备的发展水平，包括深海钻探、深海采矿、深海堆积、深海矿物输运和提升、海底巨型装备制造、多集矿车协同控制等。"海底集矿车–提升泵–提升硬管–水面支持系统"是当前主流的深海采矿方案，2021 年我国通过 1000 米级全系统深海采矿海上试验验证了该技术方案的可行性。

3）环保技术：海底环保是制约深海矿产资源商业化开采的重要因素，深海矿产资源开发需要采用先进的环保技术，包括海底环境监测、预报和评估、海洋环境信息数据库构建、沉积物扰动抑制、废水处理、深海环境修复、水下噪声控制等。

4）其他相关技术：深海矿产资源开发还涉及深海矿物加工（矿物选别、矿物粉碎、提取）、深海安全管理（设备安全、人员安全、紧急避险系统、安全风险评估）、水面支持装备制造（水面支持平台、矿石预分选装备、矿石存储外输装备）等技术。

深海矿产资源开发应当秉持智能可控、高效协同的基本理念，围绕"精细勘探"和"绿色开采"两大核心主题，依靠多学科融合、智能化技术和国际合作实现更高效、更安全、更经济的发展目标。目前，我国深海矿产资源开发技术仍然落后于发达国家，未来重点研发方向包括：研发高精度自主潜水器，实现近底观测和精细取样；发展低扰动、复杂环境感知、多机协同、智能可控的高性能集矿机技术；发展安全、稳定、高效的矿石输送技术；研发面向深海特殊作业环境的特种装备材料；构建适用于严苛海底环保规定的智能化环境健康监测和评估技术体系等。

（9）深部金属矿建井与提升关键技术

金属矿开采深度已突破埋深 1500 米，进入埋深 1500～2000 米。2012 年后，采用钻爆法集中建设了一批 1500 米级深井，在建的有中国黄金纱岭金矿设计井深 1600.2 米和 1560.37 米的主井和副井。千米级竖井最大净直径达 10 米，见图 10。

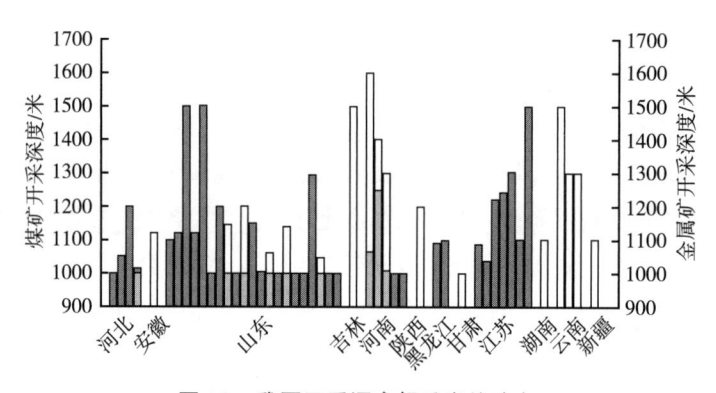

图 10 我国开采深度超千米的矿山

目前，直径大的井筒建设以钻爆法为主，机械破岩钻井主要用于直径小的井筒，目前 90% 以上机械钻井井孔直径达到 3.5 米。

钻爆法以深孔控制爆破破岩技术为核心，通常采用 3 层吊盘并采用传统的"九悬十八吊"方式，在吊盘的底部进行钻爆凿岩、排渣、井壁衬砌，实现掘砌一次成井技术与工艺。钻眼爆破采用液压凿岩机、多臂液压伞形钻架、双联钻架并配以合理的炮孔布置方式，可实现 200 MPa 坚硬岩石地层的有效爆破破岩。同时，采用光面、光底、减震、弱冲中深孔爆破技术和分段挤压爆破等方式，采用高威力水胶炸药和长脚线多段毫秒雷管一次爆破。中心回转抓岩机排渣能力达到 80 立方米 / 时，新型大型化凿井装备容绳量最高可达 2000 米，提升能力最高达 50 吨。辅以冻结法、注浆法等井筒围岩改性方法，可实现

"冻结—注浆—凿井"三同时凿井技术与工艺（图11）。

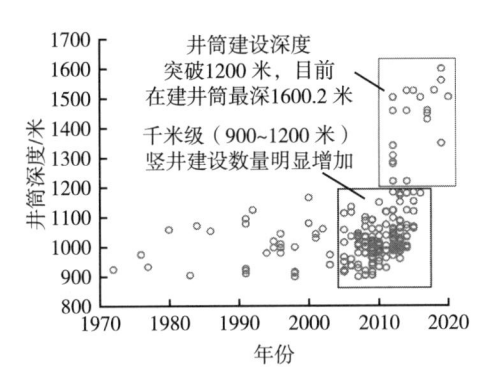

图11　千米级（≥600米）竖井深度与建设年份

机械破岩钻井常见的有竖井钻机、反井钻机和竖井掘进机钻井方式。竖井钻机钻井最大深度达到660米，成井直径10.8米；反井钻机钻井最大深度为562米，钻井最大直径6米；导井式下排渣竖井掘进机钻井最大深度为282.5米，直径5.8米。其中，动力头式的液压驱动旋转和推进的AD130/1000型竖井钻机钻井直径可达13米、钻井深度可达1000米。反井钻机在坚硬岩石条件下钻井直径3.4~4.0米，较软地层中一次扩孔钻进5.3~6.0米，可反井钻进50°~75°的斜井，偏斜率低于0.3%；导孔式下排渣MSJ5.8/1.6D型竖井掘进机钻井深度为282.5米，直径5.8米。

将机械破岩与高压水射流破岩、热-机碎岩、贯通锥形断裂破岩、激光破岩、微波破岩、等离子体破岩、电子束破岩等现代破岩技术相结合是深井凿井破岩的重要研究方向。

目前，采用新型结构的8绳摩擦式提升系统可实现单次提升有效载荷50吨、提升高度2000米、提升速度18米/秒、装机容量13 MW、提升能力600万吨/年。已研发出新式摩擦轮、高比压高摩擦系数衬垫、高效闸控技术与装备、摩擦提升机导向轮等配套装备，实现了井深1500米井筒的提升能力达到600万~800万吨/年，满足了2000米浅井和深井的提升需求。

（三）煤矿开采科学技术研究进展

1. 煤矿开采基础理论研究进展

（1）采动应力与岩体力学

采掘作业活动导致岩体内应力重新分布形成采动应力，是采矿工程安全开采和支护稳定性设计的力学基础。近年来，由于复杂条件煤层的开采的需要，采动应力与岩体力学的研究逐渐趋向于深部开采、大倾角煤层开采、冲击地压煤层开采，且由于工程围岩具有节理裂隙发育各向异性特点，学者对采动应力的研究逐渐深入到主应力旋转对开采的影响，对岩体力学的研究更多趋向于应力旋转引起煤岩破坏、卸荷破坏、微波破坏等复杂路径破坏。

"十三五"重点研发项目（煤矿千米深井围岩控制及智能开采技术）中，分析了深井超长工作面超前采动应力及其旋转轨迹，发现强采动影响下超前采动应力向采空区倾斜，两侧采动应力向巷道倾斜。峰值影响区内应力集中驱动超前裂隙萌生，应力释放和应力旋转促进裂隙扩展，揭示了旋转性采动应力驱动超前裂隙发育机理；进而解释了基本顶分区破断及支架阻力呈谷形分布的原因。

采动应力旋转造成围岩承载能力降低，采动应力旋转角度越大，围岩稳定性越差，采动应力旋转轨迹与采动影响程度、工作面推进方向密切相关，距采空区边界愈近，采动应力旋转速度和旋转角度愈大。岩层位态升高，采动应力旋转角度先增大后减小，高位岩层采动应力旋转轨迹受工作面采空区影响，采动应力旋转轨迹向临近工作面采空区偏转，根据工作面推进方向与采动应力旋转轨迹的关系，提出围岩中存在一组、多组优势裂隙及裂隙随机分布条件下工作面推进方向确定原则，并分析了采动应力旋转现象对覆岩"砌体梁"结构稳定性的影响。临空开采条件下，主应力分布呈现非对称特征，主应力旋转幅度大。

基于主应力方向旋转下的非等压圆孔塑性区边界方程和蝶形破坏理论，阐述了巷道周围主应力旋转与巷道非对称破坏之间的联系。建立采场等效孔的理论模型，研究了不同初始侧压系数下采场侧方主应力方向旋转的演化规律，通过理论分析与数值模拟综合分析验证了采场等效孔模型的可靠性，为采场侧方主应力旋转角度的确定提供了一种新思路。

冲击地压矿井开展解放层（保护层）开采，能够根本性地改造采掘工作面应力集中程度，从而大范围降低采掘活动空间冲击危险性。针对无解放层可采的单一煤层矿井，提出了煤层上覆主导致灾层位厚硬顶板区域水力压裂"人造解放层"卸压防治冲击地压方法，并建立了工程力学模型。结果表明，在冲击地压发生载荷供给历程中，通过区域性改造煤层上覆岩层结构与载荷，可以改变冲击地压发生必需的基础静载荷集聚。

大倾角煤层开采过程中，重力-倾角效应是导致细观层状煤岩体单元体主应力偏转和层间接触面应力非均衡传递，介观层状采动模型优势破裂面方向偏移，宏观层状关键层区域迁移、岩体结构异化的主要因素。且在倾角35°以上煤层采场中重力-倾角效应影响尤为明显，煤岩组合界面倾角35°~60°时，非均衡传力特性逐渐凸显，界面附近煤岩体内应力传递方向发生偏转，且偏转量随倾角增加逐渐增大；煤体破坏由压剪破坏转化为近平行于界面的滑移剪切破坏，煤岩体的强度和弹性模量也随之减小，在采动应力驱动下顶板的损伤变形与破坏运动存在明显的区域性和时序性。

针对非达西渗流条件下煤体渗透率的表征问题，在瞬态脉冲试验中，发展了一种新的分数阶衰减模型来描述考虑采动应力的煤体压差衰减。为了验证分数阶衰减模型，采用MTS815 Flex Test GT试验机对采动应力条件下煤体渗透率进行了实验测定。结果表明，与指数衰减模型相比，新的分数阶衰减模型能更准确地估算考虑采动应力的煤体渗透率。通过对煤体渗透率演化特征的分析，得到了考虑采动应力的煤体渗透率概念模型。

不同微波作用模式下深部巷道砂岩的破坏行为和能量演化特征，有效破碎硬岩和预防并控制岩爆灾害是深部高地应力区施工的两个关键问题，也是确保深部工程安全高效施工的两条最重要的途径。通过微波作用下坚硬砂岩的致裂弱化试验结果表明，1千瓦微波作用用时长超过 2 分钟时，岩石就会受到不可逆损伤。研究可为深部高地应力区高效、安全破岩提供必要的理论支持和技术指导。

微波加热对饱水煤岩的作用具有时间效应，加热 125 秒后煤样的峰值应力和峰值应变下降幅度较大，并且破碎后的块度更加均匀和细碎；此外，微波加热的时间越长，煤岩就越早发生破碎。出现上述现象的原因是煤岩中的水分在微波的作用下快速汽化，随着加热的进行煤样内部的蒸汽压力不断上升并在加热 125 秒后达到最大，造成煤岩内部孔隙和微裂隙的发育和扩张，从而导致煤样动态力学性能的劣化。

为了弄清瓦斯爆炸与煤岩动力灾害下巷道失稳破坏的机制，利用 MTS 伺服压力机和霍普金森压杆系统，研究了复合煤岩体在静态和动态载荷下的破坏特征，以及煤岩厚度比例、煤岩组合角度和冲击方向对煤岩体力学性能和破坏形式的影响。研究结果表明：煤岩厚度比例越高，复合煤岩体的抗压强度和弹性模量越小；组合角度越大，复合煤岩体的弹性模量越大，抗压强度随组合角度先减小后增加，在单轴加载下，复合试样组合角度小于 45°时主要以劈裂破坏为主，45°时劈裂破坏和压剪破坏并存，大于 45°时为沿交界面的剪切破坏。在动态载荷下，45°角的应力 – 应变曲线由于煤岩接触面滑移没有出现回弹现象，且此时动态抗压强度最小。

（2）煤矿透明地质与保障

目前，智能开采控制技术在井下综采工作面应用经历了三个发展阶段：

①智能化 1.0 阶段，"有人巡视，中部跟机"模式，通过研究视频监视技术、液压支架跟机技术、采煤机记忆截割技术、远程控制技术等，将采煤工人从工作面解放出来，可以在相对安全的巷道监控中心完成工作面正常采煤，本阶段未实现工作面无人化，但是为无人化开采提供了一条切实可行的技术途径。②智能化 2.0 阶段，"自动找直，全面跟机"模式，为进一步提升工作面多机协同能力，实现工作面自动化连续生产，将惯性导航技术、人员定位技术、找直技术、多机协同技术等应用于采煤工作面，实现了工作面自动找直，为工作面装备连续推进开采创造条件，工作面作业每班可减少操作工人 5 名，为无人化开采模式提供了更加有效的综采工作面管控手段。③智能化 3.0 阶段，"无人巡视、远程干预"模式，基于工作面地质探测数据以及惯性导航、三维激光扫描等技术应用，实现工作面开采条件感知，构建工作面开采模型。探索基于工作面地质开采模型的数字化割煤技术在中国神东榆家梁煤矿 43101 工作面、陕煤集团张家峁矿 14301 工作面已实现应用，实现了常态化无人操作连续生产应用，常态化生产过程自动化使用率不低于 85%，建立

了工作面中部 1 人巡检常态化生产作业模式，实现生产班下井人数从原来的 10 人减为 6 人，直接生产工效提升约 15.08%。未来的智慧煤矿是煤矿智能化开采技术发展的最高形式，它将融合物联网、云计算、大数据、人工智能、自动控制、移动互联网、机器人化装备等，形成自主感知、万物互联、自学习、自决策、自控制的高度智能系统。为了智能化目标是"透明开采，面内无人"，引入"透明工作面"等先进理论，通过研究三维地质建模技术、研究煤岩识别技术、激光扫描技术、精确定位技术，提前规划割煤曲线，使用采煤机自动调高技术，实现采煤机自主控制。

目前国内学者提出多层级、递进式、高精度三维地质建模的思路，综合运用物探、钻探、采掘工程等多种地质信息采集手段，采用从地面探测到井下探测、由地质预测到采掘反馈、由静态探测到动态探测的技术路线，构建不同勘探、采掘阶段的三维地质模型。由远到近，由粗到细，步步为营，逐步求精，将工作面三维地质模型的精度从"十米级""米级"提升到"亚米级"，并渐次实现回采工作面前方地质条件的递进透明，以多层次、高精度地质探测方法，破解智能化开采面临的地质难题，最终实现煤炭智能精准开采工作面的三维地质透明化。建立了高精度三维地质模型，准确地反映煤层赋存地质状态、地质构造和煤岩特征，提高矿井地质的透明化水平，为智能开采实现综采装备直线度控制与水平控制、采煤机高度智能调节提供精准地质支持，从而真正构建智能开采的矿井地质保障系统。

（3）厚煤层开采基础理论

厚煤层是我国煤矿实现高产高效开采的主力煤层，目前的开采技术主要有综合机械化放顶煤开采和大采高开采。近年来随着技术装备性能的提升和开采工艺的优化，推动了厚煤层开采基础理论的研究。

综放开采技术已经成为我国开采厚煤层的主要方法，也是我国在世界煤炭开采行业的标志性技术。顶煤破碎机理和放煤规律是综放开采独有的研究内容，其中放煤规律是综放开采理论研究的核心。在前期建立的 BBR 研究体系基础上，发现了放出体异性等体特征，提出了端头单口—中部多口的放煤工艺优化方案。提出的预采中分层的卸压开采理论，实现了 20 米以上特厚煤层安全高效回采。除了放煤理论，不再仅以顶煤硬度系数作为是否适用综放的指标，而是提出了综合考虑顶煤裂隙分布、硬度、采动应力、支架阻力，以顶煤破碎块度作为厚煤层选择综放技术的核心判别指标。建立了基于顶煤裂隙分布、采动应力场对顶煤加卸载复合作用的顶煤破碎块度预测模型。建立了大采高综放开采覆岩"悬臂梁－铰接岩梁"结构模型。基于极限平衡理论，建立了煤壁稳定性与顶板压力、煤壁强度、煤壁高度、支架阻力、支架水平支护力等参数之间的关系。开展了煤－矸（夹矸）－岩（直接顶岩石）放落流动的时序规律研究，得出顶煤中夹矸的层位、间距、层数等因素对放落流动时序的影响。随着图像采集设备性能的提升，基于图像识别的智能放煤技术为提高放煤工序的智能化水平，提高资源回收率、降低含矸率，保证矿井安全生产奠定了理论与技术支撑，研究成果将有助于高质量实现智能化放顶煤开采。

全世界首个 8.8 米超大采高工作面在上湾煤矿投产，随后 10.0 米大型液压支架完成生产，这为厚煤层大采高开采奠定了技术装备基础，但是超大采高一次开采由于强度大，导致采场围岩控制困难这一问题尤为突出，发现了超大采高采场具有来压区域性明显、来压急增阻、非来压恒阻、大小周期来压的宏观特征；工作面顶板下沉具有明显的时空差异性，空间上呈现工作面"两端小—中部大"的特征，时间上呈现来压期间大、非来压期间小的特点。浅埋采场上覆岩层空间存在高位主控岩层和低位主控岩层两个主控岩层，在垂直方向形成"切落体"结构形式，切落破断后的块体依靠破断面之间的挤压力和滑动摩擦力作用，处于缓慢的滑落下沉状态，在水平方向形成"挤压平衡供"结构，进而提出了 8.8 米支架超大采高工作面"切落体 + 挤压平衡供"结构模型。

（4）岩层运动与围岩控制

随着煤炭开采装备性能的提升与技术方案的不断优化，矿井开采强度大幅提升，大空间采场必然会产生大范围的岩层运动，围岩控制难度增加。我国的采场岩层运动与控制研究已形成较系统的理论与技术体系，服务于煤炭安全、高效、绿色开采。

随着放顶煤和大采高开采技术在厚煤层开采中的推广应用，高强度开采引起的采动效应更强，采动影响范围更大，顶板岩层活动剧烈，控制难度升高。为提高大空间采场围岩控制效果，在"砌体梁"理论的指导下，采场矿压控制理论取得系列进展。王国法院士以液压支架设计为核心，认为液压支架依托底板支护顶板、防护煤壁、隔绝矸石，通过充分利用煤壁和"砌体梁"结构的自承能力，最大程度发挥液压支架的力学结构特性，促进液压支架与采场围岩耦合为一个动态平衡系统，维护采场安全。王家臣教授提出了顶板动载荷模型。动载冲击力通常大于"砌体梁"结构平衡法给出的顶板压力，是造成液压支架损坏、煤壁片帮的原因之一。为揭示厚煤层高强度开采条件下顶板动载冲击现象产生机理，将直接顶（含顶煤）视为弹性体，在"砌体梁"结构模型的基础上构建了动载冲击效应力学模型。顶板动载荷理论解释了高强度采场基本顶来压引起的动载冲击现象，是对"砌体梁"理论的有益补充与发展。王家臣教授在同时考虑"砌体梁"结构平衡和煤壁稳定，提出了支架工作阻力确定的二元准则，该理论分析了系统组分刚度对顶板载荷分配比例的影响，为支架刚度确定提供指导，并形成了大空间采场高强度、高刚度协同支护思想。对于厚硬顶板采场条件，基本顶可能发生剪切破断和滑落，引发顶板切落现象。

特厚煤层开采条件下，受采动影响的岩层范围成倍增加，覆岩破断形成空间层位划分明显的坚硬岩层结构系统。由低位至高位的顶板结构在运动过程中相互作用，共同影响采场矿压显现特征和强度。根据空间层位、破断规律、结构特征和对采场矿压的影响程度的不同，提出了大空间采场近场岩层和远场岩层的概念，并构建了远 - 近场覆岩结构模型。岩层非协调变形和破断现象在覆岩中产生采动裂隙，采动裂隙是地下水和煤层气的主要流动通道，也是围岩失稳的根本原因。研究覆岩采动裂隙分布特征可为采场矿压、水害防治、瓦斯抽采、离层区注浆减沉等工程问题提供指导。为评价充分采动条件下 O 形圈离层区积聚瓦斯容量，构建了受矸石支撑的关键层薄板力学模型，得到了离层裂隙区关键层下沉位移曲线，采用曲面积分方法计算了关键层与冒落矸石之间的空间体积，提出了瓦斯容量计算方法。针对超长工作面，发现了顶板分区破断和动态迁移的现象，提出了工作面差异化管理模式和液压支架群组协调移架方法。在深埋厚冲积层薄基岩采场，构建了"高耸岩梁"模型，提出了适用于深埋厚冲积层薄基岩采场的液压支架强度 – 刚度双参量选型方法。为补充"薄板"模型未考虑的剪应力，揭示厚硬顶板剪切破断机理，采用中厚板理论构建了考虑基本顶厚度的板结构力学模型，给出了厚硬顶板破断模式由拉伸型向剪切型过渡的力学条件，可实现该类采场切顶压架危险性分区、分级控制。

近年来岩层运动与控制研究在采场矿压控制、采动裂隙分布、采动应力分布、非固态共伴生资源流动规律、岩层运动与地表沉陷等方面取得诸多进展，形成了较完善的理论与技术体系，为煤炭资源实现绿色开采和科学开采奠定了基础。

（5）煤矿动力灾害防治理论

煤矿进入深部开采后，煤岩体固有属性、应力条件及煤与瓦斯等因素会发生显著变化，开采覆岩扰动范围及动静载荷显著增大，矿井群联动致灾效应与大型地质体控制效应显现，煤岩动力灾害由单一性向多元化演变，特别是冲击地压与煤与瓦斯突出、突水等并存甚至相互转化，煤矿深部开采煤岩动力灾害防控已成为当前亟待解决的问题。关于煤矿动力灾害防治理论除了强度理论、刚度理论、能量理论和冲击倾向性理论外，最近又有学者提出"三准则理论""变形失稳理论"等。"三准则理论"认为，发生冲击地压基于强度准则、能量准则和冲击倾向度准则。其中强度准则是煤体破坏准则，能量准则和冲击倾向度准则是突然破坏准则。三个准则同时成立，才是产生冲击地压的充分必要条件。"变形失稳理论"认为，当煤岩体处于非稳定平衡状态时，如果受到外界扰动，则有可能失稳，在瞬间释放大量能量，发生剧烈的破坏，即发生冲击地压。"三因素理论"认为，冲击地压发生的因素主要是煤岩冲击倾向特性、煤岩体结构特性和煤岩体的应力条件。"应力波作用理论"认为，冲击地压是静载、应力波和煤岩体结构耦合作用的结果，高应力梯度下较大范围煤岩体破坏或断裂产生高能量动载应力波，应力波在煤岩体内传播，引起采掘空间围岩变形和破坏，则发生冲击地压。"冲击启动理论"认为，冲击地压发生依次经历冲击启动、冲击能量传递、冲击地压显现 3 个阶段。采动围岩近场系统内静载荷的积聚是冲击启动的内因，采动围岩远场系统中动载荷对静载荷的扰动加载是冲击启动的外因。"动静载叠加诱冲理论"认为，冲击地压发生的本质因素是煤岩体的应力条件，其包括地应力在内的静载荷和采动诱发的动载荷。当煤岩系统在其力学平衡状态破坏时所释放的能量大于煤岩破坏所消耗的能量，即发生冲击地压。"扰动响应失稳理论"认为，冲击地压是开采应力集中造成应变软化区与弹性区组成的煤岩变形系统处于临界状态时在扰动作用下的失稳过程。"结构调控理论"认为，冲击地压发生是一个覆岩结构、采场结构、巷道围岩结构演变过程，应力变化是外在显现形式，冲击地压灾害防治应从改变系统的结构角度出发。

（6）绿色开采理论

在充填开采方面，基于岩层控制的关键层理论，针对充填体的承载力学特性及覆岩层的结构特点，系统研究充填开采采场矿压显现规律、关键岩层运动及地表变形特征，构建了以控制关键岩层弯曲变形规律为目标的充填开采关键岩层控制理论。充填开采关键岩层控制理论揭示了充填开采控制岩层稳定的基本原理，明确了以控制关键层变形为主的充填开采岩层控制基础理论，提供了充填开采岩层运动控制的设计思想。在深入研究充填开采围岩变形特征的基础上，建立了充填开采基本顶与矿压控制的弹性薄板力学模型，给出了基本顶弯曲下沉的挠度方程，得到基本顶发生破断的临界条件，揭示了充填开采基本顶控制机理。充填开采矿压控制理论明确了充实率与支架支护强度为充填开采矿压控制的主要控制要素，揭示了两者之间的相互作用关系，提出了充填开采矿压控制的设计思路。充实率导向的胶结充填体强度设计方面，围绕煤矿采空区充实率控制导向的胶结充填体强度需求这一主题，通过实验室试验和理论分析等方法，实测得出胶结充填体单轴抗压强度与侧限条件下压缩率之间的关系，阐明了煤矿充填开采采空区充实率的科学内涵，分析了采空区充填体的承载机制，建立了胶结充填采空区充实率表征模型，揭示了胶结充填体强度对充实率的影响作用机制，研究了多场景胶结充填目标充实率计算原理，形成了煤矿采空区充实率控制导向的胶结充填体强度需求动态设计方法。研究成果丰富了胶结充填体强度设计理论，可为煤矿胶结充填工作面的充填体强度需求煤矿灾害防治理论。

（7）煤矿灾害防治理论

瓦斯、水、火、顶板、冲击地压等灾害是我国煤矿主要灾害类型，随着煤矿开采深度和强度的不断增大，高瓦斯、高应力、高水压、高地温等问题日益突出，多种灾害相互耦合，加剧了煤矿灾害的治理难度，给我国煤矿安全工作带来了更大的挑战。

深部煤炭采掘过程将伴随着更加复杂的煤与瓦斯突出灾害，极易引发重大事故，严重威胁煤矿安全生产。煤与瓦斯突出机理，是指煤与瓦斯突出发生的原因、条件及其发生、发展过程。前人经过大量研究，提出了"综合作用假说"，认为突出是由地应力、包含在煤体中的瓦斯及煤体自身物理力学性质等综合作用的结果，代表性理论为苏联学者 B.B. 霍多特提出的煤与瓦斯突出"能量假说"。我国学者通过现场观测和实验研究，提出了"流变假说""球壳失稳假说""固流耦合失稳理论""动静载叠加诱发高静载""强动载"和"低临界应力"等理论，建立了煤矿开采静载、矿震动载和瓦斯压力的表达式。

煤炭在开采中长期遭受煤火灾害的困扰，有效预防火灾的发生是保证煤炭安全开采的关键。煤自燃火灾防治理论研究是防治煤自燃的理论基础，煤氧吸附是煤自燃过程中关键的一步，煤在氧化的过程中吸附氧气，不断发生链式反应，从而放出热量，造成煤体升温。煤自燃的发展需要经过潜伏期、自热期和燃烧期三个时期，煤自燃发展阶段可量化煤自燃预警指标，确定煤自燃预警指标临界值，建立煤自燃预警指标体系。目前在三相泡沫阻化原理、无机固化泡沫堵漏技术、阻化砂浆防灭火等方面也取得了重要的理论成果。

顶板灾害主要包括片帮冒顶、顶板大面积突然垮落和大面积切顶压架，在西部矿区还有突水溃沙等灾害，这都与岩层运动和顶板破断相关，具有代表性的理论主要包括"砌体梁""关键层"和"传递岩梁"等。我国西部矿区煤炭开采时水患与缺水并存，煤水矛盾突出，为有效保护和开发我国西部生态脆弱区地下水资源，形成了以生态水位保护为核心的保水采煤技术体系，即控制煤炭资源开采产生的导水裂隙带与含水层不导通。

冲击地压是指煤矿井巷或工作面周围煤（岩）体由于弹性变形能的瞬时释放而产生的突然、剧烈破坏的动力现象，常伴有煤（岩）体瞬间位移、抛出、巨响及气浪等。冲击地压发生时间短，破坏性大，是目前煤矿最难防治的动力灾害之一。对冲击地压机理的认识早期主要有强度理论、刚度理论、能量理论和冲击倾向理论，随后国内外许多学者在这基础上又进行了完善，提出了"三准则理论"、变形失稳理论、"三因素理论"、强度弱化减冲理论、应力控制理论、冲击启动理论、冲击扰动响应失稳理论和动静载叠加诱冲理论。

双重预防机制是煤矿安全管理的核心，从理论本身的优势而言，既延续了煤矿长期以来执行的隐患闭环管理模式，又体现了以风险管控为核心和前提的现代安全管理思想，是具有中国特色的安全管理创新。根据矿井自身灾害赋存情况，对水、火、瓦斯、煤尘、顶板、冲击地压六大自然灾害分别建立灾害感知预警系统。

（8）环境保护与生态修复

矿山环境保护与生态修复是针对矿山开采导致的土地与环境损伤，采取预防和整治措施，使其实现源头减损，或治理恢复到可利用的期望状态的行动或活动。在"双碳"战略背景下，通过科学高效的防治措施实现减损开采和对生态环境损伤进行系统修复，恢复或再造健康安全的矿区生态系统，是矿山绿色发展和高质量发展的根本保障和必由之路。

矿山开采对生态环境的影响，涉及大气、地形地貌、土壤、水资源与水环境、生物、土地利用、生态结构与生态功能等多要素、多层次。因此，矿区环境保护与生态修复是多学科交叉的研究领域。我国矿区土地复垦与生态修复作为矿业工程的分支学科，经历了萌芽阶段（1980—1989年）、初创阶段（1990—2000年）、发展阶段（2001—2007年）和高速发展阶段（2008年至今），形成了以开采沉陷学、景观生态学、土壤学、土力学、生态学、地理学、植物学等学科理论为基础支撑，以土壤重构等为主的独特理论方法和矿山生态修复技术。

在理论研究方面，依据土壤发生学原理和遵循师法自然的理念，胡振琪（2022）提出"土层生态位"和"土壤关键层"的概念和理论。不同土层有其独特的生态功能、空间位置，相关土层间存在密切的功能联系，即"土层生态位"。同时，将影响土壤整体功能和生产力的关键土层，称为"土壤关键层"。由此，矿山复垦土壤剖面重构的原理即以土层生态位为理论基础、土壤关键层为构造核心，设计和优化土壤剖面构型并付诸实施的过程，它的核心是优化设计各个土层生态位、确定和优化关键层。此外，改变原有的"末端治理"理念，基于"源头和过程控制"，提出了"边采边复"的概念与理念，在考虑治理修复过程的动态性、系统要素的均衡性、整体价值的最大性的条件下，实现了矿区环境修复与采矿过程的耦合、地表与地下的耦合。针对矿山生态修复过程中缺乏表土材料等现实问题，在自然地质成土原理的基础上，提出了矿山地质成土的概念与原理，其实质是仿自然地质成土过程，即人工造土，通过筛选矿区可利用的成土母质或土壤材料，采用物理、化学和生物措施促进土壤快速发育和熟化并在短期内形成期望土壤功能、达到自我可持续发育状态的过程。

在矿区生态监测技术方面，形成融合多源、多时相卫星、航空遥感影像的"星 – 空 – 地 – 井"四位一体的矿区土地生态损伤信息监测方法，与传统的生态环境监测相比，将地下采矿信息作为先导，结合地表实测数据、航空及卫星影像数据、近地面探测数据等，能够实现矿区土地生态损伤信息的快速提取和真实反映煤炭开采对土地生态的影响。同时，应用长时序遥感监测数据和人工智能、机器学习方法等，实现了矿区生态环境要素长时序、大范围、多要素、多层次的定量反演。在规划方面，采煤塌陷地综合治理专项规划以塌陷现状和未来预计塌陷预测情况为数据基础，在综合分析基础上，因地制宜地确定治理目标、定位和总体布局，明确重点工程和重点项目并落实保障措施，以国土综合整治与生态修复或采煤塌陷地治理等专题有机融入国土空间规划体系，改进了地上下资源协同对国土空间规划的指导，提升了规划科学性、适用性与严谨性。在修复技术方面，创新性利用黄河泥沙作为充填材料，攻克了动水、长距离条件下高浓度取输沙和泥沙快速固结技术，发明了间隔条带交替式多层多次充填的连续施工工艺，同步解决了充填材料严重不足和黄河泥沙淤积的问题。此外，在煤矸石山整地方式、绿化植被的选择、种植及管理方式等方面形成了阻燃型生态修复新技术；在西部煤矿区，最新研究揭示了菌根在提升植物高温、干旱胁迫抗逆性及其修复机理，并应用于井工矿区塌陷地、露天矿排土场等，取得了良好的生态修复效果。面向国家战略需求，黄河流域煤炭基地和国家矿区等已成为生态修复的热点区域，"双碳"战略引领生态修复从土地生产能力恢复、景观恢复到兼顾生物多样性及生态碳汇能力的转变。在源头减损技术方面，充填开采、条带开采、离层注浆、保水开采、协调开采等绿色开采技术仍是研究的热点。

2. 煤矿开采技术研发及应用进展

（1）采动应力与岩体力学行为测试技术

采动应力测试目的在于确定在巷道开挖或工作面整个回采过程中周围煤岩体的三维应力状态，获得采动后测点处应力变化情况。是预报预警矿井动力灾害的发生的重要一环。

在采动应力与原岩应力监测方面，目前国内外现场监测工作面采动应力的主要技术为钻孔应力监测技术，钻孔应力监测技术主要包括钻孔应力解除法和钻孔应力计测试方法。

应力解除法目的是测量岩体工程中的原岩应力。钻孔应力监测技术是我国目前工程现场测量煤层采动应力的主要技术，测量工作面推进的采动应力大小变化。

在电磁辐射监测技术方面，基于煤岩体所受应力与电磁辐射之间耦合关系，在煤岩体受载变形过程中电磁辐射与载荷的关系性，来测量采掘空间卸压带、应力集中区和原始应力区。电磁辐射技术在甘肃华亭煤电股份有限公司砚北矿、新汶矿业集团华丰矿、淮南矿区潘三矿等矿进行应力监测，对现场工作起到很好的指导作用。

在微震监测技术方面，微震定位监测技术揭示了围岩断裂与采动应力场的分布关系。在华丰矿利用微震监测技术得到了该矿的应力场分布情况。

在采动应力方向监测方面，改进空心包体应变计可以监测煤层中的三维采动应力，进而求解应力方向的旋转轨迹，同常规实测原岩应力的空心包体应变计区别为监测系统有额外的数据储存系统，且应变计带有应力补偿通道，可以满足三维采动应力长期稳定监测。目前，已经采用空心包体应变计对水力压裂前后钻孔附近煤层应力的变化及水力压裂实施后随着工作面推进前方煤层应力的变化进行了监测，发现水力压裂前后压裂钻孔附近煤层中的采动应力增量值、倾角和方位角均会出现突变，并采用全钻孔注浆锚固的改进型空心包体应力计对回风巷顶板三维应力场演化规律进行实测分析，监测总结的主应力方向旋转规律指导了水力压裂角度和巷道布置方案优化。

在岩石真三轴应力路径试验方面，研制了能够实现多面水平卸载的新真三轴岩爆试验机，并对砂岩试样进行了真三轴加载与单面、双面、三面和四面卸载试验，发现卸载的面越多，岩石破坏也变得越剧烈。研制的TRW-3000型岩石真三轴电液伺服诱变（扰动）试验系统该系统能够实现在真三轴加载条件下实现单向、双向卸载试验，且在施加高静应力同时还可以施加扰动荷载。研制的多功能真三轴流固耦合试验系统，对砂岩开展了最小主应力单面卸荷真三轴加卸载试验，随着卸荷速率增大，岩样破坏模式逐渐由剪切破坏转为张拉破坏，且张性裂纹多集中于卸荷面附近。岩样在低加荷速率下主要以张剪破坏为主，在高加荷速率下以剪切裂纹为主。

（2）煤矿透明地质与保障技术

随着对矿井勘察技术要求的逐渐提高，我国逐步构建了煤矿安全高效矿井地质保障系统的基本框架。通过近年的研究与发展，煤矿高分辨三维地震勘探技术在识别煤矿顶底板岩性和煤与瓦斯、矿井突水灾害隐患技术方面日臻完善，在精确描述煤矿复杂地质构造、预测煤矿灾害隐患方面的准确性大幅度提高。与矿井地质和矿井物探相比，更能在矿区范围内进行超前区域性预测，科学决策的主动性更强，与矿井地质和矿井物探技术配合后效果更为显著，促使我国煤矿机械化生产的开机率从不到40%提高到90%以上，煤矿生产安全根本性好转，推动了我国煤炭工业的技术升级和发展。

随着信息技术的深度融合和煤矿机械化水平的大幅度提高，煤炭工业整体技术水平上了一个新的台阶。煤炭智能精准开采技术被提出，主要采用具有感知能力、记忆能力、学习能力、决策能力的液压支架、采煤机、刮板运输机等综采装备，以自动化控制系统为核心，以可视化远程监控为手段，实现综采工作面采煤生产全过程"无人跟机作业，有人安全巡视"的高效开采技术。为此，煤炭智能精准开采必须超前查明回采工作面的地质变化，包括煤层顶/底板起伏、煤层厚度、断层、陷落柱以及应力集中区等，通过在透明化工作面上进行"数字采矿"的模拟推演，提前规划采煤机的预想截割曲线，变以往的"记忆截割"为"预想截割"，最终实现地面人员远程操控、地下无人化开采的目标。

目前构建透明工作面三维地质模型的总体思路：按照不同的地质、采掘阶段，将回采工作面地质模型分为4个层级，即黑箱模型、灰箱模型、白箱模型和透明模型。在工作面设计阶段，依据地面钻探与采区三维地震资料，可以构建地下的"黑箱模型"，其精度属于"十米级"；在工作面掘进阶段，开展三维地震资料地质动态解释，可以构建工作面的"灰箱模型"，其精度处于"十米级~米级"；在工作面采前阶段，综合利用槽波、坑透等工作面透视信息，可以构建工作面的"白箱模型"，其精度能够达到"米级~亚米级"；在工作面回采阶段，动态融入回采揭露的地质信息，进行随采地震动态监测，可以构建起工作面前方50米的工作面"透明模型"，其精度达到"亚米级"。为此，亟须研发一批关键技术与装备，主要包括三维地震资料地质动态解释技术、煤矿井下孔中物探技术与装备、回采工作面随采地震监测技术、工作面监测数据地质信息提取和多源异构地质信息动态融合技术等，逐级构建智能开采工作面的地质模型，渐次实现工作面的地质三维透明化，为煤炭智能精准开采提供地质保障技术与装备。

（3）厚煤层开采装备与关键技术

我国井工矿厚煤层开采技术经历了炮采－机采－综采的发展历程，20世纪90年代以来，我国厚煤层开采技术也达到国际领先水平。

分层开采技术工艺及装备，20世纪七八十年代，我国厚煤层大多采用分层开采的方式，即先开采上分层（或者第一分层），然后铺设金属网，待形成人工假顶后再开采下一个分层。20世纪90年代后，随着厚煤层开采技术发展，特别是高产高效矿井建设和安全管理要求的提高，分层开采存在的巷道掘进量大、材料消耗和动力消耗大、巷道布置和生产系统复杂、对于煤层自然发火难以控制等不足逐步显现，制约了厚煤层开采的高产高效发展，分层开采逐渐被放顶煤开采和一次采全高工艺替代。进入21世纪后，在特厚煤层开采中，由于受到单层开采厚度限制，也常应用分层开采，但分层厚度较大，基本属于分层放顶煤开采或者分层一次采全高工艺系列。

一次采全高技术工艺及装备，我国厚煤层一次采全高工艺是在中厚煤层综采基础上逐步发展起来的。在地质条件与煤层开采条件相对简单的情况下，一次采全高工作面产量一般可达分层开采的1.5~2.5倍，因此得到广泛推广应用。20世纪90年代，从高产高效矿井要求出发，我国厚煤层开采技术发展主要表现在对工作面主要生产设备进行改造提高和更新换代上，使综采设备在研发制造时更突出强调综采的整体配套性，其典型代表就是

"八五"国家攻关项目"日产7000吨综采成套设备的研制"。全套设备以大功率、大截深交流变频电牵引采煤机，交叉侧卸、封底铸焊溜槽的大运量刮板输送机，大工作阻力、高移架速度的液压支架为主体。21世纪初，我国大采高一次采全高技术和装备有了进一步突破，以神华集团神东矿区最为突出，采用一次采全高的煤层厚度逐步提高。近10年来，我国煤炭行业开展了一系列技术攻关，取得了年产千万吨级大采高综采成套技术与装备等一批重大成果，其厚煤层开采高度突破7米是这个阶段的最大亮点，且开采高度节节攀升，不断刷新世界纪录。近年来，神东上湾煤矿8.8米超大采高工作面成功投产再次刷新大采高综采工作面一次采全高的世界纪录，8米以上超大采高综采技术装备逐步成熟。理论和技术的突破及制造能力的进步，为不断突破采高极限奠定了基础。目前，正在研发最大支护高度达到10米的超大采高综采成套装备ZY29000/45/100D型。

综采放顶煤技术工艺及装备，在总结厚煤层分层开采经验教训的基础上，20世纪八九十年代，我国以阳泉、潞安、兖州等厚煤层矿区为代表，逐步试验应用综采放顶煤工艺，并实现了单产超百万吨的突破。综采放顶煤工艺具有单产高、效率高、成本低、效益好等优势，特别是高产高效成为煤矿扭亏增盈的主要技术措施之一。在进入21世纪后，我国创造性地开发了特厚煤层大采高综放开采技术、急倾斜厚煤层综放开采技术等，在智能化开采与智能放煤技术等方面取得了突破性进展，实现了综放开采技术从引进到输出的飞跃式发展。放顶煤液压支架架型结构是综放效果的决定性因素，我国综放液压支架经历了高位放顶煤液压支架、中位放顶煤液压支架、低位放顶煤液压支架3种架型的演变，目前综放支架研发取得了突破性进展，支架架型从早期的四柱式发展成目前的四柱、两柱并用，并且大有两柱式取代四柱式的趋势，尤其是在一些智能化工作面，两柱支架更受到青睐。四柱支架设计中根据综放开采顶板压力特点，开发了前后柱不等强支架。支架阻力也从5000kN水平发展到今天普遍采用10000kN水平的支架，对于大采高综放开采，支架最大阻力达到21000kN，创世界综采（放）支架阻力的记录。我国支架研发和制造已经达到了世界先进水平。放煤自动化（智能化）是实现智能化综放开采的关键技术，目前基于图像识别、声振信号识别、高光谱识别等方法，开展了智能放煤关键技术与设备的开发，在保德煤矿、曹家滩煤矿等放顶煤工作面进行了应用。

（4）岩层运动与围岩控制关键技术

煤矿智能岩层控制指运用现代信息技术、人工智能技术及方法等，以采场智能装备系统为载体，实现开采全过程的采场围岩自动化、智能化控制。智能岩层控制是采矿由"试误岩层控制"向"精准岩层控制"、由"静态岩层控制"向"动态岩层控制"发展的关键路径，是当前乃至今后一个时期采矿岩层控制领域的重要发展方向之一。建立了采场围岩系统"多参量智能感知 - 精准分析模式判别 - 自主决策 - 快速执行 - 控制效果动态评价"智能控制的技术构架，进一步明确了实现智能围岩控制的科学问题和关键技术难题，并提出了工作面开采系统智能化、装备围岩自适应控制、复杂条件围岩智能控制、统一坐标系下的采场围岩系统稳定性分析、上覆岩层运动原位智能监测分析五点关键技术设想。根据采场智能岩层控制的内涵，可将采场智能岩层控制分为三个关键环节：矿山数据的感知与汇集、动态分析与状态判别、实时决策控制与反馈，给出了采场智能岩层控制的动态分析与状态判别、实时决策控制与反馈的技术路径。

液压支架智能控制，是指具有支架与围岩耦合监测控制、超前压力预报、初撑和移架状态自决策控制、姿态监测与智能调节、记忆时序控制放煤和智能喷雾降尘控制等功能。液压支架要支得住，走得动，必须与围岩实现有效的强度耦合、刚度耦合和稳定性耦合。目前形成了井下智能化分选及就地充填技术总体研究框架，初步实现了煤矸全粒级分选技术、超大断面硐室围岩控制技术；构建了深部充填开采岩层运动与地表沉陷控制模型，研发出矸石聚合物充填材料，实现了"采选充＋X"一体化矿井安全绿色高效开采的目标。

坚硬厚顶板强度高、破断步距大，矿压作用强烈，是煤矿顶板控制的一大难题，特别是特厚煤层开采条件时，因开采扰动范围广，大空间坚硬顶板破断失稳，造成采场矿压显现更加复杂、强烈。针对特厚煤层综放开采大空间采场，研发了覆岩内部运动多参量信息智能感知，实现了开采中全地层覆岩的分布式光纤微应变、关键层位移大变形以及孔隙水压、地表沉陷等多参量的耦合监测，开发了基于地面钻孔压裂与井下顶板预裂相结合的远、近场协同弱化的坚硬顶板预控技术，有效降低了岩层破断的能量释放和关键层结构失稳的压力传递，增强了对采场围岩的有效控制。

面向智能矿山技术需求，提出了基于"数字孪生＋5G"的智能矿山建设新思路，通过构建矿山数字孪生模型实现物理矿山实体与数字矿山孪生体之间的虚实映射与实时交互，以实际矿井为原型设计了智能开采的数字孪生一体化方案，构建了全域感知、边缘计算、数据驱动和辅助决策的智慧矿山平台。

（5）智能开采装备与技术

综采装备是煤矿生产的核心装备，主要由采煤装备、支护装备和运输装备组成。为了满足工作面智能化开采需要，工作面"采、支、运"三大装备都有了长足的发展与进步。

1）采煤机：采煤机主要通过智能化电控系统、自动化开采工艺、设备故障诊断程序升级来满足工作面智能化开采要求。

目前，智能化电控系统改造是将基于 PIC 的采煤机控制系统改造为基于云平台的 DSP＋ARM 电控系统。DSP 是一种包括控制单元、运算单元、各种寄存器和一定数量存储单元的特殊微处理器，通过将数据总线和地址总线分开，实现指令和数据并行访问来提高处理器速度，最大特点是速度快、精度高。DSP 负责对采煤机进行过程在线信号监测和实时工况处理，通过 CAN 总线方式，提高数据传输可靠性，实现采煤机远程控制。采煤机可以通过 CAN 总线及工业以太网分布式技术，实现对油位、变频器、电机、传感器等多种参数和信号检测、控制与保护，同时支持常见系统故障的诊断。

自动化开采工艺目前可以通过采煤机自适应割煤控制、主动感知防碰撞、工作面自动调直等功能来实现。其中，自适应割煤控制是在常规地质勘探数据基础上，利用地质雷达、智能微动、瞬态面波、电磁波 CT 层析成像等精细物探手段和红外扫描构建初始工作面地质数字模型，将模型数据与井下地理信息系统等结合，形成工作面精细地质数字模型。通过红外感知、高清视频以及红外激光扫描等技术，获取煤层厚度变化信息，及时修正采煤机记忆割煤模板，调整滚筒截割高度与截割路径，通过自适应割煤工艺及支架控制策略，实现工作面智能采煤。主动感知防碰撞方面，采煤机通过安装有测距仪等自动测量装置，实时测量滚筒截齿到支架前端距离；基于工作面自动定位系统，实时分析液压支架实际位置；结合真实物理场景驱动的三维虚拟现实系统，修正记忆模板，实现采煤机自适应智能避让防碰撞。工作面自动调直方面，目前应用较为成功的是 LASC 调直系统，该系统在转龙湾煤矿应用以来，目前已在许多矿区推广应用。

2）液压支架：目前，采煤工作面液压支架均配备有电液控制系统，具备对液压支架的降、移、升、拉架、推移刮板输送机等的远程控制功能，可以实现对本架、邻架及隔架的相关操作，以及成组手动和自动控制，包括成组手动/自动移架、手动/成组自动推溜、手动/成组自动伸收护帮板等。液压支架一般安装有倾角传感器、压力传感器、行程传感器、位移传感器等，结合液压支架主体骨架的结构参数，可以对液压支架的支护高度、支护姿态进行解算，具备对液压支架支护状态进行智能监测的功能；液压支架一般具有自动补压、自动喷雾功能，通过对液压支架的初撑力进行监测，当液压支架未达到初撑力时，则会触发自动补压装置，通过支架控制器打开升立柱电磁阀，补充立柱压力；在液压支架跟机过程中，通过对采煤机的位置进行监测，当采煤机截割至液压支架的位置时，液压支架启动喷雾功能，实现架前自动辅助采煤机喷雾；液压支架一般安装有云台摄像仪，部分矿井进行了多台摄像仪图像的视频拼接，用于监测工作面情况，并对整个工作面的设备进行可视化管理。

近年来，液压支架的设计、制造水平也取得了长足进步，一次采全高液压支架的最大支护高度已经达到 8.8 米，综采放顶煤液压支架的最大支护高度已经达到 7.0 米，单台液压支架重量达到 100 吨。目前，正在针对曹家滩煤矿特厚坚硬煤层研发最大支撑高度达到 10.0 米的超大采高液压支架，该型号液压支架的成功应用，将再次刷新大采高一次采全高工作面的世界最大开采高度。

3）输送机（刮板输送机、皮带输送机）：目前，采煤工作面刮板输送机正逐步采用变频调速一体机进行驱动，能够实现刮板输送机的变频软启动控制；通过在刮板输送机安装可编程控制箱，可以对刮板输送机的电机转矩、电流等进行监测，根据采集的电机转矩、电流等信息，对刮板输送机上的煤流负荷进行推算，实现对煤流负荷进行检测的功能。刮板输送机一般具备运行工况监测功能，主要监测刮板机电机电压电流、电机转速、减速机润滑油位、冷却水温度、电机绕组温度、电机运行模式、电机正反转情况等。刮板输送机一般配备油缸压力传感器，控制分站通过监测的压力值判断是否需张紧链条，实现刮板输送机链条的自动张紧控制及断链停机报告等。转载机一般配备有自移系统，能够实现转载机的本地手动和自动遥控控制。

顺槽胶带输送机一般均采用矿用隔爆兼本质安全型变频调速装置，配备有胶带输送机八大保护系统，通过煤量扫描仪实现对皮带煤量的监测，通过红外摄像头实现对温度的监测，通过机器视觉技术可以对胶带输送机上煤流中的异物进行智能识别，并对部分违规操作（违规穿越皮带等）进行识别。基于煤量识别及变频控制装置，可以基于煤流量实现对顺槽胶带输送机的智能调速控制。

4）工作面端头设备智能化：工作面两端头及巷道超前支护区域一般均采用端头液压支架、超前液压支架进行支护，端头支架、超前液压支架一般也会配备电液控制系统、压力传感器、行程传感器、位移传感器等，具备自动补液、自动喷雾、远程集中控制功能。

由于受到工作面设备选型配套及布置方式的影响，一次采全高工作面主要采用两柱掩护式端头液压支架，可以实现远程集中控制，放顶煤工作面则一般采用两片式结构的端头液压支架；顺槽超前液压支架一般采用四连杆稳定机构，能够实现超前液压支架的自动推移，具备就地控制、遥控控制及远程集中控制功能。为了消除超前液压支架在移动过程中对巷道顶板带来的反复支撑破坏，近年来逐渐发展应用单元式超前液压支架，并通过创新单轨吊式自移装置，实现对单元式超前液压支架的自动推移。

（6）煤矿动力灾害防治技术与装备

"卸压巷道优化布置方法"是通过卸压巷道的优化布置优先选择的动力灾害防治方法，如采用采空区巷道布置、低应力区巷道布置、保护层开采巷道布置，保护层开采分为上行开采和下行开采，均属于卸压开采。其核心就是通过改变顶底板空间结构及应力分布情况，在一定范围内形成卸压带。"大直径钻孔卸压技术"是通过大直径钻孔形成破裂区，破裂区即为卸压区域。在帮部实施大直径卸压钻孔后会使顶板岩层下沉或变形并主要呈压缩卸压孔空间形式，此时煤体内产生的应变几乎被其吸收，钻孔周围的煤体也会由于产生裂纹贯通后破裂，进而引起远离钻孔的煤体破裂和松动。

"煤层爆破技术"是针对冲击危险区域煤体实施的一种卸压解危措施，爆破使煤体中产生大量裂隙，煤体的力学性质发生变化，弹性模量减小，强度降低，弹性能减少，破坏了动力灾害发生的强度条件和能量条件；并使煤体结构发生破坏，在一定的范围内形成卸压带，使支承压力高峰值向煤体深部转移、振动释放能量。"深孔断顶爆破技术"是通过在顶板岩层内钻孔装药，当炸药爆破后，爆破源处岩体受高温高压作用使其顶板结构发生破坏，降低工作面来压步距，减小顶板来压时的强度和冲击性。同时爆破可以使顶板产生裂隙，改变顶板的力学特性，释放顶板所集聚的能量，使应力聚集向岩层深部转移，从而达到防治冲击地压发生的目的。"巷道底板爆破技术"是通过爆破使局部围岩弱化从而实现应力转移的一种技术。通过合理地布置爆破孔和装药量，能够在不影响浅部围岩稳定的情况下，主动释放底板岩层中积聚的能量，使底板内部应力峰值转移至巷道围岩深部岩体中。

"低位水力致裂技术"主要在井下巷道向煤岩体中实施定向水压致裂，对煤岩体进行预裂，起到破坏其完整性及软化煤岩体的作用；产生的裂隙可释放煤岩体内聚集的能量，同时使应力集中向深部转移，达到动力灾害防治的目的。"高位地面压裂技术"是当冲击震源层距离地表较近，且冲击影响作用范围在整个矿井影响较大，则可采用高位水平井体积压裂技术。即从地面打钻至煤层上方高位冲击震源层实施压裂，通过压裂降低厚硬冲击震源层的强度和完整性，减弱高位厚硬冲击震源层突然失稳断裂时对采场围岩形成强烈的动载扰动，实现对动力灾害的有效控制。

"主被动及刚柔性支护技术"是基于强结构效应与具备主动让压功能的高强支护理论、刚柔耦合快速吸能让位防冲支护理论、"卸压－支护－防护"协同防控理论、等强支护控制理论及三级吸能冲击支护等理论，研发了门式吸能液压支架、新型恒阻大变形锚杆（索）、超高强度、高冲击韧性锚杆等吸能锚杆和具备吸能构件、吸能缓冲装置的系列防冲吸能支架（柱）及防冲吸能材料的研发等支护技术。

（7）绿色开采技术

在固体充填方面，综合机械化固体充填采煤是在综合机械化采煤的基础上发展起来的，与传统综采相比较，综合机械化固体充填采煤可实现在同一液压支架掩护下采煤与充填并行作业，并设置了夯实机构对充入采空区的固体充填物料进行压实。当前该技术在高效和智能方面取得了长足的进步，工作面年产可达150万吨，并初步形成了智能充填开采系统，取得了良好的应用效果。

在胶结充填方面，胶结充填材料由骨料、胶结料和水按照一定配比拌和制备而成，以料浆的形式通过管道输送至井下进行充填，料浆在胶结料的作用下硬化在采空区形成具有良好承载性能的胶结充填体。胶结充填材料的骨料一般为矸石、粉煤灰、尾砂、风积沙等大宗固体废弃物，胶结料一般为水泥或水泥基材料，料浆浓度一般为70%～85%左右。当前胶结充填材料主要包括膏体充填材料、似膏体充填材料、高浓度胶结充填材料等。

新型胶结料是当前研究的热点，众多学者尝试了多种手段降低水泥基胶结料的用量，例如矿渣基胶结料、机械活化胶结料、微生物胶结料等。在开采系统方面，胶结充填开采在系统智能化方面取得了一些进展，在地面充填材料制备系统的智能化控制方面已经趋于成熟。

在长壁逐巷胶结充填方面，利用由采区上下山，工作面两巷和切眼构成的长壁采煤法的生产系统，用掘锚一体机代替采煤机破煤，通过施工工作面运输平巷和回风平巷之间的充填开采联络巷进行煤炭开采，联络巷贯通后，利用胶结充填技术充填联络巷，在充填联络巷的同时，掘进另外一条联络巷，实现工作面"掘巷出煤，巷内充填"循环作业的胶结充填开采技术。技术具有系统简单、充实率高、采出率高、控制覆岩移动效果好等优点，适用于开采"三下"等特殊条件下的煤层。该技术已被推广应用至内蒙古公格营子煤矿、古镇煤矿、陕西金牛煤矿等多个矿井，在低成本高充实率充填方面，取得了良好的应用效果。

在高水充填方面，高水充填开采系统与胶结充填系统类似，不同处在于A料和B料需要分别输送，优点在于输送方便、堵管风险低，缺点在于形成的高水充填体具有抗风化性能差等缺点。相对于采空区充填，高水充填用于局部充填的场景更多。

在注浆充填方面，注浆充填开采技术发展迅速，特别是针对一些关键层明显的地质条件，具有很好的适应性，取得了良好的应用效果。当前，以规模化处理矸石为目标的采空区注浆充填也受到了广泛关注。

采选充一体化方面，该技术基本原理为：工作面采出的原煤于井下进行分选，分选出的矸石、掘进矸石以及地面矸石运送至固体充填采煤工作面进行采空区充填。同时在地下水环境保护、地表沉陷控制、矸石近零排放及瓦斯近零排放的工程需求下，形成"采选充＋X"的绿色化开采模式，"X"具体指的是岩层移动主动控制（控）、沿空留巷（留）、瓦斯抽采（抽）、灾害防治（防）及保水开采（保）等，形成"采选充＋控""采选充＋留""采选充＋抽""采选充＋防""采选充＋保"的关键技术。促进了井下分选与充填在煤矿的应用，形成了"采选充＋X"技术模式，在山东新巨龙煤矿、河北唐山矿等矿井建成多个工程示范基地，目前在全国多个矿井开展应用转化研究。

（8）煤矿灾害防治技术

根据煤矿灾害防治理论提出了诸多灾害防治技术。煤矿采空区遗煤多和漏风大，煤自然发火严重。对于煤自燃的防治，可根据其发展过程的阶段特征及发生条件来采取防治措施，主要通过采用物理类阻化剂、化学类阻化剂和新型阻化方法的煤自燃低温氧化预防技术、以降温为导向的煤自热阶段控制技术和以惰性气体与稠化胶体为主体材料的煤燃烧阶段灭火技术进行防治。针对采空区遗煤自燃，发明了以水泥、粉煤灰、促凝剂为基材的高倍数无机固化泡沫堵漏防灭火材料。

煤矿水灾害防治主要包括底板、顶板和老空区水害防治。底板水害主要通过探明煤层底板"下三带"发育规律，利用突水系数进行水害威胁程度分区划分，对受水害威胁程度较大的区域或者富水异常区要进行含（隔）水层治理。受老空水害威胁的矿井主要通过查明老空区积水边界，计算积水量，推算老空水水压，核算防隔水煤（岩）柱宽度，必要时必须先进行老空水的探放，采掘活动必须执行先探后掘，并加强涌水量监测。顶板水害防治关键是确定"两带"发育高度，对导水裂隙带能够波及的含水层实施顶板水疏放工程；顶板离层水害的治理关键是确定离层水产生的位置，采取"超前打钻、周期放水"起到"削峰平谷"作用。

瓦斯灾害有瓦斯窒息、瓦斯燃烧、瓦斯爆炸和煤与瓦斯突出四种类型。其中瓦斯爆炸和煤与瓦斯突出最为常见，危害也最大。目前针对煤与瓦斯突出灾害防治主要通过监测预警技术与煤与瓦斯突出防治技术进行综合防治。预测及监测预警技术主要有常规静态预测技术、瓦斯涌出指标预测及监测预警方法、地球物理监测预警方法和突出危险性数学模型预测方法。煤与瓦斯突出防治技术应以"区域综合防突措施先行、局部综合防突措施补充"为原则。区域防突措施主要有保护层开采与大面积预抽煤层瓦斯技术。关于局部防突措施，目前已形成了预抽瓦斯、超前钻孔、水力化措施、松动爆破等成熟的工作面防突技术体系。

瓦斯爆炸主要通过抑爆、泄爆、阻爆和隔爆四种方式进行防治。抑爆主要是通过惰性气体抑爆、细水雾抑爆和粉体抑爆三个手段实施。泄爆主要是通过设置开口使受限空间内的气体在爆炸发生时从这里流出，实现空间内快速降压的方法。阻爆则是采取主动感应与探测技术通过对管道内瓦斯爆炸产生的火焰、压力等信号控制阻爆系统产生动作，阻止火焰继续向后传播。而隔爆是对爆炸传播进行隔离阻止甚至对爆炸火焰进行扑灭的方法。

对于顶板灾害的防治，主要分为在工作面开采前和开采后两个方面。工作面开采前，确定合理的采煤方法、开采参数、工作面布置及设备选型配套，基于液压支架与围岩的强度耦合、刚度耦合、稳定性耦合原理对液压支架进行合理的选型设计；在工作面开采过程中，保持支架良好工况、通过注浆提高煤壁稳定性、注水弱化顶板、切顶卸压等手段提高围岩的稳定性。对于西部矿区也形成了充填保水采煤、窄条带保水采煤、分层保水采煤、短壁机械化保水采煤及长壁机械化快速推进保水采煤等保水采煤方法。

防治冲击地压，本质上就是控制煤岩体的应力状态或降低煤岩体高应力的产生。从生产实际出发，冲击地压的防治包括两类，一类是区域防范方法，另一类是局部解危方法。代表性的区域防范方法包括合理开拓开采布置和保护层开采等，局部解危方法包括煤层注水、煤层大直径钻孔卸压、煤层卸压爆破、顶板深孔爆破、顶板水压致裂与定向水压致裂技术等。其中这些局部解危方法已在我国大部分冲击地压矿井得到了推广应用，而作为区域防范方法，保护层开采方法在适合条件的矿井得到了应用，而合理开拓开采布置方法在传统的冲击地压矿井生产中得到了一定的应用，而在鄂尔多斯深部矿井、彬长矿区深部矿井的设计中尚未得到应用，从而导致近年来开采的矿井发生了冲击地压灾害。目前，个别矿井正在调整矿井开拓部署，以改变因矿井设计缺陷导致冲击地压发生的状况。

（四）学科发展支撑条件

1. 学科建制

（1）学科专业研究机构

目前，学科发展水平在主流的大学排名中占有重要地位。软科"世界大学学术排名 ARWU""泰晤士高等教育世界大学排名""QS 世界大学排名"和"U.S. News 世界大学排名"是公认的四大较为权威的世界大学排名，其中学科排名对于高校发展和招生具有一定的指导意义。

综合报告

上海软科教育信息咨询有限公司（简称软科，ShanghaiRanking Consultancy）成立于2009年，是一家专注于高等教育绩效评价的专业化研究与咨询服务机构，自2009年起，软科开始承接原上海交通大学世界一流大学研究中心每年发布的"世界大学学术排名（Academic Ranking of World Universities，ARWU）"。在国际上，软科每年定期发布的世界大学学术排名和世界一流学科排名多次被海外政府和高校引用和应用。ARWU被剑桥大学、斯坦福大学等名校官方报道和应用；曼彻斯特大学、西澳大学等名校也将提升ARWU排名定为学校战略规划的明确目标。在中国国内，软科每年定期发布的软科中国大学排名、软科中国最好学科排名、软科中国两岸四地大学排名等受到《人民日报》《光明日报》《中国教育报》等国内媒体的关注和报道，排名指标和方法的客观性和说服力得到了国内高等教育专家的认可。

泰晤士高等教育世界大学排名（Times Higher Education World University Rankings）是由英国《泰晤士高等教育》(Times Higher Education，THE)发布的世界大学排名。该排名每年更新一次，以教学、研究、论文引用、国际化、产业收入5个范畴共计13个指标，为全世界最好的1000余所大学（涉及100多个国家和地区）排列名次。2022年10月25日，2023年泰晤士高等教育世界大学学科排名正式揭晓，有来自104个国家和地区的1799所大学参与。泰晤士高等教育2023年世界大学学科排名是根据2023年泰晤士高等教育世界大学排名的数据编制的。学科排名采用了与2023年世界大学排名相同的5项一级指标和13项二级指标，但是对每个学科的排名方法进行了仔细的重新校准，并调整了权重以适应各个学科的特性。绩效指标分为5个方面：教学（学习环境）；研究（论文数量、收入和声誉）；引用（科研影响力）；产业收入（知识转化）；国际展望（学术人员、学生和研究）。

QS世界大学排名（QS World University Rankings）是由英国一家国际教育市场咨询公司Quacquarelli Symonds（QS）所发表的年度世界大学排名。QS公司最初与泰晤士高等教育（简称THE）合作，共同推出《THE-QS世界大学排名》，首次发布于2004年，是相对较早的全球大学排名；2010年起，QS和THE终止合作，两者开始发表各自的世界大学排名。QS世界大学排名将学术声誉、雇主声誉、师生比例、研究引用率、国际化作为评分标准，因其问卷调查形式的公开透明而获评为世上最受注目的大学排行榜之一，但也因具有过多主观指标和商业化指标而受到批评。QS排名同学术出版集团爱思唯尔（ELSEVIER）合作推出，现涵盖QS世界大学排名、QS世界大学学科排名、QS最佳求学城市排名、QS毕业生就业竞争力排名、QS之星大学评级系统等类型。

U.S. News世界大学排名（U.S. News & World Report Best Global Universities Rankings）由美国《美国新闻与世界报道》（U.S. News & World Report）于2014年10月28日首次发布，根据大学的学术水平、国际声誉等十项指标得出全球最佳大学排名，以便为全世界的学生在全球范围选择理想的大学提供科学的参考依据。U.S. News世界大学排名是继U.S.

News美国最佳大学排名（U.S. News Best College Rankings）、U.S. News美国最佳研究生院排名（Best Grad School Rankings）之后，于2014年推出的具有一定影响力的全球性大学排名。

（2）专门出版机构

专门出版机构是学科发展的支撑条件之一，学科知识书籍、学术科研成果通过各个专门出版机构进行出版发行。其中，应急管理出版社（原煤炭工业出版社）、中国矿业大学出版社、煤炭科学总院出版传媒集团等为国内主流采矿工程专业出版机构，在采矿工程专业相关发挥比较重要的作用。

北京科技大学期刊中心是北京科技大学的期刊出版机构，主要负责北京科技大学主办期刊的编辑出版工作，目前编辑出版的期刊有《国际矿物、冶金和材料》《工程科学学报》《北京科技大学学报（社会科学版）》《金属世界》和《粉末冶金技术》五种。

应急管理出版社有限公司（原煤炭工业出版社）成立于1951年，主管单位为应急管理部和中国煤炭工业协会，主办单位为应急管理部信息研究院。经营范围主要为：出版有关应急管理、防灾减灾救灾、安全生产、综合应急救援、消防安全、森林和草原防火安全、地震灾害及防治、水旱灾害及防治、地质灾害及防治、煤炭工业的科技图书，以及以上领域法律法规、规程规范教育培训、大众科普、企业管理方面的图书、教材、工具书（有效期至2021年12月31日）。

中国矿业大学出版社创建于1985年，坐落在历史文化名城江苏省徐州市，由教育部主管、中国矿业大学主办，是我国唯一一所以矿业能源安全、环境、资源等教育和科技为专业特色的大学出版社。充分利用高校出版社独特的教育背景和出版资源的优势，积极为高校教育服务，努力为各高校提供了许多优秀教材。

煤炭科学研究总院出版传媒集团于2015年1月1日组建成立，响应了国家新闻出版广电总局相关政策和中国煤炭科工集团有限公司整体上市要求。出版传媒集团是在整合集团公司下属20本期刊的基础上组建，是煤炭科学研究总院的二级单位。出版传媒集团以"打造品牌、争创一流、做优名刊"为指导思想，以"统一管理、原位运营、分步实现"为运营思路，与各期刊主办单位一起齐抓共管、形成合力、做优做实，培育一批学术影响力大、品牌知名度高的学术名刊；以"集群化协同发展"为模式努力追求期刊学术影响力、传播效益和品牌价值最大化；以"打造数字出版平台"为途径更好地传播行业学术新思想、新观点、新技术、新产品，服务学科发展。

中南大学出版社（原中南工业大学出版社）成立于1985年6月，是由教育部主管、中南大学主办的综合性出版社。植根于百年办学积淀、学科特色鲜明的中南大学高等学府，秉承"知行合一、经世致用"的大学精神，逐步形成了围绕有色金属、轨道交通、湘雅医学、人文社会科学的教育出版、学术出版、大众出版、期刊出版的特色出版体系，在教育出版领域树立了中南品牌。

中钢集团马鞍山矿山研究总院股份有限公司出版传媒中心主要负责《金属矿山》《现代矿业》杂志的编辑出版，期刊广告、理事服务、矿业学术交流会展服务工作。

矿研期刊出版（长沙）有限公司（科技信息中心）隶属于长沙矿山研究院，主要负责《矿业研究与开发》《采矿技术》杂志的编辑出版、期刊广告、理事服务、矿业学术交流会展服务工作，并承担中国有色金属学会采矿学术委员会秘书处的日常工作。

2. 人才培养

采矿工程是国家重点学科，为我国能源和矿物开发提供了重要的人才和技术支撑。在高等教育方面，近年来，全国约 30 所矿业类院校采矿相关专业招生年均 12000 余人，且不同院校各专业招生规模和院校所在地区的资源禀赋、产业结构特点显著相关。煤炭专科院校年均招生 4600 余人，招生规模相对稳定。在职业教育方面，主要是矿山企业自主办学招生，学生完成学习后可直接入职矿山企业相关对口单位。此外，我国矿业类在职工程硕士培养的重要性越发明显，工程硕士在高校所占比例 20%～40%，工程硕士培养机制不断完善。

随着新时期"双碳目标"战略的提出，"双一流""新工科""工程教育"的持续推进，以及智能矿业、智慧矿山等新技术的发展，全国矿业类高校主动适应新变化，积极探索提高人才培养质量的路径，不断推进教学改革，已取得较为显著的成果。例如，太原理工大学提出了"三位一体"矿业特色创新人才培养模式和"一中心两融合三层面四维度五能力"全方位全过程协同育人培养模式，实现了人才培养的自主式理念创新、多维度融合创新和递进式协同创新。昆明理工大学提出了"11345"人才培养模式，基于全过程全链条校企合作协同育人，构建了"教师－工程师－学生"协同育人共同体，打造了优质师资、教材和课程，融通了"教书与育人""课内与课外""线上与线下""教学与科研"，构建了多层递进式创新训练培养模式，全面加强了制度建设，实施了质量监督改进的闭环机制。矿山无人化和智能化发展的新趋势也带动了智能采矿人才培养的新走向，中国矿业大学在全国率先开展智能采矿专业建设，开设了全国第一个智能采矿特色班，招收 29 人。此外，该校还举办了智能采矿人才培养高端论坛，发布了国内首个关于高校智能采矿人才培养的共识。此后，北京科技大学、西安科技大学、重庆大学等高校先后开设智能采矿特色班。中国矿业大学（北京）、安徽理工大学等高校计划向教育部和安徽省教育厅申请增设智能采矿工程和智能采矿科学与工程特设专业，采矿工程专业人才培养迎来了转型升级的关键时期。

三、采矿工程学科国内外研究进展

（一）采矿工程学科国际最新研究热点、前沿和趋势

1. 国际研究热点

（1）智慧矿山

智慧矿山是将人工智能、工业互联网、云计算、大数据、机器人、智能装备等与现代

矿产资源开发技术进行深入融合，形成全面感知、实时互联、分析决策、自主学习、动态预测、协同控制的智能系统，实现矿山开拓、采掘（剥）、运输、通风、洗选、安全保障、经营管理等全过程的智能化运行。智慧矿山建设是一个复杂的系统工程，将对全面提升矿业产业层次、形成产业竞争优势、提高经营管理水平起到积极的推动作用，全面开展智慧矿山建设已经成为我国矿业产业实现高质量发展的必由之路。智慧矿山建设是基于工业互联网的建设思路，采用一套标准体系、构建一张全面感知网络、建设一条高速数据传输通道、形成一个大数据应用中心，面向不同业务部门实现按需服务。智慧矿山生产系统能根据矿山地质条件、开采工艺等要求，自动创建和优化开发流程，智能响应矿产资源开发过程中各种环境参数变化与需求，实现矿产资源勘探、矿井开拓、采掘、运输、洗选、安全保障、生态保护、生产管理等全流程的智能化运行，提升矿井开采效率与安全生产水平。

矿山智能化系统是一个多环节、多系统的复杂体系，一般包含上百个子系统，系统之间层次逻辑交叉；系统和周围环境之间存在物质、能量、信息的交换；矿山又与外部市场、运输、生态相关联。智慧矿山依托智能化开采技术，它推动了煤矿综合机械化向煤矿智能化的重大技术变革。智能化开采的显著特点是工作面装备与系统具有智能感知、智能决策和智能控制三个智能化要素。智能感知是基础，智能决策是重点，智能控制是结果。工作面设备基于智能感知系统实时自主感知围岩条件及外部环境变化，利用智能决策系统进行自主分析与决策，通过智能控制系统调整设备运行参数和状态，实现采煤工作面智能化开采。形成基于采煤机记忆截割、综采装备可视化远程干预的开采方式，实现了工作面"自动控制+远程序干预"的智能化开采。在智能感知、智能控制技术的基础上，建立协调联动机制，通过各设备的协同控制，协调工作面各设备自动运行，实现工作面智能化开采。

（2）绿色矿山

可持续性和环境问题也日益成为采矿工程的研究重点，采矿业往往与环境退化和负面社会影响联系在一起。因此，采矿工程的研究人员正在研究如何减少采矿活动对环境的影响，最大限度地减少废物的产生，并改善采矿工人的安全和健康。绿色开采包括发展绿色采矿技术、回收废弃矿场以及评估和减轻采矿活动的社会和环境影响。煤矿绿色开采技术是指保护生态环境、保护地下水资源、减少地面沉降、减少矸石占地、多种资源协同回收、节能减排、保障安全和有利于职业健康的开采技术。近20年来，绿色开采技术取得了重要进展，主要有充填开采、保水开采、煤及共伴生资源协同开采、地下水库建设等技术。

充填开采是指将矸石、粉煤灰等工业固废物经过一定的加工处理和配比，混入特制的添加剂，配制成适合于煤矿井下充填的低成本充填料，通过机械运输或者泵送作业充填到煤矿井下采空区，以达到控制顶板下沉、减少覆岩和地面沉降的目的，可实现保护覆岩含水层、减缓区段煤柱应力集中、减少底板破坏深度、提高煤炭采出率，是重要的绿色开采技术。根据充填料的特性，通常将充填开采技术分为固体充填（固体物料占比100%，运输机械输送）、膏体充填（固体物料占比80%~84%，泵送）、高水充填（固体物料占比20%，泵送）、高浓度胶结充填（固体物料占比75%~80%，泵送）技术。

保水开采是指采前查明矿区水资源分布范围和状态，掌握含水层、隔水层几何和物理力学特性等水文地质资料，基于采动岩层运动理论，科学布置工作面与煤柱留设，选择合理开采工艺，有效控制覆岩破坏，进行保水采煤，或尽可能地减少开采对上覆岩层中水资源的破坏。保水开采在缺水地区尤其重要，近年来逐步得到推广，与充填开采技术相比，保水开采更偏重开采规划、布局、工作面布置、开采工艺选择等。

煤及共伴生资源协同开采是指采煤过程中同时开采煤系地层中与煤共生或者伴生的资源，如瓦斯、地下水、高岭土、油页岩等。利用煤炭开采产生的覆岩裂隙场和卸压场增加煤层中瓦斯解吸速率和煤岩透气性进行煤与瓦斯共采，这一技术已经广泛应用，取得了瓦斯灾害防治和瓦斯资源化的双重效果。

地下水库技术是指利用煤矿开采的地下采空区构筑坝体来存储矿井水，经净化处理后，用于井下和地面工业用水，以及地面生态用水、生活用水，避免了大量矿井水排到地面浪费，达到了矿井水资源化利用目的。

（3）自动化长壁开采技术

1970年，为了增加生产力，美国从德国和英国进口了大型的长壁工作面设备，并为了适应美国的生产条件对其进行改进。自动化技术的发展始于1984年电动液压支架技术的开发，并一直发展延续到今天。第一代的半自动长壁系统于1995年问世，而且随着传感器技术和物联网（IoT）技术的发展，长壁开采技术也在进行逐步改进。

从那时起，对该项新技术发展重心一直集中在提高设备的可靠性、提高矿工的健康水平和安全生产上，其主要包括控制粉尘技术，近距离传感器技术，防碰撞和远程控制技术。自动化主要分为两类：工作面单个设备的自动化和整个长壁系统的自动化。长壁系统的自动化开发分为三个阶段：采煤机启动支架随之推进技术（SISA）、半自动化长壁采煤系统和采煤机远程控制技术。

1）采煤机启动支架随之推进的技术（SISA）：是在自动化采煤机和自动化液压支架之间建立联系，从而建立自动化的长壁系统。自动化长壁系统中的第一步，就是当采煤机经过后，其背后的液压支架将自动向前推进，然后刮板机也自动的逐一推进。该系统需要有采煤机位置传感器，通过该传感器确定采煤机的位置，以便该自动化控制系统知道采煤机在哪个位置工作，并向其后面的液压支架发出命令以开始循环前进。

2）半自动化长壁工作面是最常见的长壁开采模式系统，它由以下设备组成：

①SISA系统。②带有ASA（先进的自动化采煤机）和DCM（动态链控制管理）系统的采煤机，该系统（当前只有一个工作面）或没有CSIRO的INS系统包括：ASA倾角传

感器，测摇臂倾角仪，转速监视器，用于采煤机的精确定位；DCM 高张力链条，AFC 上的大承载能力，以及澳大利亚 CSIRO 的 INS 系统（Inertia 导航系统）。

3）采煤机的远程控制：采煤机操作员被安排至工作面端头的控制点，并远程控制采煤机从头到尾的采煤工序，另一名操作员则控制着采煤机从尾部到头部的采煤工作。

（4）深部开采

深部开采工程中产生的岩石力学问题是目前国内外采矿及岩石力学界研究的焦点，深部开采工程岩石力学主要是指在进行深部资源开采过程中而引发的与巷道工程及采场工程有关的岩石力学问题。随着对能源需求量的增加和开采强度的不断加大，浅部资源日益减少，国内外矿山都相继进入深部资源开采状态。随着开采深度的不断增加，工程灾害日趋增多，如矿井冲击地压、瓦斯爆炸、矿压显现加剧、巷道围岩大变形、流变、地温升高等，对深部资源的安全高效开采造成了巨大威胁。因此，深部资源开采过程中所产生的岩石力学问题已成为国内外研究的焦点。

早在 20 世纪 80 年代初，国外已经开始注意对深井问题的研究。1983 年，苏联的权威学者就提出对超过 1600 米的深（煤）矿井开采进行专题研究。当时的西德还建立了特大型模拟试验台，专门对 1600 米深矿井的三维矿压问题进行了模拟试验研究。1989 年岩石力学学会曾在法国专门召开"深部岩石力学"问题国际会议，并出版了相关的专著。近 20 年来，国内外学者在岩爆预测、软岩大变形机制隧道涌水量预测及岩爆防治措施（改善围岩的物理力学性质、应力解除、及时施作锚喷支护、合理的施工方法等）、软岩防治措施（加强稳定掌子面、加强基脚及防止断面挤入、防止开裂的锚、喷、支，分断面开挖等）等各方面进行了深入的研究。南非政府、大学与工业部门密切配合，从 1998 年 7 月开始启动了一个"深井"（deep mine）的研究计划，耗资约合 1.38 亿美元，旨在解决深部的金矿安全、经济开采所需解决的一些关键问题。加拿大联邦和省政府及采矿工业部门合作开展了为期 10 年的 2 个深井研究计划，在微震与岩爆的统计预报方面的计算机模型研究，以及针对岩爆潜在区的支护体系和岩爆危险评估等进行了卓有成效的探讨。美国爱达荷州大学、密西根工业大学及西南研究院就此展开了深井开采研究，并与美国国防部合作，就岩爆引发的地震信号和天然地震或化爆与核爆信号的差异与辨别进行了研究。西澳大利亚大学在深井开采方面也进行了大量工作。

针对深部工程所处的特殊地质力学环境，通过对深部工程岩体非线性力学特点的深入研究，指出进入深部的工程岩体所属的力学系统不再是浅部工程围岩所属的线性力学系，而是非线性力学系统，传统理论、方法与技术已经部分或相当大部分失效，深入进行深部工程岩体的基础理论研究已势在必行。

2. 国际研究前沿

目前国际研究前沿主要有以下内容：①自动化与智能化技术：自动化与智能化技术在采矿工程中的应用已经得到广泛关注。这些技术可以提高生产效率，同时减少人力和物力的浪费。例如，在采煤工程中，智能采煤机器人可以自动化采煤过程，并提高采煤效率。此外，自动化与智能化技术还可以减少事故发生的风险。②低成本采矿技术：采矿成本是采矿工程中的重要问题。许多研究人员致力于开发低成本采矿技术，以减少成本并提高效率。例如，岩石爆破的低成本解决方案是当前热门研究领域之一。同时，研究人员还在开发新的采矿设备和技术，以提高采矿效率。③绿色采矿：随着环境问题日益受到重视，研究人员开始关注如何通过采矿工程来减少对环境的影响。绿色采矿是当前的热门研究领域之一，旨在开发可持续的采矿技术，减少对环境的损害。例如，一些研究人员正在开发新的采矿技术，以减少对土壤和水资源的破坏。④机器学习和数据分析：随着计算机技术的不断发展，研究人员开始应用机器学习和数据分析技术来分析和优化采矿工程。例如，通过分析采矿过程中产生的大量数据，可以提高采矿效率并减少成本。⑤深海采矿：随着陆地资源逐渐枯竭，一些研究人员开始将目光投向深海采矿。深海采矿是一个具有挑战性的领域，需要开发新的采矿技术和设备。一些研究人员正在开发新的技术，以开采深海中的矿物资源。

随着碳达峰、碳中和战略的推进，世界各国在提供安全稳定的能源保障基础上，加快向生产智能化、管理信息化、煤炭利用洁净化转变。美国公布多个先进煤炭转化利用技术研发项目，如开发高性能煤基材料、从矿山废物提取分离稀土元素和关键矿物等用于清洁能源技术、燃煤电厂近零水耗等技术，以实现到 2050 年净零排放的目标。印度采用流化床技术将高灰分煤炭进行煤气化，并提出了四个新的试点项目探索技术和经济可行性，目标在 2030 年实现 1 亿吨煤气化。印度尼西亚正在修建多个煤炭气化工程，将煤炭加工生产出二甲醚和甲醇乙二醇等，以提高煤炭的附加值和综合利用率，煤气化产业发展前景将十分广阔。我国提出了基于人工智能、区块链、云计算和大数据的智能化煤矿系统耦合技术，并成功应用第四代煤炭地下气化技术，解决了困扰工业化生产的合成气产量、质量的稳定性问题。

3. 国际研究趋势

当今世界正经历百年未有之大变局，多边经贸合作趋向停滞，未来较长时期经济发展都将面临更加复杂的外部环境，不确定、不稳定性依然存在。高效安全绿色的能源是国际各国亘古不变的追求，目前需要进一步系统研发 5G、大数据、人工智能、区块链与煤炭开发利用融合技术体系，提升矿井智能化开采水平，形成井下采 – 选 – 充 – 复智能一体化煤炭资源开发模式；研发煤炭开采碳排放控制技术，降低煤炭开发利用能源消耗强度，研发实施精细化采矿技术、矿区生态修复技术等，创新研发煤炭智能绿色开发和清洁低碳利用技术与装备，构建煤与共伴生资源多元开发、协调开发、智能开发、绿色开发技术体系；开发实用的碳捕集、封存和利用技术，重点突破 CCUS 降低能耗和成本等关键技术，创新研究发展 CO_2 的回收、循环和资源化利用等先进技术；建立多能融合供应体系，促进化石能源的清洁高效低碳利用，大力发展可再生能源，安全有序发展核电；建立煤炭智能化柔性先进生产和供给体系，发挥煤炭为"双碳"兜底、为能源安全兜底的作用。

自动化技术的应用可以提高采矿生产效率，降低采矿成本，提高矿石回收率，并且可以减少人力投入，提高安全性。另外，基于人工智能技术的采矿工程技术也逐渐发展起来。例如，利用大数据和机器学习技术，对矿区的矿物资源进行预测和评估，可以提高采矿工程的效率和准确性。同时随着全球环境污染的加剧，采矿工程在环境保护方面面临着越来越大的压力。因此，环境友好型采矿工程技术的研究和应用已经成为国际上的一个发展趋势。绿色采矿技术、循环经济技术、低碳经济技术等环保型采矿技术受到了越来越多的关注。此外，环境监测和评估技术的应用也在不断地扩大。例如，对于矿区的水质、空气质量、土壤污染等环境指标的监测和评估，可以有效地降低采矿活动对环境的影响。

国际采矿工程发展的另一个趋势是可持续性和社会责任。随着人们日益认识到采矿对环境的影响，更加强调发展更可持续和社会责任。这包括最大限度地减少废物和排放、减少危险化学品的使用、废弃矿井的利用、改善工人的安全和健康、尊重当地社区的权利和利益并促进矿井附近地区的可持续发展。这一趋势反映在越来越多地采用国际框架和标准，如联合国的可持续发展目标和国际矿业和金属理事会的可持续发展框架。到2030年，全球煤炭需求预计为49亿吨，煤炭将占全球一次能源需求的17%。产业结构调整取得重大进展，清洁低碳安全高效的能源体系初步建立，低碳发展模式基本形成，煤炭消费逐步减少，绿色低碳技术取得关键突破。

（二）我国采矿工程学科最新研究热点、前沿和趋势

1. 我国研究热点

（1）智能岩层控制

煤矿采场围岩的智能控制是实现煤矿智能化的重要组成部分。近年随着人工智能、机器人等领域的快速发展，加快了煤矿智能化建设进程。煤矿智能化主要是以煤矿信息化和数字化为基础，以开采的智能化、生产自动化和管理信息化为核心，最终实现煤矿的无人开采和智能管理。不同于美国、印度等世界其他主要产煤国家露天开采比重大的情况，我国的井工开采产量占80%，而井工开采中又有90%以上是长壁开采工作面。因此，实现智能开采需要通过对采场围岩环境精确感知、工作面装备群实现自主调节与控制，从而完成工作面整体推进，最终实现开采过程智能化和无人化。

采矿工程的对象是复杂的地质体，受岩层结构、构造、层理及节理裂隙等的影响，煤岩体具有各项异性性质，且多变和开采前难以完全清楚的特性；采矿工程是一个复杂的大系统，具有动态性和随机性，随采掘不断推进，采动应力场、位移场不断变化，采动过程中支护系统与岩体及其他环境要素（地应力、水、瓦斯、温度等）相互耦合作用，使这种

动态变化更具复杂性。然而，采矿岩层控制总体上处在"静态"和"试误岩层控制"的发展阶段，其准确性、经济性和安全程度往往难以得到满足，更难基于理论模型达到预测的程度。随着科学技术的进步，包括岩层控制技术在内的采矿技术需要重新审视和进一步发展，将采矿岩层控制与当下煤矿开采技术及装备的发展相结合，与最新前沿科学技术相结合，探索新的研究方法和手段，是目前的研究热点。

（2）智能开采装备与技术

通过智能开采技术与装备的创新研发，我国的煤炭智能化开采技术取得了突飞猛进的进展，形成了薄煤层和中厚煤层智能化无人操作，大采高煤层人－机－环智能耦合高效综采，综放工作面智能化操控与人工干预辅助放煤，复杂条件智能化＋机械化4种智能化开采模式。为了解决工作面综机装备智能决策难题，研发了工作面智能协同控制系统，实现采煤机自适应割煤与自主感知防碰撞，基于煤流量智能感知的采煤机、液压支架、刮板输送机等综采装备的协同联动，工作面综采装备与端头和超前支架的联动控制。随着智能化开采技术的发展，智能开采装备与技术研发、装备的可靠性和适应性提升等是目前的研究热点，旨在不断推动煤炭开采向智能化开采高级阶段迈进。

（3）透明地质

煤矿开采地质条件复杂，隐伏地质构造和灾害源等致灾地质异常体是矿井生产的重大安全隐患，系统掌握厚煤层开采矿山岩体力学理论，依靠煤矿地质条件智能探测与可视化表征相关研究构建煤矿安全高效开采地质保障系统，是实现智能化开采的前提条件。构建与智能化煤矿建设相匹配的透明地质保障体系，首要任务是提高地质条件透明化理论方法和技术水平。地质条件的精准判识对煤炭资源安全高效开发尤为关键，但由于地质条件多样、特殊、复杂，现阶段地质透明化及动态过程研究程度仍然不够充分。构建与智能化煤矿建设相匹配的透明地质保障体系，提高地质条件透明化理论方法和技术水平是目前的研究热点。

（4）矿业减碳

伴随着我国碳中和、碳达峰政策的发布，正在开展的和短期内预期开展的碳利用碳封存技术，很难实现煤炭开发利用中CO_2的完全处理处置。基于我国资源禀赋特征和现阶段经济社会发展实际，短期内仍离不开煤炭，需要煤矿开采过程更加绿色化、减碳化。矿业减碳核心是从煤炭开发用自身出发，围绕保障供应和碳中和双重目标，突破煤炭精准保供及煤炭开发利用少碳、用碳、减碳关键核心技术，构建煤炭特色的中和技术体系，在保障煤炭稳定供给的同时，实现煤炭开发利用全过程减排。理清煤炭开发过程碳排放特征，是推动煤炭开发过程碳达峰、碳中和的前提和基础。同时，基于煤炭开发全生命周期碳排放清单分析方法，重点从生产用能、瓦斯排放及矿后活动3个环节，建立煤炭开发过程碳排放计算模型，测算煤炭开发过程碳排放量，并分析不同环节碳排放特征，提出煤炭开发过程碳减排技术途径，也是我国目前的研究热点。

2. 我国研究前沿

（1）智能岩层控制技术

煤矿采场智能岩层控制是智慧矿山及智能化开采的重要组成部分，是由"试误岩层控制"向"精准岩层控制"、由"静态岩层控制"向"动态岩层控制"发展的关键路径，是当前和今后一个时期采场岩层控制领域的重要发展方向之一。在智能岩层控制领域中，主要包括采场围岩控制、巷道支护两大类。

对于采场围岩控制而言，更多复杂条件下的采场围岩控制技术被相继提出。比如针对千米深井超长工作面基本顶存在分区破断和动态迁移现象，导致工作面矿压显现呈现分区特征，提出该类采场围岩区域化控制方法。峰值影响区域内，顶板破碎程度高，支架阻力小，液压支架采用成组移架方式，减少支架反复升降对顶板的循环扰动，降低破碎顶板漏冒等事故的发生概率。

对于巷道支护而言，需要针对围岩控制及智能开采技术现状和问题，围绕安全、高效开采这一主题，基于千米深井巷道围岩大变形机理及支护—改性—卸压协同控制原理，研发巷道支护—改性—卸压协同控制技术，实现高预应力、高强度、高冲击韧性锚杆主动支护，高压劈裂注浆主动改性，水力压裂主动卸压，通过"三主动"协同作用，解决了千米深井巷道围岩控制难题。

目前，曹家滩10米超大采高综采工作面也在紧锣密鼓筹备中，2023年10月试生产，这是继上湾煤矿8.8米超大采高工作面成功运行，我国综采技术取得的又一次巨大突破，具有重要里程碑意义。伴随着采高的增大，会产生一系列围岩控制技术难题，需要开展系统而深入的科研攻关。

（2）煤矿智能煤岩识别

我国煤矿多以井工开采为主，采煤工作面是井下煤流的源头，其智能化技术对煤矿产量、生产效率与安全水平都至关重要。而在智能煤岩识别技术在煤矿开采过程中，主要包括以下三个方面：工作面的煤岩界面识别指导割煤机精准截割、放顶煤开采技术的含矸率识别以及在分选过程中的煤矸石识别。

根据煤岩识别技术的使用工况可分为非接触式识别和接触式识别，非接触式识别可适用任何工况，如工作面开采前的煤层厚度探测、煤岩分界面趋势走向分析；接触式识别主要以截割过程中的信号差异性为依据，依据信号特征对开采过程实时反馈、调节和控制，减少机械故障。无论哪种识别方式，其关键在于寻找煤岩之间同一特征的属性差别，根据方法不同分为过程信号监测识别、红外成像识别、图像特征识别、反射光谱识别、超声波探测识别、电磁波探测识别。我国幅员辽阔、自然条件复杂，煤矿地质条件更是千变万化，煤岩种类也多种多样，因此很难找到一种通用、普适性的煤岩识别技术应用到全国各种煤矿，需根据实际工况、煤岩的特征差异性选取合适的方法，未来研究中心需要做以下的工作：①煤岩特征信息的深层挖掘。②复杂多变环境的影响机理研究。③物理属性相近的煤岩识别新方法。④综合地质条件的煤岩识别方法适用性研究。

我国厚煤层储量和产量占比接近一半,是世界上占比较高的国家。综合机械化放顶煤开采技术,简称综放开采,是我国开采厚煤层的主要技术之一。经过40多年的发展,我国综放开采技术已经达到世界领先水平。综放开采的煤层厚度可达20米、煤层倾角可达60°,工作面年产量可达1500万吨。对于煤层厚度大于20米的急倾斜厚煤层,开发了水平分段综放开采技术,工作面年产量可达400万吨。综放开采对于保障能源供给、维护国家能源安全具有重要意义。目前,综放开采普遍采用人工放煤方式,劳动强度大、生产效率低,长时间的作业产生疲劳,可能会引起误识别、误操作,并且恶劣的工作环境也不利于工人身体健康。放顶煤开采技术的含矸率识别难度大于工作面的煤岩界面识别,近几年,基于图像识别、声振信号感知、高光谱、支架位态、激光扫描等技术,围绕降雾降尘、含矸率计算、数据融合等开展了智能放煤硬件设备与软件算法的开发与应用,目前对于复杂煤岩外观条件下的含矸率识别仍然比较困难。

智能分选识别技术是实现煤矸石分选的重要环节。准确识别煤矸石有助于提高分选设备的自动化、智能化水平。煤矸石识别是根据煤矸石的特征差异,指定一个预先定义的识别类别,并以此为标准,利用某种识别技术判断当前被测物是煤还是矸石。当获取煤矸石识别信息后,分选设备自动将煤和矸石分离。煤矸石识别特征选取是煤矸石识别方法的主要研究内容,主要包括密度、硬度、灰度、纹理等。识别特征的选取是煤矸石识别方法的重要研究内容。目前,人为设计、选取识别特征的煤矸石识别方法仍在使用,但将深度学习技术应用于煤矸石识别是煤矸石识别技术的主流趋势。此外,在现有技术基础上进行融合创新,研究新型煤矸石高效识别方法,也是煤矸石识别方法的发展方向,有助于推动煤矸石自动化分选技术进步。

(3)废弃矿井的二次利用

废弃矿井的二次利用主要集中在巷道与采空区的利用,其中采空区可以建设成为地下水库、二氧化碳封存,巷道主要可以作为特殊空间利用。其中不同层位的地下水库可以进一步建设成抽水蓄能电站。

煤矿采空区和废弃井巷的巨大地下空间经过一系列加固改良后可成为良好的储能库,实现对回采空间和废弃矿井资源的充分利用,促进煤炭资源开采和可再生能源开发的协同发展。抽水蓄能电站是一种可靠性高、经济性好、容量大的调峰储能设施,占我国整个储能体系的90%以上,而废弃矿井抽水蓄能电站是抽水蓄能电站建设应用的一种特殊类型。抽水蓄能电站是利用电网中的富裕电力驱动下水库中的水轮机组,将下水库的水抽至上水库中,以达到蓄能的目的;用电高峰期,上水库中的水排放至下水库,利用下水库中的水轮发电机组,将势能转化成电能。

聚焦废弃矿井抽水蓄能多能源互补利用过程中的关键核心技术问题,亟须攻关以下内容:①废弃矿井抽水蓄能过程中的煤岩渗流-应力-损伤耦合破坏机理及工程技术;

②复杂巷道群下超大跨度地下空间掘进、围岩结构支护、防渗与人工隔离筑坝关键理论与技术；③"废弃矿井抽水蓄能"特殊场景下安全可靠、高效稳定的水轮水泵机组设计制造与先进控制技术；④废弃矿井抽水蓄能＋多能互补利用模式中，井上下复杂多源信息监测、跨界数据融合与智能控制技术。

3. 我国研究趋势

（1）煤炭开采扰动空间 CO_2 封存关键技术

当前对采动空间的冒落带、裂隙带划分仍然是处于半定量阶段，通过钻孔探测、雷达物探等手段可以确定冒落带、裂隙带发育高度，对于储碳空间分布规律则缺乏研究，难以确定 CO_2 注入采动空间后的赋存特征；采动型封闭空间内存在空隙、裂隙、孔隙等多种尺度的 CO_2 存储场所，对于跨尺度条件下 CO_2 的流动和吸附规律不清，难以确定 CO_2 封注参数和注入后的扩散运移路径；采空区内部通常存在老窑水，气－固－液多场耦合作用下封闭空间内部的煤岩细观损伤特征和结构变化特征缺乏研究；作为采动型封闭空间，后续还会受到二次采动、岩层运动的影响，潜在的 CO_2 逸逃路径判别方法和抑控措施匮乏。

因此，目前的研究趋势主要集中在煤矿地下储碳空间分布规律及其可视化模型精准构建方法、基于岩层运动与地表沉陷进程的采动空间储碳系数计算模型、煤矿地下开采扰动空间碳封存技术原理与 CO_2 运移吸附规律、采动型储碳空间围岩力学响应特征与 CO_2 逸逃路径识别及控制。

（2）流态化开采技术

煤炭深部原位流态化开采就是将深部煤炭就地原位转化为气态、液态或气固液混态物质，在井下原位实现无人智能化的采选充、热电气等转化的流态化开采技术体系，该构想突破了固体矿产资源临界开采深度的限制，使深地煤炭开采可以像油气开发那样"钻机下井，人不下井"，实现原位开采与转化，使得煤炭开采由传统的"井下采煤出井"转变为"井下采煤不出井"，由传统的"井下只采煤"转变为"井下原位实现采煤、电、热、气一体化综合开发利用"，最终实现"地上无煤、井下无人"的绿色环保开采目标。原位流态化开采可以改变目前矿业领域生产效率低、安全性差、生态破坏严重、资源采出率低、地面运输、转化能量损耗大等一系列问题，实现深部煤炭资源开采理念与模式的变革。

基于以上背景，流态化开采体系的研究趋势主要集中在：深部原位流态化开采的智能化技术体系、深部原位流态化开采的无人化技术体系、深部原位流态化开采的流态化技术体系。

（3）煤矿源头减损技术

煤炭地下开采导致上覆岩层发生变形和破坏进一步引发地表变形现象。地表的变形对土地资源、水资源、地表形态、构筑物、植被和生态环境产生一定程度的负面影响。学者们针对矿区生态保护做了大量的研究，针对煤炭开采时期，矿区环境保护主要分为开采前、开采中、开采后三个部分。其中，开采前主要的方法为优化开采方法，进行源头减损；开采中是通过岩层注浆技术控制岩层运动，减小煤层开采对地表的扰动状态；开采后针对前两个方法不能完全实现对地表生态环境的保护，不可避免地会造成生态破坏，因此需要开展生态修复。开采损伤的影响包含地质与开采 2 类因素，其中地质因素无法人为改变，因此，只能进行开采工艺参数优化。

源头减损技术主要从开采方法或工艺、影响传播方式、影响对象的抗损伤能力提升方面进行研究，优化采煤方法，确定合理的开采参数。因此可以围绕开采工艺参数优化源头减损技术、覆岩承载结构稳定性维持减损技术以及变形调控减损技术开展更为深入的研究工作，助力实现煤矿源头减损。

四、采矿工程学科发展趋势及策略

分析我国采矿工程学科未来五年发展新的战略需求和重点发展方向，预测采矿工程学科未来五年的发展趋势。

（一）我国采矿工程学科未来五年发展战略需求

1. 智能化开采理论及技术

智能化开采是实现我国煤矿安全高效生产的必由之路，智能化开采基础理论的研究是支撑煤矿智能化建设不断迈向新台阶的源动力。加强数字煤矿与智能化开采基础理论研究，推动由数字煤矿向智慧煤矿方向发展，已经成为亟待解决的重大理论问题，也是煤炭行业实现安全、高效、智能、绿色生产的必然要求。煤矿智能化开采系统是采用地质勘探、三维仿真、地理信息等技术手段，实现工作面地质建模；利用智能传感器采集设备工作姿态、地理位置、运行状态等相应数据；利用 5G 网络对采集数据进行有效传输；利用大数据技术对多元异构数据进行融合管理；利用专家决策系统对各类数据进行有效分析处理；成套装备协同作业，完成煤炭采掘运；利用人工智能、机器学习分析设备运行状态，实现开采装备的有效维护；利用区块链技术实现数据的可信记录，支撑能源监管，形成以5G、大数据、人工智能、区块链、物联网等新一代信息技术为基础的"安全绿色，高效智能"的无人化智能开采新模式。

数字煤矿及智能化开采技术成为当前煤矿开采领域研究的热点问题。随着开采装备状态、安全监测监控等更广泛、更深入的信息不断融入，形成了一系列信息化、数字化矿山模型与技术；然而，在上述信息及数据的相互关联关系方面，一直没有形成统一、有效的数据模型、控制方法等，因而智能化煤矿基础理论体系目前仍然不够清晰、完善。同时，随着开采深度、煤层条件复杂性的日益增加，智能开采环境状态的不清晰、装备空间信息不精确、控制方法不适合等问题日益突出，若不能从系统级开展多种技术、数据的融合集成，将导致掌握信息不完全、信息流混乱、层次不清晰、数据利用效率低、缺失智能决策依据等问题无法从根本上提升煤矿的开采水平、生产效率及人员与设备安全保障水平。

煤矿智能化技术及装备是实现智能化系统建设及高质量发展的前提和基础。近年来，针对薄及中厚煤层、大采高煤层、复杂条件煤层及特厚煤层等不同煤层条件，研发了智能耦合人工协同高效开采、智能化操控与人工干预辅助放煤、机械化＋智能化开采等不同的开采模式。工作面实现了可视化远程干预开采，掘进实现了掘、支、锚、运一体化自动连续作业，辅运实现了井下车辆的智能调度管理等。然而，煤矿井下地质条件复杂多变，装备受到多种外部持续性渐变扰动或突变扰动，真正做到自主感知、决策和执行的智能生产还有很多问题和技术瓶颈。

未来五年，加快煤矿智能化发展需重点突破精准地质探测等技术，构建实时、动态、精准、多属性、工程化、全时空的多维地质模型，实现开拓设计、地质保障等系统的智能化决策和协同运行，解决提高地质探测精度、地质时空演变建模精度、模型动态更新融合等难题；研发具有高精度、高功率、高集成度特点的智能化装备；解决海量数据的多源性、非同步性及不稳定性的融合难题；解决煤矿智能化巨系统的模块化、系统化、标准化、协同化，能够适应不同地质环境特点，有效提高智能化开采的准确性和可靠性；研发具有高精度及高可靠性的关键零部件及传感器元件，解决对高端芯片、高性能检测设备、关键材料、工业基础设计软件等对外依存度高等问题。

2. 深部资源低损开采理论及清洁利用

当前，我国已经在煤炭资源低损开采理论、技术与工程等方面取得显著成就。但是，矿产资源的开采具有较强的负外部性，开发过程直接作用于自然界，必然会破坏原有的平衡，从而诱发矿山地质灾害和环境问题。环境事件的频繁发生，矿业开发利益主体之间的矛盾不断激化，生态环境问题已逐渐成为危害人类健康、制约经济和社会发展的重要因素。从广义资源的角度认识和对待煤、瓦斯、水等一切可以利用的各种资源，实现对煤层及共伴生资源的共采或保护；从开采源头减轻采煤对环境的影响或进行环境修复，防止和尽可能减轻采煤对地质环境和其他生态的不良影响，在人类经济活动和自然之间建立起复合的生态平衡机制。

"十三五"期间通过推动供给侧结构性改革，煤炭严重供大于求局面得以扭转，生产结构不断优化，企业效益明显回升，行业面貌显著改善。在"十四五"期间，还面临一些新问题、新挑战。在绿色发展方面，煤炭清洁生产水平亟待提升；我国煤炭产业绿色发展水平还不高，煤炭开采造成的地表沉陷、水资源破坏等问题比较突出；随着煤矿开采深度增加和生态环保要求提高，煤炭开发成本还将继续上升；推动煤炭企业开展生态修复治理，提升煤炭清洁生产水平还面临较大压力。

未来五年，应在流态化开采的技术构想基础上，研究以煤炭原位化学开发为牵引的煤基低碳能源技术。通过煤炭原位化学转化，创新煤炭开采与利用方式，输出低碳油气能源；集成固体氧化物燃料电池，实现二氧化碳近零排放高效发电；开发煤基新型功能材料，实现基于化学储碳的高值化利用。

煤炭原位化学开发技术，是以煤炭地下气化、液化和热解为基础的原位转化方法，是适应大规模、低碳化煤炭开发的战略技术。以地下气化为代表的原位化学转化，是目前技术水平最接近流态化开采的一种方式。通过在地下煤层中营造反应条件，将煤层原位转化为氢气、一氧化碳、甲烷和液体产物，并导输到地面，实现对地下煤炭的原位开发。随着煤炭原位化学开采的发展和日趋成熟，其商业化应用不仅可实现深部煤炭资源的有效开采，还可与电力、天然气、氢燃料和碳捕集与封存等产业结合，具有广阔的应用前景。

钻井式煤地下原位热解是在工程钻井的基础上，通过煤层人造裂缝，实现多口钻井的连通，然后利用电加热或流体加热等技术加热煤层，使煤热解产生油气资源，并在抽采井完成油气采集。目前，煤层加热方式、煤层热解温度、储层改造技术、热解油气的高效抽采等问题亟待解决。煤钻井式地下原位热解提取煤基油气资源目前尚处在先期探索阶段，得益于近年来油页岩地下原位热解研究方面的技术积累，为富油煤地下原位热解提供了一定的技术参考。但是由于煤与油页岩之间的巨大差别，相关技术体系难以直接套用，必须针对煤资源的地质条件和煤质特征进行系统全面的分析研究，进而制定合理有效的技术方案。

燃料电池是将燃料中化学能直接转换为电能的电化学发电装置。作为最新一代的固体氧化物燃料电池（solid oxide fuel cell，SOFC），由于组件全部由固体材料构成，高温运行能量转换效率高，因此，受到广泛关注。耦合煤炭原位化学开发的SOFC发电技术极大地降低了化石燃料在能量转换中的能量损失和对生态环境的破坏，具有更高的能量效率和零碳排放潜力。

煤作为一种复杂有机碳烃大分子物质，具有从石油或人工合成难以得到的特殊芳香结构。目前新的高性能聚合材料大都具有复杂芳香结构单元，这无疑为煤基聚合物材料的开发带来新的机遇。在深入认识煤结构及其衍生物性质基础上，充分利用煤的特殊性必然为煤高值化利用开辟独具特色的新途径。近年来，在高分子材料科学领域一个最引人瞩目的发展方向就是煤基碳素材料，诸如煤系碳纤维、针状焦、中间相材料等。煤基碳素材料不仅具有单一聚合物无法比拟的优良电学、热学和力学性能，并且碳含量极高，是一种潜在的化学固碳方式。煤基碳素材料在国内外的发展极为广泛、迅速。以煤化学与高分子科学的交叉领域作为加工利用的新生长点，煤基炭材料是国防安全和国民经济建设的关键材料，拥有极为广阔的下游应用领域和巨大的市场空间。

煤炭利用产生大量CO_2，利用可再生能源将CO_2转化为可储存、可输运的含碳液体燃料或高价值化学品，不仅有利于收集间歇性可再生能量（如光能），而且可减少CO_2排放，实现碳中和，代表了当今可持续能源发展的最新研究方向。然而，由于CO_2分子的热力学稳定性和动力学惰性，如何高效地实现 CO_2 还原一直是研究的难点。太阳能驱动 CO_2 转化合成燃料和化学品为可再生能源的储存和碳中和提供了一条有效的途径。人工光合作用通过半导体吸收光能并结合催化剂促进 CO_2 还原，具有效率高、产物多样化等优点，应用前景广阔。光电催化以及生物光电催化 CO_2 还原，可作为可再生能源至化学品存储技术，为目前以及今后相当长时间内风能、太阳能等产能过剩提供解决方案，为可再生能源解决环境问题等提供重要借鉴。

3. 冲击地压灾害源头防控理论及技术

冲击地压灾害防治是世界采矿国家共同面临的世界难题，系统研究已有 80 余年的历史，其中德国、波兰、日本等国家进行了有益的探索。但由于冲击地压问题的复杂性，一些国家纷纷关闭了冲击地压矿井。我国是目前冲击地压灾害最为严重的国家，在经过近 40 年的理论创新和实践总结，基本建立了从区域防治到局部解危的系统防治理论和技术体系，研究成果居世界领先水平。冲击地压防治理论方面，随着科学技术进步，逐步形成了强度理论、刚度理论、能量理论、冲击倾向性理论、三准则理论、变形失稳理论、三因素理论、应力波作用理论、冲击启动理论、动静载叠加诱冲理论、扰动响应失稳理论、结构调控理论等。冲击地压防治工作主要按照"区域先行、局部跟进、分区管理、分类防治"原则执行。区域防治措施主要是通过合理的开拓部署、采煤方法选择、煤柱尺寸优化以及保护层开采等技术，实现大范围采场低应力状态开采，进而避免冲击地压发生。局部防治措施主要是通过煤层大直径钻孔卸压、顶板深孔断裂爆破和顶板定向水压致裂对煤层、顶底板进行卸压解危，降低应力集中程度，进而实现冲击地压的防治。近年来，地面压裂作为冲击地压主动防治的区域性措施，将防治工作由井下扩展至地面，有利于实现应力环境大范围调控。但由于冲击地压灾害的复杂性和诸多技术瓶颈，仍存在较多难题亟待解决。如冲击地压灾害缺乏从源头统筹防控的科学理念，导致行业对冲击地压源头属性与特性认识不清，制约了防控措施设计的准确性和实施的超前性；冲击地压灾害防治存在严重依赖经验、参数设计不够科学合理等问题，井上下协同防控技术尚处探索阶段。尤其是新建矿井未从初步设计阶段考虑冲击地压防治问题，导致后期冲击地压防治难度和成本加大。统筹冲击地压孕育成灾和防控解危的物理机制，实现冲击地压矿井全生命周期不同阶段井上下协同防治，将是消除冲击地压应力源头、保障防治效果最大化的根本支撑。

未来五年，围绕冲击地压源头防治理念，构建势动能瞬态转换的冲击地压全过程力学模型，开发煤矿冲击地压全过程精细模拟技术及装备，揭示冲击地压源头属性与特性；研发矿井全尺度全生命周期冲击地压监测技术装备，实现矿井应力"点-线-面-体"的全覆盖以及全地层结构高精度实时监测，提出数据驱动下冲击危险区的精准甄别和智能识别算法，确定冲击地压源头；研究井上下高低位岩层、冲击地压源头防治基本范式，实现冲击地压生产矿井最大化消除源头、合理化规避源头和冲击地压新建矿井不形成源头；井下煤层与低位岩层、巷道围岩与支护的应力与结构协同控制技术，开发自适应支护与人员防护技术装备，控制冲击地压源头。

（二）我国采矿工程学科未来五年重点发展方向

1. 采矿工程学科的发展态势

从改变传统理论及配套的装备技术入手，建立具有我国特色的平衡开采理论及配套装备与技术，是"十四五"矿业学科基础科学研究的重要发展走向，需要重点聚焦：①拓深现有开采方法的基础理论与技术研究，研发先进掘进和采矿装备，提高掘进和开采效率，贯彻绿色、协同开采理念；②积极响应国家深地、深海、深空战略发展需求，探索"三深"矿产资源勘探开发基础科学与技术。

2. 未来五年应加强的优势方向

（1）特厚煤层开采理论与方法

大采高开采和放顶煤开采是厚煤层的高效开采方法，目前放顶煤一次开采厚度达到20米，大采高一次开采厚度已接近9米。随着技术经济条件发展，一次开采厚度稳步增长，带来新的科学问题和技术难题，亟须聚焦如下几个研究重点。

1）9米以上大采高开采采场与岩层控制理论：研究特厚煤层大采高开采强扰动条件下煤壁破坏机理，开发采场煤岩体失稳监测装备与防治方法；研究特厚煤层大采高开采支架与围岩作用原理，揭示大采动空间顶板破断失稳与动载荷发生机理，探索"顶板，煤壁"二元协同控制方法。

2）20米以上综放开采顶煤破碎、放出控制理论：研究特厚顶煤渐进破碎机理，确定表征顶煤冒放性的力学指标，创新顶煤块度预测方法；探究顶煤放出体、煤矸分界面和放出率之间的关系，分析顶煤厚度、割煤高度对顶煤放出体和煤矸分界面空间形态的影响，确定最优采放工艺。

3）特厚煤层覆岩采动规律与地表沉陷预测方法：研究特厚煤层开采顶板破断岩块运动轨迹和速度，创新新开采条件下覆岩"三带"发育高度预测方法，明确特厚煤层开采地表沉降、破坏特征；研究顶板破断岩块下沉量、裂隙带下沉量与地表下沉量的关系，提出地表下沉量预测模型。

（2）深部大变形巷道维稳理论与技术

深部矿井地应力高，采动影响更加强烈，导致巷道围岩变形大、持续时间长、破坏严重；传统浅部低应力、弱采动条件下的支护技术已无法解决深部强采动巷道围岩控制难题，亟须聚焦如下几个研究重点，研发新的控制技术与配套装备。

1）深部软岩巷道大变形破坏机理：研究高应力环境中软弱岩层的蠕变机制，建立应力-围岩-支护体相互作用机制；研究水及风化作用对岩石性质的作用机制，建立应力场、裂隙场、温度场、湿度场等多场耦合下软岩巷道围岩的物理结构与力学性能损伤机制。

2）深部软岩巷道大变形控制机制：研究高地应力与强采动条件下巷道围岩破坏区异化扩展规律，揭示采动引起巷道围岩破坏区发展的力学机制；研究支护、巷道围岩破坏区形态与围岩变形三者的关系，获得适应深部围岩变形特征的主动支护与主动让压控制原理。

3）深部软岩巷道控制理论与技术：研究高极限承载能力、高延伸率、强抗冲击的新型特性支护材料，明确支护时效特征；研究围岩破坏区中浆液渗流机制与改性机理，建立注浆材料的性能与技术指标体系；研究深部软岩巷道多方法协同支护方法，建立标准化工程示范。

（3）特大型露天矿开采滑坡灾害演化过程及其预测理论

露天矿山在国内固体矿床开采中占有重要地位。特大型露天矿山开采延深大，开采边坡具有高陡、强扰动、动态开挖具有时效性、边坡工程地质条件复杂性强等特点。亟须聚焦如下几个研究重点，提升滑坡灾害防治效率和效果。

1）复杂开采条件下露天矿山边坡滑坡机理及演化过程：从宏观、微观等不同视角，重点研究复杂条件下露天矿山边坡滑坡动态演化过程，演化机理及相关的岩土力学基础理论及实验方法和技术手段。

2）动态开挖条件下时效边坡稳定性评估及控制理论：以经济、安全为目标，重点研究时效控制变量下，露天矿边坡稳定性评估评价理论及提高露天矿边帮边坡角的设计基础理论和工程加固关键技术。

3）露天矿山滑坡预测预警基础理论：以岩土力学、流体力学等力学方法为依托，研究确定性的滑坡预测模型和模拟计算理论。重点研究基于确定性及不确定性分析理论上的综合预测方法和预警模型，形成一套在我国适用性强的露天矿山滑坡预测预警基础理论及方法体系。

3. 未来五年应扶持的薄弱方向

（1）关停矿井综合利用理论与方法

我国因能源和资源开采后留下的特殊地下空间体量巨大。为破解目前矿区传统式、低水平、不可持续的关停并转升级难题，必须寻求关停矿井特殊地下空间资源利用基础理论的突破，重点围绕以下几点建立基础理论，发展相应关键技术。

1）岩体工程力学与围岩适建性：研究典型关停矿井岩体的强度、流变、渗透等工程力学特性，明确围岩岩性与地下空间围岩结构的长期稳定性及其适用功能的必然联系；分析不同围岩类型对地下空间综合利用适建性的影响规律，建立关停矿井地下空间的分类利用模型。

2）地下空间与城市融合发展规划：研究地面－井下遗留资源的二次利用方法，构建关停矿井地下空间利用与城市中长期发展需求的融合发展模型；研究废弃空间资源化利用与外部附加效益对城市发展的提升作用，分析关停矿井地下空间综合利用的功能定位和建设模式。

3）深地空间基础前沿科学探索：研究深部地下实验室、深地医学与康复、战略能源储备、核废料处置等国家长远战略；研究促进城市、民生和社会事业发展的井下抽水蓄能发电、地下数据中心、生活与工业废物地下处置、地下生态农业、地下自循环生态系统等，构建深地自循环生态系统的深地科学理论与技术体系。

（2）近零生态损害的开采理论与方法

近零生态损害开采以"采前有规划、采中能控制、采后可修复"的煤炭绿色开采技术体系为基础，从"勘探－生产－加工"全过程产业链系统控制生态破坏，提高煤炭绿色安全开采、清洁煤开发与资源可持续保障水平，重点研究内容如下。

1）煤炭超低损害开采机理研究：研究西部煤炭高强度开采对土地及生态损害机理，揭示煤炭开采扰动区生态演变机理，形成区域地表土地及生态保护的超低损害开采方法；研究干旱半干旱区煤炭高强度开采沉陷区生态自修复机理，研发人工干预及自修复诱导促进机制。

2）采选充一体化技术与装备：明确充填开采设备配套和工艺体系完善、对煤矿地质采矿条件的适应性、操作规程与技术标准、充填效率提高等方面难题，研究充填开采覆岩运移规律与高效充填工艺；研发采选充系统的自动化、装备的故障自动诊断及自动处理等技术。

3）地表生态环境恢复治理技术：采矿对地表生态环境影响的机理与诊断技术；减轻地表生态环境损伤的开采设计与技术；酸性废石堆治理技术；生态系统重构与土地复垦关键技术；复垦质量监控的标准化与可持续维护技术等。

（3）矿产及伴生资源共同协调开采

我国乃至世界很多国家均发现矿产与多种矿产资源共伴生赋存。矿产与多种矿产资源共伴生赋存条件下，资源综合开发利用效率低、难度大。我国是矿产资源大国，矿产及伴生资源共同协调开采面临的挑战主要有以下几方面。

1）矿产及伴生资源综合勘探体系：研究地质雷达勘探方法、高密度电法、地震勘探法及地球物理测井法等单一矿种勘探技术机理与应用原理，探明单一勘探技术的多资源综合勘探协调度、精度优化技术路径，探索建立空、天、地一体化综合勘探体系。

2）矿产及伴生资源协调开采技术：研究共伴生资源单一矿种开采工艺系统核心路径，明确资源、地下水、岩层、地表生态的负外部性特征，开发基于时空的多种资源协调开采工序，确定矿产及共伴生资源精准开采技术方案，构建矿产及伴生资源精准开采理论及技术体系。

3）矿产及伴生资源开采灾害监测：研究矿产及伴生资源精准开采多相多场耦合机理，揭示资源开采动态叠加多相多场耦合灾害孕育演化规律，明确耦合灾害的超前感知、精准定位、高效预警关键机理，构建矿产及伴生资源开采多相多场耦合灾害防治监测体系。

4. 未来五年鼓励交叉的研究方向

（1）面向智能化无人开采的理论与方法

我国在煤炭智能化综采工作面方面突破了多项关键核心技术，但目前仍难以实现智能化综采工作面的常态化运行，还需要研究以赋煤地质知识为导引，以勘探数据、物探数据与综采装备开采数据为驱动的煤层地质精细化预测方法，开发工作面回采率、割岩率、推进率最优化的开采决策机制和方法，形成工作面智能化控制系统评估方法；同时，采掘失衡要求掘进工作面智能化建设加快步伐，要求重点在煤矿智能掘进装备关键技术、巷道快速支护关键理论、智能化多机协同控制系统等方面展开攻关；并促进资源开采技术与大数据、人工智能、物联网等技术的深度交叉与融合，促进智能开采成套技术与装备、基于5G的智能协同控制、矿山大数据的分析与利用等领域拓展，形成新的学科全球高峰点。

（2）深部固体资源原位流态化开采理论与技术

基于智能化无人综合掘进机的采矿模式，通过原位采、选、充、发电和固体资源流态化理论突破，将固体资源转换成气体、液体或气、液、固物质的混合物，实现深部固体矿物资源的原地、实时和集成利用；发展深部原位流态化开采与灾变超前预警的透明化理论与方法，实现深部开采与灾变全过程的动态透明与超前预警。促进地学、物理化学、机电、人工智能等学科的深度交叉与融合，培育新的学科增长点。

5. 未来五年应促进的前沿方向

（1）深部原位岩石力学理论

深地资源开发工程活动普遍存在一定的盲目性、低效性和不确定性。其根本原因是深地岩体介质的物理力学行为显著异于浅部的力学行为，深部岩石力学理论尚未建立。亟须聚焦如下几个研究重点，破解深地资源开发工程基础科学难题。

1）不同赋存深度原位岩石物理力学行为差异性规律：开发深部工程岩体三维地应力场与扰动应力场力学模型，创新揭示不同赋存深度岩石物理参数差异性规律及深度影响机制，探索不同赋存深度岩石力学行为特性、损伤演化及能量演化过程差异性规律。

2）深部岩石原位力学强度准则与本构：构建原位保真岩石力学实验新标准，创新诠释原位状态下岩石力学参数的非常规变化、非常规力学行为以及非常规本构理论，明确深部岩体原位力学行为，探讨深部岩体非线性力学行为响应机制，构建深部原位岩石力学强度准则。

3）基于深部工程扰动的深部原位岩石力学：概化深部工程三维扰动应力路径的概化模型，开展基于深部开采扰动应力路径的动静组合加卸载试验以及动力学实验，创新还原开采扰动作用下岩石破坏全过程，从而建立开采扰动作用下岩体动力灾害致灾判据。

（2）月球火星等深空资源探测与开采的探索研究

随着地球资源的短缺，资源获取焦点逐渐拓展其他行星。开展月球及火星的等深空资源探测与开采的研究已成为采矿业的前沿课题，目前类地行星资源探测与利用的前瞻性研究表明仍存在诸多技术瓶颈，仍需攻关如下几个研究重点。

1）月球火星资源的遥感探测与获取技术：开发遥感探测类地行星资源的存在形式及分布。研究资源的具体分布及采掘方法，形成太空资源采掘新理论、新方法、新技术。研究类地行星特殊环境下水、氧等生存必备物质制备方法，形成月球及火星水、氧的制备与提取研究理论体系。

2）月球及火星大深度原位保真取芯技术：研究智能大深度保真取芯机器人技术的系统理论，确定月球及火星的大深度保真取芯，明晰月球及火星真实地质信息，创新月球及火星采矿基地设计与建造理论，明确行星大深度取芯及返回的理论体系及技术实施方案。

3）月球、火星地下空间利用的技术方案：研究月球和火星地下恒温层空间利用构想及技术实施方案研究，研发月球和火星地下活动空间、地下热量存储、温差发电、矿物开采结构等配套技术研究，形成月球/火星地下空间开发利用的新理论、新技术、新方案。

（3）深海资源开发理论与方法

深海矿产资源赋存丰富的多金属结核、多金属富钴结壳和多金属硫化物矿产资源，但深海矿区的海底地形地质条件、非线性波浪、非定常海流以及扬矿系统内部固液两相流动等环境十分复杂，亟须在如下几个重要研究内容方面攻关。

1）深海采矿系统水动力学分析：研究水和其他液体的运动规律及与深海矿物相互作用规律，揭示结核本身的水动力学行为的统计规律，明确开采过程水动力作用对深海多金属结核矿的迁移和控制，阐明平行底部交汇流场作用多金属结核矿的脱附机理。

2）深海资源岩性识别机制与方法：研究深海矿物岩石–采掘剥离设备的耦合响应特征，建立岩性探测汇报与数值在线分析联合系统；研究不同岩性下刀具与切削速度的最优工艺，开发采掘机智能决策与智能采掘剥离方法，探索低扰动的开采方法与高期效安全输送机理。

3）深海采矿系统对多变海洋环境响应机理与模型：研究并建立海洋矿区波浪场的时间和空间分布特性，明确矿区海底流体环境、沉积物土力学特性、海底典型地形等环境特征，仿真复杂流体、地形地质环境下集矿机海底行走动力学，揭示复杂流动环境下海面采矿船的非线性运动响应形式。

（三）我国采矿工程学科未来发展策略和对策

"绿色、安全、智能、高效"已成为矿业可持续发展的时代要求。随着物联网、大数据、人工智能、云计算等新一代信息技术的不断发展与应用，全球矿业正面临新的发展机遇与挑战。采矿工程学科作为我国矿业发展的理论基础与技术支撑，为更好地应对新机遇与挑战，将从以下几个方面进行采矿工程学科发展策略和对策建议。

（1）立足于我国采矿系统工程现状

随着人工智能、物联传感等技术的发展，研发各种先进的新型采矿工艺、采矿技术、采矿设备已成为当前研究热点，我国采矿系统工程也必然会向着规模性发展。但由于目前大多数采矿技术装备仍处于测试阶段，暂未正式投入使用，甚至部分国外引入的先进技术装备并未与我国采矿工程相匹配，难以充分发挥新型技术装备效用。因此，我国采矿工程学科的发展只有立足于我国采矿系统工程现状，充分考虑我国国情发展，结合采矿工程学科知识，从多角度出发，加强采矿系统工程的规模性，才能促进我国采矿业的可持续性发展。

（2）完善智能采矿理论体系构建

传统的采矿系统工程基本理论及常用方法主要包含运筹学诸学科分支、应用数学若干学科分支和计算机技术。在人工智能背景下的采矿系统工程理论方法需随着相关学科理论基础的发展和应用范围的扩充不断丰富。智能采矿理论构建旨在通过总结矿山信息化建设的经验及其发展规律，探索智能采矿规划、设计、实施与运行维护等上述各环节思想框架和实施策略与方法。运用现有的穿、爆、铲、运、破等各个学科的存量知识，发展智能采矿理论是采矿工程学科的发展方向，通过完善智能采矿理论体系，能够为智慧矿山的发展提供宏观整体规划与理论支撑，使智慧矿山的建设道路日益清晰。

（3）开展智能无人化开采关键技术攻关

目前我国采矿业智能化发展主要存在的问题是：国内采矿装备的技术水平相对落后，尤其是其自动化、信息化水平尚不能满足智能开采要求；缺少具有自主知识产权的综合通信、定位导航等实现智能开采的支撑技术与软件平台；相关技术研究力量分散，未能形成强大的研发团队。国内"无人驾驶智能矿山"建设仍处于初级阶段，无人采矿的核心技术仍然是机械化、自动化与智能化三者统一的问题。而信息及通信技术的进步必将推动无人采矿从现行的基于传统采矿工艺的自动化采矿或遥控采矿，向以先进传感器及检测监控系统、智能采矿设备、高速数字通信网络、新型采矿工艺等集成化为主要技术特征的高级"无人驾驶智能矿山"发展。因此，在现有数字化生产管控技术研究的基础上，采矿工程学科需围绕智能化开采、无人开采系列关键技术开展攻关突破研究，实现智慧型无人矿山高效智能开采关键技术与装备在国内矿山领域的推广应用，提高我国矿山生产效率，降低矿山安全事故。

参考文献

[1] 何满潮，谢和平，彭苏萍，等. 深部开采岩体力学研究［J］. 岩石力学与工程学报，2005（16）：2803-

2813.

［2］蔡美峰，马明辉，潘继良，等．矿产与地热资源共开采模式研究现状及展望［J］．工程科学学报，2022，44（10）：1669．

［3］蔡美峰，薛鼎龙，任奋华．金属矿深部开采现状与发展战略［J］．工程科学学报，2019，41（4）：417-426．

［4］徐宇，李孜军，贾敏涛，等．深部矿井热害治理协同地热能开采构想及方法分析［J］．中国有色金属学报，2022，32（5）：1515-1527．

［5］蔡美峰，多吉，陈湘生，等．深部矿产和地热资源共采战略研究［J］．中国工程科学，2021，23（6）：43-51．

［6］吴爱祥．金属矿膏体流变学［M］．北京：冶金工业出版社，2019．

［7］Aixiang Wu, Zhuen Ruan, Jiandong Wang. Rheological behavior of paste in metal mines［J］. International Journal of Minerals, Metallurgy and Materials, 2022, 29（4）: 717-726.

［8］吴顺川，马骏，程业，等．平台巴西圆盘研究综述及三维启裂点研究［J］．岩土力学，2019，40（4）：1239-1247．

［9］Zhang S, Wu S, Chu C, et al. Acoustic emission associated with self-sustaining failure in low-porosity sandstone under uniaxial compression［J］. Rock Mechanics and Rock Engineering, 2019, 52: 2067-2085.

［10］Zhang S, Wu S, Zhang G. Strength and deformability of a low-porosity sandstone under true triaxial compression conditions［J］. International Journal of Rock Mechanics and Mining Sciences, 2020, 127: 104204.

［11］Feng X T, Gao Y, Zhang X, et al. Evolution of the mechanical and strength parameters of hard rocks in the true triaxial cyclic loading and unloading tests［J］. International Journal of Rock Mechanics and Mining Sciences, 2020, 131: 104349.

［12］夏开文，王帅，徐颖，等．深部岩石动力学实验研究进展［J］．岩石力学与工程学报，2021，40（3）：448-475．

［13］李夕兵，宫凤强．基于动静组合加载力学试验的深部开采岩石力学研究进展与展望［J］．煤炭学报，2021，46（3）：846-866．

［14］Xiong L, Wu S, Wu T. Effect of grain sorting, mineralogy and cementation attributes on the localized deformation in porous rocks: A numerical study［J］. Tectonophysics, 2021, 817: 229041.

［15］Xiong L, Wu S, Ma J, et al. Role of pore attribute in the localized deformation of granular rocks: A numerical study［J］. Tectonophysics, 2021, 821: 229147.

［16］吴顺川，郭超，高永涛，等．岩体破裂震源定位问题探讨与展望［J］．岩石力学与工程学报，2021，40（5）：874-891．

［17］Guo C, Zhu T, Gao Y, et al. AEnet: Automatic picking of P-wave first arrivals using deep learning［J］. IEEE Transactions on Geoscience and Remote Sensing, 2020, 59（6）: 5293-5303.

［18］任义，高永涛，吴顺川，等．基于矩张量反演的传感器校准方法应用和对比［J］．岩土力学，2022，43（6）：1738-1748．

［19］Zhang G, Zhang S, Guo P et al. Acoustic Emissions and Seismic Tomography of Sandstone Under Uniaxial Compression: Implications for the Progressive Failure in Pillars［J］. Rock Mechanics and Rock Engineering, 2023, 56（3）: 1927-1943.

［20］张光，吴顺川，张诗淮，等．砂岩单轴压缩试验P波速度层析成像及声发射特性研究［J］．岩土力学，2023，44（2）：483-496．

［21］Pan P Z, Miao S, Jiang Q, et al. The influence of infilling conditions on flaw surface relative displacement induced cracking behavior in hard rock［J］. Rock Mechanics and Rock Engineering, 2020, 53: 4449-4470.

［22］Guo P, Wu S, Zhang G, et al. Effects of thermally-induced cracks on acoustic emission characteristics of granite under tensile conditions［J］. International Journal of Rock Mechanics and Mining Sciences，2021，144：104820.

［23］Zhang G，Wu S，Guo P，et al. Mechanical Deformation，Acoustic Emission Characteristics，and Microcrack Development in Porous Sandstone During the Brittle–Ductile Transition［J］. Rock Mechanics and Rock Engineering，2023：1-22.

［24］Ju Y，Xi C，Zhang Y，et al. Laboratory in situ CT observation of the evolution of 3D fracture networks in coal subjected to confining pressures and axial compressive loads：a novel approach［J］. Rock Mechanics and Rock Engineering，2018，51：3361-3375.

［25］李晓，李守定，史戎坚，等. 高能加速器CT岩石力学试验系统，CN109580365A［P］. 2019.

［26］张诗淮，吴顺川，吴昊燕. 岩石真三轴强度与Mohr-Coulomb准则形状函数修正方法研究［J］. 岩石力学与工程学报，2016，35（A01）：2608-2619.

［27］Wu S，Zhang S，Guo C，et al. A generalized nonlinear failure criterion for frictional materials［J］. Acta Geotechnica，2017，12：1353-1371.

［28］Wu S，Zhang S，Zhang G. Three-dimensional strength estimation of intact rocks using a modified Hoek-Brown criterion based on a new deviatoric function［J］. International Journal of Rock Mechanics and Mining Sciences，2018，107：181-190.

［29］Feng X T，Kong R，Yang C，et al. A three-dimensional failure criterion for hard rocks under true triaxial compression［J］. Rock Mechanics and Rock Engineering，2020，53：103-111.

［30］Si X，Gong F，Li X，et al. Dynamic Mohr-Coulomb and Hoek-Brown strength criteria of sandstone at high strain rates［J］. International Journal of Rock Mechanics and Mining Sciences，2019，115：48-59.

［31］梁卫国，肖宁，李宁，等. 盐岩矿床水平储库单井后退式建造技术与多场耦合理论［J］. 岩石力学与工程学报，2021，40（11）：2229-2237.

［32］Zhang G，Liu Y，Wang T，et al. Pillar stability of salt caverns used for gas storage considering sedimentary rhythm of the interlayers［J］. Journal of Energy Storage，2021，43：103229.

［33］Wang J，Zhang Q，Song Z，et al. Microstructural variations and damage evolvement of salt rock under cyclic loading［J］. International Journal of Rock Mechanics and Mining Sciences，2022，152：105078.

［34］梅生伟，张通，张学林，等. 非补燃压缩空气储能研究及工程实践——以金坛国家示范项目为例［J］. 实验技术与管理，2022，39（5）：1-8，14.

［35］张晔. 用废弃盐穴打造绿色"充电宝"［N］. 科技日报，2021-11-16（6）.

［36］Junhui X，Yi W，Hui W，et al. Enhanced Cyclability of Organic Aqueous Redox Flow Battery by Control of Electrolyte pH Value［J］. Chemistry Letters，2021，50（6）：1301-1303.

［37］Wang H，Li D，Xu J，et al. An unsymmetrical two-electron viologens anolyte for salt cavern redox flow battery［J］. Journal of Power Sources，2021，492：229659.

［38］Jiang D，Li Z，Liu W，et al. Construction simulating and controlling of the two-well-vertical (TWV) salt caverns with gas blanket［J］. Journal of Natural Gas Science and Engineering，2021，96：104291.

［39］Jiang D，Wang Y，Liu W，et al. Construction simulation of large-spacing-two-well salt cavern with gas blanket and stability evaluation of cavern for gas storage［J］. Journal of Energy Storage，2022，48：103932.

［40］Li J，Shi X，Zhang S. Construction modeling and parameter optimization of multi-step horizontal energy storage salt caverns［J］. Energy，2020，203：117840.

［41］Yang J，Li H，Yang C，et al. Physical simulation of flow field and construction process of horizontal salt cavern for natural gas storage［J］. Journal of Natural Gas Science and Engineering，2020，82：103527.

［42］李金龙. 薄互层盐岩地下能源储库建腔模拟与形态控制［D］. 北京：中国科学院大学，2018.

［43］Lankof L，Urbańczyk K，Tarkowski R. Assessment of the potential for underground hydrogen storage in salt domes

[J]. Renewable and Sustainable Energy Reviews, 2022, 160: 112309.

[44] Williams J D O, Williamson J P, Parkes D, et al. Does the United Kingdom have sufficient geological storage capacity to support a hydrogen economy? Estimating the salt cavern storage potential of bedded halite formations [J]. Journal of Energy Storage, 2022, 53: 105109.

[45] Pajonpai N, Bissen R, Pumjan S, et al. Shape design and safety evaluation of salt caverns for CO_2 storage in northeast Thailand [J]. International Journal of Greenhouse Gas Control, 2022, 120: 103773.

[46] 罗荣昌, 余淑琦, 夏建新. 深海扬矿泵导叶结构中粗颗粒运动特性研究[J]. 海洋工程, 2017, 35(4): 117–128.

[47] 罗荣昌, 余淑琦, 符瑜, 等. 深海扬矿泵不同导叶流道中粗颗粒运动试验研究[J]. 中南大学学报(自然科学版), 2019: 2963–2971.

[48] 姚妮均, 曹斌, 夏建新. 深海采矿系统软管段输送阻力损失研究[J]. 矿冶工程, 2018, 38(2): 10–14.

[49] 吴优, 邹燚, 曹斌, 夏建新. 基于PIV技术的粗颗粒在管流中跟随性试验研究[J]. 水动力学研究与进展(A辑), 2017, 32(5): 395–403.

[50] 廖帅, 曹斌, 夏建新. 基于IPP图像软件的管流中粗颗粒运动信息提取方法研究[J]. 矿冶工程, 2017, 37(5): 14–20.

[51] 廖帅, 夏建新, 曹斌, 任华堂. 一种测量管流中跨粒径尺度颗粒级配及其分布的光学系统, ZL201720686775.8[P]. 2017-06-14.

[52] 夏建新, 吴优, 邹燚, 等. 基于PIV技术粗颗粒在管流断面浓度分布试验研究[J]. 应用基础与工程科学学报, 2017, 25(6): 1086–1093.

[53] 符瑜, 曹斌, 夏建新. 管道内流对深海采矿系统软管空间形态影响[J]. 海洋技术学报, 2018, 37(1): 81–86.

[54] 邓旭辉, 郭浍良, 史浩浩, 等. 不同构形扬矿软管的流固耦合模态分析[J]. 矿冶工程, 2018, 38(6): 6–11.

[55] 俞萍花, 邓旭辉. 深海扬矿软管作业过程流固耦合动力学分析[J]. 采矿技术, 2020, 20(1): 150–154.

[56] 邓旭辉, 邓彦, 郭小刚. 深海采矿系统柔性管线空间构形与动力学分析软件, 2017SR741034.

[57] Jiahuang Tu, Wenjuan Sun, Dai Zhou, et al. Flow characteristics and dynamic responses of a rear circular cylinder behind the square cylinder with different side lengths [J]. Journal of Vibroengineering, 2017, 19(4): 2956–2975.

[58] 涂佳黄, 谭潇玲, 杨枝龙, 等. 上游静止方柱尾流对下游方柱体尾激振动效应影响[J]. 力学学报, 2019, 51(5): 1321–1335.

[59] 涂佳黄, 杨枝龙, 邓旭辉, 等. 上游静止柱体对圆柱体结构尾激振动的影响[J]. 船舶力学, 2020.

[60] 涂佳黄, 杨枝龙, 邓旭辉, 等. 剪切来流作用下串列布置双圆柱流致运动分析[J]. 应用力学学报, 2017, 34(6): 1048–1054, 1216.

[61] 涂佳黄, 王程, 梁经群, 等. 亚临界雷诺数下串列三圆柱体绕流特性研究[J]. 船舶力学, 2020.

[62] 涂佳黄, 谭潇玲, 邓旭辉, 等. 平面剪切来流作用下串列布置三圆柱流致运动特性研究[J]. 力学学报, 2019, 51(3): 787–802.

[63] 涂佳黄, 王载华, 梁经群, 等. 剪切来流下钝体绕流与涡激振动主动调节和能量收集设备, ZL201710395545.0.

[64] 刘琦, 漆采玲, 胡聪, 等. 深海底质土–金属界面间黏附特性试验研究[J]. 岩土力学, 2019, 40(2): 287–294.

[65] Wenbo Ma, Cailin Qi, Qi Liu, et al. Adhesion force measurements between deep-sea soil particles and metals by

in situ AFM. Applied Clay Science, 2017, 148, 118-122.

［66］Cailing Qi, Qiuhua Rao, Qi Liu, et al. Traction rheological properties of simulative soil for deep-sea sediment. Journal of Oceanology and Limnology, 2019, 37（1）: 62-71.

［67］Qing Cai, Wenbo Ma, Qiuhua Rao, et al. Optimization design of bionic grousers forthe crawled mineral collector based on the deep-sea sediment. Marine Georesources & Geotechnology, 2020, 38（1）: 48-56.

［68］符瑜, 曹斌, 夏建新. 深海采矿系统浮力配置对集矿车受力状态的影响［J］. 矿冶工程, 2019, 39（2）: 15-18.

［69］马雯波. 一种仿生履齿及其设计方法、深海集矿机. 201811277220.3［P］. 2018-11-27.

［70］马雯波. 一种履带行走优化试验装置. 201920949248.0［P］. 2019-06-24.

［71］邓旭辉, 史浩浩, 郭浍良, 等. 复合缆长度对采矿系统空间形态与动力学行为的影响［J］. 矿冶工程, 2019, 39（3）: 5-9, 15.

［72］邓旭辉, 刘明龙, 宋晓东, 等. 柔索构形与张力的测试装置和试验研究［J］. 实验力学, 2019, 34（3）: 443-450.

［73］宋晓东, 邓旭辉, 金星, 等. 竖向集中力作用下水平悬链线构形和张力的计算及试验验证［J］. 计算力学学报, 2019, 36（2）: 255-260.

［74］郭小刚, 周涛, 金星, 等. 水平悬链线中点集中力作用下的非线性分析及计算［J］. 计算力学学报, 2018, 35（4）: 514-520.

［75］郭小刚, 金星, 周涛, 等. 经典悬链线理论精确解与近似解的非线性数值计算［J］. 计算力学学报, 2018, 35（5）: 635-642.

［76］郭小刚, 王刚, 宋晓东, 等. 悬链线竖向集中力作用下的构形分析和张力计算［J］. 计算力学学报, 2020.

［77］邓旭辉, 刘明龙, 郭小刚, 等. 一种静动态柔索张力及空间构形的测试装置, ZL201721185261.0.

［78］邓旭辉, 宋晓东, 刘明龙, 等. 类悬链线柔索的构形与张力测试装置, ZL201721185988.9.

［79］池汝安, 王淀佐. 稀土矿物加工［M］. 北京: 科学出版社, 2014.

［80］孙旭, 孟德亮, 黄小卫, 等. 稀土萃取分离过程废水回收利用技术现状及趋势［J］. 中国稀土学报, 2022, 40（6）: 998-1006.

［81］郭钟群, 金解放, 赵奎, 等. 离子吸附型稀土开采工艺与理论研究现状［J］. 稀土, 2018, 39（1）: 132-141.

［82］Long P, Wang G, Tian J, et al. Simulation of one-dimensional column leaching of weathered crust elution-deposited rare earth ore［J］. Transactions of Nonferrous Metals Society of China, 2019, 29（3）: 625-633.

［83］Zhang Y, Zhang B, Yang S, et al. Enhancing the leaching effect of an ion-absorbed rare earth ore by ameliorating the seepage effect with sodium dodecyl sulfate surfactant［J］. International Journal of Mining Science and Technology, 2021, 31（6）: 995-1002.

［84］Shahbaz A. A systematic review on leaching of rare earth metals from primary and secondary sources［J］. Minerals Engineering, 2022, 184, 107632.

［85］Whitty-Léveillé L, Reynier N, Larivière D. Rapid and selective leaching of actinides and rare earth elements from rare earth-bearing minerals and ores. Hydrometallurgy, 2018, 177: 187-196.

［86］Liu D, Yan W, Zhang Z, et al. Study on Continuously Weakening Mechanism of Heap Leaching Velocity of Weathered Rare Earth Ores with the Increase of Ore Burial Depth［J］. Minerals, 2023, 13（4）, 581.

［87］尹升华, 齐炎, 谢芳芳, 等. 不同孔隙结构下风化壳淋积型稀土的渗透特性［J］. 中国有色金属学报, 2018, 28（5）: 1043-1049

［88］Zhang Z, He Z, Yu J, et al. Novel solution injection technology for in-situ leaching of weathered crust elution-deposited rare earth ores［J］. Hydrometallurgy, 2016, 164: 248-256.

[89] Rucker D, Zaebst R, Gills J, Cain IV J, Teague B. Drawing down the remaining copper inventory in a leach pad by way of subsurface leaching [J]. Hydrometallurgy, 2017, 169: 382–392.

[90] 刘戈. 离子型稀土矿浸矿过程孔隙结构演化及渗流特性研究 [D]. 赣州: 江西理工大学, 2020.

[91] He Z, Zhang Z, Yu J, et al. Process optimization of rare earth and aluminum leaching from weathered crust elution-deposited rare earth ore with compound ammonium salts [J]. Journal of rare earth, 2016, 34 (4): 413–419.

[92] Tang J, Qiao J, Xue Q, et al. Leach of the weathering crust elution-deposited rare earth ore for low environmental pollution with a combination of (NH4) 2SO4 and EDTA [J]. Chemosphere, 2018, 199, 160–167.

[93] Qiu T, Yan H, Li J, Liu Q, Ai G. Response surface method for optimization of leaching of a low-grade ionic rare earth ore [J]. Powder Technology, 2018, 330: 330–338.

[94] Feng J, Yu J, Huang S, et al. Effect of potassium chloride on leaching process of residual ammonium from weathered crust elution-deposited rare earth ore tailings [J]. Minerals Engineering, 2021, 163, 106800.

[95] 谈成亮. 离子型稀土矿浸出过程的渗流-反应-应力耦合研究 [D]. 南昌: 江西理工大学, 2021.

[96] 郭平业, 卜墨华, 张鹏, 等. 矿山地热防控与利用研究进展 [J]. 工程科学学报, 2022, 44 (10): 1632–1651.

[97] 刘敏, 毛景文, 蒋宗胜, 等. 胶东地区矿产与地热资源共采可行性浅析 [J]. 工程科学学报, 2022, 44 (10): 1652–1659.

[98] 陈湘生, 武贤龙, 包小华, 等. 基于矿热共采的深部高温岩层地下巷道硐室建造技术思考 [J]. 工程科学学报, 2022, 44 (10): 1660–1668.

[99] 蔡美峰, 马明辉, 潘继良, 等. 矿产与地热资源共采模式研究现状及展望 [J]. 工程科学学报, 2022, 44 (10): 1669–1681.

[100] Tester JW, Anderson BJ, Batchelor AS, et al. Impact of enhanced geothermal systems on US energy supply in the twenty-first century [J]. Philos Trans A Math Phys Eng Sci. 2007, 365 (1853): 1057–1094.

[101] 李迎春, 孙文明, 仉方超, 等. 深地热开采热能提取效率研究及对 EGS-E 的启示 [J]. 工程科学学报, 2022, 44 (10): 1799–1808.

[102] Hall A, Scott J A, Shang H. Geothermal energy recovery from underground mines. Renew Sustain Energy Rev, 2011, 15 (2): 916–924.

[103] Andronache M M, Teodosiu C. Studies on geothermal energy utilization: a review [C] //IOP Conference Series: Earth and Environmental Science. IOP Publishing, 2021, 664 (1): 012072.

[104] 张波, 薛攀源, 刘浪, 等. 深部充填矿井的矿床-地热协同开采方法探索 [J]. 煤炭学报, 2021, 46 (9): 2824–2837.

[105] Ghoreishi-Madiseh S A, Hassani F P, Abbasy F. Development of a novel technique for geothermal energy extraction from backfilled mine stopes [C] //Mine Fill 2014: Proceedings of the Eleventh International Symposium on Mining with Backfill. Australian Centre for Geomechanics, 2014: 61–72.

[106] Hartai É, Bodosi B, Madarász T, the CHPM2030 Team. Combining energy production and mineral extraction-The CHPM2030 project [J]. European Geologist, 2017, 43: 6–9.

[107] 王雷鸣, 罗衍阔, 尹升华, 等. 深地金属矿流态化浸出过程强化与地热协同共采的探索 [J]. 工程科学学报, 2022, 44 (10): 1694–1708.

[108] 吴爱祥, 王洪江. 金属矿膏体充填理论与技术 [M]. 北京: 科学出版社, 2015.

[109] 程海勇, 吴爱祥, 吴顺川, 等. 金属矿山固废充填研究现状与发展趋势 [J]. 工程科学学报, 2022, 44 (1): 11–25.

[110] Yang L, Wang H, Wu A, et al. Effect of mixing time on hydration kinetics and mechanical property of cemented paste backfill [J]. Construction and Building Materials, 2020, 2020 (247): 1–9.

［111］张兵，王勇，吴爱祥，等．谦比希铜矿东南矿体大流量膏体自流充填技术及应用［J］．采矿技术，2021，21（1）：160-163.

［112］吴爱祥，李红，杨柳华，等．深地开采，膏体先行［J］．黄金，2020，41（9）：51-57.

［113］甘德清，孙海宽，薛振林，等．温度影响下的充填料浆大流量管输流态演化［J］．中国矿业大学学报，2021，50（2）：248-255.

［114］吴爱祥，程海勇，王贻明，等．考虑管壁滑移效应膏体管道的输送阻力特性［J］．中国有色金属学报，2016，26（1）：180-187.

［115］吴爱祥，王勇，张敏哲，等．金属矿山地下开采关键技术新进展与展望［J］．金属矿山，2021（1）：1-13.

［116］李立涛，高谦，杨志强，等．矿用充填胶凝材料激发剂配比智能优化决策［J］．哈尔滨工业大学学报，2019，51（10）：137-143.

［117］GB/T 39489—2020，全尾砂膏体充填技术规范［S］.

［118］GB/T 39988—2021，全尾砂膏体制备与堆存技术规范［S］.

［119］谢和平，高峰，鞠杨，等．深地煤炭资源流态化开采理论与技术构想［J］．煤炭学报，2017，42（3）：547-556．2017．0299.

［120］李夕兵，周健，王少锋，等．深部固体资源开采评述与探索［J］．中国有色金属学报，2017，27（6）：1236-1262．2017.

［121］范纯超，孙扬，黄丹，等．极破碎不稳固难采矿体悬臂式掘进机机械落矿试验研究［J］．有色金属（矿山部分），2020，72（6）：25-29.

［122］郑东红．黄陵矿区快速掘进工程实践分析研究［J］．煤炭技术，2020，30（5）：40-42.

［123］徐广举，姚金蕊，李夕兵，等．基于悬臂式掘进机的采矿方法研究［J］．矿业研究与开发，2010（5）：5-7，23.

［124］郑志杰，杨小聪，王勇，等．基于岩石截割试验的悬臂式掘进机设备优化选型［J］．有色金属（矿山部分），2023，75（1）：95-101.

［125］李玉选，黄丹，杨小聪，等．金属矿山悬臂式掘进机采掘配套设备选型研究［J］．矿业研究与开发，2022，42（6）：2022.

［126］郑志杰，黄丹，杨小聪，等．极破碎岩体机械开挖卸荷扰动条件下进路参数优化研究［J］．矿业研究与开发，2022（7）：42.

［127］黄丹，杨小聪，陈何．TBM在地下金属矿山应用中的发展现状与趋势［J］．有色金属工程，2019，9（11）：108-121.

［128］谭青，易念恩，夏毅敏，等．TBM滚刀破岩动态特性与最优刀间距研究［J］．岩石力学与工程学报，2012，31（12）：2453-2464.

［129］Hasanpourr, Schmittj, Ozceliky, et al. Examining the effect of adverse geological conditions on jamming of a single shielded TBM in uluabat tunnel using numerical modeling［J］. Journal of Rock Mechanicas and Geotechnical Engneering, 2017, 9（6）：1112-1122.

［130］ROSTAMIF. Performance prediction of hard rock Tunnel boring machines（TBMS）in difficult ground［J］. Tunnellng & Underground Space Technology Tncorporating Trenchless Technology Research, 2016, 57：173-182.

［131］刘泉声，黄兴，刘建平，等．深部复合地层围岩与TBM的相互作用及安全控制［J］．煤炭学报，2015，40（6）：1213-1224．2014．3041.

［132］侯公羽，梁荣，孙磊，等．基于多变量混沌时间序列的煤矿斜井TBM施工动态风险预测［J］．物理学报，2014，63（9）：111-118.

［133］李术才，李树忱，张庆松，等．岩溶裂隙水与不良地质情况超前预报研究［J］．岩石力学与工程学报，2007，No.181（2）：217-225.

[134] 刘阳晓, 朱万成, 刘文胜, 等. 基于倾斜摄影测量的露天矿数值模型重构与计算实例[J]. 采矿与岩层控制工程学报, 2021, 3 (4): 45-52.

[135] 张鹏海, 朱万成, 任敏, 等. 矿山岩体破坏失稳预警云平台的搭建与应用[J]. 金属矿山, 2020 (1): 163-171.

[136] 刘飞跃, 刘一汉, 杨天鸿, 等. 基于岩芯图像深度学习的矿山岩体质量精细化评价[J]. 岩土工程学报, 2021, 43 (5): 968-974.

[137] 宋清蔚, 朱万成, 徐晓冬, 等. 岩石破坏过程实时监测预警软件系统——搭建与初步应用[J]. 金属矿山, 2022 (10): 155-164.

[138] Ren M, Cheng G, Zhu W, et al. A prediction model for surface deformation caused by underground mining based on spatio-temporal associations [J]. Geomatics, natural hazards and risk, 2022, 13 (1): 94-122.

[139] 李相熙, 朱万成, 任敏. 弓长岭露天矿采空区顶板位移超前预测算法[J]. 采矿与岩层控制工程学报, 2021, 3 (3): 54-61.

[140] 王卫东, 朱万成, 张鹏海, 等. 基于微震参数的岩体稳定性评价方法及其在 Spark 平台的实现[J]. 金属矿山, 2019 (8): 147-156.

[141] 李斓堃, 朱万成, 代风, 等. 大孤山露天矿边坡亿级自由度建模与基于 RFPA~(3D) 的数值模拟[J]. 金属矿山, 2021 (2): 179-185.

[142] Zhao Y, Yang T, Zhang P, et al. The analysis of rock damage process based on the microseismic monitoring and numerical simulations [J]. Tunnelling and Underground Space Technology, 2017, 69: 1-17.

[143] Zhou J, Wei J, Yang T, et al. Damage analysis of rock mass coupling joints, water and microseismicity [J]. Tunnelling and Underground Space Technology, 2018, 71: 366-381.

[144] 朱万成, 任敏, 代风, 等. 现场监测与数值模拟相结合的矿山灾害预测预警方法[J]. 金属矿山, 2020 (1): 151-162.

[145] Zhang P, Deng W, Liu F, et al. Establishment of landslide early-warning indicator using the combination of numerical simulations and case matching method in wushan open-pit mine [J]. Frontiers in Earth Science, 2022, 10: 960831.

[146] 徐晓冬, 朱万成, 张鹏海, 等. 金属矿山采动灾害监测预警云平台搭建与初步应用[J]. 金属矿山, 2021 (4): 160-171.

[147] 韩龙强, 严琼, 曹振生, 等. 基于高斯滤波技术的岩质边坡滑面搜索法研究[J]. 中国矿业大学学报, 2020, 49 (3): 471-478.

[148] Zhang Z X, Zhang H J, Han L Q, et al. Multi-slip surfaces searching method for earth slope with weak interlayer based on local maximum shear strain increment [J]. Computers and Geotechnics, 2022, 147: 104760.

[149] 吴顺川, 韩龙强, 李志鹏, 等. 基于滑面应力状态的边坡安全系数确定方法探讨[J]. 中国矿业大学报, 2018, 47 (4): 719-726.

[150] 韩龙强, 吴顺川, 李志鹏. 基于 Hoek-Brown 准则的非等比强度折减方法[J]. 岩土力学, 2016, 37 (S2): 690-696.

[151] WU S C, HAN L Q, CHENG Z Q, et al. Study on the limit equilibrium slice method considering characteristics of inter-slice normal forces distribution: the improved Spencer method, Environmental Earth Sciences, 2019, 78 (20): 611.

[152] 杜时贵. 大型露天矿山边坡稳定性等精度评价方法[J]. 岩石力学与工程学报, 2018, 37 (6): 1301-1331.

[153] 吴顺川, 贺鹏彬, 程海勇, 等. 非煤露天矿山岩质边坡稳定性评价标准探讨[J]. 工程科学学报, 2022, 44 (5).

[154] 吴顺川, 张化进, 肖术, 等. 考虑服务年限的露天矿边坡时变目标可靠度研究[J]. 采矿与安全工程学

报，2019, 36（3）：542-548.

[155] 中国岩石力学与工程学会. 露天矿山岩质边坡工程设计规范：T/CSRME 009—2021［S］. 北京：中国标准出版社, 2021.

[156] ZHANG Y H, MA H T, YU Z X. Application of the method for prediction of the failure location and time based on monitoring of a slope using synthetic aperture radar［J/OL］. Environmental Earth Sciences, 2021, 80: 1-13.

[157] 何满潮, 任树林, 陶志刚. 滑坡地质灾害牛顿力远程监测预警系统及工程应用［J］. 岩石力学与工程学报, 2021, 40（11）：2161-2172.

[158] 吴顺川, 张光, 张诗淮, 等. 二维非测速条件下声发射震源定位方法试验研究［J］. 岩石力学与工程学报, 2019, 38（1）：28-39.

[159] 吴顺川, 陈子健, 张诗淮, 等. 缓倾地层微震定位算法探讨及其数值验证［J］. 岩土力学, 2018, 39（1）：297-307.

[160] 郭超, 高永涛, 吴顺川, 等. 基于三维快速扫描算法与到时差数据库技术的层状介质震源定位方法研究［J］. 岩土力学, 2019, 40（3）：1229-1238.

[161] 陶志刚, 邓飞, 任树林, 等. 露天矿反倾边坡破坏模式及加固机制模型试验［J］. 中国矿业大学学报, 2022, 51（4）：661-673.

[162] 郭隆基, 何满潮, 瞿定军, 等. 南芬露天铁矿边坡稳定性分析与牛顿力临滑智能预警［J/OL］. 煤炭科学技术：1-7.

[163] 韩龙强, 吴顺川, 高永涛, 等. 富水砂卵石地层露天矿止水固坡技术研究及应用［J］. 岩石力学与工程学报, 2022, 41（12）：2460-2472.

[164] 杨建民, 刘磊, 吕海宁, 等. 我国深海矿产资源开发装备研发现状与展望［J］. 中国工程科学, 2020, 22（6）：1-9.

[165] 唐达生, 阳宁, 金星. 深海粗颗粒矿石垂直管道水力提升技术［J］. 矿冶工程, 2013, 33（5）：1-8.

[166] 邹丽, 孙佳昭, 孙哲, 等. 我国深海矿产资源开发核心技术研究现状与展望［J］. 哈尔滨工程大学学报, 2023：1-9.

[167] 刘峰, 刘予, 宋成兵, 等. 中国深海大洋事业跨越发展的三十年［J］. 中国有色金属学报, 2021, 31（10）：2613-2623.

[168] 赵羿羽, 曾晓光, 郎舒妍. 深海采矿系统现状及展望［J］. 船舶物资与市场, 2016（6）：39-41.

[169] 谭杰, 刘志强, 宋朝阳, 等. 我国矿山竖井凿井技术现状与发展趋势［J］. 金属矿山, 2021（5）：13-24.

[170] 刘志强, 宋朝阳, 程守业, 等. 千米级竖井全断面科学钻进装备与关键技术分析［J］. 煤炭学报, 2020, 45（11）：3645-3656.

[171] 赵兴东. 超深竖井建设基础理论与发展趋势［J］. 金属矿山, 2018（4）：1-10.

[172] 刘志强. 矿井建设技术［M］. 北京：科学出版社, 2018.

[173] 洪伯潜, 刘志强, 姜浩亮. 钻井法凿井井筒支护结构研究与实践［M］. 北京：煤炭工业出版社, 2015：1-6.

[174] 刘志强, 宋朝阳, 纪洪广, 等. 深部矿产资源开采矿井建设模式及其关键技术［J］. 煤炭学报, 2021, 46（3）：826-845.

[175] 刘志强, 宋朝阳, 程守业, 等. 我国反井钻机钻井技术与装备发展历程及现状［J］. 煤炭科学技术, 2021, 49（1）：32-65.

[176] 刘志强, 宋朝阳, 程守业, 等. 千米级竖井全断面科学钻进装备与关键技术分析［J］. 煤炭学报, 2020, 45（11）：3645-3656.

[177] 刘志强. 竖井掘进机［M］. 北京：煤炭工业出版社, 2019.

[178] 王恩元, 张国锐, 张超林, 等. 我国煤与瓦斯突出防治理论技术研究进展与展望［J］. 煤炭学报,

2022,47(1):297-322.

[179] 邓军,白祖锦,肖旸,等.煤自燃灾害防治技术现状与挑战[J].煤矿安全,2020,51(10):118-125.

[180] "973"计划(2013CB227900)"西部煤炭高强度开采下地质灾害防治与环境保护基础研究"项目组.西部煤炭高强度开采下地质灾害防治理论与方法研究进展[J].煤炭学报,2017,42(2):267-275.

[181] 王泽阳,郑凯歌,王豪杰,等.定向长钻孔分段水力压裂技术在冲击地压防治中的应用[J].中国煤炭,2022,48(7):68-78.

[182] 窦林名,何学秋,REN Ting,等.动静载叠加诱发煤岩瓦斯动力灾害原理及防治技术[J].中国矿业大学学报,2018,47(1):48-59.

[183] 李爽,贺超,薛广哲.以双重预防机制实现智能矿山愿景用灾害综合防治系统保障智能矿山安全[J].智能矿山,2022,3(6):87-92.

[184] 齐庆新,李一哲,赵善坤,等.我国煤矿冲击地压发展70年:理论与技术体系的建立与思考[J].煤炭科学技术,2019,47(9):1-40.

[185] 李东,赵永峰,刘忠全.神华集团煤矿重大灾害防治关键技术与管理[J].煤炭科学技术,2017,45(S1):1-6.

[186] 陈硕,路长,苏振国,等.煤矿瓦斯爆炸发展规律及防治的综述及展望[J].火灾科学,2021,30(2):63-79.

[187] 王家臣,克里茨曼尤尔根,李杨."后采矿时代"人才教育体系构建研究[J].中国煤炭,2022,48(9):1-9.

[188] 董宪姝,樊玉萍,马晓敏,等.矿业类创新人才"三位一体"培养模式探索[J].煤炭高等教育,2022,40(3):117-121.

[189] 董宪姝,赵阳升,樊玉萍,等.新工科背景下矿业类专业协同育人初探[J].高等工程教育研究,2022(3):21-25.

[190] 童雄,李克钢,王超,等.新时代"开发矿业"精神引领下矿业类创新人才"11345"培养模式改革与实践[J].中国矿业,2020,29(S2):44-48.

[191] 独家!煤矿智能化人才如何培养?煤炭教育领域专家学者这样说[EB/OL].2020-08-10/2023-03-04.https://news.sina.com.cn/o/2020-08-10/doc-iivhvpwy0228698.shtml.

[192] 谭章禄,吴琦.智慧矿山理论与关键技术探析[J].中国煤炭,2019,45(10):30-40.

专题报告

绿色采矿研究进展

一、引言

（一）概述

绿色开采是一种综合考虑资源效率与环境影响的现代开采模式，其目标是使资源开发效率最高，对生态环境影响最小，并使企业经济效益与社会效益协调优化。绿色采矿遵循循环经济中绿色工业的原则，与环境协调一致，实现"低开采，高利用，低排放"。

（二）国内外比较

国外学者对采矿行业的绿色技术创新进行了大量的理论与实践研究，取得了大量有价值的成果：深入探讨了采矿行业绿色技术创新的理论基础、基本原则、发展模式、技术构建；构建了采矿行业绿色技术创新的整体框架，介绍了绿色开采、洗选加工、清洁转化、综合治理等技术；提出了基于绿色技术创新的资源开发利用、产业组织优化模式；研究了采矿行业实施绿色技术创新的制度和对策。

加拿大高地谷铜矿公司通过在尾矿池及矿坑湖中培育水生生物，不仅实现了自给自足的虹鳟渔业养殖，而且减少了水体中铜、钼的含量；淡水河谷（加拿大）公司在安大略省萨德伯里盆地使用污泥建设再生植被的试点项目，帮助尾矿池复绿成效十分显著；博登矿山使用电力进行挖掘开采，减少了温室气体的排放。

在我国，最先由中国工程院钱鸣高院士提出了绿色开采技术体系和关键层理论，以此为基础，煤炭企业进行了不少卓有成效的探索，如利用劣质煤和地面堆积如山的煤矸石发电、制砖；利用瓦斯发电；对开采塌陷区进行的复垦和景观化治理等。金属矿山也因地制宜，进行了绿色开采的实践。从资源开采主体实践来看，我国现阶段绿色开采在大型矿业集团公司已经获得战略上的认同和重视，并已经进入实施阶段。

目前国内矿产资源绿色开采主要分为三个阶段实施，即：采前防治、采中控制和采后营造。以神东煤炭集团为例，采前防治创新性确立了"三圈"治理模式，即外围防护圈、周边常绿圈和中心美化圈，三圈结合进行大范围生态治理，构建预防性的生态园，打造生态矿区，使得荒漠摇身一变成为绿洲。采中控制则引用创新集成生态保护性开采技术，从源头进行根本性控制，确保废石不出井、煤层不自燃等，实现保水开采技术、建立地下分布式水库，强调生态保护性开采。采后营造则在一次性资源开发的基础上，建设永续利用的生态系统，确保进行沉陷区治理和生态经济林建设，进行生态修复与功能优化。

绿色开采主要技术措施包括但不限于以下几种。

（1）煤与瓦斯共采技术

"煤与瓦斯共采"技术不仅有益矿井的安全，而且能够实现废气资源的综合利用。目前主要是以井下瓦斯抽采技术为主，地面抽采技术为辅。

（2）煤炭地下气化技术

煤炭地下气化是将地下煤炭通过热化学反应在原位将煤炭转化为可燃气体的绿色开采技术，是对传统采煤方式的根本性变革。煤炭地下气化不仅极大地减少了井下工程量及艰苦的作业环节，而且消除了煤炭开采对环境的污染和煤炭燃烧对生态环境的不利影响和危害。

（3）保水开采技术

保水采矿不仅可以提高开采的效率和开采的质量，而且可以最大限度减轻资源开发对地下水环境的破坏，有效防止采矿对地表水的污染。

（4）充填开采技术

充填开采是绿色开采技术的重要组成部分，将固体废料回填至井下，不仅消除了采空区隐患，而且解决了固体废料地面堆放带来的环境污染。充填采矿是解决矿产资源开采环境问题的理想途径。

（5）固废资源化利用技术

在采矿中会产生大量废石，金属矿山选矿会产生大量尾矿。对于这些传统的固体废料，根据其本身物理力学性质和化学或矿物成分，实现资源化利用，是资源开发行业践行绿色发展理念的最主要的突破方向。

（三）绿色矿山建设历程

从倡导绿色发展理念、凝聚行业发展共识，到各地积极探索实践，继而上升为国家战略和行动，绿色矿山在转变资源利用方式、提高资源利用效率、协调资源开发与生态保护的关系、推进企业履行社会责任等方面发挥了重要作用。绿色矿山已经成为转变矿山企业发展方式、提升企业整体形象、促进矿业健康持续发展的重要平台和抓手，是矿业行业践行习近平生态文明思想的实际行动。

早在19世纪，以英国和美国为代表的西方国家就提出了"绿色矿山"的概念。当时关于绿色矿山的研究还停留在保护矿区植被以及美化生态环境等方面，研究重点在于环境。第二次世界大战后，全球经济急速发展，人类对矿产资源的需求急剧加大，部分学者认为地球上的资源，尤其是矿产资源是有限的，应该将提高矿产资源的利用率作为绿色矿山研究的重点课题，自此以后关于绿色矿山的研究已经从单纯的环境保护扩展到资源的利用效率上。目前，资源问题已经成为制约全球可持续发展发展的重要问题，工业文明对地球产生的污染和破坏逐渐引起了全人类的重视。"节能减排，以人为本"已经成为全世界共同认定的准则。在此宗旨指导下，中国提出了"科学发展观"的理念，指出了"绿水青山就是金山银山"的发展思想，中国式绿色矿山也随之发展成熟。绿色矿山大致可以分为两类，其中一类是以矿山企业的技术为主导，包括资源的综合利用、技术创新和节能减排；另一类是以矿山企业的责任心为主导，包括依法办矿、规范管理、环境保护、土地复垦以及企业文化等。

绿色矿山建设是一项复杂的系统工程，我国绿色矿山概念的提出与形成经历了一个较长的过程。根据不同时期的发展特点，大体可分为以下四个阶段。

（1）绿色矿山倡议阶段（2007年）

2007年，在主题为"落实科学发展，推进绿色矿业"的中国国际矿业大会上，国土资源部原部长徐绍史提出"发展绿色矿山"的倡议，指出要转变传统资源开发利用方式，先前消耗资源、破坏环境及高耗能的方式不再适应新时代，今后必须努力做到开发资源与保护环境相协调。

（2）研究探讨及政策制定阶段（2008—2010年）

2008年，11家大型矿山企业与中国矿业联合会倡导发起签订《绿色矿山公约》，标志着绿色矿山研究探讨及政策制定的开始。2009年，国家发展和改革委员会与原国土资源部联合发布《全国矿产资源规划（2008—2015）》，并在该规划中首次提出"发展绿色矿山、建设绿色矿山"的明确要求。2010年，原国土资源部下发《关于贯彻落实全国矿产资源规划发展绿色矿业建设绿色矿山工作的指导意见》（以下简称《意见》），要求发展绿色矿业，建设绿色矿山，坚持规划统筹、政策配套，试点先行、整体推进，开展国家级绿色矿山建设试点示范，促进矿业发展方式的转变。该指导意见指出，推进绿色矿山要以"坚持政府引导，落实企业责任，加强行业自律，搞好政策配套"为基本原则。《意见》首次以官方文件的形式，提出建设绿色矿山的要求，并成为绿色矿山建设的指导性文件，为矿山企业开展绿色矿山建设提供了依据。此外，2010年以"绿色矿山建设，资源综合利用"为主题的中国矿业循环经济论坛指出"建设绿色矿山是绿色矿业发展的基础"；同年，"煤炭工业节能减排与发展循环经济发展论坛"提出"加快绿色矿山建设步伐，全力打造节能减排产业格局"。

（3）快速发展阶段（2011—2015年）

2011—2014年，原国土资源部分4批公布了661个国家绿色矿山试点单位，第一批

37个，第二批183个，第三批239个，第四批202个。661个绿色矿山试点单位基本上覆盖了各类矿种，数量上呈现出上升趋势，充分表明了国家大力建设绿色矿山，实现高质量发展的决心。在学术论坛方面，2012年"煤炭工业节能减排与循环经济发展论坛"指出"建设绿色矿山，实现资源可持续发展"；2013年"中国冶金矿山科技大会"提出"绿色矿山精锐矿山和谐矿山建设实践"；2014年"第六届全国尾矿库安全运行与尾矿综合利用技术高峰论坛""第七届全国尾矿库安全运行高峰论坛暨设备展示会"对尾矿的综合利用与绿色矿山建设进行了探讨。

（4）规范化发展阶段（2016—2020年）

为实现"到2020年实现大中型矿山基本达到绿色矿山标准，小型矿山企业按照绿色矿山条件规范管理"的总体目标，绿色矿山建设工作逐渐深入，一系列绿色矿山建设意见及规范被制定，我国绿色矿山建设工作进入规范化发展阶段。

2016年，国民经济和社会发展第十三个五年规划纲要全面部署"绿色矿山和绿色矿业发展示范区建设"工作。同年《全国矿产资源规划（2016—2020年）》指出要加快发展绿色矿业，到2020年基本建成节约高效、环境友好、矿地和谐的绿色矿业发展模式。2017年，为全面贯彻落实新发展理念和党中央国务院决策部署，加强矿业领域生态文明建设，加快矿业转型和绿色发展，国土资源部、财政部、环境保护部、国家质检总局、银监会、证监会联合印发《关于加快建设绿色矿山的实施意见》（以下简称《意见》）要求加大政策支持力度，加快绿色矿山建设进程，力争到2020年，形成符合生态文明建设要求的矿业发展新模式。按照《意见》要求，各省市积极响应，制定符合本区域矿山绿色发展的建设方案。内蒙古自治区人民政府印发《内蒙古自治区绿色矿山建设方案》，对资源开发利用、矿山环境保护和综合治理提出指导意见；中国石材协会为加强石材行业矿山监督管理，积极落实绿色矿山建设活动，制定《石材行业绿色矿山建设规范》；在2017年举办的绿色矿业发展战略联盟成立大会上，我国首个绿色矿山建设全国标准《固体矿产绿色矿山建设指南（试行）》正式发布；2018年，中华人民共和国自然资源部发布九大行业绿色矿山建设规范，包括《冶金行业绿色矿山建设规范》《有色金属行业绿色矿山建设规范》《煤炭行业绿色矿山建设规范》《水泥灰岩绿色矿山建设规范》《陆上石油天然气开采业绿色矿山建设规范》《砂石行业绿色矿山建设规范》《黄金行业绿色矿山建设规范》《化工行业绿色矿山建设规范》《非金属矿山行业绿色建设规范》，这是全国发布的第一个国家级绿色矿山建设行业标准，标志着我国的绿色矿山建设进入了"有法可依"的新阶段，对我国矿业行业的绿色发展起到有力的支撑和保障作用。2018年举办的第二十五届粤鲁冀晋川辽陕京赣闽十省市金属学会矿业学术交流会对新常态下绿色矿山建设供给侧改革发展策略进行了研究；2019年京津冀及周边地区工业固废综合利用（国际）高层论坛提出"绿色矿山建设—全新粉尘治理技术"；2019年第二十六届十省金属学会冶金矿业学术交流会提出"探索绿色矿山建设新路子，建设美丽幸福新矿山"，从"智慧矿山"的角度，实现

"绿色发展"。

"绿色矿山"理念自提出之后，经过十多年的探索与发现，已成为矿山企业发展的主旋律，形成了矿业领域的广泛共识，构建了绿色矿山建设新模式。

（四）绿色矿山建设现状

党的十八大以来，绿色矿山建设从倡议探索到试点示范，再到上下联动推进，成为推动矿业领域生态文明建设的重要平台和生动实践。

目前，全国绿色矿山名录共有1249家，其中，大型矿山775家，占62.0%；中型矿山358家，占28.7%；小型矿山116家，占9.3%。

截至2020年12月31日，全国34个省、市、自治区公示的绿色矿山省级库或储备库中共有2573个绿色矿山（不包含国家级绿色矿山的数量）。

二、研究进展与创新点

随着政策的持续发力，矿业领域研究人员以更大的热情投入绿色开采技术研究，越来越多的设备厂家加入绿色开采装备研发行列，矿山企业自觉加大了绿色开采技术应用、绿色开采装备升级换代、绿色管理理念的提升和实践。在绿色采矿技术与装备、安全与环保技术、固废与地下空间资源化利用、矿山生态修复等绿色开采主要领域取得了较长足的进步。

（一）绿色采矿技术与装备

1. 露天开采技术

（1）保水保土开采

保水开采方面，中煤科工集团西安研究院等团队，突破了防渗膜大深度垂向隐蔽铺设与连接技术瓶颈，研制了粉煤灰-水泥混合浆体与HDPE防渗膜的复合帷幕材料，并在扎尼河露天煤矿、元宝山露天煤矿开展了截水帷幕实践。然而，在自然地层中注浆帷幕对当地水文生态系统的长期影响还需深入研究。

露天地下水库建设方面，国家"十三五"重点研发计划项目"东部草原区大型煤电基地生态修复与综合整治工程示范"提出在蒙东草原露天矿区建设地下水库，以储水并恢复该区域地下水位。露天矿地下水库结构形式以储水地质体、坝体和注排水井组成，储水地质体以砂岩重构含水层为主；其中，储水地质体的容量和充足的地下水源是考虑地下水库选址的首要条件。项目在宝日希勒矿区开展了与现有采–排–复一体化过程相适应的地下水库工程方案设计。

露天矿保土开采方面，中国矿业大学露天开采研究所结合露天矿剥–采–排–复作业生产特点，提出了露天开采"生态修复窗口期"的概念，制定了以生态修复为目标的露天矿表土采–运–储–用规划编制方法和作业标准，提高了露天矿生态修复效率，缩短矿区生态系统破坏–修复周期1年以上；揭示了酷寒区软岩边坡变形规律，基于时效边坡理论优化边坡角度、高度及形态，研发了冻结期条带式靠帮开采–快速回填方法，并构建了露天矿剥采排时空与路径规划模型，研发了基于采场中间搭桥的原煤破碎站布置与移设、排灰库建设、剥离物料流调配技术，大幅减少了资源开发的非必要土地占用。

（2）露天采矿降尘除尘

露天开采粉尘污染呈现"点多、面广、污染浓度高"等特点，不仅涉及穿孔、爆破、采装、运输、排卸等多个作业环节，而且矸石山和煤层的自燃也是露天煤矿粉尘的重要来源之一。国内外学者对露天矿的降尘方式进行了广泛而又深入的研究，多种降尘方法及措施被提出。水雾化的降尘方式是研究最早也是应用最广泛的降尘方式之一，随着研究不断深入，出现了离心雾化、旋转雾化、撞击雾化、声波雾化、磁化水喷雾、荷电喷雾等水雾化方式。此外，水射流除尘装置及"无可视尘粒"干式除尘技术也被应用在露天矿。与水雾抑尘技术相比，泡沫抑尘效果具有明显的优势，并在欧美发达国家得到了迅速地发展和应用。国内一种由海藻酸钠、聚乙烯醇和纤维素混合而成的高分子聚合物作为复合抑尘剂，具备良好的喷洒性和成膜性，并且能够兼顾高温与低温下的成膜性和保水性，即具有全年可使用的特点，在露天矿具有较广阔的应用前景。研究发现，抑尘剂的固化层厚度、抗风蚀特性、贯穿阻力等参数是影响抑尘效果的重要因素。

（3）露天采矿边坡控制

露天采矿边坡控制是绿色采矿的关键一环，主要包括边坡稳定性评价、灾害治理与监测预警等几个方面。

针对矿山边坡稳定性评价问题，杜时贵等提出了边坡稳定性评价精度概念，建立了稳定系数误差与边坡设计安全系数相关关系，构建了近期静态精度与评价期静态设计安全系数、长期动态精度与服务期动态设计安全系数的关系，为边坡设计安全系数的不确定性问题提供了一种确定性解决方案。吴顺川等构建了边坡稳定性评价的"双安全系数法"及考虑条间法向力不均匀分布特征的改进极限平衡条分法，提高了边坡安全系数计算精度。考虑露天矿边坡不同于其他行业边坡的特殊性，构建了考虑边坡安全等级与服务年限双重因素的露天矿边坡目标可靠度标准。结合土木工程边坡规范和非煤露天矿山边坡规范的边坡设计安全系数取值，最终提出考虑服务年限、边坡尺度规模的设计安全系数改进方案，并引入失稳概率，拓展了不同尺度边坡稳定性评价的设计标准，有效提升了非煤露天矿岩质边坡稳定性评价的合理性和科学性。

针对矿山边坡灾害治理问题，吴顺川等考虑富水深厚砂卵石地层露天矿边坡的低强度–高水压复杂条件，创建了强富水砂（砾）卵石层露天矿止水固坡综合技术体系，破解了止水固坡结构的协同共存难题，避免了抽排水造成的地下水位下降、水环境污染、水资源浪费等问题。

针对矿山边坡灾害监测预警问题，何满潮等研发了滑坡地质灾害牛顿力远程监测预警新系统。系统基于"滑坡发生的充分必要条件是牛顿力变化"这一学术思想，结合牛顿力变化测量的滑坡双体灾变力学模型和数学表达，形成了一套完善的滑坡牛顿力测量理论体系，已在全国 26 个示范区的 543 个监测点进行了广泛的实际工程应用。殷跃平等提出了一种改进的跨平台 SAR 偏移跟踪方法，可实现二维和三维高精度滑坡位移估计，利用跨平台 SAR 偏移跟踪测量结果计算十年来的长期时间序列位移。结合岩石物理模型，捕捉并分析滑坡特征，实现边坡灾害预警和预测未来位移演变。马海涛等自主研发了国内首台完全国产用于边坡变形监测设备的 S-SAR 合成孔径雷达（斜坡雷达），其性能和技术参数均与国外同类产品相当甚至更优，实现了对滑坡的提前有效识别及滑坡时间预测，为基于地基干涉雷达的滑坡预警预报分析提供了新的技术路径和解决方案。相关成果已应用于塞尔维亚某露天铜矿，成功预测了滑坡发生的位置和时间，保障了矿山安全开采。

（4）露天非爆开采

露天开采主要的破岩方式还是爆破破岩；该破岩方式安全隐患大、能耗大，产生的粉尘、噪声、振动等还会污染环境。近 7 年来（2016—2022 年），学术界和工程界陆续开展了露天开采非爆破岩技术和装备的研发和推广。

对于煤矿等软岩矿山，传统的滚筒式采矿机和刮板式采矿机可以较为容易地实现矿石的开挖和运输，主要研究如何保证采矿机在不同厚度煤层中的适用性。对于金属矿山等硬岩矿山，传统采矿机的开采难度较大，则致力于研发新型的采矿装备，主要包括：简单采矿机如手持式分裂机、机载液压分裂机、液压破碎锤等；系统化采矿机如山特维克公司研发的 Sandvik Reef Miner MN 220 采矿机和 MF 320/420 采矿机、卡特彼勒公司研发的 Rock Straight 系统、徐州工程机械集团有限公司研发的 XE690DK MAX 挖掘机等；根据露天采场的实际情况，上述简单破岩装备经常配合系统化采矿装备进行协同应用。

对于岩质更加坚硬的矿石，则致力于研发预裂技术对岩石进行辅助破碎，以增加矿石的可采性，主要包括静态破碎技术、CO_2 相变致裂技术、高压水（粒子）射流冲击破岩技术、微波破岩技术和激光破岩技术等。

众多机械破岩装备和辅助破岩技术的工程应用，反过来又推动了"露天非爆开采"这一研究领域的蓬勃发展。以"露天非爆开采""机械破岩""非爆破技术"等 3 个关键词在 Web of Science 和中国知网等数据库进行检索，成功获取 2016—2022 年的有效英文文献 778 篇和中文文献 366 篇；基于"Pathfinder + Pruning sliced networks + pruning the merged network"算法，应用 Citespace 文献可视化分析技术对"露天非爆开采"研究领域的研究动态进行分析，可以发现：①研究最活跃的国家依次为中国、美国、澳大利亚、德国、加拿大、英国、土耳其、荷兰、俄罗斯和伊朗等。②国内最活跃的研究机构依次为中国矿业大学、中南大学、辽宁工程技术大学、贵州磷化（集团）有限责任公司、安徽理工大学、西南石油大学、湖北省智能地质装备工程技术研究中心、北京科技大学、北京中煤矿山工程有限公司、昆明理工大学等单位。③国际上主要聚焦于：综合应用岩石力学试验、声发射测试、模型试验、现场测试、离散元数值模拟分析等手段，对高压水流（粒子流）射流冲击破岩技术、激光破岩技术等辅助破岩技术和机械破岩技术等进行研究，确定岩石的力学性能、初始状态、破岩钻头、破岩模式（切削或者钻进）对破岩效率和破岩效果的影响，揭示机械破岩的能量转换、结构损伤等微细观破岩机制。④国内学术界主要聚焦于：应用离散元、有限元等数值模拟的方法，对岩石破损的过程进行捕捉和分析，确定不同岩石的可切割性和可截割性，以及各种采矿设备的工作性。⑤国际和国内研究的差异主要表现为：国际上更加注重物理试验手段的应用，国内更加注重数值模拟方法的应用；国际上更加关注于辅助破岩技术的研究，国内更加关注于机械破岩设备的研发；国际上更加注重从微细观角度进行破岩过程中的能量转换和破损模式的研究，国内更加注重从宏观角度研究岩石的可采性和采矿设备的工作性；国际学术界的活力更强，后劲更足，而国内学术界研究的侧重点过于分散，没有形成有组织的科研力量，略显乏力。

2. 地下开采技术

（1）地下保水开采

矿床开采过程中，覆岩冒落带及导水裂隙带波及上覆含水层，不仅造成大量的水沙涌入矿井，同时造成地下水位下降和沙漠化加剧等生态环境破坏问题，因此实现矿-水资源协调开发对实现区域高质量发展具有重要意义。国内关于"保水开采"的研究处于领跑状态。近年来，相关学者在保水开采地质条件分区、岩层控制理论、合理生态水位确定以及导水裂隙带发育控制技术等方面取得了新的进展和突破。

在地质条件分区方面，李文平等提出将生态脆弱矿井分为潜水沙漠滩地绿洲型、地表水沟谷河流绿洲型、地表径流（黄土）沟壑型和区域性（深埋）地下水富集型，进而提出了4种保水采煤模式；王双明院士等开创性地将煤层地质赋存特征、含水层以及隔水层绘制成图，并结合岩石力学性质测试研究了煤层开采后的导水裂隙带发育高度及于地下水的关系，基于各井田地质背景进行分区保水采煤；马立强等基于导水裂隙带的不同发育高度，提出不同开采方法的保水采煤适用性分区；蒋泽泉等开展沙漠产流区保水采煤分区关键技术研究，并基于分区特性提出了过沟保水关键技术。

在保水采煤的岩层控制理论方面，缪协兴等建立了保水开采的隔水关键层矿压模型，提出了基于隔水关键层原理保水采煤的四个关键步骤；张吉雄等建立了充填体控制结构关键层力学模型，给出限定关键层变形的控制方程，得到了导水裂隙发育高度的主控因子，给出了隔水关键层失稳判据，为关键层稳定性控制设计提供理论依据。

在矿区合理生态水位确定方面，杨泽元等提出了生态安全地下水位埋深的概念，研究了地下水位深度与植被生长、土地荒漠化的关系，分析了地下水埋深对沙滩区植物的影响；范立民等研究发现榆神矿区泉带和开采带区域重叠会加剧地下水的流失，提出将煤炭开采带西移东进以减小开采对泉的影响；马雄德等采用路线穿越法分析了植被与潜水位之间的关系，利用遥感技术建立了植被与潜水位之间的统计关系；侯恩科等研究了中深埋煤层开采下的地下水流特征，采用钻探和钻孔窥视等手段分析水位变化与地表、岩层下沉之间的关系。

在覆岩导水裂隙发育监测方面，王双明院士等采用数值模拟手段研究了基于厚砂岩不同位置及厚度的裂隙发育情况，为开采提供了具体空间位置及开采阶段，用以防止裂隙发育至含水层；张东升等针对浅埋煤层的不同开采条件和不同地质条件下的顶板裂隙发育规律进行研究，为保水开采提供了重要的理论依据。

在保水采煤控制技术与方法方面，张吉雄等研究了煤矸石充填材料宏细观变形机理，研制出了充填采煤一体化液压支架、多孔底卸式输送机、充填效果监测及物料投放缓冲装置等成套装备，提出了长壁逐巷胶结充填技术、嗣后空间充填、"采选充＋X"绿色化开采等一系列技术方法，并进行大量工程实践，极大促进了充填采煤技术的发展；马立强等提出了一种壁式连采连充保水采煤技术方法并展开多次现场实践；张东升等基于覆岩变形特征、地下水位响应规律研究了弱胶结地层的保水开采技术方法与智能控制机理。

（2）煤矿地下水库

煤矿地下水库技术能有效实现煤炭开发与水资源保护相协调，是实现煤炭绿色开采的有效技术路径。煤矿地下水库技术涉及采矿工程、工程地质、水文地质、水利工程和环境工程等多个学科，是复杂的系统工程，面临众多技术难题，包括水源预测、水库选址、库容设计、坝体设计与构筑、工程安全与防控及水质安全保障等。

在水源预测方面，顾大钊研究了第四系孔隙水和基岩裂隙水与矿井水的关系，建立了矿区涌水量预测模型。刘晓丽等建立了分布式煤矿地下水库的渗流场模拟技术，并提出了涌水量的理论预测模型。张建民等提出了高强度开采条件下煤矿地下水库采动渗流场分析方法，揭示了含水层采动渗流响应特征，发现含水层渗流导致采场区域地下水流场重新分布，形成以导水裂隙带为渗流中心、采空区为地下水汇聚地的地下水漏斗。曹志国等针对煤矿地下水库采动漏失水体的流动主通道模型进行了研究，分析了开采上端张拉裂隙和下端张拉裂隙，以及中部压实区的贴合裂隙的渗流行为差异，构建了以关键层理论为依据的导水裂隙带主通道分布模型。黄辉等依托灵新煤矿地下水库，利用自主开发的渗流软件Geo-Seepage，模拟了煤矿工作面回采过程中地水位的变化，揭示了不同工况下地下水库的安全性；王路军等以大柳塔煤矿为原型开展了煤矿地下水库层间岩体裂隙演化的物理相似模拟试验和三轴循环加卸载渗流耦合试验，构建了地下水库坝基层间岩体破坏及突渗力学模型；李海祥等采用相似模拟与数值计算相结合的方法，分析了煤矿地下水库覆岩裂隙地下水渗流特征。上述研究成果已经成功应用于神东矿区、宁煤矿区等十余年来200余个钻孔观测数据、井下涌水量数据的分析，研究成果表明井下长期保持稳定涌水，为地下水库建设提供了水源保障。

在地下水库选址方面，水库选址除考虑工程地质条件、水文地质条件等因素外，还应综合考虑矿井水赋存情况、水力联系、开采工艺、生产接续计划等因素，以便于水资源利用和回灌为原则。例如：李全生等提出了基于导水裂隙带高度的地下水库适应性评价方法，选定了李家壕煤矿建设地下水库的适宜区域；庞义辉等分析了补连塔煤矿8.0米大采高工作面的涌水量、储水空间及导水裂隙带高度，指出利用8.0米大采高形成的采空区建设煤矿地下水库的可行性。张凯等研究发现，当上下煤层同时布置子水库时，下煤层水库选址要充分考虑与上煤层水库的安全距离，且要尽量减少上下水库间的调水距离。

在库容设计方面，既有研究形成了矿井地下水库库容确定方法，提出了地下水库储水系数的计算方法。姜琳婧等自主开发了基于CAD的煤矿地下水库库容快速精准计算方法；庞义辉等采用理论分析、数值模拟、现场试验相结合的手段，形成了煤矿地下水库储水空间构成分析及计算方法，成功应用于大柳塔煤矿地下水库有效储水空间计算。顾大钊首次提出了储水系数概念，主要取决于采空区岩体的空隙率，由采后时间、岩层性质、开采工艺参数、冒落岩体块度及堆积方式、矿山压力等因素决定；方杰等考虑了煤矿地下水库储水系数的潜在影响因素，分析了弹性模量、上覆岩层体应力、泊松比、上覆岩层密度等对储水系数的影响，构建了考虑有效应力影响的煤矿地下水库储水系数数学模型。该部分研究成果可用于计算煤矿地下水库库容，并得到水库库容变化曲线，为煤矿地下水库规划提供基础支撑。

在坝体设计与构筑方面，既有研究针对煤矿地下水库坝体非均质、非连续和变断面结构特征，且同时受水压、矿压和采动影响的组合作用，采用物理和数值模拟方法，分析了坝体的受力特征。例如：顾大钊等构建了煤矿地下水库相似材料模型平台，开展了不同烈度条件下煤柱坝体的动力破坏相似模拟和数值计算研究；吴宝杨采用相似模型试验的方法，分析研究了煤矿分布式地下水库煤柱坝体的留设及其稳定性问题；曹志国探讨了极端条件下人工坝体的结构抗震性能；方杰探索了煤矿地下水库人工坝体变形破坏机理，并利用多层次模糊综合评价方法对人工坝体的安全稳定性进行了评价，建立了综合评价体系。上述研究成果率先应用于神东矿区煤矿地下水库煤柱坝体和人工坝体的设计，满足了煤矿地下水库安全和经济要求。

在水质安全与保障方面，既有研究重点揭示了矿井水渗流汇集过程中与采空区岩体耦合作用对矿井水的净化机理。蒋斌斌等通过现场采样分析和室内模拟实验，系统研究了煤矿地下水库水－岩耦合作用规律，结果表明煤矿地下水库对矿井水中悬浮物、特征离子和有机物具有一定的净化效果，其中对特征离子的净化主要与溶滤和吸附作用相关。于妍等利用三维荧光光谱技术分析了地下水库矿井水中溶解性有机物的变化特征。张凯等通过水－岩相互作用模拟实验，揭示了大柳塔煤矿地下水库发生的主要水－岩相互作用为阳离子交换反应、黄铁矿氧化，以及方解石、白云石以及硅酸盐矿物的溶解。上述研究成果表明，矿井水在注入水库到抽出利用过程中，与冒落岩体的固液耦合具有过滤吸附和离子交换作用，有效降低水中悬浮物、钙离子和 COD 等污染物浓度，因此可通过控制矿井水注入量、不同位置建设注水点，从而改变矿井水与岩体净化作用过程，提高净化效果，实现矿井水水质安全。

（3）充填开采理论与技术

充填开采是绿色采矿的重要内容，包括充填理论与充填采矿技术两个方面。基础理论涉及尾砂浓密理论、流变学、充填体力学性能等。尾砂干扰沉降原理，搅拌棒–絮团耦合机制等是目前国内外研究的一个重要课题，而流变学方面则需要建立适合不同膏体特性的实用流变学模型，并对膏体的流动特性、充填后的内应力进行了数值模拟和模拟。

尾砂浓密理论是尾砂浓密技术的理论基础，主要包含尾砂絮凝理论、床层压缩理论和重力浓密理论三个方面。絮凝理论主要考察絮凝剂分子对尾砂颗粒的捕捉作用。絮凝过程的物理化学耦合作用对絮凝效果的影响尤为重要，是未来研究的重点。全尾砂絮凝过程通过构建全尾砂絮凝动力学模型，分析给料井内全尾砂絮凝行为来实现定量描述。床层压缩理论是尾砂浓密的重要依据，主要考察静态/动态压缩条件下，絮团变形过程中的固液分离。主要包括静态/动态絮团压缩变形理论、剪切导水理论等。李翠平等通过 FBRM 和 PVM 研究手段，对絮团结构进行实时原位监测，分析了絮团结构的破碎机理，得到絮团结构改变对尾砂浓密脱水的微细观作用。焦华喆等利用连续浓密试验与 CT 扫描技术相结合的方法，研究了剪切作用对床层孔隙分布特征的影响，采用 COMSOL 软件进行床层内部液体逆向渗流规律模拟，揭示了剪切作用对排水过程的影响机理。重力浓密理论主要包括 C-C 沉降理论、Kynch 沉降理论、B-W 沉降理论及浓密预测模型 Usher 剪切致密理论等。随着重力浓密理论的发展，国内外学者借用数值仿真等方法分析了浓密机外形尺寸，并建立了众多的瞬态和稳态浓密模型，其对立式砂仓、普通浓密机等传统设备具有良好的适应性，而对膏体浓密机的适应性较低。原因在于未考虑膏体浓密机的耙架剪切作用对尾砂絮团结构的影响。Usher 剪切致密理论的提出为分析膏体浓密性能提供了基础理论，借助该理论，通过数值计算方法建立膏体浓密模型，成为下一步研究的重点。

流变学是贯穿于充填技术研究的重要内容。在充填作业过程中，流变特性的作用无处不在，如管道流动以及搅拌制备等。李翠平等以颗粒的表面特性以及颗粒与水的相互作用为出发点，剖析了尾砂颗粒表面氢键网络结构的形成原因及其影响因素，阐述了受氢键网络结构影响的剪切作用下颗粒间细观摩擦力的来源及其变化，分析了剪切过程中出现的剪切条带、剪切稀化以及剪切增稠等流变行为的内在机理，归纳出随剪切速率变化的膏体流变行为的摩擦耗散规律。刘晓辉等基于非牛顿流体力学及表观滑移假说，通过理论分析将膏体管内流动划分为柱塞区、剪切区及滑移区，根据流体力学理论建立了考虑管壁滑移效应的膏体管道输送阻力模型，推导出膏体管内滑移流动的阻力公式。杨天雨从膏体的压力泌水效应着手，通过压力泌水试验与流变试验，结合对膏体管输过程中粗细颗粒的受力分析，构建了考虑边界层效应的膏体稳态管输沿程阻力损失计算公式。张连富等基于触变性模型分析固体浓度对尾砂膏体触变性的影响，建立了基于固体浓度的稳态流变参数经验模型，提出了描述固体浓度对瞬态屈服应力影响的时变性模型。程海勇等从膏体材料的基本结构和性能出发，建立了考虑时－温效应的膏体流变参数和管道输送阻力预测模型，再现了时－温效应下膏体三维结构流态时空演化过程，并通过离散具有时间和温度因子的Navier–Stokes（N–S）方程，计算得出了随时间和温度变化的膏体管道输送速度、压力分布规律。张钦礼等利用主成分分析法（PCA）和改进的BP神经网络（I-BPNN），构筑了充填膏体屈服应力、黏度等流变参数优化预测模型，为充填膏体流变参数优化预测提供了一种新思路。

充填体力学性能是影响充填配比参数选择的主要依据。Chen等人通过开发充填体多场耦合监测系统，研究了充填体在压力和温度耦合作用下的力学性能发展规律，建立了对应的强度预测模型，揭示了充填体热－水－力－化多场性能关联机制。Cui和Fall建立了膏体充填（CPB）三维耦合多物理固结模型，认为CPB的固结行为受强耦合的多物理过程控制，传统的土力学固结理论和模型不适合评价和预测CPB的固结行为。充填体的长期稳定与其蠕变特性密切相关，而地下水渗流作用则会使其力学性能劣化。方立发根据渗流－蠕变耦合作用下膏体充填体的力学特性，考虑损伤和渗流作用的影响，引入损伤变量串联进西原模型中，并基于等效应力原理，建立了膏体充填体的渗流－蠕变损伤模型，并推导了该模型的三维蠕变方程。Fu等人制备不同内径的复合材料试件，进行了常规三轴试验和三轴蠕变试验，采用计算机断层扫描（CT）扫描分析加载前和蠕变破坏后的内部裂纹扩展情况，建立了考虑内径和应力水平的改进蠕变损伤本构模型，可以更好地表征SR-FB的整个蠕变过程。Yan等通过研究充填体的强度演化特征、应力固化条件、充填率和收缩应变，建立了回填采场硬化充填体的模拟模型。通过分析硬化过程、固化应力、充填率和收缩变形，揭示了充填体与围岩相互作用的机制。张钦礼等以某铁矿全尾砂为试验材料配置了不同配比参数充填体试块，利用扫描电镜对3d和7d充填体微观结构进行观察与分析，揭示了充填体早期强度形成机理。

充填采矿方法与工艺技术方面，上向水平分层充填采矿法、上向进路充填采矿法、空场嗣后充填采矿法、下向进路充填采矿法仍然是主要充填采矿方法方案，但在结构参数、回采顺序、回采工艺方面都有不少新的成果。在中国知网上，2016—2022年可查阅到充填采矿方面的文献1475篇。陈霖等利用Mathews稳定图法计算了采场稳定区间和水力半径，并基于不同的开采方案，采用FLAC3D软件开展了不同采场结构参数条件下的采场稳定性数值模拟，从而优选出合理的高中段大采场结构参数。毛荐新等基于一步骤回采后空区垮落严重的客观条件，在原设计单向逐步回采方案的基础上，增加中间向两侧回采，以及回采一半充填后再回采两种方案，利用数值模拟方法分析采场应力、位移情况，优选出最佳的采场回采顺序。张钦礼等通过数值模拟和现场爆破振动监测，从降低二步骤采场爆破对一步骤充填体的影响角度出发，优化了二步骤采场爆破工艺参数。矾山磷矿采用分段菱形矿房充填采矿工艺，有效地控制了采场顶板大面积沉降和塌陷。良山铁矿采用分段空场爆力运矿嗣后充填采矿法解决了倾斜矿体崩矿、出矿技术难题，取得了较好的效果。

充填采矿法的应用范围由传统的金属矿山向其他煤炭、化工，甚至建材矿山拓展。煤矿已大面积采用充填采矿技术回收工广煤柱等"三下"资源，例如，张浩分析了充填采矿技术在煤矿开采当中的优势，以及现存煤矿充填开采存在的一些问题；宋英明等提出了建筑物下四阶段条带膏体充填开采技术，并确定了合理的工艺参数；孙村煤矿采用全负压连采连充分步置换"三下"采煤法，实现壁式开采、全采全充，充采比和充实率均达到100%。磷矿也从传统的空场法转向充填法，例如李勇等探讨了在贵州喀斯特地区采用充填法回采磷矿资源的方案；吴绍雄系统总结了充填采矿法在磷矿中的应用现状，探讨了未来磷矿充填法开采的发展方向；刘敏、宋华等提出了预控顶条带式充填采矿法，通过对采场顶板支护、采空区充填工序进行优化，避免了因顶板围岩垮落而造成大量的出矿贫化，为缓倾斜磷矿层开采提供了一种高效、安全的采矿方法。建材与其他化工矿山也开始逐渐涉足充填开采，以保护地表环境，例如以任建平等针对某高岭土矿原采用分层崩落法，工艺效率低、劳动强度大并引起地表部分区域沉降等问题，提出改用下向进路充填法的技术思路；曹易恒等提出采用下向分层壁式充填采矿法取代某滑石矿崩落法，并在挡墙内侧和进路采空区底部铺设防水尼龙布，避免充填料浆渗漏降低滑石白度的具体工艺方案。

（4）金属地下矿山非爆连续开采

随着安全生产压力与日俱增，提高井下生产的机械化程度、减少人员投入、提高本质安全性已势在必行。金属地下矿山非爆机械连续开采是解决这些问题的重要技术手段。

近几年，国内外众多学者对机械冲击、截割、压裂等多种方式的破岩机理进行了大量深入研究，取得了众多科学成果。以机械刀具破岩为基础的采矿装备得到了飞速的发展，各种冲击式、旋转截齿切削式、滚刀压裂式机械开采装备相继产生。目前地下矿山机械连续开采技术主要应用悬臂式掘进机、TBM、全断面深立井钻机和少数定制化硬岩移动掘进机等破岩设备，这些破岩装备面向不同的矿山场景，是建立机械连续采矿技术体系的设备基础和有机组成（图1）。

我国地下矿山以应用悬臂式掘进机进行采掘和矿用TBM进行掘进为主，通过各类工业试验也验证了该技术应用的可行性。三山岛金矿、阿希金矿、紫金锌业、瓮福磷矿、瓦厂坪铝土矿等破碎软弱矿岩采矿中，利用基于悬臂式掘进机的机械采掘技术已展现出较大的优势，取得了良好的应用效果。多宝山金矿、巨龙铜矿、三山岛金矿、瑞海金矿均已确定应用矿用TBM掘进井巷工程，现已进入前期准备阶段。

地下矿山非爆机械连续开采技术方向，国内科研校企主要从机械开采适用性评价、机械开采方法与工艺、机械开采效能保障、机械破岩能力提升四个方面，对地下矿山免爆机械连续开采技术进行研究，并已取得了一定的进展与突破。

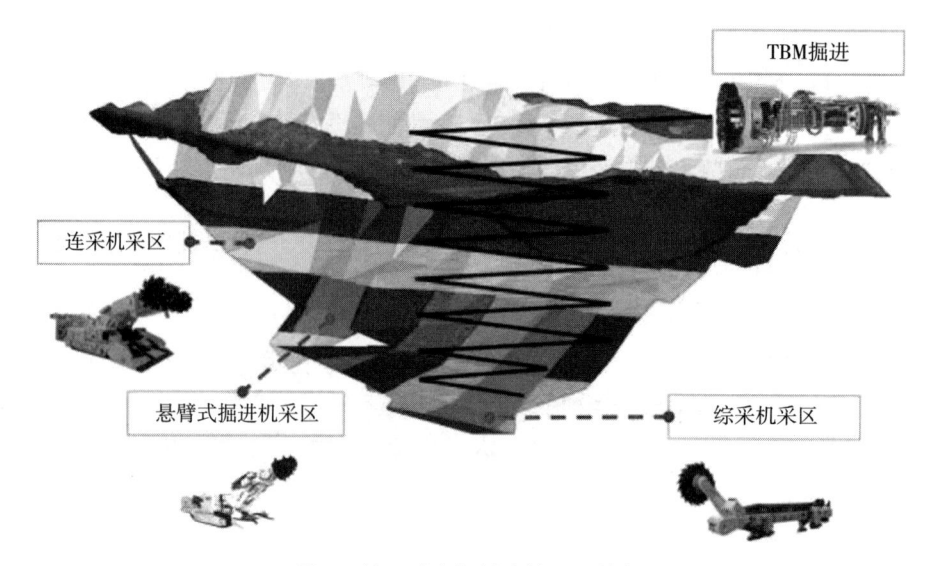

图 1 地下矿山机械连续开采装备

设计了研发多模式高围压机械破岩试验平台，研究机械破岩机理和破岩模式，提出机械破岩可掘性评价标准，设计便携式机械开采可行性评价仪器，预测机械破岩的技术经济指标，对地下矿山机械开采技术的适用性进行综合评价。

以采矿模式和开采理论的变革创新为基础，融合机械破岩装备与传统采矿工艺，研究了地下矿山免爆机械连续开采方法，建立包括地下矿山机械破岩装备配套、安装、破岩、转运、支护、除尘、供电、行走转弯等成套工艺技术体系。揭示了机械破岩装备与围岩相互作用的关系及力学行为特征，开发了地质环境探测及施工动态风险预报技术，系统评估了机械开采安全风险并制定了防治措施。

3. 露天转地下开采技术

露天转地下开采是一项复杂的系统工程，是地表矿坑与地下结构组成的复合动态开采系统，结合了露天开采和地下开采的优点，符合绿色矿山可持续发展理念。露天转地下开采作为采矿工程中的一个重大挑战，存在诸多的困难，主要可以归纳为三个方面：①地下开采时必须保证露天边坡的稳定性，防止地表塌陷及边坡垮塌；②境界矿柱的合理留设及有效回采工作；③选择适宜的地下开采方法，确保绿色开采及安全的同时节约成本。

岩体边坡稳定性研究方面，目前用于分析岩体边坡稳定性的研究方法主要有赤平投影法、极限平衡法、数值分析法和物理实验法。周传波等在国家自然科学基金项目《露天转崩落法地下开采高陡边坡爆破动力失稳机理研究》中，通过数值模拟、模型试验与理论分析方法，研究了露天转地下开采结构面边坡爆破振动特性、累积与惯性作用失稳机理及安全判据模型，为露天转地下开采结构面边坡爆破振动效应控制和安全标准制定提供了科学依据，并在大冶铁矿露天转地下绿色开采工程中得到了推广应用。王云飞等以杏山铁矿为例，通过相似材料模拟试验，就地下矿体开采过程中边坡岩体应力、应变规律进行了系统研究，揭示了露天转地下开采边坡失稳导致的动力冲击灾害发生机理，并通过三维数值模拟软件，详细分析了地下矿体开采过程中边坡岩体的变形和应力变化规律。

境界矿柱的合理留设是矿山露天转地下开采过程中的一个关键性因素，决定了矿山资源的综合利用和技术安全问题。任凤玉等以海南铁矿露天转地下开采为工程背景，针对传统的预留境界矿柱过渡模式对矿床高效开采的不适应性，提出了完整的露天转地下楔形过渡协同开采方法，有效发挥了露天与地下开采的工艺优势，该研究获中国钢铁工业协会、中国金属学会冶金科学技术奖一等奖。杜逢彬等以高陡边坡下露天转地下开采过程中隔离顶柱安全厚度的留设为背景，基于突变理论的隔离顶柱稳定性强度折减法，分析了露天转地下开采过程中不同厚度隔离顶柱的稳定性变化规律，为高陡边坡下露天转地下开采过程中隔离顶柱厚度的安全系数计算提供了一种新方法。孙维强等通过设计合理的开采方法，建立完善的开采体系，有效解决了归来庄金矿露天开采转地下开采过程中境界矿柱回采的技术难题，提高了矿石回收率，推动了绿色矿山建设。

露天转地下采矿方法是增加资源利用率、降低开采成本的关键要素。申延等针对缓倾斜矿体露天转地下开采存在的基建时间长、生产能力低、矿石贫化率高等问题，提出"地下开采露天化"的新思路，采用格宾人工矿柱房柱开采嗣后废石充填采矿法，有效改善了缓倾斜矿体露天转地下开采中矿产资源利用不充分、开采废石多等问题，带动了资源综合利用、环境保护等绿色矿山建设。李明杰提出尾砂嗣后充填以及大直径深孔凿岩出矿的地下回采方法，解决了共生矿体矿山在露天转地下开采时面临的采矿方法优选及采场结构参数优选的难题。谭卓英等围绕复杂铜金属矿露天转地下协同高效联采项目，针对露天转地下联采过程中存在的产量不衔接、生产规模小等关键技术难题开展研究，创立了大断面平底式全拉底分段空场嗣后充填采矿法、坑底梁板墙条柱开采法以及地下硐室群与边坡协同稳定预测技术，解决了坑底节理裂隙及采空区发育、渗漏与顶柱回收难等关键难题，此技术获得了中国有色金属工业科技进步一等奖。

4. 煤炭地下气化技术

（1）煤炭地下气化原理及工艺

煤炭地下气化（Underground Coal Gasification，UCG）是将煤炭在原位进行有控制的燃烧，通过煤的热解以及煤与氧气、水蒸气发生的一系列化学反应，产生氢气、一氧化碳和甲烷等可燃气体的过程，因此，煤炭地下气化也被称作"气化采煤"或"化学采煤"。作为新一代化学采煤技术，煤炭地下气化集建井、采煤、转化工艺于一体，是对传统物理采煤技术的重要补充，实现了地下无人生产，避免了人身伤害和矿井事故发生；避免了煤炭开采、运输环节带来的粉尘污染气化后的矸石、灰渣留在地下，减少了地表固体废弃物堆积带来的环境影响，在一定程度上防止地表沉降；煤炭地下气化技术适用于难采煤层、低品位煤层，特别是深部煤层的原位开采与转化，提高了资源利用率，并能带动煤炭、电力、化工等传统产业的发展。

煤炭地下气化原理复杂，主要包括对受内扩散控制的煤体热解、气化与煤体的膨胀、破碎及传热传质关联的内在规律研究。由于煤结构的非均质性和各向异性，不同方向上传递性质（扩散性和热传导性）、弹性强度（破裂的阻力）性质存在差异，从而导致燃烧速率在不同方向上存在差异，即燃空区在不同方向上具有不同的扩展速率，最终决定燃空区的形状（图2）。

煤炭地下气化反应过程包括4个阶段：①干燥。煤层中含有水分，在气化过程中水蒸发消耗能量，使煤炭发热量降低，因此，必须先将煤进行干燥。对煤炭缓慢加热至300℃左右为干燥阶段。②热解。经过干燥阶段后煤炭继续升温，在300~600℃开始发生热解化学反应，煤炭在此阶段呈现胶质状态。③燃烧。煤燃烧生成二氧化碳和一氧化碳。燃烧反应的温度范围为900~1500℃。燃烧过程中放出的热量用于下一步气化过程的预热。④气化。在此阶段，上面过程的产物与水发生反应，产生甲烷和氢气，此时温度范围为600~1200℃。

煤炭地下气化技术经过一百多年的发展历程，国内外先后试验了不同的气化井连通方式、不同的气化炉构型和气化炉运行方式以及相关技术工艺。

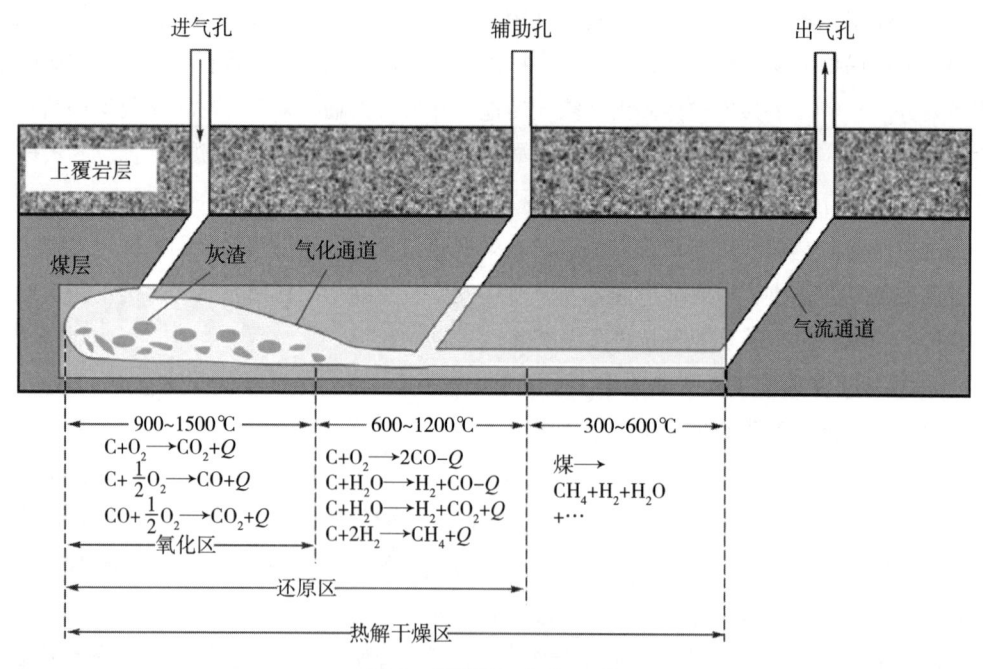

图2 煤炭地下气化原理

1）基于连通直井的固定点气化技术：连通直井气化的基本单元包括两口钻入煤层的直井：注气井和生产井。气化剂注入和煤气排出均采用垂直钻孔，注气点位于垂直注气井的底部（图3）。

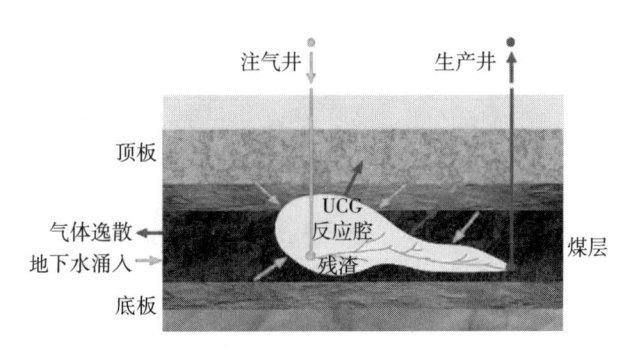

图 3　连通直井气化单元示意

垂直井的连通主要通过增强煤层自然渗透率来实现，常用的方法有爆炸压裂、反向燃烧、电力贯通和水力压裂。由于采用垂直钻孔进行注气，随着燃空区的增大和煤层内注气点位置的提高，氧气与煤层的接触条件变差，燃烧及气化强度不断下降，调控手段十分局限，该工艺主要针对浅部煤层，目前完成的试验煤层深度均小于 300 米。实际生产过程中，通常由垂直进气孔和出气孔组合，构成气化炉群。

这种工艺特别适用于较大倾角的煤层，通常煤层倾角需大于 60°。煤层低点连通注气井，煤层高点连通生产井，气化过程可以实现煤层边气化边冒落，形成类似地面填充床的煤气化模式，使得气化剂与煤接触较为充分，有利于气化过程的稳定运行。

2）可控后退注入点（controlled retraction injection point，CRIP）气化技术：CRIP 气化工艺基本单元由长距离煤层水平钻孔和垂直钻孔构成，注气井为煤层水平井，生产井为垂直井或水平井，注气井沿煤层底部钻进并与生产直井对接连通（图4）。注气井内下放注气管，气化过程采用注入点可控后退，即在水平钻孔内集成点火装置，当气化空腔扩大到无法维持化学反应条件，引起煤气质量下降时，一个气化周期完成，然后将注气点后撤，重新在新鲜煤层中点火形成新的气化过程。气化周期不断重复进行，沿煤层水平形成多个气化空穴。注入点沿注气井的一次受控后退就是一个 CRIP 操作。与连通直井气化工艺相比，CRIP 工艺的显热损失显著减小，同时其他的热损失（包括气态产物的地层逸散）也明显降低。CRIP 工艺同时能够解决推进式气化造成的通道及钻孔焦油堵塞等工程问题。

3）现代深部煤层高压点火技术：点火是深部煤炭地下气化的难点。煤炭原位点火的难易程度与其煤质特征密切相关，含水量高、挥发分低的湿煤层点火难度大、时间长，浅部煤层的传统点火方法电热丝点火和热焦炭点不适用。国外主要实践了化学点火方法，采用三乙基硼烷等高发热量、遇氧自燃的化学物质为点火剂，但需精确控制点火剂注入时间

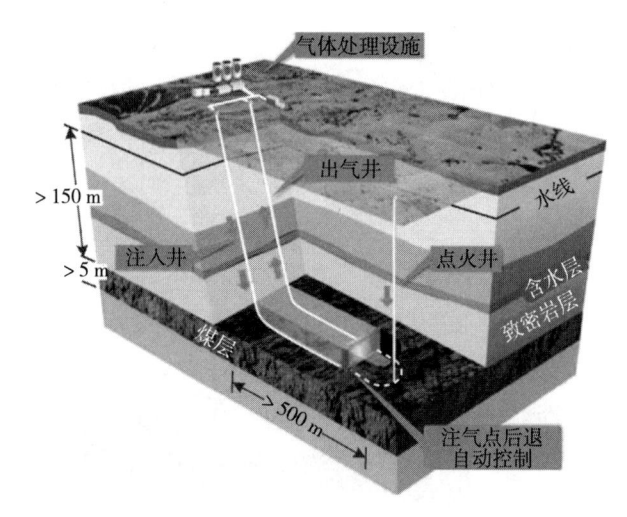

图 4 可控后退注入点（CRIP）气化工艺示意图

和注入量。由于深部煤炭气化注气管长、散热损失大，该项技术需要解决热介质传输过程温降大、末端温度低的问题。

4）可控移动注入技术：煤层点火成功后可通入气化剂开始燃烧、气化反应，注入点附近煤层被消耗后形成气化空腔，空腔体积随着气化反应逐渐向前、向上发育，并向气化通道的两侧扩展，实现气化采煤。当空腔扩大到不能维持化学反应时，煤气的有效成分含量显著降低，这时需将注入点后撤至新鲜煤层以建立新的反应腔，重复后撤过程以控制气化工作面的移动，后退距离取决于单个反应腔的扩展规律及产品煤气的周期变化特征。移动后退注入由连续管和注入工具实现（图 5），连续管一般是双层或多层套管，用于将气化剂由地面输送至煤层，连续管出口安装注入工具，将气化剂混合均匀后喷射到工作面，注入工具还需安装热电偶，以监测注入点的温度、确定工作面的状况和位置。

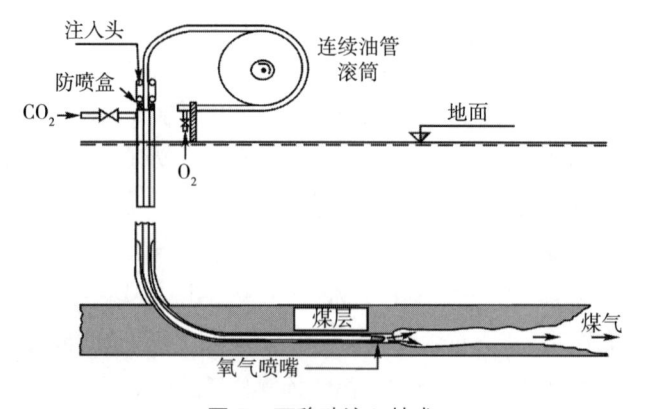

图 5 可移动注入技术

5）煤炭地下气化地质探测：煤炭地下气化效果不仅取决于工艺技术，更与煤层、水文、围岩等地质因素密切相关。地下气化过程和环境问题涉及岩体结构、原地应力、地下水、燃烧洞穴、气化热效应五大主要变量，前三个主变量是典型的地质问题。这些主变量之间相互作用，并可能影响到煤炭地下气化过程地质动态的各个方面（图6）。

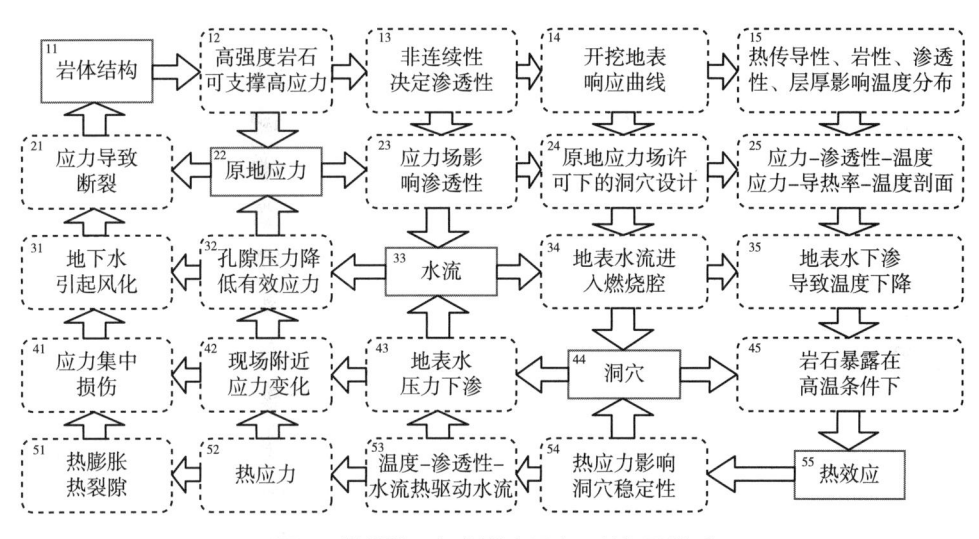

图6 煤炭地下气化影响因素及其相互关系

深部煤层火区探测还可采用四维地震技术，即在气化过程中对地下煤层重复进行三维地震测量。火区边缘煤层温度升高后发生干燥、热解、燃烧和气化等反应，煤层的密度、孔隙和压缩系数等性质发生变化，其地震反射特征也会随之改变，再借助差异分析、差异成像和计算机可视化等技术追踪火区边缘和气化空腔发育状况，为地下气化过程的远程控制提供依据。现场试验表明，针对气化采煤小尺度工作面，四维地震是目前最理想的地球物理探测方法。

（2）提高燃气热值的措施

常用的提高燃气热值的技术路线主要有两种，第一种是降低气体中氮气的含量，在气化过程中采用不同的物理、化学方法降低气体中氮气的含量。在选择物理吸收剂时，应遵循几个原则：溶解度大、选择性好、挥发性小、黏度小和再生性强，根据相似相溶原理结构越相似溶解得越好，初选与甲烷在结构和性质方面较为接近的各种正构烷烃作为吸收剂，通过探究各正构烷烃对甲烷和氮气的吸收性能和选择性能决定吸收剂类型。当前应用于工业的燃气脱氮工艺包括：深度冷冻、溶剂吸收、变压吸附和膜分离。深度冷冻工艺流程复杂，投资与成本均较高，较适用于氮气含量相对较高的、处理高压天然气的大型脱氮装置。溶剂吸收工艺因溶剂选择困难且循环量大，还需要制冷系统，近年来工业上很少采用。"Molecular Gate"脱氮工艺的关键技术是使用孔径尺寸可以调节和控制的硅酸钛分子筛，此工艺已成为当前中、小型脱氮装置使用工艺的发展主流。随着天然气脱氮用特殊膜分离材料的成功开发，膜分离脱氮工艺也展现较大发展前景。

第二种是采用催化剂将燃气中的一氧化碳和氢气转化成甲烷，从而提高燃气的热值。甲烷化技术是利用催化剂的活性，将一氧化碳和氢气合成甲烷的技术。在正常条件下，催化剂的性能决定了反应器的工作状况，性能良好的催化剂可保证各项操作指标达到预定的要求。选择催化剂应考虑下列因素：催化剂性能能否满足反应器的设计要求；在预定的操作条件范围内，对出口碳氧化物浓度的要求；不正常操作的适应能力；催化剂对硫、砷等物质的敏感性；在正常操作条件下催化剂的使用寿命；催化剂的售价等。燃气经过加热器使之达到甲烷化催化的温度，加热后的气体通过脱硫塔，在去除硫化氢的同时，脱硫塔也可过滤一部分焦油和灰尘。从脱硫塔中出来的气体进入催化器中，在催化器中充满了甲烷化催化剂。在催化剂的作用下，一氧化碳和氢气发生反应，使气体的成分得到改善，从而提高热值。

（3）技术经济评价

煤炭地下气化的产品质优价廉，市场广阔，竞争力强，能带动相关能源及化工产业链的发展，拯救衰老矿区，形成新的经济增长点。传统煤炭开采引起生态系统破坏和环境污染等问题，主要表现为：采矿业占用并破坏大量土地；采矿诱发地质灾害，造成大量人员伤亡和经济损失；破坏和影响了地下水和地表水，产生各种水环境问题；产生大量"三废"，出现水土流失、土地沙化及矿震等问题。煤炭地下气化集建井、采煤、地面气化三大工艺为一体，省去了庞大的煤炭开采、运输、洗选等工艺，安全性好、投资少、效益高、污染少，符合石化能源绿色高效的发展方向。

煤炭地下气化符合国家低碳经济的产业政策，与石油和天然气等燃料相比，单位热量燃煤引起的二氧化碳排放比使用石油和天然气分别高出约36%和61%，我国作为碳排放大国承担着严格的减排任务，煤炭开采过程中的节能减排和煤的清洁利用是我国节能减排和低碳经济的最现实可行的核心战略。而煤炭地下气化技术正是这两个核心战略的关键技术。

综合煤炭地下气化的特点来看，清洁发展机制是利用市场机制促进煤炭行业转型的一种有效尝试。清洁发展机制是在《京都议定书》中为应对全球气候变化而提出的"灵活性机制"之一。碳交易就是把温室气体（主要是CO_2和CH_4）的排放权利当成有价商品在市场中进行交易，能促进温室气体在全球范围内减排，进而缓和温室效应的一种市场机制。煤炭地下气化碳交易是碳排放交易制度在煤炭行业应用的产物。以碳交易的方式促进绿色采煤节能环保的实现，不仅能够减少污染，而且可以降低煤矿节能减排的成本。碳交易属于一种特殊的金融活动，让实体经济和资本挂钩，实际上相当于让绿色环保的节能技术与虚拟经济相融合，让资本给环保背书，这是世界低碳经济发展的一个前景光明的方向。

5. 溶浸采矿技术

溶浸采矿是根据某些矿物的物理化学特性，将浸矿剂注入矿层，通过化学浸出、质量传递、热力学和水动力等作用，将地下矿床或地表矿石中某些有用矿物，从固态转化为液态或气态，然后回收，达到以低成本开采矿床的目的。溶浸采矿在矿业工程矿物加工学科中属于化学选矿，在冶金科学与工程中属于湿法冶金范畴，是典型的集采矿、选矿和冶金等传统学科三位一体的交叉融合学科。

（1）地浸采铀

溶浸采矿最早起源于铀资源的开采和回收，通过向铀矿床注入浸取液，使铀溶解从固相转入液相，从而回收铀。地浸采铀是当今全球天然铀生产的主流技术，目前全球天然铀总产量近70%来自地浸开采，我国地浸采铀产量占比已超过90%。近年来，我国地浸采铀技术取得了巨大进步，其中以 $CO_2 + O_2$ 地浸技术为代表的第三代绿色采铀技术发展迅速，盘活了全国60%以上复杂难采砂岩型铀资源，形成了以北方砂岩型铀矿地浸开采为主的天然铀产能新格局，为保障我国天然铀供给安全和清洁核能可持续发展，助力碳达峰、碳中和愿景的实现提供了重要保障。

近年来，地浸采铀技术的进步使铀矿山最低工业品位由常规开采的0.05%降至0.01%，大量低品位复杂难采资源得到有效利用；弱化了低浓度浸出剂对围岩和地下水的影响，推进了吸附尾液、离子交换树脂、废弃钻孔液的高效循环利用工艺升级，提升了铀矿采冶的环境友好水平；丰富了铀矿储层中共（伴）生铼、钼、硒、钇等稀有金属的协同回收技术理论，拓展了铀矿中稀有金属的综合回收利用途径。

目前地浸采铀中主要以酸法浸出和中性浸出为主，其中基于 $CO_2 + O_2$ 的中性高效地浸采铀工艺，具有试剂消耗少、化学反应温和、对地下水影响小、成本低等优点，成为天然铀采冶的主体工艺和发展方向。2017—2022年全国已建设成新疆中核天山铀业、中核内蒙古矿业千吨级绿色铀矿采冶示范性大基地，有效保障了我国军民两用天然铀的供给。

酸法地浸采铀方面，近几年，我国在酸法地浸采铀替代性氧化剂技术理论研究方面取得了长足进步，对促进酸法地浸采铀工艺技术升级起到了重要作用。如采用射流法加入 O_2 替代传统 H_2O_2，能够提升浸出液电位、浸出液铀浓度和抽注液流量，而且降低了注液压力、生产成本和单位能耗，具有较好的应用潜力；采用填料式移动床生物反应器培养细菌，利用细菌可将 Fe^{2+} 快速氧化为 Fe^{3+} 作为U（Ⅳ）的氧化剂，在小规模工业试验中已取得突破。

$CO_2 + O_2$ 地浸采铀方面，随着新疆 $CO_2 + O_2$ 地浸采铀大基地的建成，我国开始逐步进入以 $CO_2 + O_2$ 地浸采铀技术为代表的第三代铀矿采冶阶段，成为继美国后第二个拥有先进铀矿采冶技术体系的国家。近几年，我国在 $CO_2 + O_2$ 地浸采铀领域的研究主要聚焦在低渗透砂岩型铀矿储层渗透性的改善、抽注钻孔堵塞治理、溶浸范围控制和流场再造等方面，主要研究手段仍以室内试验和理论分析为主。主要研究热点为铀矿储层的表面活性剂增渗、液态 CO_2 相变致裂增渗、大功率超声波解堵增渗、微生物溶蚀增渗、爆破致裂增渗、矿层与过滤器堵塞机理与治理、碳酸钙结垢与化学沉淀的控制、液 – 岩相互作用机理等。部分学者通过控制 CO_2、O_2 用量、控制 pH 值降低矿化度、离子交换法降低注液中 Mg^{2+}、Ca^{2+}、F^{2+}、Fe^{3+} 以及洗井等措施抑制矿层堵塞。此外，学者还研究了 $CO_2 + O_2$ 浸出环境中天然地下水化学特征、溶蚀演化产生胶体的形成与运移机理等。

钻孔施工与成井方面，近几年，我国开展了新型钻机、逆向注浆技术、贴砾式可更换过滤器、地质建模技术、洗井水综合利用和钻井废液无害化处置等新技术的研发和实践，提升了成井速度和成井质量，降低了环境潜在污染风险和基建成本，促进了低成本、环境友好型绿色地浸采铀大基地的建设。

地浸采铀工艺数值模拟与智能控制方面，基于精细化三维地质建模和渗流模拟的"二次成井"过滤器优化配置技术取得阶段性成果，依托 EVS 地质建模 + GMS 渗流模拟技术手段，精细刻画铀矿体形态展布，以有效浸染面积、有效浸染率、名义浸出量为代表的定量评价指标，利用可视化表达过滤器在不同开窗段位下溶浸流场空间有效对流、有效浸染范围的变化，实现砂岩型铀矿的精准开采。同时，开发了基于数据驱动的地浸采铀抽注动态智能调控技术，通过采区抽注液量、水位及铀浓度监测数据统计分析，构建人工智能神经网络模型及算法，初步实现了铀浓度阈值控制下抽注液量的优化调节。此外，相关学者在反应动力学、地球化学反应及流体动力学等基础上建立了反应性溶质运移数值模型，开发了接口程序，将 GMS、COMSOL、PHREEQC 等相结合，通过数值模拟对地浸采铀的地球化学过程进行量化，对溶质迁移规律和影响范围进行表征，获得地浸过程中铀浓度和化学形态的时空演变规律，为地浸采铀生产的精细化管理提供了指导。

地浸采铀地下水修复技术方面，作为全球铀矿开采的主流技术，酸法与中性（$CO_2 + O_2$）地浸过程中由于溶浸剂的注入和含铀溶液的抽出，改变了地下水的地球化学特征，因而地浸采铀对地下水环境的影响与控制备受关注，实施地下水污染控制与水体修复已成为本领域的研究热点。

目前，国内外对此研究多聚焦于地浸采区污染源的原位固定修复，即通过物理、化学、微生物作用原位将 U（Ⅳ）吸附、沉淀、还原成难溶的 U（Ⅵ）或矿化为稳定的磷酸盐 –U（Ⅵ）矿物。近几年，我国在地浸采铀地下水原位修复技术方面取得了较多成果，为打造绿色铀矿冶、助力美丽中国建设提供了技术保障。相关研究工作主要集中在采用微生物和化学还原（纳米零价铁、纳米 FeS、H_2S 等）法将弱酸性/碱性地浸采区中易溶性 U（Ⅵ）转化为较稳定的 U（Ⅳ），然而微生物或化学还原形成的 U（Ⅳ）颗粒小、不稳定，遇 O_2 或氧化性矿物易再次溶解而迁移。为突破这一难题，相关学者已开始开展微生物介导磷酸盐 –U（Ⅵ）矿化修复铀污染地下水的前瞻性研究。

（2）其他矿产溶浸采矿

近几年我国学者和采矿工程技术人员将铀溶浸采矿技术应用于风化壳淋积型稀土矿，

低品位铜、金等的回收，获得成功，丰富和完善了溶浸采矿理论与实践。

堆浸工艺是回收低品位矿石的常用开采方法，具有开采效率高、开采周期短的优点，其工艺流程主要包括人工开挖、筑堆、配液、注液和收液等。对于底板稳定性差和地质结构复杂的风化壳淋积型稀土矿，主要采用堆浸方式回收稀土。此外，堆浸还应用于铜矿的微生物浸出回收铜及金矿的氰化浸出回收金。

原地浸出工艺适用于水文地质结构简单、矿体底板稳定性强和品位高的风化壳淋积型稀土矿，不需要开挖山体，只需钻孔注液、收液即可完成中重稀土的开采，具有劳动强度小、生产成本低的特点，目前原地浸出工艺已成为主流回收稀土工艺。风化壳淋积型稀土矿原地浸出回收稀土工艺如图7所示。

6. 绿色开采装备

装备是实现安全高效绿色开采的重要保障。近年来，地下矿山在绿色开采装备方面有了长足的进步。

采掘装备方面，瑞典阿特拉斯·科普拉公司和山特维克公司生产的液压凿岩机和液压掘进钻车在当今世界最具有代表性，我国全液压掘进钻车的发展较快，但智能化和用于隧道及大巷道的产品（二臂以上）和液压凿岩机仍为薄弱环节；国内外超过30座矿山采用矿用全断面硬岩掘进装备完成了平巷及斜井的开拓工程，罗宾斯公司最近开发的可用于200MPa单轴抗压强度岩石、一次开挖成型矩形断面的矿用全断面掘进机（图8），已成功应用于墨西哥的弗雷斯尼洛银矿，相比于传统圆形断面，矩形断面可节省30%的开挖量，体现出矿用全断面硬岩掘进装备高效、安全、环保、优质和综合效益高的优势；断面掘进机中最常用也是最重要的是悬臂式掘进机，配套机载锚杆钻臂系统、支护系统及除尘系统等，可实现掘进机的多功能一体化。

支护装备方面，锚杆台车、锚索台车已逐渐取代传统的人工支护方式。法国塞科马公司生产的锚杆钻车，适用于各种类型矿山条件安装不同的锚杆；山特维克公司开发的DS系列锚杆钻车可以安装水泥灌注锚杆、树脂灌注锚杆、胀壳式锚杆、劈叉式锚杆；瑞典阿特拉斯·科普拉公司Boltec系列综合机械化锚杆钻车，可用于安装树脂锚杆、水泥注浆锚杆和机械式锚杆等，具有携带10根锚杆的锚杆箱；国内地下金属矿锚杆钻车尚处于起步阶段，只有少数企业生产钻凿锚杆孔的钻车，和国外目前高效率、多功能、高度自动化钻凿和安装一体的锚杆钻车相比，在各方面均存在显著的技术差距。

充填装备方面，各充填子系统的设备朝着智能化、绿色化方向发展。随着选矿尾矿粒径越来越细，尾矿浓密与存储设备主要向着深锥浓密机方向发展，国外设备以奥图泰的SUPAFLO型和艾法史密斯的DEEP CONE型深锥浓密机为代表，国内则以飞翼股份有限公司的深锥浓密机应用最为广泛；充填料浆搅拌设备主要包括立式搅拌机、双轴桨叶式搅拌机、双轴螺旋式搅拌机、高速活化搅拌机等，搅拌设备主要朝着运行稳定、维护量较小的多功能搅拌机方向发展；充填料浆输送优先选择自流输送，但当无法自流输送时，需采用

图 7 原地浸出回收稀土

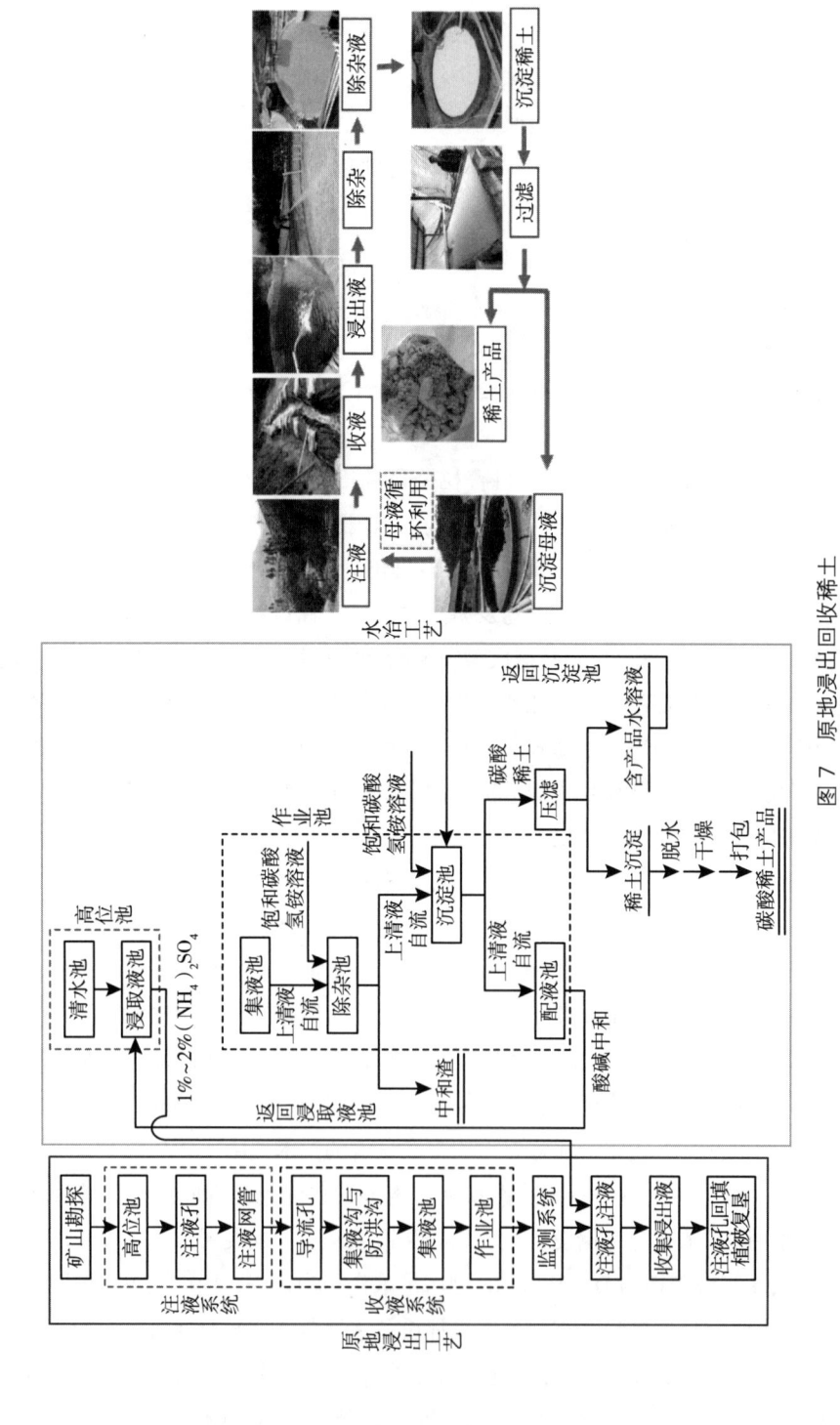

泵送输送，使用的充填泵主要包括拖泵、S 摆阀充填工业泵和锥形阀充填工业泵等，充填工业泵主要朝着能耗低、运维量小的锥形阀泵方向发展。

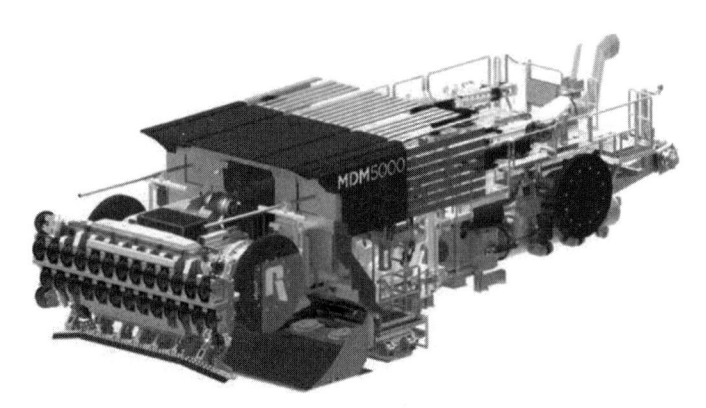

图 8 罗宾斯公司研制的 MDM5000 矿用硬岩矩形掘进机

（二）安全与环保技术

"安全"是绿色开采的核心，没有安全就无法开采，更谈不上绿色开采；"高效"是绿色开采的重要途径，高效的采矿方法与回采工艺、资源的最大化利用、良好的作业环境是实现绿色开采的主要手段；"环保"是绿色开采的终极目标，固废减量化、固废高质量充填和综合利用、含水层与水体保护、采空区与地质灾害治理、地表地貌免扰动是实现资源开发利用与环境保护协同发展的主要抓手。

1. 顶板分级与管理

顶板实行分级管理是为了针对不同顶板岩石情况制定相对应的应对措施，使顶板管理更科学、具有更高的操作性，达到防范冒顶片帮事故发生的目的。目前应用比较广泛的煤矿顶板评级（CMRR）就是一种衡量煤矿顶板稳定性的分级系统，CMRR 方法最早由美国国家矿业安全协会于 1983 年提出，是通过对煤层和岩层地质结构、顶板厚度、煤层岩性、地应力等因素的评估，计算得出一个 0~100 的分数，代表煤矿顶板的稳定性等级。

目前分类系统已应用于全球许多煤矿，特别是在美国、澳大利亚和南非等地区。Taheri A 等对 CMRR 系统进行了修改，增加了顶板跨度宽度和覆岩密度等参数，以提高现有系统的适用性。Wang Y 等通过对贵州省盘江煤田两个煤矿进行 CMRR 系统分析，得出对 CMRR 进行修正及验证后在中国矿山同样具有适用性。Brook M 等对澳大利亚昆士兰州卡伯勒唐斯地下煤矿进行 CMRR 与岩体等级（RMR）进行分析比较，提出 CMRR 不应该孤立使用，而是作为地层控制方案的一个组成部分。

顶板事故的发生主要取决于支护条件、顶板力学性质、人员素质以及煤体稳定性。因此，有必要加强顶板管理对其进行风险评估，以保证煤矿安全高效生产。近年来，人们采用了各种方法来分析导致顶板事故的因素，并准确评估冒顶风险。Li W 等采用模糊断层树分析（FFTA）和动态模糊综合评价方法（DFCE），建立了 FFTA–DFCE 模型以预测顶板冒顶片帮危险性状态。顶板分离是工作面煤矿事故的明显前兆，Xie J L 等采用灰色理论分析法预测顶板分离的变化趋势，结合灰色代数曲线模型（GAM），建立预警系统评估顶板事故的发生。Xiong Y 等采用层次分析法（AHP）识别顶板事故的成因，计算各因素的指数权重，并引入云模型，利用云图像和定量等级评估方法评估顶板事故发生的可能性。

2. 采场支护与地压控制

（1）煤矿采场支护与地压控制

1）采场支护：液压支架是煤矿井下综采工作面支护顶板、防护煤壁、隔离采空区冒落矸石的主要采场支护设备。在液压支架架型结构设计方面，我国取得一系列突破，先后研制出具有独立自主知识产权的新型放顶煤液压支架、超大伸缩比薄煤层液压支架、超大采高综采支架和各种特殊液压支架新架型。

液压支架对围岩的自适应支护是实现工作面自动调高，以达到综采智能化开采的关键，其支护姿态与支护高度的智能感知与精准解析是液压支架对围岩进行自适应支护的基础。任怀伟等提出了一种基于深度视觉原理的液压支架姿态视觉测量模型，通过对液压支架的顶梁倾角、支护高度等参数进行感知，以实现液压支架运行位姿状态信息的精准感知与动态监测。庞义辉等构建液压支架骨架结构参数模型，提出了基于立柱千斤顶行程与平衡千斤顶行程驱动的液压支架支护姿态、高度解析方法，通过比较确定牛顿–拉夫逊方法为其解析方法。Lu X 等设计了一种由带有微机电系统（MEMS）的惯性测量单元组成的支撑姿态传感系统，通过无迹卡尔曼滤波对传感器数据进行优化求解，消除传感器的测量误差，获得系统的高精度姿态估计。

2）地压控制：随着放顶煤和大采高开采技术在厚煤层开采中的推广应用，高强度开采引起的采动效应更强、范围更大，导致顶板岩层活动剧烈，地压控制难度升高。采场地压控制是为了保障煤矿安全生产，防止矿井发生地压事故，其核心是煤层应力分析及变形规律研究。

王国法等以液压支架设计为核心，促进液压支架与采场围岩耦合为一个动态平衡系统，提出了液压支架与围岩之间的强度耦合、刚度耦合和稳定性耦合的三耦合关系模型，保证工作面围岩结构稳定性控制。杨胜利等提出的中厚板理论给出了厚硬顶板破断模式由拉伸型向剪切型过渡的力学条件，并将坚硬厚关键岩层内切应力集中分布的这部分区域作为围岩控制的重点，实现工作面灾害分区域、分级防控。针对深埋弱胶结薄基岩厚煤层采场动压显现强烈的情况，王兆会等通过对覆岩采动裂隙发育特征、顶板结构形态与承载机理等的研究，并基于厚冲积层冒落拱与拱脚高耸岩梁复合承载机理，提出了适用于深埋厚冲积层薄基岩采场的液压支架强度–刚度双参量选型方法。

（2）金属矿采场支护与地压控制

金属矿山主要采场支护方式为锚杆支护、锚网支护、喷锚网支护、单体水压支柱支护等。刘东锐依据岩体质量分级结果，采用差异化支护方案，给出了不同质量等级采场锚网支护技术参数。杨英伟介绍了银漫矿业采用长锚索支护的技术参数和应用经验。章邦琼提出整体地压控制＋作业面维护联合支护的方案，并通过力学计算验证支护设计参数，得到薄矿脉安全高效支护技术参数，成功应用于井下作业采场。

地压控制方面，赵兴东等针对深部金属矿山由高应力引起的采动灾害主要包括层裂、岩爆和挤压大变形导致的巷道或采场垮塌、冒落或变形等，提出了深部采动灾害预防与控制流程，在建立地质灾害风险评估模型的基础上确定巷道及采场的布置位置，通过对回采顺序、隔离矿柱设置、充填采场及卸压爆破对深部采矿地压调控进而预防采动灾害的发生。石峰等某金矿为研究对象，基于微震监测技术建立地压监测系统，对微震事件活动率、能量指数和累积视体积进行时间序列分析，结果表明岩体视在刚度、受力水平均较小，微震事件以小震级为主。刘秀敏等研究了地质结构影响下的金属矿山地压显现机制，结果表明，随采矿进深，岩体结构面对采空区围岩地压显现的范围具有明显控制作用，在陡倾优势结构面作用下，采空区上盘围岩形成反倾岩壁，下盘围岩形成顺倾岩壁，上盘地压显现范围远大于下盘；地压显现特征差异明显，结构面主控区的巷道以断面整体偏转变形为来压特征，断层控制的巷道以顶板垂直垮落为主、来压更为剧烈；地压显现的空间错动效应是结构面产状和局部断层滑移综合作用的结果，表现为开采阶段巷道稳定、而已采及深部未采矿体的阶段运输巷道发生大面积连续垮塌冒落。江飞飞等在对国内外地下金属矿山岩爆发生现状、影响因素、典型特征、类型与等级、孕育发生过程等全面综述的基础上，探讨、分析了井巷和采场岩爆的预测与防治技术。

3. 采空区治理

采空区具有体积总量大、分布范围广、空间形态复杂等特点，易引发空气冲击波、地表沉降塌陷、井下突水涌泥等危害，是地下矿山重大事故隐患及监管治理重心。采空区治理是绿色采矿的重要内容之一。近年来采空区治理技术快速发展，总体而言，消除采空区危险源应遵循精准探测与绘制、稳定评价与安全分级、协同治理与利用等处置思路。

（1）精准探测与绘制

采空区探测方面，随着物探技术与装备水平的提高，传统探测方法精度越来越高，并且越来越多的物探方法被用于采空区探测。如吉林大学林君团队升级了一种新兴的工程物探技术——微动探测法，利用采集天然场源的微动信号提取瑞雷波信息，通过地质体与周围介质的波速差异来探测采空区，已在轨道交通下伏采空区以及煤矿采空区有所应用。

采空区测绘方面，随着无人机或机器人技术的发展，遥控式采空区测绘逐步开始推广。如中国有色金属长沙勘察设计研究院有限公司和武汉大学通过结合无人机倾斜摄影、固定式三维激光扫描、钻孔三维扫描等先进技术，快速地对采空区群地表和地下进行信息采集以及一体化三维建模。

（2）稳定评价与安全分级

采空区稳定性评价与安全分级方法包括理论分析法、数学模型法、相似模拟试验法、数值模拟法、现场监测与工程类比法等。近年来，国内学者在采空区综合评价方法、稳定性评价指标体系优化等方面成果颇丰。如中南大学周科平团队基于采空区群精细探测数据，综合 Geomagic、Midas GTS 与 FLAC3D 耦合建模方法开展稳定性分析，并以采空区类型、岩石抗压强度和暴露面积等 16 项指标建立了复杂采空区群的安全分级评价体系，为同类矿山的采空区稳定性分析和安全分级评价提供了借鉴；江西理工大学柯愈贤等综合熵权法、层次分析法（AHP）确定评价指标的组合权重，建立了相对差异函数的采空区危险性识别模型，可以实现金属矿采空区危险性的精准识别；合肥工业大学袁海平等以 96 个实测采空区为例进行分级，提出了基于机器学习算法的采空区多源指标危险性辨识方法。

（3）协同治理与利用

采空区治理要坚持"分级管控、突出重点、综合治理、标本兼治"原则，主要方法有崩落围岩、矿柱支撑、空区充填、封闭隔离。由于在地表保护、废物处置、地压控制方面的突出优势，空区充填近年来在国内大范围推广利用。另外，采空区功能化利用旨在消除安全隐患的同时利用采空区空间资源，谢和平院士在 2017 年提出了废弃矿井转型升级与矿井地下空间综合利用的战略构想，袁亮院士等明确了矿井空间资源改建地下储库的重要意义和迫切需求。近年来，北京科技大学吴爱祥、中国矿业大学（徐州）张吉雄、西安科技大学刘浪等学者在采空区功能化利用方面取得了丰硕的成果。如将稳定采空区改造为地下选厂、洗矿车间、充填站等生产建构筑物，推进井下采选充一体化；将采空区改造为大型硐室仓、废石仓、原材料仓、石油/天然气储存库、水库等存储空间；作为地下冷库、储热库、地下实验室、人防设施等其他功能空间；另外，王双明院士等探讨了利用地下扰动空间进行 CO_2 地下封存的技术途径，并明确了实现 CO_2 地下高效封存的必备条件。

4. 尾矿库建设与管理

目前我国有 7278 座尾矿库，最大坝高 325 米，最大库容 8.35 亿立方米，尾矿库的安全运行对矿山企业的发展至关重要，其安全稳定性引起了社会、企业、学界的广泛关注。

（1）尾矿库建设

尾矿库是指筑坝拦截谷口或围地构成的，用以堆存金属或非金属矿山进行矿石选别后排出尾矿或其他工业废渣的场所。尾矿库一般由尾矿堆存系统、尾矿库排洪系统、尾矿库回水系统等几部分组成。其中尾矿堆存系统包括坝上放矿管道、尾矿初期坝、尾矿后期坝、浸润线观测、位移观测以及排渗设施等。尾矿库排洪系统一般包括截水沟、溢洪道、排水井、排水管、排水隧洞等构筑物。

目前我国尾矿库筑坝方式主要分为一次筑坝、湿式堆排和干式堆排三类。

一次筑坝型（包括废石筑坝）尾矿库不用尾矿堆坝，故没有堆积坝，是尾矿库的特殊情况；湿式堆存技术因工艺简单，相比干式堆存设备投入量少，仍是国内尾矿排放的主要方式，由于矿浆浓度较低，导致尾矿库的存水量较大，存在溃坝风险；干式堆存技术是采用过滤/压滤设备或浓密机实现尾砂的浓缩脱水，其脱水后滤饼浓度可达80%~85%，经过皮带输送机运送到尾矿堆场里分层堆放，此方法对于北方干旱气候效果好，而在南方多雨地区可行性不高。

（2）尾矿库管理

尾矿库事故种类多，如整体失稳，浅层滑坡，深层滑坡，坝面拉钩、溃口、漫顶、溃坝等。尾矿库事故发生具有突然性和不可控性，因此必须采取一定的措施进行安全管理。尾矿库管理主要分为尾矿坝安全稳定性评价、坝体安全预警、尾矿坝安全措施研究、尾矿坝安全管理研究、尾矿坝安全监测技术研究等方面。

在坝体安全稳定性评价方面和坝体安全预警方面，杨世兴等为分析某矿矿体回采后采空区稳定性及对地表尾矿库安全的影响，根据现场调查和室内力学试验，采用ANSYS有限元软件建立三维模型并应用FLAC3D对采空区位移、应力分布规律、屈服变形及地表沉降进行数值模拟；周杰等分析了尾砂物理性质、坝坡、坝高、子坝堆积高度、洪水和地震作用等对尾矿坝稳定性和失稳概率的影响，提出提高坝体稳定性、建立安全监测系统、完善安全管理体系等有利于尾矿坝安全的措施；曾晟等对强降雨条件下某铅锌矿尾矿堆积坝进行安全稳定性分析，研究不同组构尾矿堆积坝在强降雨条件下的稳定性，采用数值模拟方法分析了该尾矿坝在强降雨作用下不同时期堆积子坝的稳定性；张娟等建立三维渗流分析模型，对某尾矿库加高扩容后的渗流场进行模拟分析，得出其正常运行、洪水工况下的渗流场。基于三维渗流分析结果，利用简化毕肖普法进行坝体安全稳定性分析。

尾矿坝安全保护方面，陈阳兴通过新建排洪设施，设置土工布过滤和排渗管，整治主坝和副坝堆积坝，安装在线监测系统，通过陶瓷复合管和耐磨塑胶管替换铸铁管等治理措施的实施，对某尾矿库进行针对性的安全治理，实现了尾矿库运行参数的在线监测，为该尾矿库的安全运行和事故防治提供了保障；马玄恒等以上游法尾矿库为例，在分析产生尾矿库安全隐患成因的基础上，梳理尾矿库常见的安全隐患，并提出了有针对性的、可行的治理措施；王旋等对某尾矿库环境安全现状进行分析，提出采用扩挖回填法、灌浆法和土工布覆盖法等措施对坝体存在裂缝的尾矿坝进行修复处理；眭素刚等对云南某尾矿库采用坝顶废石渣碾压和降低浸润线相结合治理措施，使其稳定性得到明显提高，安全隐患得以排除。

尾矿坝安全管理和监测研究方面，张丹等基于尾矿库安全管理信息、智能化建设现状，重点分析了信息化建设在尾矿库安全管理中的现实意义；廖文景等针对尾矿库安全生产管理的时效需求，为快速检查尾矿库区内存在的安全隐患点，构建了一套基于无人机智能巡航的尾矿库安全管理系统；周姿彤依据目前我国尾矿库安全管理现状，对我国现行的尾矿库安全管理制度政策进行研究，通过借鉴分析美国、澳大利亚等矿业发达国家实行的尾矿库安全管理制度，剖析我国现有相关政策体系存在的问题并针对不足提出完善构思；吴晓云等根据矿山尾矿库现状和安全生产的需要，设计了一个尾矿库安全云管理系统，以监测数据库为核心，集成数据采集、实时数据分析、综合分析与评估和实时预警。

5. 排土场安全

排土场是又称废石场，是矿山采矿排弃物集中排放的场所，包含矿山基建期间的露天剥离和井巷掘进开拓排弃物。排土场是一种巨型人工松散堆垫体，排土场失稳将导致矿山土场灾害和重大工程事故。因此，产学研界高度重视排土场稳定分析评价与监测监控。

排土场稳定分析评价方面，蓝秋华通过对冻融区域发生五次冻融循环的每个月份冻融深度、边坡塑性、拉应力、剪力强度增进演化进行分析，分析了露天矿排土场边坡结构的局部稳定性；陈光木通过构筑自然工况和降雨工况的二维排土场模型对边坡稳定性安全系数进行评价分析得出了排土场边坡稳定性安全系数随雨量增加而减小的结论；张岩等分析了井工采煤对排土场边坡位移、最大剪应变和安全系数的影响，揭示了随地下煤层开采排土场边坡最大水平位移和最大垂直位移呈非线性增大、边坡安全系数呈非线性减小的变化趋势；卜飞等根据同生安顺露天煤矿外排土场边坡实测资料，采用 GTS NX 软件分析了裂缝位置、深度、角度对边坡稳定性的影响规律，得出了裂缝的存在对排土场边坡稳定性产生了劣化效应，但当裂缝处于边坡塑性区以外时，裂缝的存在对边坡稳定性基本无影响的结论；滕瑞雪等利用 CAD 二次开放功能自编极限平衡分析软件，结合实测后缘裂缝与底鼓裂缝实际情况，反算了沙层基底抗剪强度参数，根据参数合理确定了工程治理措施。

排土场监测监控方面，董建军等利用 D InSAR 双轨法差分干涉技术监测西藏山南桑日县某高海拔排土场边坡终了排土场边坡地表形变，采用基线估计状态空间模型进行基线估计、自适应滤波去除图像噪声和最小费用流进行相位解缠，采用考虑温度及降雨影响的形变模型进行解算，结合多分辨率分析方法降低大气噪声的影响，进行影像配准、干涉处理和平地效应消除，生成干涉图与形变图，基于形变监测结果评判该排土场边坡的安全稳定状态；王嘉等建立了南芬露天铁矿排土场高陡边坡 GNSS 地表位移监测网，并进行了长期监测；韦忠跟等采用边坡稳定性雷达监测技术，提前获取变形数据，在边坡失稳时提前发出滑坡预警。

6. 地表设施保护与建设利用

地表保护原则方面，提出了基于全周期采动沉陷防治的采前优化设计、采中损害控制和采后科学治理的三对策，加强采煤沉陷区源头控制，变被动事后治理为主动事前防治，实现生态优先和绿色开采。

岩层移动时空规律研究方面，通过大量工程实践观测研究总结，在单一中厚煤层和厚煤层分层开采垮落带和裂缝带高度计算基础上，提出了厚煤层放顶煤开采的垮落带和裂缝带高度的计算公式。

岩层移动控制方面，发展了"三下"压煤小变形宽条带开采和两次条带全采方法；研发了固体、膏体和超高水等三种充填类型与连采连充和长壁面综采的充填工艺及装备，提高了充填能力，膏体充填减沉可达90%以上；发展了避免地下采煤干扰的地面离层带注浆技术，在具有较好覆岩结构和不充分开采条件下可减沉70%左右。

采煤沉陷区利用方面，通过多年科研和工程实践，已形成包括采空区勘察、地基稳定性评价、采空区治理设计和抗采动变形设计、采空区治理施工以及治理效果检测与评价等综合治理利用成套技术。

（三）固废与地下空间资源化利用

1. 矿山矸石再利用

矿山矸石再利用是将废弃资源变废为宝，通过分选加工对矿山矸石进行资源转化与综合利用，从而实现经济效益、社会效益和生态效益的有机统一。

我国目前现存的可利用矿山矸石主要为煤矸石，煤矸石中主要成分为硅、铝、铁、钙、镁及少量或微量的锰、钛、铜、钒、铍和铀等元素，有效提取后可制成系列化的化工产品。同时，煤矸石中含有一定量的有机质，可以利用煤矸石在沸腾炉中燃烧供暖或发电。煤矸石也可综合利用于制造空心砖、砂子等建筑材料，或作为建筑充填材料分层铺设于路基上，改良后的路基具有良好的透水性，使用性能良好。

（1）井下矸石充填技术

煤矸石地下充填主要分为采空区充填、离层区或垮落区注浆充填。采空区充填是将煤矸石以各种方式充入采空区，通过充填材料对顶板的支撑作用控制地表沉陷，同时也减少了煤矸石对环境的负面影响。离层区注浆充填技术是将传统注浆开采技术与条带开采技术相结合，通过将高压浆液从地面或井下施工的钻孔注入离层区内，达到压实离层区下面导水裂隙带与支撑上覆岩层，从而抑制开采沉陷的目的。

（2）煤矸石常规再利用技术

1）再加工化工品：煤矸石含碳量为20%~30%，其他成分是Al_2O_3、SiO_2以及少量的MgO、Na_2O、Fe_2O_3、CaO、K_2O、SO_3和稀有元素等微量元素。煤矸石中含有高岭石、伊利石等黏土矿物，为以硅铝酸盐矿物为主要原料的化工品的合成提供了物质基础。高铝煤矸石可用来制炼钢的高效脱氮剂硅铝铁合金、水玻璃、氢氧化铝、碱式氯化铝净水剂、制造硫酸铝和铵明矾的烧结料等。

2）土地复垦绿化：在煤矸石库上复垦或利用煤矸石在适宜地点覆土造田和种植农作物等，不仅能避免矸石流失污染江河，还能增加农业耕种面积，也可种草造林美化环境，解决目前土地资源紧缺的问题，改善土壤质量。

3）建筑充填材料：煤矸石由于硅、铝组分含量较高，可用于制备建材、装饰材料以及铝硅酸盐聚合凝胶材料等基础原料，这也是煤矸石综合利用中最广泛的途径之一。煤矸石中铝硅酸盐、长石、石英、铁矿等含量高，可用于生产建筑砂石料、制造空心砖、陶瓷、水泥、轻骨料和充填路基等。将煤矸石分层铺成35cm左右厚的公路路基，压实后密度可达1.8t/m³。

4）煤矸石发电：采煤过程中排出的废弃物大多含有一定量有机质，对于含碳量超过20%的煤矸石，也可用于火力发电，这是实现煤矸石能源化利用的主要方式。通过多年的技术改进，利用循环流化床（CFB）发电技术，将煤矸石燃烧后供暖或发电，其燃烧率在90%以上，对低热值燃料适应能力强，燃烧温度在800~900℃，可作为理想的燃料使用于矿区发电。

2. 矿山尾矿再利用

尾矿属于大宗工业固体废物，通常以尾矿库或堆场等地表贮存为主，不仅占用大量的土地资源，同时还会对周围的环境造成严重的污染。我国金属非金属尾矿具有品种多、分布广、产量大、成分复杂、综合利用率低等特点。据统计，2013—2019年我国尾矿年产量8.3亿~10.65亿吨，综合利用量2.2亿~3.3亿吨/年，综合利用率仅26.2%~30.7%，如图9所示。国家发改委发布《关于"十四五"大宗固体废弃物综合利用的指导意见》明确指出：到2025年，包括尾矿在内的大宗固废的综合利用率达到60%，存量大宗固废有序减少。尾矿资源综合利用以尾矿的资源化、无害化、减量化为目标，不但可以提高资源利用率，还可以减少土地占用、保护环境以及消除尾矿库安全隐患，已成为绿色矿山建设的必由之路。目前，国内外尾矿资源化利用途径主要包括有价元素再回收、采空区充填、建筑材料制备等。

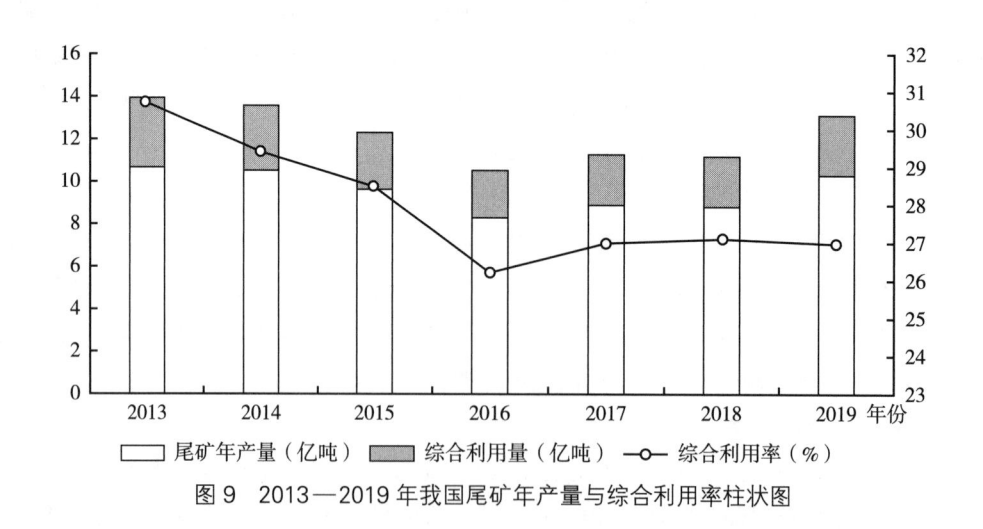

图9 2013—2019年我国尾矿年产量与综合利用率柱状图

（1）有价组分回收

尾矿中有价组分回收一般遵循先预选再提纯的原则，通过阶段磨矿阶段分选和多种选别技术联合工艺应对尾矿的贫、细、杂特点。近年来，国内外在尾矿中多种有价组分综合回收方面取得了一定的进展和突破。夏青等采用抑锌浮钼再浮锌的选矿流程，成功从铁尾矿中获得了品位较高的钼-锌混合精矿；包玺琳等选用优先浮铜—粗精再磨—铜尾矿选铁—铁精矿脱硫的工艺，实现了对秘鲁某铁矿尾矿中的金、银、铜和铁的综合回收；周光浪等通过磁选-全泥氰化浸出-反浮选试验，对铁尾矿中铁、金和银进行了综合回收；邓杰等采用煅烧-铵盐两步浸出法对磷矿浮选尾矿中的钙和镁进行回收；孔建军等针对江西某钨锡重选尾矿，通过磨矿—磁选除铁—脱泥—云母浮选—石英与长石浮选分离的无氟少酸工艺，对尾矿中的石英和长石进行了综合回收。

（2）采空区充填

采用尾砂充填采空区，既能减轻尾矿地面堆存对环境的影响和危害，又能有效地处理露天或井下采空区，起到一种"一废治两害"的作用，也可以将尾矿作为一种远景资源储存于采空区中。

近年来，全尾砂充填技术在尾矿高效浓密、膏体流变特性理论、新型材料研发等方面都有了长足的发展。以浓密机为核心的重力脱水工艺，具有流程短、成本低、底流浓度适中、处理能力大的优点，逐步得到国内外矿山充填领域的广泛应用。北京科技大学吴爱祥教授团队从浓密、搅拌、输送及充填固化等膏体充填的主要工艺环节出发，建立了完整的膏体流变学理论的体系。新型材料可以在不同充填阶段实现特定功能，在降低充填成本、强化充填质量和提高充填效率方面具有绝对优势，新型胶凝材料主要包括胶固粉、粉煤灰、水淬渣、赤泥、凝石等，高性能添加剂包括絮凝剂、泵送剂、稳定剂、吸水剂、早强剂、缓凝剂等。西安科技大学刘浪教授团队提出了功能性充填，在满足结构性充填需求的基础上，进行了载冷、蓄热、储能、资源储备、核废弃物堆存、碳封存等拓展功能的矿山充填技术探索。另外，随着工业智能化革新进程的加快，推动了全尾砂充填的智能化决策和技术开发，一键智能充填系统在国内外金属非金属矿山得到了推广应用。

（3）建筑材料制备

在建材方面，目前尾矿主要用于混凝土制备、制作免烧砖及混凝土砌块、制作陶瓷及玻璃等。王宇琨以铁尾矿粉、水泥、胶粉为原料制造尾矿球，可满足拌和C40等级的混凝土的标准要求；刘俊杰等以包头某铁尾矿为主要原料，标准砂、熟石灰、水泥为辅料，采用加压成型、蒸汽养护的方式制备免烧砖，并符合MU10的强度等级要求；杨洁等以某锂辉石浮选尾矿、高岭土、CMC-Na为原料制备多孔陶瓷材料，具有孔隙度高、吸水率高的优点，尾矿用量可达80%。

3. 矿山地下空间综合利用

早在20世纪中期，国外就开始探索地下空间的开发利用，发展了多种综合利用途径，典型案例主要集中在德国、芬兰、荷兰、美国等发达国家。例如德国鲁尔矿区对具备一定价值的废弃工业场地和设施进行工业遗产保护和再利用，将某些符合条件的废弃巷道建成抽水蓄能电站；芬兰将井下废弃空间原位再现开采过程，演示采矿工具使用方法，开发出矿井乐园和博物馆；荷兰建成利用关停矿井地热资源的新型地热发电站，将热水输往附近民宅、商店、图书馆和大型办公楼。目前，我国部分煤炭企业开展了多种方式的矿井转型，取得了良好的效果。

（1）建设资源储库

由于井下围岩致密，渗透率与孔隙率低，适合建设储气（氢）、储热、储能等地下空间再利用工程。1963年，美国利用科罗拉多州一废弃煤矿建成了世界首座废弃矿井地下储气库，储能1.4亿立方米，目前美国是运行地下储气设施最多的国家。比利时SA燃气供应公司于1975年和1982年分别在昂代吕和佩罗讷先后建成了两座废弃煤矿天然气地下储存库并投入使用，储存能力分别为1.8亿立方米和1.2亿立方米。同时，利用废弃矿井高度落差的重力储能技术也得到了广泛研究与发展，苏格兰Gravitricity公司利用废弃钻井平台与矿井高度落差，在150~1500米的深井中通过往复吊起重物完成了能源存储。

与其他地下开采空间相比，盐矿废弃溶腔的综合利用程度相对较高。部分盐矿废弃溶腔开发较早的国家，如英国、法国和波兰，已经开始从工程应用的角度对其特定地区地下盐腔的储氢潜力进行评估。此外，国外学者对于盐穴储库长期运行有限元模拟的时间跨度开始达到500年以上（对于CO_2地质封存，500年以上被认为是永久储存）。国内对于盐矿废弃溶腔的综合利用虽然起步较晚，但经过几十年的追赶，在针对层状盐岩的部分研究领域已经处于国际领先地位，正处于盐矿废弃溶腔开发和利用的高峰期。梁卫国等在建立固—流—热—传质多场耦合理论基础上，提出单层星型、多层错位布置的层状盐岩矿床大型水平储库群建造方案；张桂民等根据沉积韵律将盐岩和夹层分为两类，并对盐穴储气库矿柱稳定性进行研究；王军保等利用核磁共振仪器研究了循环荷载作用下盐岩的微观结构变化和损伤规律。在盐腔利用的新方法上，2021年，由中盐集团、中国华能和清华大学共同开发世界首个非补燃压缩空气储能电站——金坛压缩空气储能国家试验示范项目成功并网发电，并研发出在饱和卤水中仍具有较高转化效率和稳定循环性能的电解液；以中科院武汉岩土力学研究所杨春和院士和重庆大学姜德义教授等为代表的研究团队，提出了包括双直井、水平连通井等一系列适用于层状盐岩水溶造腔和畸形腔体改造的方法，系统研究了不同腔体内流场的动态分布规律和空间结构特性，基本掌握了造腔过程中腔体的动态演化规律，并开发出与之配套的模拟软件。

（2）建设前沿科学实验室

煤矿地下空间可用于构建以科学前沿探索为目的的深地科学实验室。煤矿地下空间的恒温、恒湿、低本底辐射等特征，具有地面实验室无法比拟的优越性，可建设以暗物质探测为标志的先导科学实验室、以多场耦合为标志的放射性废物处置实验室、以物质循环为标志的地下生态圈实验室、以康复医学为标志的地下医学实验室等。

（3）地下景观开发

利用矿地下空间自身的优势，可建成地下博物馆、地下景观、地下游泳池、地下工厂、地下酒店等场所，甚至开发地下特色旅游等。其次，综合利用地下空间在地质灾害防护能力方面的优势，建立完善的地下地质灾害防灾体系，同时利用地下空间储水、调水，可提高城市泄洪排涝、雨水调蓄、抗灾抗毁以及防御现代战争和核战争的能力，保障城市安全。目前，中国煤炭博物馆、山西大同晋华宫矿地下探秘景区、甘肃金徽矿业旅游景区、唐山开滦国家地质公园、四川嘉阳煤矿国家矿山公园等一大批地下景观都由废弃矿井转型利用，并取得了良好的经济效益。

（四）矿山生态修复

1. 矿山生态修复理论与实践

矿产资源开发与生态环境保护是一对矛盾，矿山生态修复是解决这一对矛盾的有效途径。国家已布局"十四五"及长远矿山生态修复工作，在《全国重要生态系统保护和修复重大工程总体规划（2021—2035年）》6个专项规划中布局矿山生态修复重点工程；组织编制《"十四五"历史遗留矿山生态修复行动计划》；开展全国历史遗留矿山核查；联合相关部门指导沿黄河9省（区）开展黄河流域历史遗留矿山生态破坏与污染状况调查评价；指导相关省份科学组织实施青藏高原、黄河流域重点区域历史遗留矿山生态修复。

中共中央国务院《关于加快推进生态文明建设的意见》提出：在生态建设与修复中，以自然恢复为主，与人工修复相结合为基本原则。在国家生态文明建设的战略形势下，在山水林田湖草沙生态保护修复（系统性修复思维）、基于自然的解决策略（NbS）、双碳战略目标等新思维和新形势下，促进人工修复与自然恢复相协同是当前矿山生态修复亟待解决的理论和技术问题之一。

矿山生态修复是一个多尺度、多要素、多时相、多过程、多学科、多领域的科技难题，涉及恢复力理论、限制因子理论、生态适宜性理论、群落演替理论、景观生态学部分等理论。在理论研究中，主要按破坏方式的不同将矿业废弃地分为塌陷地、堆积地、废弃地等类型，讨论矿业废弃地生态恢复存在的问题及对策；从物、水、景等不同方面展开生态可持续发展规划，总结生态恢复与重建的技术与模式。实践探索主要为地貌重塑、土壤改良和植被重建等方面，土壤改良多使用工程与生物措施相结合的土壤整治方案，此外，土壤种子库技术也逐渐应用于生态修复的实践。植被重建主要从植被基质改良和植物种类选取两方面展开研究，寻找适应性强的耐受性植物和扩大生态效益是生态修复中应当注意的重点。在生态修复模式方面，有学者提出了矿山生态恢复力建设概念，构建了引导型矿山生态修复理论与模式，主要阐述了矿山生态问题诊断、引导修复方向的判定、引导修复的关键对象或区位的确定、引导修复的合理程度或生态阈值的识别，以及修复技术措施筛选与实施等基本问题。

相关研究领域不断拓宽，研究视角也由传统的生态视角转向以"人"的角度来阐述问题和评估效益。为改善矿山生态系统受损现状，推进山水林田湖草沙整体保护、系统修复、综合治理，满足人们对优质环境的现实需求，需综合考虑生态、经济、社会三方面效益，促使矿业废弃地生态修复与再利用，以达到"人""地"和谐统一的发展目标。

2. 矿山废弃土地评价与再利用

（1）矿山废弃土地利用政策

关于工矿废弃地生态修复，党的十八大以来自然资源部（原国土资源部）先后出台了《国土资源部关于开展工矿废弃地复垦利用试点工作的通知（2012）》《财政部国土资源部关于印发〈矿山地质环境恢复治理专项资金管理办法〉的通知（2013）》《历史遗留工矿废弃地复垦利用试点管理办法（2016）》《自然资源部办公厅生态环境部办公厅关于加快推进露天矿山综合整治工作实施意见的函（2019）》《自然资源部办公厅关于开展长江经济带废弃露天矿山生态修复工作的通知（2019）》《自然资源部关于探索利用市场化方式推进矿山生态修复的意见（2019）》等一系列的相关政策文件，取得了较好的成效。

（2）矿山废弃土地利用评价

矿山废弃地生态修复的规划设计方案层次更加繁复，与土壤学、园林学、旅游学等其他学科融合程度不断增强。关于生态修复效果评价研究不断增多，主要从环境质量评价、生态系统服务价值、效益评价等方面展开。生态修复带来最基础直观的改变即环境质量的提升，多数学者根据修复前后的矿业废弃地环境因子属性的改变状况进行评价，主要包括土壤、植被等方面。利用遥感图像及3S技术对比不同年份景观格局指数，以此分析矿区土地利用状况和景观格局演变特征；通过检测矿业废弃地土壤理化性质、肥力性质、重金属污染特征以及植物生长指标进行修复效果评价。生态系统服务是生态系统满足人类生存与发展的各种条件，对生态系统服务价值的量化在过去的研究基础上更加完善，基于生态学原理和可视化处理，通过对比矿区生态修复初期及修复后的生态服务价值量可判断生态修复效果。

3. 矿区生态修复技术

（1）矿区生态环境监测

近几年遥感技广泛应用于矿区生态环境监测，Girshick等在2016年首次将深度神经网络用于目标检测后，基于深度学习的遥感图像目标识别与信息提取快速发展，目前已开发出多种深度学习网络模型，遥感数据的日益丰富与深度学习技术在遥感应用中的迅速发展使得矿区要素信息获取的智能化、完备性和精细化不断提高；针对传统矿区沉降预测方法存在精度低、难以获取长时间序列预测结果等问题，提出了结合SBAS-InSar与支持向量回归的开采沉陷监测与预测方法。

（2）生态修复技术

李全生研究团队在2015—2017年，以内蒙古东部地区（简称"蒙东"）大型露天煤矿区为研究区，通过露天开采生态影响机理、生态修复机制、生态减损关键技术研究和典型矿区（宝日希勒和胜利矿区）应用示范，提出"源头减损与系统修复"理念，以系统性生态减损为主线，研发了生态减损型采－排－复一体化、地层－地貌生态型重构、多要素生态协同修复等技术，创建了大型露天矿采－排－复一体化和多要素协同的生态系统性减损与协同修复技术体系及应用模式；肖武等在2002—2021年，针对采煤损毁土地修复依据不清楚、损毁基础信息分散、质量不高，整治重点和方向不突出，修复方案决策不科学，整治技术针对性不强等突出问题，建立了损毁土地质量和生态基础信息获取技术体系，研发了煤粮复合区土地生态质量评价及其功能安全诊断技术，提出了基于四象限模型与主成分分析法的矿区景观生态质量评价及其格局稳定性诊断方法，集成形成了采煤损毁土地生态整治与景观格局修复技术，研发了矿区土地生态质量评价信息管理系统，形成了煤粮复合区土地生态与景观质量诊断及修复技术体系；卞正富等构建了黄河流域资源环境承载力指标体系，揭示了黄河流域资源环境承载力指数的时空规律；重新审视了煤炭资源开发强度测算方法，量化了黄河流域34个煤矿区的煤炭资源开发强度，利用耦合协调度模型测度了矿区尺度煤炭资源开发强度与区域尺度资源环境承载力的匹配程度；针对青海木里煤田开采引发的草甸退化、冻土退化、河流改道、边坡失稳等生态环境问题，青海省启动了"木里矿区以及祁连山南麓青海片区生态环境综合整治三年行动（2020—2023年）"，实施以木里矿区为龙头、覆盖祁连山南麓青海片区的生态修复工程。中煤科工国煤科、中国煤炭地质总局、青海大学等研究机构，通过深入研究与工程示范，揭示了高原高寒生态脆弱矿区水系湿地破坏、多年冻土和草甸植被退化机理；针对高原高寒矿区天然表土缺乏、客土成本高、植被生境差等治理技术难题，基于可利用的原位土、剥离土、人工土，提出了腐熟羊板粪－商品有机肥为核心的快速土壤改良方法。

4. 沉陷区建设利用技术

我国煤炭城市150个。随着城市发展与经济转型，矿区土地资源日益紧张，沉陷区土地建设利用至关重要。采煤沉陷区建设用地治理工程已有许多案例，例如安徽淮北矿业集团办公中心大楼、辽宁南票矿区建筑物和山东济北矿区任城建筑群。通过多年科研和工程实践，已形成包括采空区勘察、地基稳定性评价、采空区治理设计和抗采动变形设计、采空区治理施工以及治理效果检测与评价等综合治理利用成套技术。已完成编制国标《煤矿采空区岩土工程勘察规范》、国标《采空区地表建设地基稳定性评估方法》和行标《采空区公路设计与施工技术规范》（送批稿）等标准。

中国煤科以任城项目（沉陷区面积约500亩）、山东大学济南章丘校区（沉陷区面积约8200亩）为示范区，针对城市棚改区人口密集、地质采矿条件复杂的特点，采用全数字高精度三维地震勘探精准探查技术、PEM法和VSP法精确探测技术、钻孔数字全息成像技术实现沉陷区精细探查，达到了国际先进水平；运用固废利用新模式，形成了一套集筛选、破碎、搅拌于一体的制充一体化生产线，把城市棚户区改造遗留的建筑固料再生加工为注浆充填料，用于采煤沉陷区充填治理工程，环保生态效益显著；为破解城市施工局限性、无法常规施工的难题，采用了定向钻孔灌注高低浓度再生浆液及水泥粉煤灰浆液的综合注浆工艺技术，降低了治理成本、缩短工期；研发了采煤塌陷区稳沉后分布式光纤长期监测技术，对采煤沉陷区残余变形量和治理效果进行监测评价，有效保障地面建构筑物安全运行。

三、发展趋势与对策

（一）绿色采矿面临的主要问题

随着国家对环境保护问题的日益重视和全社会环保意识的逐渐提高，绿色发展已经成为全社会共识。作为对环境扰动较大的采矿业，近年来在促进绿色开采方面取得了显著的进步，但由于认识、资金、技术等方面的制约，绿色采矿仍然存在一些短板。

1）认识片面问题：由于对绿色采矿内涵不够了解，在绿色矿山建设过程中容易片面将绿色采矿等同于矿山环境绿化，结果导致矿山环境变美，但安全高效绿色采矿技术与装备、地质灾害治理、固废综合利用等更高层次的绿色采矿投入不足。

2）缺乏具有可操作性的实施细则：虽然自然资源部颁布了非金属矿、化工、黄金、冶金、有色金属、煤炭、砂石、陆上石油天然气开采、水泥灰岩等九大行业绿色矿山建设规范，但规范较为笼统，缺少相应的细则，不能够为绿色矿山的建设提供有效的帮助。

3）相关政策亟待完善：绿色理念一经提出，各地政府能够及时做出相应的调整，出台了一系列相关政策，但政策仍有完善空间。

4）采矿企业管理模式落后：绿色矿山建设投资与采矿技术之间存在较大差距，传统落后的管理模式难以满足新形态下绿色矿山建设的标准要求，增大了绿色矿山建设难度。

5）绿色采矿技术不够成熟：现阶段绿色矿山建设面临着采矿技术落后的问题，采矿企业技术水平与机械化程度仍普遍较低，在开采过程中会浪费大量资源，对生态环境造成严重污染。绿色采矿技术不成熟成为新常态下绿色矿山建设的一大难题。

（二）绿色采矿未来发展趋势

1. 绿色采矿技术与装备发展趋势

（1）露天开采技术与装备

露天采矿技术方面，露天矿区规划阶段，结合区域环境规划、矿业权规划、矿区开发规划和露天开采规划，正确处理露天开采与生态环境的关系，在露天矿区探矿权设置、总体规划、矿业权设置方案中，充分考虑多矿田划分对矿区生态环境的影响，坚持一个矿区原则上由一个主体开发，减少资源开采对环境的扰动；充分研究开采程序、边坡稳定、挂帮矿开采等问题，缩短端帮边坡暴露时间，适当提高端帮边坡角度，在保证安全的前提下降低剥采比，优化最终境界以减小扰动土地的范围；研究露天矿山生态恢复与重建理论及技术体系，形成"采–运–排–复–构"的一体化绿色、安全、高效开发模式；构建安全风险分级管控、事故隐患排查治理双重预防性控制机制，开展管控机制和安全质量达标"三位一体"的安全生产标准化体系创建，推动安全生产关口前移，提升防范化解事故风险能力。

露天开采装备方面，未来露天开采设备将不断融合高新技术，主动适应客户的需求，对开采条件适应性更强，使设备管理和调度更加便捷，从而促使露天矿生产能力大幅提高，大型化、智能化、人性化、个性化、多样化成为发展主题。

保水开采方面，优化和转变露天煤矿地下水控制方式、减少矿坑疏排水量以及建设露天矿地下水库是露天煤矿保水开采面临的崭新课题。采用截水帷幕技术取代疏排降水技术，由被动疏水变为主动截水，是实现露天煤矿保水开采的重要途径。

露天采矿降尘除尘方面，向着分源高效精准防控的方向发展，因此各个环节的起尘机理就显得十分重要。起尘机理直接决定着粉尘释放的量及粉尘进入空气中的浓度场分布及浓度等值线的变化规律。准确捕捉浓度场分布和浓度等值线变化规律是精准防控的基础数据和设计依据，因此需要在露天矿生产的各个环节着重进行起尘机理的研究。此外，抑尘剂需要向着高效、环保及对煤质无影响的方向发展，一些工业副产品或无毒无害的制剂将被用来作为抑尘剂的配方。

（2）地下开采技术与装备

1）煤矿地下开采：①优化薄煤层开采技术；②研发多样化的液压支架，尤其是研制适合厚煤层的较大工作阻力液压支架；充分利用先进的信息技术，构建完善的信息技术采煤体系，对煤矿开采设备运行数据进行全面采集，并实现系统化分析，保障煤矿地下开采设备的稳定运行，从而更好地发挥机械设备的应用价值；③引入自动化生产技术，提高煤矿开采设备的智能化体系，引入优秀的自动控制系统，提高煤矿地下开采作业效率，同时把握煤矿开采的精准度，避免煤矿开采产生的负面影响，促进社会的可持续发展。

2）金属矿山地下采矿：随着浅部易采高品质资源的逐渐枯竭，未来矿产资源将向边（交通不发达的边远地区）、深（深地、深海、深空）、残（残矿资源）、贫（低品位）领域推进，开采难度大，需要研发相应的专门技术与装备。尤其是深井开采将是未来一段时间的热点，必须针对"三高一扰动"特点，研发针对性的采矿方法、回采工艺、地压控制、深井提升与排水、深井降温等技术。

采矿方法方面，崩落法的应用将受到严格控制，空场法的应用比重将越来越小、且主要转向空场嗣后充填采矿法，充填采矿法将成为主要采矿方法，且向大规模高效率智能化连续充填采矿方向发展。

回采工艺方面，未来将更加注重连续采矿技术的研发与应用，主要包括两个方面，即普通钻爆法连续开采和非爆连续化开采。钻爆法连续开采需解决凿岩爆破、出矿、充填各工序间的协同问题；非爆连续开采将重点开展机械采矿辅助破岩及岩体预处理技术研究，针对性研发适合不同矿岩条件的切割刀具及破岩装置，提高机械破岩能力，优化刀具排布，并根据地下矿山特殊的作业条件，研制小型化、轻量化的矿用机械破岩装备。

智能化采矿方面，将重点攻克复杂环境条件下的高灵敏度、低延时传感技术、定位技术和通信技术，开发更具智能化的矿业软件，实现主要作业工序（凿岩、装药、支护、出矿、充填）的视距遥控和视频远程遥控作业。

充填理论与技术方面，将进一步丰富和发展流变学理论，重点突破膏体、似膏体充填阻力损失预测方法，优化充填对地下水环境的影响评价方法，解决深锥浓密机絮凝沉降溢流水对选矿指标的影响问题。

（3）露天转地下开采

露天转地下开采是一项复杂而庞大的系统工程，未来露天转地下开采后边坡与地下开采耦合作用机理、露天边坡与地下采场非线性变形机制和动态失稳机理将是岩石力学研究的重点。

（4）煤炭地下气化

近年，随着煤炭地下气化技术的成熟，气化成本比地面气化大幅降低，煤炭地下气化技术进入提升产品价值和提高能量利用率的阶段。未来将通过煤炭地下气化与新型煤化工技术的耦合，制作下游新型煤化工的原料气，用于制取天然气、汽油、柴油及大宗化学品，提高产品附加值。另外，可与整体煤气化联合循环发电系统耦合，进一步降低发电成本、提高能量利用率。

（5）溶浸采矿技术

尽管溶浸采矿技术已在风化壳淋积型稀土矿和铀矿中广泛工业应用，但仍然存在很多技术难题，诸如浸取过程盲区多、浸取液渗流慢、浸出液渗漏、浸出过程易发生滑坡和塌方等灾害，稀土回收的科技工作者正在积极努力地开展研究。特别是我国新近发现的滇南型高海拔风化壳淋积型稀土矿，具有风化壳厚度大的特点，传统溶浸采矿技术已无法完全适用于该类型稀土矿的开采。因此，未来需要开展溶浸采矿基础研究，融合采矿工程、矿物加工、冶金工程、地质学等多学科知识，突破现有溶浸采矿技术的瓶颈，开发出一种适用于铀矿和风化壳淋积型稀土矿等类似资源的溶浸采矿新技术。

2. 安全与环保技术发展趋势

采场支护方面，未来将结合矿山机械化、智能化建设要求，大力发展和推广自动化支护技术与装备，在锚杆台车、锚索台车、喷浆台车基础上，研发喷锚网一体的智能化支护装备，同时根据工程需要，开发包括非金属支护材料在内的新型支护材料，进一步提高支护效率、降低支护成本。

采空区治理方面，未来将着力于：①建立矿山采空区赋存状况数据库、准确掌握采空区分布状况；结合采空区治理需要，科学确定采空区充填质量指标；②加强物探新方法和新技术的研究，尤其是人工智能系统及自动化监测装备，提高探测不明采空区空间位置和形态的准确度；③研究和掌握超大型采空区的失稳触发机制、围岩破坏规律以及稳定性控制技术；④因地制宜，将采空区治理与地下空间综合利用结合，实现采空区最大程度资源化利用；⑤制定采空区治理和检测的相关技术标准和规范。

尾矿库管理方面，研究开发适应尾矿库岩土特征的耐高压、耐腐蚀、高稳定性专用监测仪器，实现坝体深部及表层长期大变形、孔隙水压力、浸润线等参数的高精度连续监测；扩大无人机摄影测量监控应用范围，解决图像畸变、强光照、地表反射率等因素对三维重建模型精确度的影响问题；建立界面更友好、操作更简洁、兼容性与扩展性更强的数据库，为安全管理及闭库、复垦与将来可能的二次回采提供数据支撑；开发利用大数据、人工智能等技术，基于尾矿库事故案例库以及海量历史数据的预警算法，提高尾矿库溃坝预警准确率。

3. 固废与地下空间资源化利用发展趋势

矸石再利用方面，通过使用添加剂，在矸石中碳燃烧的同时利用碳燃烧创建的热场同步活化矿物质，生产高活性熟料，最终达到提铝、提硅、提钙的效用，在此基础上研发铝、硅和钙基高值材料，实现矸石的充分利用和分质梯级高值利用，促进煤炭利用向清洁化、大型化、规模化、集约化转化，实现分级分质利用。

尾矿再利用方面，尾矿回收利用的理论基础、装备技术以及管理体系等还不够完善，致使尾矿中有价组分的回收率不高，在成本控制以及选矿废弃物的处理等方面都还存在问题，未来将在研究尾矿物理力学性质的基础上，研发新的尾矿资源化利用技术，尤其是细泥尾矿、含硫尾矿的资源化利用途径。

地下空间综合利用方面，未来将开展存储介质－围岩相互作用机理、畸形腔体修复与改造、溶腔全生命周期可靠度评价体系研究以及多场耦合模拟软件开发，并扩大应用场景，建成更多工程示范。

4. 矿山生态修复发展趋势

生态修复理论方面，近年来随着生态文明思想深入人心，矿山生态修复正成为研究的热点，我国矿山生态修复相关理论与技术也有了明显发展。但是，仍然存在矿山生态修复理论滞后于实践需求的问题。未来将重点解决所采取的工程技术存在多个单体工程之间关联性不够、单一要素修复为主、缺乏系统性思维、生态修复针对性不强和目标单一、修复系统自维持能力弱、工程实施的技术标准缺乏、评价验收的指标体系不科学等问题。

矿山废弃土地评价方面，随着"系统修复、综合治理、可持续发展"理念的推进，矿业废弃地生态修复综合效益研究将成为未来研究的重点内容之一，从生态、经济、社会三维度展开综合效益评价，分析转型模式并给出管理建议。

排土场生态修复方面，将致力于低成本植生基材的研制与开发；研究植生基材—根系生长协同耦合调控机制、边坡表层裂隙化岩体—植物根系—植生基材整体稳定机理；加强排土场地裂缝监测、控制技术与植被配置模式、融合 5G 技术的矿区节水适时灌溉养护技术等方面的研究。

（三）绿色采矿发展对策

为促进绿色采矿高质量、可持续发展，针对绿色采矿面临的主要问题，以及未来发展趋势，提出如下对策建议。

1）完善相关法律政策体系：根据各个地域不同的矿山实际环境状况、发展水平等提出相关的政策，不能一刀切，以一项理念推广各地；结合现行的相关法律政策，从实际出发，细化绿色矿山实施内容；从矿山所处的不同环境条件出发，以分析矿山的资源种类进行合理的区域、规模划分，让政策的制定实现良好的阶梯性，并在实施过程中根据矿山条件的变化不断地进行优化与完善。

2）落实绿色矿山优惠政策：各地政府给予良好的优惠政策扶持，鼓励符合相关标准的优秀矿山企业做大做强；以良好的评估体系评选出绿色矿山发展的优秀企业，给予征地指标、生产收益减税及颁布优秀称谓等多种奖励；对于绿色矿山企业的各项税收进行优惠扶持等。

3）健全绿色矿山建设的标准体系：在现行的九个绿色矿山标准基础上，不断进行完善与优化；注重绿色矿山发展各个环节的良好衔接，将政策面向发展过程中的每个角落，真正做到绿色矿山建设的标准化，构建良好的监督管理机制。

4）激发矿山企业内生动力：以充分的市场机制激活企业内生动力，各地政府可以通过市场经济的调控，充分激发企业技术创新，帮助企业与各个高校及相关的科研机构建立良好的合作关系，以此来进行材料、工艺、设备以及资源的高效利用等方面的创新。

5）加大绿色发展理念的宣传力度：调动各个机构发挥宣传力量，通过讲座、科普活动等，广泛宣传绿色矿山建设的意义，带动群众参与绿色发展的过程中，通过群众监督促进企业发展绿色矿业的自觉性。

6）加强企业内部管理：采矿企业应制定绿色采矿目标，明确每一位员工的责任；综合利用先进的采矿技术和测绘技术，避开生态保护红线和基本农田红线；加强对地质灾害的管控，帮助开采工作人员更好地了解矿区地质条件，避免发生地质灾害。

7）加大绿色采矿技术与装备的研发力度：高等院校、科研院所与矿山企业通力合作，根据矿山实际需求，研发先进的绿色采矿技术与装备，如金属矿山非爆连续开采技术、智能采矿技术、清洁爆破技术、非金属材料支护技术等。

参考文献

[1] 环境保护部，国家质量监督检验检疫总局．铜、镍、钴工业污染物排放标准：GB 25467—2010［S］．北京：

中国标准出版社，2010.
[2] 李晨. 试论选矿厂废水的回用技术［J］. 科技与企业，2015（16）：105-106.
[3] 张自杰. 废水处理理论与设计［M］. 北京：中国建筑工业出版社，2003.
[4] 贺迎春. 某金铜矿含铜酸性废水硫化法回收铜［J］. 工业设计与研究，2012（132）：38-40.
[5] 付向辉，薛生晖，张翔宇，等. 连续工艺合成高纯碱式碳酸镍的研究［J］. 电子元件与材料，2012，31（12）：30-34，38.
[6] 刘建芬，杨德栋. "十三五"时期绿色矿山建设布局及优化策略［J］. 国土资源情报，2018（3）：3-7.
[7] 刘玉强. 绿色矿山建设现状及展望［J］. 矿产保护与利用，2011（Z1）：4-8.
[8] 刘建兴. 绿色矿山的概念内涵及其系统构成研究［J］. 中国矿业，2014，23（2）：51-54.
[9] 乔繁盛，栗欣. 绿色矿山建设工作的进展与成效［J］. 中国矿业，2012，21（6）：54-56，60.
[10] 孟依然. 国土资源部力推绿色矿山建设工作［N］. 中国矿业报，2010-08-24（A01）.
[11] 赵峰. 建设绿色矿山是绿色矿业发展的基础［N］. 中国矿业报，2010-09-14（A01）.
[12] 加快绿色矿山建设步伐 全力打造节能减排产业格局［C］// 2010煤炭工业节能减排与发展循环经济论文集，2010：11-14.
[13] 郑德志，任世华. 我国煤炭绿色矿山建设发展历程及未来展望［J］. 煤炭经济研究，2020，40（1）：37-41.
[14] 原晋强. 建设绿色矿山 实现资源可持续发展［C］// 煤炭工业节能减排与循环经济发展论文集，2012：374-375.
[15] 王洪仁. 河北钢铁集团矿业公司绿色矿山精锐矿山和谐矿山建设实践［C］// 2013中国冶金矿山科技大会会刊，2013：130-142.
[16] 刘杰. 浅议尾矿的综合利用与绿色矿山建设［C］// 第六届全国尾矿库安全运行与尾矿综合利用技术高峰论坛论文集，2014：70-73.
[17] 刘杰. 浅议尾矿的综合利用与绿色矿山建设［C］// 第七届全国尾矿库安全运行高峰论坛暨设备展示会论文集，2014：89-92.
[18] 六部门联合印发《关于加快建设绿色矿山的实施意见》［J］. 稀土信息，2017（5）：37.
[19] 内蒙古自治区人民政府关于印发自治区绿色矿山建设方案的通知［J］. 内蒙古自治区人民政府公报，2017（17）：4-7，1.
[20]《石材行业绿色矿山建设规范》［J］. 石材，2017（11）：42-43.
[21] 我国首个绿色矿山建设团体标准发布［J］. 黄金科学技术，2017，25（6）：132.
[22] DZ/T 0320—2018，有色金属行业绿色矿山建设规范［S］.
[23] DZ/T 0319—2018，冶金行业绿色矿山建设规范［S］.
[24] DZ/T 0318—2018，水泥灰岩绿色矿山建设规范［S］.
[25] DZ/T 0317—2018，陆上石油天然气开采业绿色矿山建设规范［S］.
[26] DZ/T 0316—2018，砂石行业绿色矿山建设规范［S］.
[27] DZ/T 0315—2018，煤炭行业绿色矿山建设规范［S］.
[28] DZ/T 0314—2018，黄金行业绿色矿山建设规范［S］.
[29] DZ/T 0313—2018，化工行业绿色矿山建设规范［S］.
[30] DZ/T 0312—2018，非金属矿行业绿色矿山建设规范［S］.
[31] 郑先坤，朱易春，连军锋，冯秀娟，黄蕾蕾. 新常态下江西省绿色矿山建设供给侧改革发展策略研究［C］// 第二十五届粤鲁冀晋川辽陕京赣闽十省市金属学会矿业学术交流会论文集（下册），2018：537-544.
[32] 陈承. 绿色矿山建设——全新粉尘治理技术［C］// 2019京津冀及周边地区工业固废综合利用（国际）高层论坛论文集，2019：143-175.

[33] 张改侠. 探索绿色矿山建设新路子，建设美丽幸福新矿山［C］// 智慧矿山　绿色发展——第二十六届十省金属学会冶金矿业学术交流会论文集，2019：617-620.

[34] 中华人民共和国国土资源部，中国矿产资源报告［R］. 北京：地质出版社，2021.

[35] Kosmodem' Yanskii Y V, Fokin A P, Planovskii A N. Effect of droplet size distribution on spray drying kinetics［J］. Journal of Engineering Physics, 1968, 14（1）：19-22.

[36] Karnawat J, Kushari A. Controlled atomization using a twin-fluid swirl atomizer［J］. Experiments in Fluids, 2006, 41（4）：649-663.

[37] Wang W H. Appliation Present Status and Outlook of Seam Water Injection Dust Control Technology［J］. Coal Science and Technology, 2011.

[38] 陈国勇，赵海龙. 无可视尘粒钻机干式除尘技术的应用［J］. 露天采矿技术，2013（9）：76-77, 80.

[39] 徐猛. 煤层钻机水射流除尘装置的结构设计与分析［D］. 安徽理工大学，2013.

[40] Cole H W, Klemmer C R. Dust Suppression in Coal Mines［R］. Pittsburgh, USA：USBM & DeTer Co, Inc, 1972：60-80.

[41] Seibel, R. J. Dust Control at a Transfer Point Using Foam and Water Sprays［R］. Pittsburgh, USA：USBM, 1976：1-16.

[42] Wojtowicz, A, Mueller, J. C, Hedley, W. H, Schwendeman, J. L, Sun, S. M. Foam Suppression of Respirable Coal dust［R］. Pittsburgh, USA：USBM & MSAR, 1975：95-102.

[43] 王海宁，吴超. 表面活性剂在矿山防尘中的应用［J］. 煤矿安全，1996（4）：4.

[44] 白志华. 露天煤矿生态型抑尘剂的制备及性能特征研究［J］. 煤矿现代化，2020（5）：140-142.

[45] 罗振敏，王登飞，丁旭涵. 抑尘剂效果评价指标准确性分析［J］. 中国安全科学学报，2022, 32（1）：195-200.

[46] 王鹏飞，王新喆，刘岩. 我国煤矿抑尘剂研究现状及展望［J］. 化工矿物与加工，2021, 50（12）：49-54, 26.

[47] 杜时贵. 大型露天矿山边坡稳定性等精度评价方法［J］. 岩石力学与工程学报，2018, 37（6）：1301-1331.

[48] 吴顺川，贺鹏彬，程海勇，等. 非煤露天矿山岩质边坡稳定性评价标准探讨［J］. 工程科学学报，2022, 44（5）：876-885.

[49] 韩龙强，吴顺川，李志鹏. 基于Hoek-Brown准则的非等比强度折减方法［J］. 岩土力学，2016.

[50] 吴顺川，韩龙强，李志鹏，等. 基于滑面应力状态的边坡安全系数确定方法探讨［J］. 中国矿业大学学报，2018, 47（4）：719-726.

[51] 吴顺川，张化进，肖术，等. 考虑服务年限的露天矿边坡时变目标可靠度研究［J］. 采矿与安全工程学报，2019.

[52] WU S, HAN L, CHENG Z, et al. Study on the limit equilibrium slice method considering characteristics of inter-slice normal forces distribution: the improved Spencer method［J/OL］. Environmental Earth Sciences, 2019, 78：1-18.

[53] 中国岩石力学与工程学会. 露天矿山岩质边坡工程设计规范：T/CSRME 009-2021［S］. 北京：中国标准出版社，2021.

[54] 韩龙强，吴顺川，高永涛，等. 富水砂卵石地层露天矿止水固坡技术研究及应用［J/OL］. 岩石力学与工程学报，2022, 41（12）：2460-2472.

[55] 何满潮，任树林，陶志刚. 滑坡地质灾害牛顿力远程监测预警系统及工程应用［J］. 岩石力学与工程学报，2021, 40（11）：2161-2172.

[56] YIN Y, LIU X, ZHAO C, et al. Multi-dimensional and long-term time series monitoring and early warning of landslide hazard with improved cross-platform SAR offset tracking method［J/OL］. Science China Technological Sciences, 2022, 65（8）：1891-1912.

［57］ ZHANG Y, MA H, YU Z. Application of the method for prediction of the failure location and time based on monitoring of a slope using synthetic aperture radar［J/OL］. Environmental Earth Sciences, 2021, 80: 1-13.

［58］ 熊有为, 刘福春, 刘恩彦, 等. 地下非煤矿山非爆连续开采技术探索与实践［J］. 中国钨业, 2021, 36（4）: 45-54.

［59］ 孙春辉, 李爱兵, 潘懿, 等. 永平铜矿露天采场隔离层矿体开采数值模拟研究［J］. 矿业研究与开发, 2021, 41（12）: 5-11.

［60］ 王国法, 张良, 李首滨, 等. 煤矿无人化智能开采系统理论与技术研发进展［J］. 煤炭学报, 2023, 48（1）: 34-53.

［61］ Xinli Hu, Han Zhang, Daniela Boldini, et al. 3D modelling of soil-rock mixtures considering the morphology and fracture characteristics of breakable blocks［J］. Computers and Geotechnics, 2021（132）: 103985.

［62］ 张科学. 综掘工作面智能化开采技术研究［J］. 煤炭科学技术, 2017, 45（7）: 106-111.

［63］ Songyong Liu, Yuming Cui, Song Cui, et al. Experimental investigation on rock fracturing performance under high-pressure foam impact［J］. Engineering Fracture Mechanics, 2021（252）: 107838.

［64］ 金磊, 杜勇志, 李雪健, 等. 露天矿低碳型运输工艺的选择方法［J］. 露天采矿技术, 2021, 36（6）: 32-36.

［65］ Chunliang Zhang, Jincheng Wang, Xiaohua Ke, et al. Rock-breaking performance analysis of worn polycrystalline diamond compact bit［J］. Geoenergy Science and Engineering, 2022（221）: 211352.

［66］ Chenguang Guo, Yu Sun, Haitao Yue, et al. Experimental research on laser thermal rock breaking and optimization of the process parameters［J］. International Journal of Rock Mechanics and Mining Sciences, 2022（160）: 105251.

［67］ 李文平, 叶贵钧, 张莱, 等. 陕北榆神府矿区保水采煤工程地质条件研究［J］. 煤炭学报, 2000（5）: 449-454.

［68］ 李文平, 王启庆, 刘士亮, 等. 生态脆弱区保水采煤矿井（区）等级类型［J］. 煤炭学报, 2019, 44（3）: 718-726.

［69］ 王双明, 黄庆享, 范立民, 等. 生态脆弱矿区含（隔）水层特征及保水开采分区研究［J］. 煤炭学报, 2010, 35（1）: 7-14.

［70］ 马立强, 余伊何, SPEARING A J S. 保水采煤方法及其适用性分区——以榆神矿区为例［J］. 采矿与安全工程学报, 2019, 36（6）: 1079-1085.

［71］ 蒋泽泉, 雷少毅, 曹虎生, 等. 沙漠产流区工作面过沟开采保水技术［J］. 煤炭学报, 2017, 42（1）: 73-79.

［72］ 缪协兴, 浦海, 白海波. 隔水关键层原理及其在保水采煤中的应用研究［J］. 中国矿业大学学报, 2008（1）: 1-4.

［73］ 张吉雄. 矸石直接充填综采岩层移动控制及其应用研究［D］. 中国矿业大学, 2008.

［74］ 张吉雄, 李猛, 邓雪杰, 等. 含水层下矸石充填提高开采上限方法与应用［J］. 采矿与安全工程学报, 2014, 31（2）: 220-225.

［75］ 孙强, 刘恒凤, 张吉雄, 等. 充填开采隔水关键层渗流稳定性力学模型及分析［J］. 采矿与安全工程学报, 2022, 39（2）: 273-281.

［76］ 李猛, 张吉雄, 黄鹏, 等. 深部矸石充填采场顶板下沉控制因素及影响规律研究［J］. 采矿与安全工程学报, 2022, 39（2）: 227-238.

［77］ 杨泽元, 王文科, 黄金廷, 等. 陕北风沙滩地区生态安全地下水位埋深研究［J］. 西北农林科技大学学报（自然科学版）, 2006（8）: 67-74.

［78］ 范立民, 孙魁. 基于保水采煤的煤炭开采带与泉带错位规划问题［J］. 煤炭科学技术, 2019, 47（1）:

173-178.

[79] 马雄德, 范立民, 张晓团, 等. 基于植被地下水关系的保水采煤研究[J]. 煤炭学报, 2017, 42(5): 1277-1283.

[80] 侯恩科, 谢晓深, 王双明, 等. 中深埋厚煤层开采地下水位动态变化规律及形成机制[J]. 煤炭学报, 2021, 46(5): 1404-1416.

[81] 王双明, 魏江波, 宋世杰, 等. 黄河流域陕北煤炭开采区厚砂岩对覆岩采动裂隙发育的影响及采煤保水建议[J]. 煤田地质与勘探, 2022, 50(12): 1-11.

[82] 王双明, 申艳军, 孙强, 等. 西部生态脆弱区煤炭减损开采地质保障科学问题及技术展望[J]. 采矿与岩层控制工程学报, 2020, 2(4): 5-19.

[83] 张东升, 范钢伟, 刘玉德, 等. 浅埋煤层工作面顶板裂隙扩展特征数值分析[J]. 煤矿安全, 2008(7): 91-93.

[84] 张吉雄, 张强, 周楠, 等. 煤基固废充填开采技术研究进展与展望[J]. 煤炭学报, 2022, 47(12): 4167-4181.

[85] 闫浩, 张吉雄, 张升, 等. 散体充填材料压实力学特性的宏细观研究[J]. 煤炭学报, 2017, 42(2): 413-420.

[86] 张吉雄, 周楠, 高峰, 等. 煤矿开采嗣后空间矸石注浆充填方法[J]. 煤炭学报, 2023, 48(1): 150-162.

[87] 张吉雄, 张强, 巨峰, 等. 煤矿"采选充+X"绿色化开采技术体系与工程实践[J]. 煤炭学报, 2019, 44(1): 64-73.

[88] 马立强, 王烁康, 余伊河, 等. 壁式连采连充保水采煤技术及实践[J]. 采矿与安全工程学报, 2021, 38(5): 902-910, 987.

[89] 张东升, 李文平, 来兴平, 等. 我国西北煤炭开采中的水资源保护基础理论研究进展[J]. 煤炭学报, 2017, 42(1): 36-43.

[90] 顾大钊. 煤矿地下水库理论框架和技术体系[J]. 煤炭学报, 2015, 40(2): 8.

[91] 刘晓丽, 曹志国, 陈苏社, 等. 煤矿分布式地下水库渗流场分析及优化调度[J]. 煤炭学报, 2019, 44(12): 3693-3699.

[92] 张建民, 李全生, 曹志国, 等. 采动渗流场分析方法[J]. 煤炭学报: 1-15.

[93] 张建民, 李全生, 南清安, 等. 西部生态脆弱区现代煤-水仿生共采理念与关键技术[J]. 煤炭学报, 2017, 42(1): 66-72.

[94] 曹志国, 鞠金峰, 许家林. 采动覆岩导水裂隙主通道分布模型及其水流动特性[J]. 煤炭学报, 2019, 44(12): 3719-3728.

[95] 黄辉, 王恩志, 刘晓丽, 等. 煤矿地下水库渗流场演化规律分析[J]. 河北水利电力学院学报, 2022, 32(3): 7-13.

[96] 王路军, 曹志国, 程建超, 等. 煤矿地下水库坝基层间岩体破坏及突渗力学模型研究[J]. 煤炭学报: 1-16.

[97] 李海祥, 曹志国, 吴宝杨, 等. 煤矿覆岩裂隙地下水渗流特征的实验研究[J]. 煤炭科学技术: 2023, 1-10.

[98] 李全生, 鞠金峰, 曹志国, 等. 基于导水裂隙带高度的地下水库适应性评价[J]. 煤炭学报, 2017, 42(8): 2116-2124.

[99] 庞义辉, 李鹏, 周保精. 8.0m大采高工作面煤矿地下水库建设技术可行性研究[J]. 煤炭工程, 2018, 50(2): 6-9, 15.

[100] 张凯, 高举, 蒋斌斌, 等. 煤矿地下水库水-岩相互作用机理实验研究[J]. 煤炭学报, 2019, 44(12): 3760-3772.

[101] 姜琳婧，方杰，杨宗，等．基于GIS与CAD的煤矿地下水库库容计算平台开发研究［J］．煤炭科学技术，2020，48（11）：166-171．

[102] 庞义辉，李全生，曹光明，等．煤矿地下水库储水空间构成分析及计算方法［J］．煤炭学报，2019，44（2）：557-566．

[103] 方杰，宋洪庆，徐建建，等．考虑有效应力影响的煤矿地下水库储水系数计算模型［J］．煤炭学报，2019，44（12）：3750-3759．

[104] 顾大钊，颜永国，张勇，等．煤矿地下水库煤柱动力响应与稳定性分析［J］．煤炭学报，2016，41（7）：1589-1597．

[105] 吴宝杨．煤矿分布式地下水库煤柱坝体合理布置方式［J］．煤矿安全，2018，49（9）：68-72，78．

[106] 曹志国．煤矿地下水库不同人工坝体结构抗震性能研究［J］．煤炭科学技术，2020，48（12）：237-243．

[107] 方杰．煤矿地下水库人工坝体变形破坏机理及稳定性评价研究［D］：中国矿业大学（北京），2020．

[108] 张庆，罗绍河，赵丽，等．有机氮和"三氮"在西部煤矿区地下水库迁移转化的实验研究［J］．煤炭学报，2019，44（3）：900-906．

[109] 于妍，陈薇，曹志国，等．煤矿地下水库矿井水中溶解性有机质变化特征的研究［J］．中国煤炭，2018，44（10）：168-173．

[110] 阮竹恩．给料井内全尾砂絮凝行为及其优化应用研究［学位论文］．北京：北京科技大学，2021．

[111] 李翠平，陈格仲，阮竹恩，等．尾砂浓密全过程的絮团结构动态演化规律［J/OL］．中国有色金属学报：1-18［2023-03-03］．

[112] 焦华喆，靳翔飞，陈新明，等．全尾砂重力浓密导水通道分布与细观渗流规律［J］．黄金科学技术，2019，27（5）：731-739．

[113] 李翠平，黄振华，阮竹恩，等．金属矿膏体流变行为的颗粒细观力学作用机理进展分析［J］．工程科学学报，2022，44（8）：1293-1305．

[114] 刘晓辉，吴爱祥，姚建，等．膏体尾矿管内滑移流动阻力特性及其近似计算方法［J］．中国有色金属学报，2019，29（10）：2403-2410．

[115] 杨天雨．膏体管道输送边界层效应及阻力特性［D］．昆明理工大学，2021．

[116] 张连富，王洪江．基于固体浓度函数的尾砂膏体触变行为评估（英文）［J］．Journal of Central South University，2023，30（1）：142-155．

[117] 程海勇．时—温效应下膏体流变参数及管阻特性［D］．北京科技大学，2018．

[118] 张钦礼，刘伟军，王新民，等．充填膏体流变参数优化预测模型［J］．中南大学学报（自然科学版），2018，49（1）：124-130．

[119] Chen S M, Wu A X, Wang Y M, et al. Coupled effects of curing stress and curing temperature on mechanical and physical properties of cemented paste backfill. Constr Build Mater, 2021, 273: 121746.

[120] Cui L, Fall M. Multiphysics model for consolidation behavior of cemented paste backfill. Int J Geomech, 2017, 17（3）：04016077.

[121] 方立发．渗流–蠕变耦合作用下膏体充填体的力学性能及损破演化机制［D］．江西理工大学，2022．

[122] Jianxin Fu, Bangyi Zhang, Yuye Tan, Jie Wang, Weidong Song, Study on creep characteristics and damage evolution of surrounding rock and filling body（SR-FB）composite specimens，Journal of Materials Research and Technology，2023，ISSN 2238-7854．

[123] Yan Baoxu, Jia Hanwen, Yilmaz Erol, Lai Xingping, Shan Pengfei, Hou Chen. Numerical investigation of creeping rockmass interaction with hardening and shrinking cemented paste backfill［J］．Construction and Building Materials，2022，340．

[124] 张钦礼，王钟苇，荣帅，等．深井矿山全尾砂胶结充填体早期强度特性及微观影响机理分析［J］．有色金属工程，2019，9（6）：97-104．

［125］陈霖，黄明清，唐绍辉，等．大直径深孔空场嗣后充填法采场结构参数优化及稳定性分析［J］．金属矿山，2022（11）：44-51.

［126］毛荐新，汪令辉，杨志国．冬瓜山铜矿高大采场二步骤回采顺序优选研究［J］．中国矿山工程，2022，51（1）：23-27，40.

［127］张钦礼，张雁峰，安述康，等．充填体相邻采场低扰动爆破参数优化及应用［J］．爆破，2022，39（4）：53-61.

［128］赵海．菱形充填法矿房回采工艺研究［J］．内蒙古煤炭经济，2018（6）：44，46.

［129］朱卫民．分段空场爆力运矿嗣后充填采矿法在良山铁矿的应用［J］．现代矿业，2018（6）：44，46.

［130］张浩．充填采矿技术在煤炭开采中的应用实践［J］．内蒙古石油化工，2022，48（8）：82-85.

［131］宋英明，刘东升，刘浪，等．建筑物下四阶段条带膏体充填开采技术与应用［J］．煤炭工程，2022，54（8）：17-20.

［132］公军．孙村煤矿 –400 二层充填区矸石充填开采技术应用［J］．中国煤炭工业，2022（6）：64-65.

［133］李勇，韩朝应，郑凯，等．贵州喀斯特地区磷矿充填开采研究［J］．贵州大学学报（自然科学版），2021，38（2）：25-29.

［134］吴绍雄．充填采矿法在磷矿中的应用现状及发展方向［J］．城市地理，2018（2）：91-92.

［135］刘敏，宋华，张燕飞．预控顶条带式充填采矿法在缓倾斜中厚磷矿体开采中的应用［J］．化工矿物与加工，2019，48（1）：4-6.

［136］任建平，范富泉，王雷鸣．某高岭土矿崩落法转充填法采矿工艺优化研究［J］．铜业工程，2020，36（3）：25-30.

［137］曹易恒，尹贤刚，李向东，等．极软弱破碎滑石矿下向分层壁式充填采矿法［J］．矿业研究与开发，2021，41（4）：18-21.

［138］范纯超，孙扬，黄丹，等．极破碎不稳固难采矿体悬臂式掘进机机械落矿试验研究［J］．有色金属（矿山部分），2020，72（6）：25-29.

［139］郑东红．黄陵矿区快速掘进工程实践分析研究［J］．煤炭技术，2020，30（5）：40-42.

［140］徐广举，姚金蕊，李夕兵，等．基于悬臂式掘进机的采矿方法研究［J］．矿业研究与开发，2010（5）：5-7，23.

［141］Bilgin N，Demircin M A，Copur H，et al. Dominant rock properties affecting the performance of conical picks and the comparison of some experimental and theoretical results［J］. International Journal of Rock Mechanics and Mining Sciences，2006，43：139-156.

［142］［Shao W，Li X S，Sun Y，Huang H. Parametric study of rock cutting with SMART*CUT picks［J］. Tunnelling and Underground Space Technology，2017，62：134-144.

［143］Abu Bakar M Z，Gertsch. Evaluation of saturation effects on drag pick cutting of a brittle sandstone from full scale linear cutting tests［J］. Tunnelling and Underground Space Technology，2013，（4）：124-134.

［144］Liu S Y，Liu Z H，Cui X X，et al. Rock breaking of conical cutter with assistance of front and rear water jet［J］. Tunnelling and Underground Space Technology，2014，42：78-86.

［145］Wang X，Wang QF，Liang Y P，et al. Dominant cutting parameters affecting the specific energy of selected sandstones when using conical picks and the development of empirical prediction models［J］. Rock Mechanics and Rock Engineering，2018，51：3111-3128.

［146］王立平，蒋斌松，张翼，等．基于 Evans 截割模型的镐型截齿峰值截割力的计算［J］．煤炭学报，2016，41（9）：2367-2372.

［147］王想，王清峰，梁运培．截割参数对镐型截齿截割比能耗的影响［J］．煤炭学报，2018，43（2）：563-570.

［148］郑志杰，杨小聪，王勇，等．基于岩石截割试验的悬臂式掘进机设备优化选型［J］．有色金属（矿山部

分），2023，75（1）：95-101.

[149] 谭青，易念恩，夏毅敏，等. TBM滚刀破岩动态特性与最优刀间距研究［J］. 岩石力学与工程学报，2012，31（12）：2453-2464.

[150] 李玉选，黄丹，杨小聪，等. 金属矿山悬臂式掘进机采掘配套设备选型研究［J］. 矿业研究与开发，2022，42（6）：2022.

[151] HASANPOURR，SCHMITTJ，OZCELIKY，et al. Examining the effect of adverse geological conditionsons on jamming of a single shielded TBM in uluabat tunnel using numerical modeling［J］. Journal of Rock Mechanicas and Geotechnical Engineering，2017，9（6）：1112-1122.

[152] ROSTAMIF. Performance prediction of hard rock Tunnel boring machines（TBMS）in difficult ground［J］. Tunnellng & Underground Space Technology Tncorporating Trenchless Technology Research，2016，57：173-182.

[153] 刘泉声，黄兴，刘建平，等. 深部复合地层围岩与TBM的相互作用及安全控制［J］. 煤炭学报，2015，40（6）：1213-1224，2014，3041.

[154] 侯公羽，梁荣，孙磊，等. 基于多变量混沌时间序列的煤矿斜井TBM施工动态风险预测［J］. 物理学报，2014，63（9）：111-118.

[155] 李术才，李树忱，张庆松，等. 岩溶裂隙水与不良地质情况超前预报研究［J］. 岩石力学与工程学报，2007，No. 181（2）：217-225.

[156] 郑志杰，黄丹，杨小聪，等. 极破碎岩体机械开挖卸荷扰动条件下进路参数优化研究［J］. 矿业研究与开发，2022（7）：42.

[157] 李钢，王雷，张红. 露天矿山转地下开采隔离层安全厚度及采动稳定性研究［J］. 中国安全生产科学技术，2022，18（12）：110-115.

[158] 艾蕊. 三友石矿露天转地下开采边坡稳定性研究［D］. 华北理工大学，2021.

[159] 李小双，王运敏，赵奎，等. 金属矿山露天转地下开采的关键问题研究进展［J］. 金属矿山，2019（12）：12-20.

[160] 符礼昊. 长安矿段露天转地下开采技术研究［D］. 昆明理工大学，2021.

[161] ShaojieFeng，ShiguoSun，LiangTan，JiLv. Research and application of three-dimensional slope stability analysis method［J］. Journal of Residuals Science & Technology，2016，13（5）.

[162] 陈思远，周传波，蒋楠，等. 露天转地下采深影响下爆破振动速度传播规律［J］. 爆破，2016，33（3）：23-30.

[163] 王云飞，焦华喆，王立平，等. 露天转地下开采边坡变形和应力特性研究［J］. 矿冶，2016，25（1）：5-9.

[164] 任凤玉，明旭，李海英，等. 海南铁矿倾斜中厚矿体开采方案优化研究［J］. 矿业研究与开发，2021，41（11）：1-4.

[165] 杜逢彬，郭微. 基于突变理论的矿山转采隔离顶柱稳定性分析［J］. 地下空间与工程学报，2018，14（2）：552-557.

[166] 孙维强，张春旺. 归来庄金矿露天转地下平稳过渡高效采矿技术研究［J］. 世界有色金属，2017（13）：178-179.

[167] 申延，高忠民，李寿山. 缓倾斜矿体露天转地下开采新工艺及稳定性分析［J］. 化工矿物与加工，2019，48（12）：18-21，68.

[168] 李明杰. 白云铁矿露天转地下开采研究［D］. 武汉科技大学，2019.

[169] 李季阳，谭卓英，陈首学，等. 基于协同理念的地下采场稳定性分析及结构参数优化［J］. 金属矿山，2015，469（7）：16-20.

[170] 磅梁杰. 煤炭地下气化过程稳定性及控制技术［M］. 徐州：中国矿业大学出版社，2002：11-20.

[171] 刘淑琴，畅志兵，刘金昌. 深部煤炭原位气化开采关键技术及发展前景［J］. 矿业科学学报，2021，6(3)：261-270.

［172］丁玖阁．M煤炭地下气化先导试验项目风险管理［D］．中国科学院大学，2021．

［173］刘淑琴，梅霞，郭巍，等．煤炭地下气化理论与技术研究进展［J］．煤炭科学技术，2020，48（1）：90-99．

［174］陈智，张友军，朱峰，等．煤炭地下气化连续管气化剂注入工具的研制［J］．石油机械，2020，48（7）：129-134．

［175］Bhutto A. W, Bazmi A. A, Zahedi G. Underground coal gasification：from fundamentals to applications［J］．Progress in Energy and Combustion Science，2013，39（1）：189-214．

［176］Pei P, Nasah J, Solc J, et al. Investigation of the feasibility of underground coal gasification in North Dakota, United States［J］．Energy Conversion and Management，2016，113：95-103．

［177］Xin Kun lie. Time-lapse seismic in the steam chamber monitoring of SAGD［J］．Oil Geophysical Prospecting，2019，54（4）：882-890, 907, 726．

［178］苑昊，刘佳朋，姜在兴．煤矿采空区四维地震特征分析及识别方法：以淮南煤田张集矿区为例［J/OL］．现代地质：1-6，2021．

［179］汤爱君，马海龙，董玉平．提高生物质热解气化燃气热值的甲烷化技术［J］．可再生能源，2003（6）：15-17．

［180］索杏兰，马国光，尹晨阳．基于吸收法的高含氮天然气脱氮工艺研究［J］．天然气化工：C1化学与化工，2020，45（5）：83-90．

［181］郭璞，李明．煤层气中 CH_4/N_2 分离工艺研究进展［J］．化工进展，2008，27（7）：963-967．

［182］顾晓峰，王日生，吴宝清，等．天然气脱氮工艺评述［J］．石油与天然气化工，2019，48（1）：12-17．

［183］董新新，金保昇，王妍艳，等．$Ni/\gamma-Al_2O_3$ 甲烷化催化剂提高生物质气化燃气低位热值的实验（英文）［J］．东南大学学报：英文版，2017，33（4）：448-456．

［184］段天宏．煤炭地下气化的热解模型实验及气化指标研究［D］．中国矿业大学，2014．

［185］中国应对气候变化国家方案［J］中华人民共和国国务院公报，2007（20）：14-32．

［186］邹才能，陈艳鹏，孔令峰，等．煤炭地下气化及对中国天然气发展的战略意义［J］．石油勘探与开发，2019（2）：195-204．

［187］魏丽莉，任丽源．碳排放权交易能否促进企业绿色技术创新——基于碳价格的视角［J］．兰州学刊，2021（7）：91-110．

［188］Bin Zhang, Kee-hung Lai, Bo Wang, Zhaohua Wang. The clean development mechanism and corporate financial performance：Empirical evidence from China［J］．Resources, Conservation & Recycling，2018，129．

［189］Amuel Fankhauser, Cameron Hepburn. Designing carbon markets，Part II：Carbon markets in space［J］．Energy Policy，2010，38（8）．

［190］Liu JingYue, Woodward Richard T, Zhang YueJun. Has Carbon Emissions Trading Reduced PM2.5 in China［J］．Environmental science & technology，2021，55（10）．

［191］Staczak, Aosaw, Atoszczuk, Pawe. O_2 emission trading model with trading prices［J］．Climatic Change，2010，103（1-2）．

［192］李翔．煤炭地下气化碳交易方法学研究［D］．2022．

［193］World Uranium Mining Production［R］．International Atomic Energy Agency. 2022．

［194］Su Xuebin, Liu Zhengbang, Yao Yixuan, Du Zhiming, et al. Petrology, mineralogy, and ore leaching of sandstone-hosted uranium deposits in the Ordos Basin, North China. Ore Geol Rev，2020，127：103768．

［195］王成，宋继叶，张晓，等．"两碳目标"下铀资源的保障能力及应对策略［J］．铀矿地质，2021，37（5）：765-779．

［196］孙占学，Fiaz Asghar，赵凯，等．中国铀矿采冶回顾与展望［J］．有色金属（冶炼部分），2021（8）：1-8．

［197］陈梅芳，花明，阳奕汉，等．循环经济视角下新疆地浸采铀浸出工艺的技术创新与实践［J］．中国矿业，

2018，27（3）：100-103.

[198] 朱鹏飞，蔡煜琦，郭庆银，等. 中国铀矿资源成矿地质特征与资源潜力分析［J］. 地学前缘，2018，25（3）：148-158.

[199] 阙为民. 中国铀矿采冶技术新方向［J］. 中国核工业，2017，No. 207（11）：35-37.

[200] 陈箭光，沈红伟，陈立，等. 新疆某酸法地浸采铀矿山氧气氧化效果研究［J］. 铀矿冶，2022，41（S1）：19-24.

[201] 龙红福，徐屹群，阳奕汉，等. O_2氧化酸法地浸采铀工艺的研究与应用［J］. 铀矿冶，2022，41（S1）：43-49.

[202] 王清良，陈鹏，胡鄂明，等. 耐冷嗜酸硫杆菌快速氧化地浸采铀吸附尾液中Fe^{2+}［J］. 化工进展，2018，37（10）：3995-4005.

[203] 苏学斌. 高效绿色发展推进铀矿大基地建设［J］. 中国核工业，2016（11）：16-19.

[204] 杜超超，周义朋. CO_2+O_2地浸采铀矿层渗透性影响因素［J］. 有色金属（冶炼部分），2019（7）：48-53.

[205] 白鑫，骆桂君，王艳，等. 低渗砂岩型铀矿液态CO_2相变致裂增透高效开采新模式［J］. 金属矿山，2021（7）：50-57.

[206] 杜志明，廖文胜，赵树山，等. 地浸铀矿大功率超声波解堵增渗技术的应用研究［J］. 中国矿业，2020，29（S2）：344-347，352.

[207] Hou Wei, Lei Zhiwu, Hu Eming, et al. Cotransport of uranyl carbonate loaded on amorphous colloidal silica and strip-shaped humic acid in saturated porous media：Behavior and mechanism［J］. Environmental Pollution，2021，285：17230.

[208] Hou Wei, Lei Zhiwu, Hu Eming, et al. Cotransport of uranyl carbonate and silica colloids in saturated quartz sand under different hydrochemical conditions［J］. Science of the Total Environment，2021，765：142716.

[209] 王海峰，李建东，刘正邦，等. 中国地浸采铀钻孔施工与成井技术研究进展［J］. 铀矿冶，2022，41（3）：195-201.

[210] 李召坤，胡柏石，李建华，等. 逆向注浆工艺在超深地浸钻孔中的应用研究［J］. 铀矿冶，2020，39（3）：179-190.

[211] 杨立志，甘楠，冯国平，等. 填砾式钻井结构成井工艺若干问题与切割建造过滤器探讨［J］. 铀矿冶，2017，36（4）：253-256.

[212] 王云超. 废弃钻井液处理技术进展研究［J］. 西部探矿工程，理工艺研究［J］. 铀矿冶，2017，36（4）：273-283.

[213] 王兵，罗跃，李寻，等. 反应动力学在地浸采铀数值模拟中的应用研究［J］. 中国有色金属学报，2022，32（6）：1772-1781.

[214] 邱文杰，刘正邦，杨蕴，等. 砂岩型铀矿CO_2+O_2地浸采铀的反应运移数值模拟［J］. 中国科学（技术科学），2022，52（4）：627-638.

[215] 杨蕴，南文贵，邱文杰，等. 非均质矿层CO_2+O_2地浸采铀溶浸过程数值模拟与调控［J］. 水动力学研究与进展A辑，2022，37（5）：639-649.

[216] 陈梦迪，姜振蛟，霍晨琛. 考虑矿层渗透系数非均质性和不确定性的砂岩型铀矿地浸采铀过程随机模拟与分析［J］. 水文地质工程地质，2023，50（2）：63-72.

[217] 陈茜茜，罗跃，李寻，等. 基于PHT3D软件的酸法地浸采铀过程模拟探讨［J］. 有色金属（冶炼部分），2019（11）：32-37.

[218] 贾明涛，金家聪，陈梅芳，等. 基于COMSOL-PHREEQC的砂岩型铀矿浸出性能模拟分析技术［J］. 铀矿地质，2021，37（4）：745-754.

[219] 孙占学，马文洁，刘亚洁，等. 地浸采铀矿山地下水环境修复研究进展［J］. 地学前缘，2021，28（5）：

215-225.

［220］苏学斌，胥建军. 中国铀矿山绿色安全的现状与发展思路［J］. 铀矿冶，2017，36（2）：119-125.

［221］袁志华，孙占学，刘金辉，等. 铀矿开采及生态修复技术研究进展［J］. 有色金属工程，2022，12（11）：146-154.

［222］陈约余，张辉，胡南，等. 地浸采铀地下水修复技术研究进展［J］. 矿业研究与开发，2021，41（2）：149-154.

［223］张琪，马建洪，张丹，等. 硅酸盐-磷酸盐对酸法地浸采铀退役采区模拟地下水的修复［J］. 环境工程学报，2022，16（5）：1506-1515.

［224］胡南，刘晶晶，马建洪，等. 还原功能微生物群落修复酸法地浸采铀矿山退役采区地下水［J/OL］. 中国有色金属学报：2023，1-18.

［225］李殿鑫，胡南，黄超，等. 富集的硫酸盐还原菌沉积物生物还原地下水中 U（Ⅵ）的实验研究［J］. 化工学报，2018，69（8）：3619-3625.

［226］王聂颖，张辉，隋阳，等. Aspergillus tubingensis 介导植酸盐水解促进 U（Ⅵ）-PO43- 生物矿化［J］. 中国环境科学，2019，39（5）：2161-2169.

［227］邢晨，田雨川. 堆浸工艺在低品位金矿山中的应用分析［J］. 世界有色金属，2022（5）：208-210.

［228］郭钟群，赵奎，周尖荣，等. 离子吸附型稀土矿分形特性及土-水特征曲线预测研究［J］. 稀土，2022，43（1）：56-65.

［229］陈昕，贺强，陈金发，等. 离子吸附型稀土矿绿色高效浸取工艺及原理研究进展［J］. 中国稀土学报，2022，40（6）：936-947.

［230］黄丹，杨小聪，陈何. TBM 在地下金属矿山应用中的发展现状与趋势［J］. 有色金属工程，2019，9（11）：108-121.

［231］郑志杰，杨小聪，王勇，等. 基于岩石截割试验的悬臂式掘进机设备优化选型［J］. 有色金属（矿山部分），2023，75（1）：95-101.

［232］李玉选，黄丹，杨小聪，等. 金属矿山悬臂式掘进机采掘配套设备选型研究［J］. 矿业研究与开发，2022，42（6）：166-171.

［233］陈鑫政，郭利杰，史采星，等. 深锥浓密膏体充填工艺在国内某铜矿的应用与改进［J］. 中国矿业，2022，31（5）：135-141.

［234］陈鑫政，杨小聪，郭利杰，等. 矿山充填智能控制系统设计及工程应用［J］. 有色金属工程，2022，12（2）：114-120.

［235］齐兆军，盛宇航，吕志文，等. 深锥浓密机在福建某金矿的应用研究［J］. 矿冶工程，2018，38（6）：71-73，78.

［236］杨超峰，吉万健. 基于 EDEM 的矿山充填用高速搅拌机的仿真分析［J］. 现代矿业，2019，35（2）：160-162，180.

［237］杨志强，王永前，高谦，等. 大容量高浓度棒磨砂料浆搅拌设备工业试验［J］. 矿山机械，2016，44（10）：66-71.

［238］周瑞林，王先敏，钱厂生，等. 国产锥阀工业泵在井下矿山中的应用［J］. 铜业工程，2021（2）：109-112.

［239］Taheri A, Lee Y, Medina M A G. A modified coal mine roof rating classification system to design support requirements in coal mines［J］. Journal of The Institution of Engineers（India）：Series D，2017，98：157-166.

［240］Wang Y, Taheri A, Xu X. Application of coal mine roof rating in Chinese coal mines［J］. International Journal of Mining Science and Technology，2018，28（3）：491-497.

［241］Brook M, Hebblewhite B, Mitra R. Coal mine roof rating（CMRR），rock mass rating（RMR）and strata

［242］ Li W, Ye Y, Wang Q, et al. Fuzzy risk prediction of roof fall and rib spalling: based on FFTA-DFCE and risk matrix methods［J］. Environmental Science and Pollution Research, 2020, 27: 8535-8547.

［243］ Xie J L, Xu J L, Zhu W B. Gray algebraic curve model-based roof separation prediction method for the warning of roof fall accidents［J］. Arabian Journal of Geosciences, 2016, 9: 1-10.

［244］ Xiong Y, Kong D, Cheng Z, et al. The comprehensive identification of roof risk in a fully mechanized working face using the cloud model［J］. Mathematics, 2021, 9（17）: 2072.

［245］ 王国法. 煤矿智能化最新技术进展与问题探讨［J］. 煤炭科学技术, 2022, 50（1）: 1-27.

［246］ 任怀伟, 李帅帅, 赵国瑞, 等. 基于深度视觉原理的工作面液压支架支撑高度与顶梁姿态角测量方法研究［J］. 采矿与安全工程学报, 2022, 39（1）: 72-81, 93.

［247］ 庞义辉, 刘新华, 王泓博, 等. 基于千斤顶行程驱动的液压支架支护姿态与高度解析方法［J/OL］. 采矿与安全工程学报: 1-14［2023-03-31］.

［248］ Lu X, Wang Z, Tan C, et al. A portable support attitude sensing system for accurate attitude estimation of hydraulic support based on unscented kalman filter［J］. Sensors, 2020, 20（19）: 5459.

［249］ 王国法, 庞义辉, 李明忠, 等. 超大采高工作面液压支架与围岩耦合作用关系［J］. 煤炭学报, 2017, 42（2）: 518-526.

［250］ 杨胜利, 王家臣, 李良晖. 基于中厚板理论的关键岩层变形及破断特征研究［J］. 煤炭学报, 2020, 45（8）: 2718-2727.

［251］ 王兆会, 唐岳松, 李猛, 等. 深埋薄基岩采场覆岩冒落拱与拱脚高耸岩梁复合承载结构形成机理与应用［J/OL］. 煤炭学报: 1-13［2023-03-31］.

［252］ 刘东锐. 软弱破碎矿体采场支护技术研究［J］. 有色金属（矿山部分）: 2021, 73（2）: 64-68.

［253］ 杨英伟. 长锚索支护在银漫矿业的应用［J］. 中国金属通报: 2019（6）: 24, 26.

［254］ 章邦琼. 金陶金矿薄矿脉安全高效支护技术研究与应用［J］. 黄金, 2022, 43（9）: 49-52, 64.

［255］ 赵兴东, 周鑫, 赵一凡, 等. 深部金属矿采动灾害防控研究现状与进展［J］. 中南大学学报（自然科学版）: 2021, 52（8）: 2522-2538.

［256］ ［石峰, 张达, 吴亚飞, 等. 矿山开采过程地压活动综合评价分析［J］. 有色金属（矿山部分）: 2022, 74（5）: 31-36.

［257］ 刘秀敏, 王月, 陈从新, 等. 地质结构影响下的金属矿山地压显现机制初探［J］. 岩石力学与工程学报: 2022, 41（12）: 2451-2459.

［258］ 江飞飞, 周辉, 刘畅, 等. 地下金属矿山岩爆研究进展及预测与防治［J］. 岩石力学与工程学报: 2019, 38（5）: 956-972.

［259］ Tian R, Wang L, Zhou X, et al. An Integrated Energy-Efficient Wireless Sensor Node for the Microtremor Survey Method［J］. Sensors, 2019, 19（3）.

［260］ 沈向前, 杜年春, 吴伟, 等. 复杂采空区群全方位一体化三维测量［J］. 地理空间信息, 2022, 20（12）: 117-120.

［261］ 周科平, 曹立雄, 李杰林, 等. 复杂采空区群稳定性数值分析及安全分级评价［J］. 黄金科学技术, 2022, 30（3）: 324-332.

［262］ 廖宝泉, 柯愈贤, 卿琛, 等. 基于相对差异函数的金属矿采空区危险性识别［J］. 黄金科学技术, 2021, 29（3）: 440-448.

［263］ 曹占华, 袁海平, 李恒喆. 基于PCA-PNN的采空区多源指标危险性辨识［J］. 中国安全生产科学技术, 2022, 18（12）: 104-109.

［264］ 刘海林, 汪为平, 何承尧, 等. 金属非金属地下矿山采空区治理技术现状及发展趋势［J］. 现代矿业,

2018, 34（6）：8.

[265] 谢和平, 高明忠, 高峰, 等. 关停矿井转型升级战略构想与关键技术［J］. 煤炭学报, 2017, 42（6）：11.

[266] 袁亮, 姜耀东, 王凯, 等. 我国关闭/废弃矿井资源精准开发利用的科学思考［J］. 煤炭学报, 2018, 43（1）：7.

[267] 吴爱祥, 王洪江, 尹升华, 等. 深层金属矿原位流态化开采构想［J］. 矿业科学学报, 2021, 6（3）：6.

[268] 石长岩, 宋建村. 危险废物处置现状及采空区储存可行性研究［J］. 有色金属：矿山部分, 2020, 72（6）：7.

[269] Fan J, Xie H, Chen J, et al. Preliminary feasibility analysis of a hybrid pumped-hydro energy storage system using abandoned coal mine goafs［J］. Applied Energy, 2020, 258.

[270] 李百宜, 张吉雄, 刘恒凤, 等. 煤矿采空区储能式充填技术及储能增效机制［J］. 采矿与安全工程学报, 2022, 39（6）：9.

[271] 浦海, 卞正富, 张吉雄, 等. 一种废弃矿井地热资源再利用系统研究［J］. 煤炭学报, 2021.

[272] 王双明, 申艳军, 孙强, 等. "双碳"目标下煤炭开采扰动空间CO_2地下封存途径与技术难题探索［J］. 煤炭学报, 2022（01）：047.

[273] 刘浪, 王双明, 朱梦博, 等. 基于功能性充填的CO2储库构筑与封存方法探索［J］. 煤炭学报, 2022, 47（3）：1072-1086.

[274] 王光进, 崔周全, 刘文连, 等. 尾矿库溃坝事故案例分析［M］. 北京：冶金工业出版社, 2022.

[275] 吴爱祥, 王勇, 王洪江. 膏体充填技术现状及趋势［J］. 金属矿山, 2016, 481：1-9.

[276] 王小山. 尾矿干堆技术在黄金矿山的应用［J］. 世界有色金属, 2020, 7：246-247.

[277] 杨世兴, 付玉华, 占飞. 某矿采空区稳定性分析及对尾矿库安全影响研究［J］. 化工矿物与加工, 2017, 46（12）：57-60.

[278] 周杰, 曾晟, 孙冰. 尾矿坝溃坝原因及安全稳定性分析［J］. 黄金, 2018, 39（10）：73-77, 82.

[279] 曾晟, 周杰, 孙冰. 强降雨条件下某铅锌矿尾矿堆积坝安全稳定性分析［J］. 有色金属工程, 2019, 9（8）：116-126.

[280] 张娟, 杨文润. 基于三维渗流场下的某尾矿库加高扩容安全稳定性分析［J］. 河北水利, 2022（1）：40-43.

[281] 陈阳兴. 大吉山钨业2～#尾矿库安全运行的治理措施［J］. 现代矿业, 2016, 32（4）：186-187.

[282] 马玄恒, 郑卫琳, 陈晓博, 等. 尾矿库安全隐患及治理措施［J］. 现代矿业, 2016, 32（12）：127-128, 132.

[283] 王旋, 王亚变, 刘理臣, 等. 陇南市尾矿库环境安全现状分析及合理闭库措施探讨［J］. 黄金科学技术, 2019, 27（1）：144-152.

[284] 眭素刚, 许汉华. 云南某尾矿坝安全隐患及治理措施研究［J］. 甘肃科技, 2020, 36（23）：32-33, 130.

[285] 张丹, 武伟伟. 尾矿库安全管理信息化建设重要性探讨［J］. 矿业研究与开发, 2021, 41（3）：117-120.

[286] 廖文景, 朱远乐, 王淇萱. 基于无人机智能巡航的尾矿库安全管理系统研究［J］. 矿业研究与开发, 2021, 41（9）：165-170.

[287] 周姿彤. 我国尾矿库安全管理政策存在的问题及完善研究［J］. 冶金管理, 2022（7）：133-135.

[288] 吴晓云, 袁昊东. 尾矿库安全管理系统设计［J］. 无线互联科技, 2022, 19（10）：71-73.

[289] 蓝秋华. 冻岩土区露天矿排土场边坡局部稳定性研究［J］. 西部资源, 2022（6）：79-80.

[290] 陈光木. 降雨对露天矿软弱基底排土场边坡稳定性的弱化效应［J］. 矿业研究与开发, 2022, 42（12）：56-62.

[291] 张岩, 陈彦龙, 樊进城, 等. 采动影响下露天矿排土场边坡稳定性分析[J]. 中国煤炭, 2022, 48 (12): 43-51.
[292] 卜飞, 段宏波, 李景明, 等. 裂缝发育情况对露天煤矿排土场边坡稳定性的影响研究[J]. 山西煤炭, 2022, 42 (4): 82-88.
[293] 滕瑞雪, 赵立春, 李维. 沙层基底排土场稳定性分析与工程治理[J]. 露天采矿技术, 2022, 37 (5): 96-98.
[294] 董建军, 梅媛, 闫斌, 等. 高海拔排土场边坡安全稳定性 D InSAR 监测[J]. 安全与环境学报, 2022, 37 (5): 96-98.
[295] 王嘉, 王敬翔, 张慧, 等. 南芬露天铁矿排土场高陡边坡稳定性分析及监测设计[J]. 金属矿山, 2022 (12): 226-236.
[296] 韦忠跟, 徐玉龙, 丁辉, 等. 霍林河北露天煤矿排土场边坡滑坡模式与雷达监测预警[J]. 现代矿业, 2022, 38 (1): 71-74, 78.
[297] 胡炳南. 岩层移动理论研究与工程实践应用[M]. 北京: 应急管理出版社, 2022.
[298] 2014—2020 年全国大、中城市固体废物污染环境防治年报[R]. 北京: 中华人民共和国生态环境部, 2014—2020.
[299] 关于"十四五"大宗固体废弃物综合利用的指导意见[R]. 北京: 中华人民共和国国家发展和改革委员会, 2021.
[300] 张长青, 邱景智, 刘冠男, 等. 尾矿综合利用助力绿色矿山建设[J]. 中国矿业, 2019, 28 (2): 135-137.
[301] 夏青, 梁治安, 杨秀丽, 等. 某选铁尾矿中低品位钼、锌分选回收试验研究[J]. 有色金属工程, 2020, 10 (5): 81-88.
[302] 包玺琳, 柏亚林, 杨俊龙, 等. 秘鲁某高硫选铁尾矿综合回收铜铁金银新工艺试验研究[J]. 中国矿业, 2022, 31 (1): 153-159.
[303] 周光浪, 周东云. 复杂多金属尾矿伴生金银铁综合回收[J]. 矿冶, 2022, 31 (5): 42-48, 87.
[304] 邓杰, 毛益林, 张俊辉, 等. 煅烧–铵盐两步浸出法对磷矿浮选尾矿钙镁回收研究[J]. 化工矿物与加工, 2023, 52 (1): 39-47.
[305] 孔建军, 陈慧杰, 张明, 等. 江西某钨锡重选尾矿综合回收石英和长石试验研究[J]. 矿产保护与利用: 1-12 [2023-03-20].
[306] 吴爱祥, 杨莹, 程海勇, 等. 中国膏体技术发展现状与趋势[J]. 工程科学学报, 2018, 40 (5): 517-525.
[307] 王洪江, 彭青松, 杨莹, 等. 金属矿尾砂浓密技术研究现状与展望[J]. 工程科学学报, 2022, 44 (6): 971-980.
[308] 吴爱祥. 金属矿膏体流变学[M]. 北京: 冶金工业出版社, 2019.
[309] 浪, 方治余, 张波, 等. 矿山充填技术的演进历程与基本类别[J]. 金属矿山, 2021 (3): 1-10.
[310] 吴浩. 我国尾矿资源综合利用研究进展与展望[J]. 资源信息与工程, 2022, 37 (3): 102-104.
[311] 王宇琨. 以尾矿粉制球替代粗骨料的新型混凝土性能研究[D]. 河北农业大学, 2019.
[312] 刘俊杰, 梁钰, 曾宇, 等. 利用铁尾矿制备免烧砖的研究[J]. 矿产综合利用, 2020 (5): 136-141.
[313] 杨洁, 徐龙华, 陈洲, 等. 锂辉石浮选尾矿发泡法制备多孔陶瓷材料及其性能[J]. 中国有色金属学报, 2020, 30 (9): 2234-2246.
[314] Lankof L, Urbańczyk K, Tarkowski R. Assessment of the potential for underground hydrogen storage in salt domes [J]. Renewable and Sustainable Energy Reviews, 2022, 160: 112309.
[315] Williams J D O, Williamson J P, Parkes D, et al. Does the United Kingdom have sufficient geological storage capacity to support a hydrogen economy? Estimating the salt cavern storage potential of bedded halite formations

[J]. Journal of Energy Storage, 2022, 53: 105109.

[316] Pajonpai N, Bissen R, Pumjan S, et al. Shape design and safety evaluation of salt caverns for CO_2 storage in northeast Thailand [J]. International Journal of Greenhouse Gas Control, 2022, 120: 103773.

[317] 梁卫国, 肖宁, 李宁, 等. 盐岩矿床水平储库单井后退式建造技术与多场耦合理论 [J]. 岩石力学与工程学报, 2021, 40（11）: 2229-2237.

[318] Zhang G, Liu Y, Wang T, et al. Pillar stability of salt caverns used for gas storage considering sedimentary rhythm of the interlayers [J]. Journal of Energy Storage, 2021, 43: 103229.

[319] Wang J, Zhang Q, Song Z, et al. Microstructural variations and damage evolvement of salt rock under cyclic loading [J]. International Journal of Rock Mechanics and Mining Sciences, 2022, 152: 105078.

[320] 梅生伟, 张通, 张学林, 等. 非补燃压缩空气储能研究及工程实践——以金坛国家示范项目为例 [J]. 实验技术与管理, 2022, 39（5）: 1-8, 14.

[321] 张晔. 用废弃盐穴打造绿色"充电宝" [N]. 科技日报, 2021-11-16（6）.

[322] Junhui X, Yi W, Hui W, et al. Enhanced Cyclability of Organic Aqueous Redox Flow Battery by Control of Electrolyte pH Value [J]. Chemistry Letters, 2021, 50（6）: 1301-1303.

[323] Wang H, Li D, Xu J, et al. An unsymmetrical two-electron viologens anolyte for salt cavern redox flow battery [J]. Journal of Power Sources, 2021, 492: 229659.

[324] Jiang D, Li Z, Liu W, et al. Construction simulating and controlling of the two-well-vertical（TWV）salt caverns with gas blanket [J]. Journal of Natural Gas Science and Engineering, 2021, 96: 104291.

[325] Jiang D, Wang Y, Liu W, et al. Construction simulation of large-spacing-two-well salt cavern with gas blanket and stability evaluation of cavern for gas storage [J]. Journal of Energy Storage, 2022, 48: 103932.

[326] Li J, Shi X, Zhang S. Construction modeling and parameter optimization of multi-step horizontal energy storage salt caverns [J]. Energy, 2020, 203: 117840.

[327] Yang J, Li H, Yang C, et al. Physical simulation of flow field and construction process of horizontal salt cavern for natural gas storage [J]. Journal of Natural Gas Science and Engineering, 2020, 82: 103527.

[328] 李金龙. 薄互层盐岩地下能源储库建腔模拟与形态控制 [D]. 中国科学院大学, 2018.

[329] 中华人民共和国自然资源部, 中国矿产资源报告, 地质出版社, 2022.

[330] 张绍良, 米家鑫, 侯湖平, 等. 矿山生态恢复研究进展——基于连续三届的世界生态恢复大会报告 [J]. 生态学报, 2018, 38（15）: 5611-5619.

[331] 雷少刚, 卞正富, 杨永均. 论引导型矿山生态修复 [J]. 煤炭学报, 2022, 47（2）: 915-921.

[332] 刘涛. 国土空间规划背景下的工矿废弃地生态修复策略研究 [J]. 国土与自然资源研究, 2022（4）: 24-26.

[333] Girshick R, Donahue J, Darrell T, Malik J. Region-based convolutional networks for accurate object detection and segmentation [J]. IEEE Transactions on Pattern Analysis and Machine Intelligence, 2016, 38（1）: 142-158.

[334] 师芸, 李杰, 吕杰, 等. 结合 SBAS-InSAR 与支持向量回归的开采沉陷监测与预测 [J]. 遥感信息, 2021, v.36; No.174（2）: 6-12.

[335] 田雨, 雷少刚, 卞正富. 基于 SBAS 和混沌理论的内排土场沉降监测及预测 [J]. 煤炭学报, 2019, v.44; No.303（12）: 3865-3873.

[336] 李全生. "东部草原区大型煤电基地生态修复与综合整治技术及示范"专辑特邀主编致读者 [J]. 煤炭学报, 2019, v.44; No.303（12）: 3623-3624.

[337] 李全生. 东部草原区大型煤电基地开发的生态影响与修复技术 [J]. 煤炭学报, 2019, v.44; No.303（12）: 3625-3635.

[338] 肖武, 陈文琦, 何厅厅, 等. 高潜水位煤矿区开采扰动的长时序过程遥感监测与影响评价 [J]. 煤炭学

报，2022，v.47；No.329（2）：922-933.

[339] 卞正富，于昊辰，雷少刚，等. 黄河流域煤炭资源开发战略研判与生态修复策略思考［J］. 煤炭学报，2021，v.46；No.320（5）：1378-1391.

[340] 李凤明，丁鑫品，白国良，等. 高原高寒露井联合矿区生态地质环境综合治理模式［J］. 煤炭学报，2021，v.46；No.327（12）：4033-4044.

[341] 王佟，杜斌，李聪聪，等. 高原高寒煤矿区生态环境修复治理模式与关键技术［J］. 煤炭学报，2021，v.46；No.316（1）：230-244.

[342] 段成伟，李希来，柴瑜，等. 不同修复措施对黄河源退化高寒草甸植物群落与土壤养分的影响［J］. 生态学报，2022，v.42（18）：7652-7662.

[343] 田会，白润才，赵浩. 中国露天采矿的成就及发展趋势［J］. 露天采矿技术，2019，34（1）：1-9.

[344] 方民新. 煤矿地下开采工艺的现状分析及发展趋势［J］. 当代化工研究，2021（18）：4-5.

[345] 郑钊，王林，许龙. 地下金属矿山开采技术发展趋势探索［J］. 世界有色金属究，2019（4）：63-64.

[346] 李国清，王浩，侯杰，等. 地下金属矿山智能化技术进展［J］. 金属矿山，2021（11）：1-12.

[347] 郭利杰，刘光生，马青海，等. 金属矿山充填采矿应用研究进展［J］. 煤炭学报，2022，47（12）：4182-4200.

[348] 李小双，王运敏，赵奎，等. 金属矿山露天转地下开采的关键问题研究［J］. 金属矿山，2019（12）：12-20.

[349] 邓靖，袁秋华，姚根有，等. 煤炭地下气化技术的发展及趋势［J］. 山西化工，2017，37（2）：36-38.

[350] 周逸文，张涛，段隆臣，等. 我国矿山采空区综合治理研究综述［J］. 安全与环境工程，2022，29（4）：220-230.

[351] 刘海林，汪为平，何承尧，等. 金属非金属地下矿山采空区治理技术现状及发展趋势［J］. 现代矿业，2018，34（6）：1-7，12.

[352] 王昆，杨鹏，Karen Hudson-Edwards，等. 尾矿库溃坝灾害防控现状及发展［J］. 工程科学学报，2018，40（5）：526-539.

[353] 李红东，张奎彬，李亚男. 尾矿库安全评价存在的问题与对策［J］. 工程科学学报，2018，40（5）：526-539.

[354] 郑学鑫，岑建. 尾矿库安全风险分析及对策措施研究［J］. 防灾科技学院学报，2019，21（2）：82-85.

[355] 陈云华. 依托本土资源优势、提升矸石利用水平. 大同日报，2022-09-04.

[356] 卞正富，雷少刚，金丹，等. 矿区土地修复的几个基本问题［J］. 煤炭学报，2018，43（1）：190-197.

[357] 关钊，谢红彬，罗琳，等. 近30年中国矿业废弃地生态修复及再利用研究热点及趋势分析［J］. 中国矿业，2022，31（5）：18-26.

[358] 李富平，贾清斐，夏冬，等. 石矿迹地生态修复技术研究现状与发展趋势［J］. 金属矿山，2021（1）：168-184.

[359] 闫立峰. 新常态下绿色矿山建设问题及解决路径探索［J］. 城市建设理论研究（电子版），2022（35）：137-139.

[360] 孙腾飞，邰振忠. 新常态下绿色矿山建设问题及解决路径探索［J］. 中国金属通报，2020（8）：127-128.

[361] 塔拉. 新常态下绿色矿山建设存在的问题与建议［J］. 商品与质量，2020（35）：254.

[362] 张楠. 新常态下绿色矿山建设问题及解决路径探索［J］. 世界有色金属，2019（20）：233，235.

[363] 寇婷. 新常态下中国绿色矿山建设政策与格局［J］. 现代矿业，2019，35（5）：9-11.

[364] 张文辉. 新常态下中国绿色矿山建设政策与格局［J］. 低碳世界，2022，12（4）：96-98.

深地采矿研究进展

一、引言

随着浅部矿物资源逐渐减少和枯竭,资源开发不断走向地球深部,千米深井的深部资源开采逐渐成为资源开发新常态。近年来,我国已将地质科技创新提升到了国家科技发展大局的战略高度。

关于"深部"概念,有些专家以岩爆发生频率明显增加来界定,认为矿山转入深部开采的深度为超过 800 米。决定深部的条件是力学状态,而不是量化的深度概念,这种力学状态由地应力水平、采动应力状态和围岩属性共同决定,可以经过力学分析得到定量化的表述。在南非,深井开采指矿山开采深度超过 2300 米,原岩温度超过 38℃ 的矿山;超深井开采指其开采深度超过 3500 米的矿山。在加拿大,超深井开采指开采深度超过 2500 米以下,既能保证人员和设备安全又能获得经济效应的矿山。据统计,我国已建成开采深度达到或超过 1000 米的深井共有 45 处(含 11 处历史最大采深曾达到千米的矿井),主要分布在华东和华北的九个省区。未来五到十年,煤炭矿山还将兴建 30 余座千米深井。

深部开采时,岩体环境十分复杂,且其力学特征与浅部相比发生了明显变化,因此,深部资源开采中发生的灾害性事故与浅部相比,频率更高,程度更剧烈,成灾机理更复杂。随着开采深度的增加,地应力、地温和渗透压均明显增大,导致巷道围岩产生剧烈变形,岩爆、冲击地压、煤与瓦斯突出等灾害发生的次数、强度和规模均增大,给巷道支护和顶板管理带来了很大的困难。同时,深部巷道围岩在破坏时表现出岩爆等突然、剧烈破坏的特征,破坏前兆不明显,这为矿山安全管理带来了很大的挑战。另外,深部矿山高温热害环境不仅容易导致煤层自燃,引发矿井火灾和瓦斯爆炸事故,并且让工人难以集中注意力,降低了工作效率。

因此,为了迎接矿山深部安全、高效开采的挑战,深部开采相关理论、技术、工艺以及核心装备的变革必将促进了采矿工程学科的发展。

二、深地采矿理论技术及装备发展现状

（一）深地岩石力学

1. 多应变率条件下岩石力学特性

在深部开采过程中，深部岩体通常先处于单轴、双轴或三轴地应力约束下，再受到如凿岩、爆破、开挖卸荷等不同动力扰动荷载的影响，这属于岩石的静 – 动组合受载问题。为了揭示动态扰动下深部岩体的破坏机理，国内众多研究单位进行了持续深入的研究，开发和研制了能满足三轴加卸载、静 – 动组合加载等受力装填下的试验系统，并在深地岩石力学方面取得了一系列研究成果。

（1）高应力下岩石的三轴加卸载力学特性

从试验技术与方法、力学模型和强度准则、破坏特征和机理等多个方面对高应力下岩石的三轴加卸载力学特性进行研究，并取得一些成果。冯夏庭等自主研发了用于硬岩的高压真三轴应力应变全过程测试系统与高压真三轴时效破裂过程测试装置，实现了硬岩真三轴加卸荷应力路径和应力主方向变换、蠕变及松弛试验，建立了硬岩三维弹塑延脆各向异性破坏力学模型和三维非线性破坏强度准则（3DHRFC）。何满朝等研制了用于岩爆机理研究的高压伺服真三轴试验机，研究了真三轴应力下动态扰动类型和频率对岩石力学特性的差异性影响规律，研究了真三轴加卸载条件下热损伤对脆性岩石应变破裂特征的影响。赵光明等针对地下开挖过程中高应力区域围岩易发生动力破坏的问题，采用真三轴卸荷扰动岩石测试系统研究了高应力岩体开挖单面卸荷围岩渐进性破坏规律，分析了不同主应力加卸载岩体次生各向异性及能量演化机制。周辉等研发了可模拟深地温度应力场耦合环境的实时高温真三轴试验系统。

李地元等提出在高应力卸荷条件下 Mogi-Coulomb 强度准则较 Mohr-Coulomb 强度准则更能反映岩石的卸荷破坏强度特征，在不同应力路径下 Mogi-Coulomb 准则较 Drucker-Prager 准则更适合描述岩石的强度特性。马晓东等提出了 Matsuoka-Nakai-Lade-Duncan 破坏准则，并在孔隙砂岩的真三轴强度中取得了较好的应用效果。

（2）动静组合加载条件下岩石的力学特性

李夕兵等研制了基于分离式霍普金森压杆（split-Hopkinson pressure bar，SHPB）装置的一维和三维动静组合加载试验系统，并开展了大量试验研究工作，在一定程度上解释了在有限深度内开采深度与岩爆频率的正相关关系，建立了基于应变率效应的动态 Mohr-Coulomb 准则和 Hoek-Brown 准则。赵坚等研制了三轴霍普金森压杆试验系统，研究了岩石动态强度随与动载方向一致的轴向静应力的增加而降低，随侧向静应力的增加而增加。谢和平等研发了一套可同时施加三向动载和预静载的动态真三轴电磁 SHPB 试验系统，这

将会使岩石动静组合加载试验技术达到一个新高度，进一步推动深部岩石力学的发展。基于三轴SHPB试验设备和技术的发展，得出在一定围压下，岩石动态强度随应变率的增加呈线性或指数型函数增加；在一定应变率下，岩石动态强度随围压的增加线性增加，且岩石在高应变率下的变形行为更具韧性。

（3）动力扰动下高应力岩石流变力学行为

深部岩体工程围岩流变性强，开采扰动后高应力环境下岩体的破坏呈现明显的时间滞后现象，致使工程灾害难以预测和控制，动态扰动下岩石蠕变力学行为的研究是揭示滞后型岩爆的力学基础。朱万成等基于液压控制试验机和落锤试验机研制了岩石蠕变－冲击耦合试验系统，研究发现动力扰动会加剧岩石的损伤并缩短蠕变岩石的破坏时间，且高蠕变应力下岩石的蠕变行为对动力扰动更敏感，为揭示滞后性岩爆机理提供了试验技术；黄万朋等通过试验确定了蠕变岩石对外部冲击扰动敏感的应力、应变阈值指标，并提出了深地动压岩体工程围岩支护设计方法；王波等利用自主研发的岩石流变扰动效应试验系统研究了岩石在流变扰动作用下的微观结构损伤变化规律，提出了深部软弱围岩流变扰动效应损伤本构模型；张泽天等将考虑开挖扰动的岩石蠕变力学行为与无开挖扰动的岩石进行对比，系统提出了一种开挖扰动下围岩检测室内模拟方法；刘闽龙等利用扰动伺服三轴试验系统研究了深地开挖后低围压状态下受扰动岩体的时效变形特性和破坏模式；李晓照等提出一种应力波动力扰动下脆性岩石蠕变断裂特性的宏细观力学模型，用以描述深部地下工程围岩变形规律。

2. 岩石力学本构关系和强度准则

岩石本构关系是描述岩石在荷载或赋存环境变化下应力（或应力率）与应变（或应变率）关系的一个或一组表达式，它是认识和理解岩石力学特性的主要理论工具，可以为采矿应力场计算和工程结构稳定性分析提供必需的材料输入。岩石强度准则及相关参数是岩体工程设计和长期稳定性分析的重要理论支撑。岩石本构关系和强度准则研究并不是独立的，本构关系着重描述岩石在荷载作用或其变化下的全过程力学响应，而强度准则聚焦上述过程中的特定应力状态及其数学表述。

近年，岩石本构关系和强度准则及其在采矿工程等领域中的应用研究取得了重要进展。针对循环载荷作用下的岩石损伤变形过程，建立了煤岩组合体的损伤本构模型和基于不可逆塑性应变的内变量本构模型。深地采矿工程结构体长期处于高应力状态，不可避免地发生蠕变现象。针对高应力软岩蠕变变形，提出了基于材料性质劣化、分数阶导数元件组合、亚临界裂纹扩展等岩石蠕变本构模型；考虑温度、渗流与应力耦合作用，建立了温度－应力及渗流－应力耦合作用下岩石时效变形损伤本构模型。针对岩土工程材料各向异性问题，建立了复杂加载路径下考虑岩石微结构特性的各向异性蠕变本构模型，用于模拟应力诱导各向异性和材料原生各向异性。

在强度准则方面，我国学者在Hoek-Brown准则的三维拓展及工程应用方面取得了重要研究成果，中间主应力对岩石强度的影响得到更加充分的体现。随着 Micro-CT、DIC 等先进成像和图像处理技术广泛用于岩石力学研究，针对岩石变形、损伤和破坏过程中细观结构及其演化的认识不断深化，为岩石本构关系和强度准则研究提供了新视角。基于非均质材料均匀化和不可逆热力学原理，在统一理论框架下建立了多场多尺度岩石损伤本构关系以及基于细观裂隙扩展机理的岩石强度，这类模型具有更加明确的细观力学机理、更为严格的数学力学推导、数量更少的材料参数和模型参数等优点，但是工程应用研究相对较少。

3. 岩石力学多场耦合效应

深部岩体处于高地应力、高水压力、高地温和水化学环境的不利条件，其时空演化过程必然是一个温度场（T）、渗流场（H）、应力场（M）和化学场（C）相互交叉耦合作用的复杂过程，采矿工程围岩的稳定性和安全性，矿井突水和煤与瓦斯突出等重大灾害的发生，都与岩石力学的多场耦合效应有关。掌握多场耦合条件下深部岩石损伤破坏机理及其渗透率的演化规律对于地下工程安全性来说至关重要，相关研究成果也可以为地热开发、非常规天然气开采、地下核废料处置、二氧化碳地质封存等地下工程提供参考。

（1）深部岩体渗流-温度-应力耦合效应

林柏泉等基于双重孔隙介质假设，建立了含瓦斯煤层多场耦合渗流模型，该模型考虑了有效应力、基质收缩和滑脱（Klinkenberg）效应的影响，同时引入了动态扩散系数，使模拟结果更接近现场真实情况。朱万成等考虑了气体吸附诱发的煤体损伤，基于有效应变的概念，分别给出了裂隙、基质孔隙的孔隙度和渗透率模型，建立瓦斯运移的应力-渗流-损伤耦合模型，揭示了气体吸附诱发煤岩力学性质劣化的力学机理及其对渗透性变化的影响。杨天鸿等考虑突水破坏过程中岩体损伤的判别依据，及其对煤岩体力学性质的影响，建立应力-渗流-损伤耦合模型，阐述了煤岩体破坏的损伤演化过程与渗流突水机制。

深部煤层瓦斯运移过程中瓦斯吸附解吸具有明显的温度效应，同时高地温也对瓦斯的吸附解吸过程产生影响，再者，瓦斯运移也会输运热量，引起热量的迁移。此时，热流固耦合效应十分突出。赵阳升等研制了一种三轴高温系统用于煤层氮水两相置换实验，分析了不同温度、压力对气相和液相相对渗透性的影响，并指出加热煤层可以提高产气效率。梁冰等基于煤吸附/解吸瓦斯实验，建立了反映采场孔隙率与渗透率动态演化、瓦斯吸附-解吸-扩散以及能量积聚与耗散等过程的热-流-固耦合模型，模拟分析了煤与瓦斯的相互作用机理。周宏伟等考虑采掘扰动与温度耦合损伤、吸附解吸和热膨胀作用的影响，推导出三者综合作用下煤体裂隙应变表达式，建立了采掘扰动与温度耦合条件下的煤体渗透率模型，分析了采动应力下煤岩热物理参数对煤体渗透率的变化规律。高峰等建立了适用于煤层气注热开采的热-湿-流-固全耦合数值模型，研究多场之间的耦合机制，揭示了煤层气中热开裂、热挥发、热吸附和热膨胀等物理过程对注热开采煤层气的作用机制。

（2）深部岩体渗流 – 温度 – 应力 – 化学耦合效应

深部开采的复杂地质环境，使得化学反应的影响更加显著，引起比较明显的深部岩体热 – 流 – 固 – 化学耦合效应。盛金昌等研制了渗流 – 温度 – 应力 – 化学多因素耦合作用下岩石渗透特性试验系统，用于研究深部复杂环境下（高应力、高水压、高温、水化学等）的岩石渗透特性演化规律。甘泉等考虑岩体裂缝剪切 – 膨胀 – 压实、化学 – 蠕变、矿物反应（溶解 – 沉淀）以及由此引起的孔隙空间堵塞或侵蚀及其对渗透率的影响等复杂行为，提出了一个新的热 – 流 – 固 – 化学耦合模型，模拟分析了裂缝性储层中超临界二氧化碳在非等温和多相条件下的运移规律。李根生等开发了一种完全耦合的热 – 流 – 固 – 化学耦合模型，引入了机械 – 化学耦合，并强调了在分析储层特征变化时考虑机械 – 化学耦合的必要性。针对碳酸盐岩地热储层酸压裂，赵志宏等提出了一个 THMC 数值模型，模拟了含有单一非均质裂缝的储层压裂过程，通过参数敏感性分析，研究了相关长度、储层温度、地应力、酸浓度和注入速率对酸压裂的影响。

4. 深部围岩解析方法

（1）围岩状态解析方法

由于深部特殊的赋存环境，深部岩体工程的非线性行为已超前于现有的研究体系，传统力学方法和原理的适用性受到挑战，目前关于围岩状态的解析方法进展主要侧重于强度准则、本构模型和分析方法上。例如，朱合华等提出了能够反映深部岩石三维非线性强度特征的广义 Zhang-Zhu 强度准则（GZZ），揭示了深埋洞室开挖面三维挤出变形规律和应力主轴旋转力学机制，阐明了中间主应力和三维应力状态对深埋洞室围岩稳定性的力学影响机制。夏才初基于 GZZ 强度准则提出考虑应变软化特性的圆形洞室开挖后围岩非线性力学响应的求解方法，发现传统二维 Hoek-Brown 强度准则低估了围岩的变形能力。通过考虑深部围岩的扰动应力路径以及流变特性，不少学者给出了围岩状态的静态和时效解析表达式。对于处于大变形状态的深部挤压岩体不适用于小变形理论分析框架的问题，关凯等提出采用次弹塑性理论建立合适的物理力学模型以描述巷道围岩大变形，给出了大变形围岩应力和应变的有限变形理论解；随后其基于有限变形理论和损伤力学原理建立了大变形岩体圆形巷道开挖的塑性损伤耦合力学模型和数值算法，分析了包括损伤演化在内的非弹性力学行为和围压依赖性对围岩变形的影响。

（2）支护结构载荷解析方法

外部强扰动下，深部围岩状态的变化将诱发支护结构变形和承载随之发生变化。在围岩与支护的耦合作用分析中，约束收敛法是一种被广泛应用于支护结构初期设计和围岩稳定性分析的基本方法。针对锚杆、液压支架、U 型钢支架等支护结构与围岩相互作用分析普遍采用弹塑性分析方法，通过构建围岩 – 支护相互作用耦合分析模型，推导得出与围岩变形相适应的支护结构载荷表达式。目前，越来越多的学者认识到掌子面空间效应和围岩流变效应对于支护结构响应的重要影响。储昭飞等采用了五种流变本构模型，引入与掘进速度及时间有关的纵向空间影响系数来考虑掌子面空间效应，并计入隧洞延迟支护的影响，基于拉普拉斯变换及积分变换方法得到了不同流变本构模型在不同支护时机下围岩的变形、应力及支护载荷的时效表达。王华宁等针对黏弹－塑性岩体中深埋圆形隧洞锚注、衬砌联合支护问题，推导得出了开挖、锚注加固和衬砌支护阶段围岩位移、应力和支护载荷的解析解。夏才初等基于广义 Kelvin 流变模型和 Mohr–Coulomb 强度准则，建立了黏弹－塑性围岩与支护相互作用的应力、应变及位移的简化算法。关凯基于有限变形理论建立了考虑掌子面空间效应和应变软化行为的挤压围岩－支护耦合作用力学模型，实现了巷道掌子面不断向前推进时挤压围岩－支护相互作用全过程的力学分析。为评价矿柱－充填体协作支撑系统的稳定性，侯晨等基于协调变形和荷载传递原理，建立了矿柱－充填体协同支撑系在接顶和不接顶条件下的力学模型，开展了矿柱－充填体协作支撑单元在两种条件下的极限承载力变化规律分析。

5. 岩石力学数值分析方法

近年来，相场法、近场动力学、有限－离散元、数值流形法等数值方法在岩石力学与工程领域取得较大进展。相场法基于最小能量变分框架，通过定义一个连续的分布函数来近似表示不连续裂纹，用光滑的函数描述裂纹表面的分布，并较好地应用于岩石中裂纹的萌生扩展、相互作用和贯通。近场动力学方法是一种积分型非局部连续介质力学方法，采用空间积分形式的控制方程模拟复杂的岩石试样压裂和预测裂纹的萌生与闭合，目前发展有基态近场动力学和键基近场动力学等模型来模拟岩石材料在准静态加载、动态加载、热－流－固耦合等复杂应力条件下的裂纹萌生与破坏。有限－离散元法是一种融合有限元方法与离散元方法的耦合数值方法，可实现岩石材料从连续变形到断裂失效破坏的全过程模拟，包括预生裂隙网络的萌生、扩展、交汇与贯通。通过单元间的界面层失效模拟岩石的破裂，并进一步考虑破裂单元间的接触、碰撞和滑移等相互作用。目前有限－离散元的新进展有考虑岩石材料晶粒破坏的有限－离散元数值模型，发展了有限－离散元法在岩石力学中的应用。数值流形法是一种基于数学流形统一有限元与非连续变形分析的数值方法。目前发展有基于虚裂纹和亚临界裂纹扩展的数值流形法模拟岩石材料裂纹萌生、扩展与交汇过程和蠕变载荷作用下的岩石失稳破坏过程，以及移动最小二乘数值流形法等模拟复杂环境下岩石材料的热－流－固耦合过程。

6. 深部地应力测量与应力场反演

地应力是存在于地层中的未受工程扰动的天然应力。有水压致裂法、应力解除法等测量方法，不足是只能测量单个测点地应力，无法得到整个工程区域地应力场。李邵军等设计了基于钻孔变形法原理的无线地应力测量变形计，研发了具备自动测量及采集数据的数字集成系统，克服人工测读仅获得有限离散数据而导致测试精度不足的缺陷。侯奎奎等运用声发射法、非弹性恢复（ASR）法、水压致裂法对三山岛金矿进行地应力测量，分析了不同地应力测试方法的测试结果的差异性。许家鼎等按照基于钻孔、岩芯和地质的三类调查手段，首先总结提出了适用于干热岩地应力测量与评价的方法。

在地应力场反演方面，主要地应力场反演方法有应力/位移函数法、多元线性回归分析法和以神经网络法、支持向量机等为代表的智能方法等，其中，应用最广泛的是多元线性回归分析方法和神经网络方法。陈世杰等基于弹塑性理论进行应力场的二次反演计算，发现该方法能较好地反映断层附近应力场量值和方向的不均匀特性。刘泉声等基于支持向量回归（SVR）优化算法对平煤一矿开展了地应力场反演工作，发现反演地应力场分布规律与矿区现存地应力分布规律基本一致。李飞等对稀少样本测点数据下的杏山铁矿地应力场使用GMDH（批数据处理）神经网络算法和BP神经网络算法进行反演和重构，发现GMDH神经网络算法反演精度较高。汪伟等提出基于混沌搜索理论的地应力场非线性反演方法，将该方法应用于凡口矿进行深部初始地应力场反演。孙港等提出将免疫算法与BP神经网络相结合（IA-BP）的算法对初始地应力场进行反演研究，该混合算法既可以利用免疫算法全局寻优的特点快速搜索到全局最优解或次优解附近，又可以采用BP算法避免在最优解和次优解附近发生震荡，对其进行局部优化，从而达到快速收敛全局最优解的目的。

7. 深部围岩支护与加固

（1）深部围岩支护理论

巷道支护理论主要研究支护结构与围岩之间的相互作用机理，其发展历程是随着岩体力学的不断进步而逐渐深入的。近些年随着开采深度的加大，巷道支护问题逐渐呈现多样性和复杂性，在应对各种各样支护问题的过程中，巷道支护技术也获得了长足的发展。何满潮等提出了开挖补偿控制理论，该理论认为地下工程开挖引起围岩应力状态改变是围岩变形破坏的根源，短时间内通过高预紧力支护补偿径向应力损失，降低切向应力集中是深部高应力岩体大变形灾害有效控制的关键。蔡美峰提出支护的根本目的是保护、改善和提高岩体的强度，必须改变把围岩当成一种被动的荷载加以支撑的传统认识，充分发挥围岩自身强度达到采矿工程稳定是岩石力学最基本的原理。康红普等揭示了高地应力与超长工作面强采动应力叠加作用下巷道围岩大变形机理，提出千米深井、软岩、强采动巷道支护—改性—卸压协同控制理论。袁亮等建立巷道顶板三向承载梁结构承载弹塑流弱化分析理论模型，确定三向承载梁结构承载状态的分析方法，提出用围岩塑性区深度、宽度、长度作为评价巷道围岩承载的弱化分析指标，研究围岩性质、支护强度、采动应用等诱导因子对煤巷顶板结构承载能力弱化分析指标的影响规律。张农等建立了低损伤连续梁控顶理论，该理论强调发挥围岩的时效自稳特性，及时构建顶板稳态岩梁，以达到双向、双态连续效果，实现顶板的小矿压、微变形和低损伤。靖洪文等认为深部巷道围岩控制的核心是确定支护对象并形成支护-围岩稳定结构，围岩的破裂膨胀及破裂后块体非连续变形构成的形变压力是巷道支护的对象。左建平等基于材料力学"等强度梁"概念，提出了深部巷道等强支护控制理论，通过"全空间支护、刚柔协同、让压释能、动态监测、局部加强"

的原则形成了全空间协同控制技术。

（2）深部围岩支护与加固方法

深部高应力巷道主要采用U型钢支护+锚索、锚网喷+锚索、锚网喷+锚索+注浆加固二次支护、壁后充填+可收缩式U型钢支架、网壳支架+壁后充填等联合支护技术，这些支护技术在工程实践中取得了显著的效果。针对深部围岩物性劣化问题，侯朝炯等系统诠释围岩强度强化、应力改善以及围岩改性加固机理对推动深部巷道围岩控制技术的作用，提出了深部巷道破裂围岩浅孔封隙止浆和深孔减隙加固的注浆技术。何满潮等研发了具有高强、高延伸率特性、可施加高预紧力的恒阻吸能锚杆，提出了恒阻吸能锚杆支护技术，并将该技术在深部高应力矿井进行了现场应用。康红普等提出了煤矿千米深井巷道支护－改性－卸压协同控制技术，研发了超高强度、高冲击韧性锚杆支护材料、微纳米无机有机复合改性材料及配套高压劈裂注浆技术、分段水力压裂卸压技术与设备，在深部煤矿巷道取得了良好的控制效果。张农等研发了不受巷道高度限制的柔性锚固技术，该技术通过高效长锚固作用实现围岩跨界支护，突破了复杂条件高密度锚杆锚索组合支护技术的瓶颈，形成了跨界长锚固大间排距单一支护技术。赵兴东等依据深部开采矿山动力灾害特征及现有释能锚杆的优、缺点，研制出一种新型J释能锚杆，建立J释能锚杆静止拉拔受力模型与动力冲击过程本构方程。王琦等建立了复杂条件围岩"随钻原位评价－主动高效支护－高强完整控制"的分阶段完整控制技术体系，提出了随钻原位测试评价分区、高强高预应力锚注支护、高强约束混凝土支护、装配式拱架机械化施工四项关键技术。

（二）采矿方法与工艺

1. 凿岩爆破

近年来，我国围绕大直径深孔爆破落矿技术和装备进行了深入的研究，先后试验和应用了垂直深孔全孔侧向爆破落矿、垂直深孔分段侧向爆破落矿、束状孔爆破落矿等不同形式的大直径深孔爆破落矿技术。当矿岩稳固性较差或者矿体形态变化较大，为了降低爆破扰动、减少矿石损失和贫化，可采用中深孔爆破落矿技术，目前国内采用中深孔落矿的矿山有金岭铁矿、李楼铁矿、金山店铁矿、大冶铁矿、寺庄矿、用沙坝矿、小寺沟铜矿、谦比希铜矿等。在国家倡导发展数字矿山、绿色矿山、智慧矿山的大背景下，智能爆破将是未来的发展方向。

（1）凿岩设备

数字化、智能化是深部凿岩设备的发展趋势，如中深孔凿岩设备有国产HT71、HT72液压凿岩台车、T100型、T150型潜孔凿岩台车等，国外阿特拉斯科普柯生产的Simba1250、Simba1350系列液压凿岩台车、Simba364型潜孔凿岩台车、山特维克生产的DL系列液压凿岩台车。田佳等为实现机械化大断面的连续施工，通过全电脑三臂凿岩台车的应用，使开挖炮眼精确定位、系统锚杆精准安装、施工信息同步上传等施工难题得以解决。李宏业等利用 Rocket Boomer 282 火箭式双臂液压凿岩台车凿岩来进行下部倒梯形进路开采。吴昊骏等结合我国地下矿山钻爆施工中凿岩台车的应用现状，定量对比评价了现场使用凿岩台车在钻孔精确度、钻孔效率、人员安全性、环保指标等方面的技术优势及问题。

（2）深地爆破破岩机理

坚硬矿岩的凿岩破碎机理方面，王少锋对机械刀具破岩、水力破岩、微波破岩、热冲击破岩等理论进行了阐述，并展望了深部硬岩破碎的发展方向。蒋邦友研究了深部复合TBM施工破岩机理，分析优化了相关围压控制参数，提出了深部岩爆分级治理措施。郑志涛提出超深孔柱状装药松动控制爆破技术，建立了考虑深部地应力作用下岩体爆生裂纹扩展判据。李彦良对冲击载荷下深部花岗岩损伤特性及破碎机理展开研究，认为高应力条件下冲击钻进比回转钻进损伤高 5~7 倍。

深部岩体爆破损伤研究往往无法进行现场试验，数值模拟分析便成为研究的重要辅助手段，模拟结果为同类条件岩体爆破施工提供了参考，对深部岩体爆破工程优化具有现实意义。如基于 FLAC3D、ANSYS/LS-DYNA 等数值模拟软件模拟深部岩体的爆破损伤规律研究。

（3）采矿爆破技术与工艺

1）深井大规模开采的炸药输送与混装技术：深井大规模开采对井下矿岩爆破时的炸药需求量巨大，矿山日常生产由地表向井下开采工作面运输炸药工作量大，随深地开采的深度增大、开采能力增大、开拓系统复杂化等，炸药深地运输难度提高。矿冶科技集团有限公司研究了不同剪切速率、不同温度的炸药原料剪切流变特性，采取多种炸药基质浓度配比，开展了炸药原料输送特性模型试验，掌握了炸药基质管道输送过程中的温度变化、析晶等特性，优化了乳化基质工艺配方，开发了管道末端降速、降压控制技术与装置，保证炸药基质的安全连续输送。杨民刚提出了一种无机械运动静压输送乳化炸药与基质的新型输送方式，对研究爆破炸药输送工艺及设备具有重要意义。蒋先尧结合炸药垂直输送系统在谦比希铜矿东南矿体的应用，阐述了炸药垂直输送系统的工艺流程和系统。现场应用表明，炸药垂直输送系统具有安全、高效、可以保证炸药质量的优势。程禹对水力输送过程不同停留时间的推进剂药粒进行吸水率分布测试并展开了烘干实验，分析了推进剂药粒在水力输送前后的热分解特性、感度特性和微观形貌。

炸药现场混装技术是通过混装车自身的定位系统和炸药流量计量系统，实现爆破区域内炮孔定位、定量装药现场混装作业。由于炸药各组分的比例实现了智能化控制，针对不同的岩体，可以动态调整炸药的密度、爆速等参数，使其波阻抗与岩石波阻抗相匹配，甚至可以在同一炮孔内装填不同密度、不同种类的炸药以适应不同的岩体结构，使炸药能量得以充分发挥，改善爆破效果。2019 年已达到现场混装炸药的产量 1.18Mt，占工业炸药总产量的 27.1%，同比增长约 8%，其占比将在"十四五"时期持续增加。近年来，国内乳胶基质的长距离输送技术、地下现场混装乳化炸药技术等也相继获得发展和应用，目前现场混装乳化炸药混装车已经在李楼铁矿、甲玛铜矿、首钢杏山铁矿、酒钢桦树沟铁矿等不同地质条件的大型地下矿山得到应用。

2）束状孔高效爆破技术：束状孔爆破是以由数个密集平行孔形成共同应力场的作用机理为基础的爆破技术。由数个间距为3~8倍孔径的密集平行深孔组成一束状孔，束状孔装药同时起爆，对周围岩体的作用视同一个更大直径炮孔的装药的爆破作用。束状孔爆破形成的共同应力场应力波波阵面具有一定的厚度，应力波峰值作用于岩石的时间更长、冲量更大、有效作用范围更广，爆破效果更好。传统分段采矿方法中分段内每次爆破2~3排炮孔，多次爆破才能完成单分段回采，爆破扰动次数多，采场暴露时间长，易导致采场垮塌并影响地表稳定性。对此，基于数个密集平行孔形成共同应力场作用机理，矿冶科技集团有限公司提出了中孔径束状孔爆破方案，揭示了束状孔双向组合漏斗爆破机理及爆破规律，研发了中孔径束状孔双向组合漏斗爆破高分段空场嗣后充填采矿法。

3）卸压爆破技术：针对地下深部高应力集中对矿柱、采场和顶底板的稳定造成影响，实施钻孔和爆破卸压，以帮助消散高应力和能量积累，从而营造更安全的开采环境。高玉兵等分析了深井高应力巷道围岩变形机制，提出一种深部巷道定向拉张爆破切顶卸压围岩控制技术，有效降低了爆破对围岩变形量及变形速率的影响。Christopher Drovera采用掌子面近似平行主应力布置炮孔，提出了一种大深度硬岩巷道开挖卸压爆破设计。Mitri认为通过对矿柱、采场和井底板等刚性和高应力区域进行钻孔和爆破，能够帮助消散高应力和能量积累，从而营造更安全的开采环境，并综述了卸压爆破的理论背景、效益、本构模型和实践。

4）爆破工艺参数优化：深部岩体爆破工艺及参数优化能够有效提高矿体开采的效率，以期解决生产能力小、安全性差、爆破效果差等问题。吴春平通过在深部巷道的单孔漏斗实验，确定了该矿相关爆破参数的最优值，为开采提供了有效的技术支撑。徐颖等研究了装药不耦合系数对初始地应力下岩石爆破裂纹扩展的影响。文兴由井下现场开展的单孔系列爆破、宽孔距同段爆破和斜面台阶爆破试验得到了深部采场爆破的优化参数。许梦国基于RES理论建立了岩石可钻性分级综合预测模型，据此优化了凿岩参数和工艺。

（4）非爆破岩理论和技术

1）深部硬岩矿山机械破岩掘进：为了解决TBM在硬岩、极硬岩隧道掘进过程中存在滚刀磨损、低掘进速率等典型掘进破岩难题，周子龙等通过优化滚刀参数、改良刀圈材料、涂覆刀圈涂层以延长滚刀使用寿命；通过优化滚刀布置设计、增加滚刀推力及扭矩、增设辅助破岩手段等措施提供掘进速率。陈新明等为改变竖井掘进方式，提高破岩效率，研发一种新型重力式竖井连续掘进机，并通过数值模拟及相似实验得到截齿的最优滚筒转动速度，以此加大岩石内部应力变化，削弱岩石内部结构承载力。林奇斌等通过改装RYL-600岩石剪切流变仪，采用预制节理水泥砂浆试件模拟节理岩体，利用声发射测试系统进行声发射的定位特征分析，研究节理岩体在双刃盘形滚刀作用下岩石破坏的全过程。张金良等通过试验得到随高压水射流压力的增加，TBM贯入度增大，贯入度指数减小；随刀盘转速的增加，高压水射流的辅助破岩作用减弱，研究成果可作为高压水射流辅助破岩TBM掘进参数选择的依据。

2）微波破岩：微波破岩是将微波作用于岩石上，将电磁场的能量传递给岩石，岩石介质分子由于反复的极化现象，在物体内部发生"内摩擦"，将电磁能转换为热能，使岩石温度升高，从而导致岩石在水分蒸发、内部分解、膨胀的共同作用下发生破坏。冯夏庭等通过对试样进行不同加热路径的微波辐射试验，认为采用高功率微波连续辐射岩石，借助于其产生的热应力使岩石崩开破碎的特点，这对于微波单独应用于开采中的破碎工艺及辅助机械破岩掘进等具有重要意义。李夕兵等使用改进的分裂霍普金森压杆系统对微波辐射砂岩试样进行了动态压缩试验，得到微波辐射可以有效地削弱砂岩的抗压强度；随着微波功率和加热时间的增加，泊松比先下降后略有增加，转折点出现在244.6℃；微波辐射会导致岩石脱水、孔隙膨胀和开裂。中国煤炭科工集团太原研究院有限公司发明了一种悬臂式微波辅助破岩截割机构、掘进机及微波辅助破岩方法，解决了现有镐形截齿破岩机理靠提高截割功率和增加整机重量以增加悬臂式掘进机破岩能力的方法已不能满足当前需要的技术问题。

2. 深地充填输送

在深井开采趋势的推动下，充填采矿法具有安全性能高、环境保护好以及矿石回收率高等诸多优势而得到快速发展，但作为充填过程的一个薄弱环节，管道输送的相关研究得到广泛的关注，尤其是管道输送的技术难点和输送工艺等方面。

众多学者基于室内试验和数值模拟结果研究了料浆流变和管道流动特性，并采用宾厄姆（Bingham）模型实现高浓度下的非牛顿行为和流变数据的拟合。此外，考虑固-液两相或固-液-气三相以及应力场和温度场的多场耦合理论研究逐步成为热点，Wu等采用凝胶点、压缩屈服应力和受阻沉降函数实现全尾矿料浆在深部的流变特性的表征；甘德清等利用COMSOL数值模拟软件分析高温环境下管流速度场特性，针对充填体流变性能的时变特征对充填料浆管输阻力进行定量计算。Qi等使用FA-GBT构建模型，实现压降的智能预测；王剑等提出考虑质量浓度、灰砂比、膨胀剂掺量的管输阻力新模型；李帅等基于H-B流变模型和絮网结构理论，实现了管输阻力计算公式推导。在数值计算方面，计算机流体动力学（CFD）仿真已经成为研究充填管道流体特征的重要技术方法，Liu等以CFD方法探究充填浆体的流动特性，并采用考虑水化反应后的混合模型进行验证；Dong等建立计算流体力学模型-混合物模型对不同弯道的充填料浆回填作业基础理论进行探索。

深井地下采矿充填物料需求量大，如何实现大流量高浓度长距离管道输送是深地充填采矿的关键，国内外学者在卸能卸压、管道磨蚀、智能监测等方面开展了系列研究，Creber等使用超声波测厚仪实现现场管道系统监测的突破；Gharib等建立三维数学模型来评价管道弯头内的流动和磨损特性；祝鑫等采用计算流体动力学数值模拟软件，开展充填输送管路阻力以及磨损试验。我国在该领域管道内部堵塞监测技术方面研究成效显著，王湃等基于自主研发的成像系统，实现充填管道的结块大小的检测和位置等三维分布信息的获取；Qin 等基于电容层析成像技术实现管道堵塞程度的衡量；宋学朋等引进多维云模型实现了充填管道堵塞风险预测；Xiao 等建立基于长短期记忆深度学习的 GHB 管道堵塞泄漏诊断模型，实现复杂的重力运输高密度充填系统的各种管道状态的精准识别。

3. 金属矿床采矿方法

深部开采导致的矿山灾害，如矿井冲击地压、巷道围岩大变形、岩层移动、采场垮落、底鼓及岩爆等，对深部资源的安全高效开采造成了巨大威胁，深部采矿方法的创新研究迫在眉睫。

（1）空场嗣后充填采矿法

随着各大矿山相继转入深部开采，充填采矿法已成为深部矿体开发利用的首选方法。空场嗣后充填采矿方法，兼具了空场法和充填法在的特性，在国内大型矿山应用广泛，廖九波等运用充填采矿法对鲁中矿业难采矿体进行方案设计，提出了预控顶高分段充填法的新思路，改善了因为应用崩落法而出现的地表塌陷和损失贫化等问题，对松软破碎的复杂矿体的开采具有重要意义。付毅等在福建紫金山金铜矿，结合大直径深孔采矿嗣后充填采矿法，成功实现了首例大段高、大跨度、全厚度一次性崩落的嗣后充填的应用。邵亚平等在喀拉通克铜镍矿，对充填体下作业的采场结构尺寸进行了优化，论证了下向中深孔空场嗣后充填采矿法的安全生产的可能性。丁林敏等通过对分段凿岩阶段出矿嗣后充填采矿法的应用，成功提高了试验采场的生产能力，达到 518t/d，降低矿石的损失率和生产成本，提高了矿山的经济效益。刘恺、王耀、赵杨等分别应用分段嗣后充填采矿法研究深部矿体开采顶板变形、生产效率及采场稳定性问题。刘玉明针对澳大利亚采深超过 1500 米的伊萨山铜矿，采用采场棋盘式布置、后退式回采的分段空场嗣后充填法，有效控制了深部开采地压。国内充填采矿技术在经过不断的吸收、消化、优化，在充填工艺的应用上，与国外的差距逐渐减小，甚至通过应用各种高精尖的技术，我国的充填技术会具备更高的回采效率。

（2）无矿柱连续充填开采

随着地下矿山开采规模的不断扩大、开采深度的不断增加，连续开采方法是解决这些难题的有效途径之一。根据连续开采的工艺环节和连续作业程度，连续开采划分为四个基本的层次，分别为矿房的连续开采（Ⅰ层次）、矿体（床）的连续开采（Ⅱ层次）、矿石的连续运送（Ⅲ层次）和全工艺过程的连续化（Ⅳ层次）。目前，国内大小规模连续开采试验研究都集中在第Ⅰ和Ⅱ层次。杨小聪等利用高强度尾砂胶结充填体和出矿底部结构的三角矿柱形成隔离层替代阶段间水平矿柱，通过合理的采场布置、回填顺序和充填方法，缩短了回采周期，减少了矿产资源损失，保证了充填质量；周英芳等针对蚀变岩型金矿床特点，提出了无矿柱梯段式连续回采充填采矿法方案，并验证了可行的采矿工艺、支护结构和参数、充填材料及工艺；冬瓜山矿床盘区采用无矿柱连续回采阶段空场嗣后充填法开采，董世华针对隔离矿柱回采时的开采技术问题，为进一步优化回采工艺，有效控制地压危害以及提高回采效率；董凯程等针对多中段连续空场嗣后充填开采的条件的矿体，通过合理的采场开采顺序布局优化，实现开采方向上的无矿柱开采，提高各中段及采场的生产效率，保障采场回采安全，缩短了回采周期。

（3）深井大规模充填开采

深井大规模矿山是指矿石产量超过1000万吨且开采深度超过1200米的地下金属矿山。近年来，我国已有一批深井大规模矿山到了开发利用的前期阶段或建设阶段，这些矿山生产规模都大于1000万吨/年，如思山岭铁矿、济宁铁矿、岔路口多金属矿、大台沟铁矿等，一些矿山设计首采深度达1200~1600米。出于环保的要求，我国深井大规模矿山均需采用充填法进行开采，国际上有很多超大规模（一些还是深井）矿山，但主要采用崩落法进行开采，如澳大利亚卡迪亚东铜矿、智利的埃尔特尼恩特矿、南非的帕拉博拉矿、瑞典的基律纳铁矿，以及正在建设的印尼格拉斯伯格矿、智利的丘基卡马塔矿、蒙古的奥尤陶勒盖矿等。采用充填法开采的深井大规模矿山主要有澳大利亚伊萨山矿、奥林匹克坝矿。一般深井大规模开采矿体厚度在50~200米，采用空场嗣后充填采矿法隔一采一的方案进行开采，大直径深孔爆破落矿，采场尺寸一般为18米×50米×60米。结合深井大规模开采的特点，总结出深井大规模开采的关键技术难题如下：①采矿方法工艺、采场尺寸及回采顺序，包括高应力底柱、间柱的回采工艺、采场的组织等；②深井提升与运输系统；③有效的通风和降温方式及系统；④深井大规模充填工艺及系统，超大规模充填料制备系统，如何减少管道磨损，钻孔的最佳深度，如何减压或泄压，采场的充填工艺等；⑤采动地压检测系统及有效的地压调控手段；⑥高应力条件下井巷及采场的支护和加固技术；⑦采矿自动化、智能化研究等。

（4）非爆机械化连续开采

在地下深部资源开采过程中，深部高应力存在着更利于岩石破碎的倾向，可以通过高应力诱导致裂和能量调控来促使原来易引起岩爆等灾害的高应力转变为能够促进机械刀具破岩的有用动力源，提高硬岩的可切割性，为深部硬岩矿体的非爆机械化连续开采提供有利条件。为此，李夕兵、王少锋等开展了深部高应力条件下机械刀具破岩特性、人为诱导缺陷硬岩可切割性、破岩扰动诱发高应力岩体动力灾害及控制以及非爆机械化采矿实践等研究工作，在现场监测开阳磷矿、凡口铅锌矿、湘西金矿和玲珑金矿等硬岩矿山不同深度诱导开挖岩体松动区厚度的基础上，提出了非爆机械化开采判据，并开展了悬臂式掘进机、挖掘机载铣挖头、挖掘机载高频冲击头和铲运机载高频冲击头4种机械破岩方法的采矿试验，发现基于多截齿旋转切割的悬臂式掘进机（平均工效为107.7 t/h）和挖掘机载铣挖头（平均工效为75.8 t/h）采矿连续性强，具有较高的采矿效率。杨小聪等开展了金属矿山悬臂式掘进机采掘配套设备选型研究，提出了掘进机、通风除尘和供电系统设备配套选型方法，选型后的 EBZ160 型悬臂式掘进机在金矿具有脆性断裂构造区的单日生产效率最大可提高 3.56 倍。国家电投遵义公司瓦厂坪、大竹园铝土矿引进并改进了综合机械化开采技术，优化"三机"配套和生产组织管理后，铝土矿综采工作面能实现日均产量近 2100 吨，为地下铝土矿安全高效连续化开采的探索了新方向。徐祖德、熊有为等通过研究机械在深部高应力下的破岩机理，阐述机械破岩装备以及硬岩致裂技术，实现了综合机械化采矿技术及工艺在深部矿体的具体应用。

（5）深部金属矿协同开采

深部开采是协同开采研究的典型问题，近些年来，国内已有大量的协同采矿方法被提出。其中，在深部协同采矿方法领域，古德生等基于深井高应力矿床的集约化、智能化和协同化，发明了一种深部矿床大矿段多采区作业链协同连续采矿方法，提高了采区内的智能采掘设备水平和生产效率，改善了矿区的安全作业环境；徐宇等针对深井高温提出了一种深井地热能协同采矿方法，通过在通风隧道下方设计处理地热的注入和生产通道，以同步冷却隧道围岩和开采矿井地热能，能以低成本控制热危害，实现同时开发矿物和地热能的双重目标；此外，诸多具有协同属性的深部采矿方法被提出，史秀志等针对深井高应力发明了一种深部高应力环境下自稳窿形采场布置采矿方法，该采矿方法将矿房断面形状布置为上部椭圆状、下部为堑沟倒梯形，将矿柱断面形状布置为上部拱形状、下部为堑沟倒梯形状，以形成自稳窿形矿柱。有效避免了传统采场规则长方体形布置带来的应力集中现象，为深部高应力矿床安全开采提供了有效安全保障；陈庆发等提出了一种临时顶柱诱导崩落与无底柱分段崩落组合采矿法，该方法通过在开采前期设置临时顶柱，后期借用高地应力进行诱导崩落回收临时顶柱，将深部高地应力变害为利，保证了采场的安全性，提高了矿石回采率、降低了矿石贫化率。

（6）高应力诱导破岩开采

深部矿山在开采中不断破坏原岩体应力平衡，导致的应力重分布可使采场和巷道因为应力集中而发生破坏。高应力导致的岩体的失稳问题随着采矿深度的增加会变得更加明显，也说明了地压破岩的可行性。因此，如何控制采动应力诱导矿岩自然冒落，利用地压破碎岩体，对于降低采矿成本有着很大的意义。

贵州开磷集团股份有限公司为了实现高应力磷矿资源的机械化连续开采，与中南大学合作设计了诱导致裂开采方案。该方案在待回采矿房内沿走向和倾向布置多条诱导巷道，引起巷道周边矿体应力高度集中，诱发矿体裂纹扩展而形成破裂区。采用钻孔电视对诱导破裂区进行实测，然后设计合理的切割方案开展磷矿体机械化开采工业试验，并统计切割矿量、效率、截齿消耗等多项数据。结果表明，基于地压诱导致裂的高应力磷矿体机械化开采是可行的。任凤玉等基于后和睦山铁矿倾斜破碎的中厚－厚矿体且矿体上薄下厚的赋存开采条件，提出了在 –50 米分段和 –150 米分段同时开采的双工作面诱导冒落开采方案，提高了倾斜中厚矿体的生产能力。曹建立等基于大岭西山菱镁矿浅部矿体受无序开采和盗采形成的多空区矿体条件，提出了在多空区矿体底部布置无底柱开采进路，作为回收和拉底工程，诱导多空区矿体破裂失稳，自然冒落的诱导冒落开采方案。张强等研究诱导卸荷与多截齿轮协同破岩理论和实验新方案，为深部矿山掘进提供理论基础。

4. 煤矿采矿方法

环境保护与煤矿开采可持续发展是当今时代的主题，是当代煤炭科技工作者的首要任务。过去几十年中，我国煤炭开采方式逐渐由房柱式采煤法、条带式采煤法，发展到以长壁采煤法为主，多种采煤方法为辅的格局。随着新理论、新装备、新材料的发展，多位学者组合已有的采矿方法的特点与优势，扬长避短，针对"三下"采煤、残煤复采、保水开采等工程，纷纷提出了多种新理论和新技术，取得了一系列成果。

有学者受到沿空留巷技术的启发，将条带式采煤法与部分充填采煤法结合起来，发展出了具有鲜明特色的新型采煤方法。戴华阳提出了"采 – 充 – 留"协调开采的概念，并采用相似模拟试验验证了该开采方法对地表下沉的控制效果。白二虎提出了"条采留巷充填法"，在条带煤体两侧利用柔性充填体充填沿空留巷，再对条带进行充填开采，通过建立力学模型，结合相似模拟试验，得出了直接顶初次垮落步距等。冯国瑞提出了一种充填率低、结构稳定性强、充填效果好的结构充填开采思想，研发井下一体化结构充填系统等三大结构充填开采的关键技术。张吉雄构建了深部采选充一体化矿井协同开采技术框架，建立了深部充填开采地表沉陷场计算模型，研发了深部充填开采地表变形多源井上下综合监控方法与装备。柏建彪明确了高水材料充填沿空留巷围岩分时分区强化机理，提出了高水材料充填沿空留巷围岩控制关键参数设计方法。屠世浩提出了满足不同充填控制要求的选择性开采技术理论框架，研发了"采选充 +X"一体化矿井选择性开采技术，构建了辅助决策支持系统。

无煤柱自成巷 N00 工法是我国自主创新的采煤新工法，该技术可充分利用顶板岩体的碎胀特性，进一步取消了沿空留巷中的充填体，通过预裂切顶的方式实现自动成巷。何满潮形成了切顶卸压无煤柱自成巷"平衡开采"理论与方法；郭志飚提出了切顶卸压自成巷方法瞬时碎胀系数和稳定碎胀系数的计算方法；杨军建立了无煤柱自成巷基本顶不同断裂位态力学模型，得出无煤柱自成巷巷内临时支护强度临界值；王琦针对深井高应力顶板破碎巷道控制难题，提出了高强锚注切顶自成巷方法，开展了该方法与传统留煤柱开采方法的模型对比试验与现场试验研究，明确了深井锚注切顶自成巷控制机制。

在兼顾安全和环保的前提下，主动解决煤矿企业负效应资源隐患问题同时（水害、高温热害），挖掘与发挥矿井正效应资源节能属性（包括深部水热、地热与瓦斯），成为煤矿开采方法发展的趋势。袁亮分析了我国深部煤层煤与瓦斯共采现状与面临的问题，指出了我国深部煤层煤与瓦斯共采发展对策；张波提出了一种基于深部充填矿井的矿床 – 地热协同开采方法，实现了深部矿床开采、空区治理、固废处置与可再生地热能开发的有机融合；曾一凡构建了一种集约型煤水热多资源正效协同开采模式，提出了以煤炭开采低碳零碳融合为核心的全生命周期煤水热共采技术体系。

煤矿深部开采面临开拓与生产系统布置复杂、产矸量增加、原煤提升效率降低等难题，同时煤流矸石井上洗选与地面排放、土地资源破坏及生态环境恶化也严重制约煤炭资源开发与矿区环境保护协调发展。因此，推动煤炭绿色高效开采是今后煤矿开采发展的长期方向。例如基于现代煤矿智能化理念，将物联网、云计算、大数据、人工智能、自动控制、移动互联网、机器人化装备等与现代煤炭开采技术深度融合，形成开采过程全面感知、实时互联、分析决策、自主学习、动态预测、协同控制，最终实现工作面无人操作的高效安全开采是今后煤矿开采的技术突破重点。若采用井下充填方法，目前涉及井下采煤 – 充填空间布局方法的相关研究主要是基于给定的开采条件，对于满足不同工程需求的采煤 – 充填空间优化布局系统决策方法仍有待进行深入研究。

5. 特殊采矿方法

（1）盐矿水溶采矿技术

盐岩是一种特殊的地质材料，是石盐等矿物的集合体。石盐的主要成分是 NaCl，属于晶体矿物。盐岩的结构致密、孔隙度低、渗透性低，具有良好的流变性质及独特的水溶开采及损伤自愈合特性。因此盐矿既是食用盐、工业盐（化工原料）等重要资源的生产来源，其水溶开采后形成的地下采空区也被国内外学者公认为是进行地下油气储备工程建设、压气蓄能电站建设、有害废物地质处置库建设及 CO_2 地质封存等最适合的地下储存空间。

针对盐矿水溶开采技术，从 19 世纪至今主要形成了三大类水溶采矿技术：单井水溶采矿技术、小间距双井水溶采矿技术和水平井水溶采矿技术。在具体的工程实践中需要根据目标矿井所在区域的地质条件，分别选用单井造腔技术、双直井造腔技术和水平连通井组造腔技术进行腔体建造。单井水溶采矿技术，该技术主要适用于盐层厚度大的矿床（一般盐层累积厚度在 80 米以上），主要通过正反循环、管柱提升、流量控制、界面控制来实现采卤区域控制，这种技术可使采空区形状较规则、稳定性好，但也存在单腔体积小、采卤速度慢、造腔周期长的缺点。小间距双井水溶采矿技术，在单井造腔技术的基础上增加一个辅助井，通过在两个井筒中清水卤水的反复循环，提高造腔速率和增加腔体容积，实现多夹层盐岩中造腔时的腔体形态控制。水平井水溶采矿技术，基于两井之间连通的水平井，通过控制注水方向、流量、油垫（或气垫）、两口距等关键参数对腔体形态进行控制，最终建造出一个水平方向的巷道式卧室腔体。该技术可以克服单井造腔的缺点，避开厚或巨厚夹层，选择夹层之间较纯的盐岩段进行造腔，在薄盐层中建造出一个形态好、库容大的腔体。另外水平井采卤技术还可以实施多井口连通（3 个及 3 个以上的井通过水平井连通），同时为了提升采收率还可以在水平井段实施水力压裂，提高水溶效率，但最后形成的腔体形态稳定性差，容易导致卤水渗漏和地表沉降等地质环境灾害。

（2）铜矿原位破碎浸出技术

我国铜矿就地破碎浸出技术起步相对较晚，在国家重点重大研发计划的支持下，我国先后成功开展了铜矿"浸出－萃取－电积"全流程室内探索实验、山西铜矿峪铜矿原位破碎工业试验与工业化应用等理论研究工作。我国矿冶科技集团有限公司余斌教授、山西中条山有色金属集团赵波、南华大学伍衡山教授等众多学者先后在氧化铜/硫化铜矿（生物）浸出动力学规律、溶浸过程溶液优先流形成发育机理、矿物界面损伤与微孔裂隙特征、微生物群落识别及其演替规律等领域开展了探索研究，相关科学认知进展显著。

（3）深部矿产原位流态化开采

谢和平首次提出"深地矿产资源流态化开采的颠覆性理论与技术构想"，其核心是由传统的"地下资源出地面"转变为"地下资源不出地面"，实现深地固态资源采、选、冶、充、电、气的原位、实时和一体化开发。流态化开采的定义是指将深地固体矿产资源原位转化为气态、液态或气固液混态物质，在井下实现无人智能化采、选、充及热、电、气转化的流态化开采技术体系。

深部原位流态化开采包括以下主要技术流程：①深部原位无人采掘。以深部原位无人智能盾构作业破割矿体，通过传送设施将矿物块粒传送至分选模块；②深部原位智能分选。通过重力分选，将矿产与矸石进行分离，并将矸石回填至采空区；③深部原位转化。在深部原位实现矿产资源的液化、气化、电化、生物化等系统流态化；④深部原位充填调控。对深部原位转化后的矿渣进行混合加工，形成充填材料回填采空区，用以控制岩层运动与地表沉陷；⑤高效传输与智能调蓄。深部资源通过原位转化，以流态化形式传输至地表，并结合深地热能利用，使传统矿山企业成为能源传输调蓄基地。

深部原位流态化开采的理论体系包含：①深部原位流态化开采动岩体力学理论；②深部原位流态化开采多场可视化理论；③深部原位流态化开采原位转化多场耦合理论；④深部原位流态化开采原位转化与输运理论。深部原位流态化开采关键技术体系包括：①深部原位流态化开采智能化技术体系；②深部原位流态化开采无人化技术体系；③深部原位流态化开采流态化技术体系。

深地原位流态化开采颠覆性理论与技术构想突破了传统的固体矿产资源极限开采深度的限制，从根本上颠覆了固体资源的开采模式。因此，为了实现深部固体矿产原位流态化开采，需要构建多项颠覆性的理论与技术体系。

（4）深地采选充一体化技术

深部金属矿山地下采选充一体化技术作为有色金属矿山开发新技术，是将矿废石提升、废石转运、矿石破碎、矿石选矿加工、充填及辅助生产设施等均布置在紧邻矿体的地层之中，进行系统式、集约式、原地式的开发，可有效兼顾金属矿产资源开发的经济和环保平衡，实现矿产资源可持续开发。

与深部金属矿山相关的地下采选充一体化技术主要包括深埋铁矿矿产资源地下采选一

体化技术和Python地下采选充一体化装备。对于深埋铁矿产资源地下采选一体化技术是将地下采、选一体化系统布置地表深部，依托采矿运输系统巷道阶梯布置并通过主提升井连通地表，地下选矿厂无单独提升井或风井直通地表，造成采、选作业易于交叉、人员、材料运输尤其是大件选矿设备运输、通风及生产管理等方面存在技术性困难。Python地下采选充一体化装备将矿石粗碎、磨矿、筛分及重选或浮选设备安置在可移动的钢结构基础之上组装成成套设备，该技术设备需要在地下狭窄的巷道内进行设备安装和选矿生产，其生产能力较小，难以适应规模矿山开发，存在技术障碍。

而对于在铅锌矿、磷矿开展的浅部地下采选充一体化技术是将地下采矿提升及废石转运系统工程、地下破碎系统工程、地下选矿厂系统工程、充填系统工程及辅助生产设施有机融合，在技术和生产管理模式上取得了突破，但浅部地下采选充一体化技术受现阶段矿业开发、产业政策等原因制约影响严重，导致实际项目落地困难。

（三）深地采矿地压灾害预警与防控

1. 深地开采工程灾害

（1）冒顶片帮

冒顶片帮灾害是地下深部采矿的常见灾害之一，据我国应急管理部统计，2017年全国非煤矿山生产安全事故总数中冒顶片帮占比高达64.77%，位居所有灾害类型首位。对于冒顶片帮灾害的相关研究进展主要体现在对事故演化特征与诱因分析、致灾机理分析、监测手段与稳定性评价方法等方面。

对于不同围岩状态、不同工况条件下的冒顶片帮灾害，其诱因与发展演化规律存在明显的差异性，往往需要开展针对性的分析。例如，王家臣等对于深埋厚冲积层薄基岩煤层垮塌进行分析，得出覆岩变形垮塌存在初始静止、慢速增长、快速增长和突变增长等不同演化阶段；涂敏等对弱胶结软岩回采巷道冒落问题进行研究，得出顶板下部产生较大拉应力是造成锚固拱整体失稳并形成锚固区外松脱型冒顶的原因；王红伟等对于大倾角煤层断层带回采巷道顶板在倾斜层面和断层面交汇处出现"三棱柱"冒落体以及近断层巷道边帮中上部出现煤壁片帮的问题开展了研究，得出顶板的变形可划分为线弹性变形阶段、黏弹性变形阶段及塑性变形破坏阶段，顶板冒落是巷道支护与非对称变形的不协调所致。

对于浅埋岩层，前人们提出了铰接岩块假说、预成裂隙假说、"传递岩梁"理论、"砌体梁"理论、岩板理论、"S-R"稳定理论、关键层理论等多种顶板稳定性分析方法，可认为浅埋岩层顶板冒落的机理是以类似于梁、板等结构性破断为主。然而，对于深部岩体，其长期处于高地应力的环境下，岩石将表现出更强的流变和蠕变特性，其破坏往往伴随着较大的塑性变形。张廷伟等针对深部矿山巷道围岩的冒顶、片帮和底鼓等灾害进行了机理分析，得出工作面开采扰动引起的巷道围岩应力场重分布以及主应力方向旋转，导致巷道周边围岩出现的"蝶形"塑性破坏是冒顶片帮灾害的本质原因。此外，对于深部的节理岩体而言，岩体变形是由岩石介质变形和岩块在边界面（结构面）附近区域以及岩体的弱化区（裂缝处）的变形组成。因此，深部节理岩体在动力扰动作用下极易发生低摩擦效应，并诱发滑移型冒顶边帮灾害。潘一山等分析了高地应力和开采强扰动作用下深部节理岩体的滑移失稳过程，指出动力扰动作用下块系中的摆型波传播以及结构面的低摩擦效应是岩块系统发生失稳冒落的本质原因。王明洋等也针对深部岩石块系变形特征以及超低摩擦效应的产生机制开展了研究，并逐步发展了非线性岩石力学的分支学科块系构造岩体力学，认为结构面超低摩擦效应与深部节理岩体受扰失稳的本质机理是岩石块系在扰动作用下的准共振响应。总体而言，近年来的相关研究，在一定程度上揭示出深部岩体与浅部岩体中冒顶片帮灾害的发生机理存在明显差异性，相关成果可为深部工程中冒顶片帮灾害的防治工作提供有效的理论支撑。

此外，为有效避免深部岩体工程中冒顶片帮事故的发生，迄今发展了多种顶板稳定性监测手段与评价方法。在现场监测方面，微震监测仍是近几年较为广泛采用的监测手段，此外还包括分布式光纤监测、激光扫描、钻孔电视等其他监测手段。在顶板稳定性评价方面，目前多以人工神经网络、贝叶斯网络、模糊评价法、层次分析法、灰色关联分析、和谐度评价、可靠度分析等数学统计方法或人工智能方法为主的评价模型，其次是基于突变理论等系统学的评价模型。

（2）岩爆

岩爆是一种因弹性应变能急剧释放而诱发的动力灾害。自20世纪七八十年代，国外开始开展微震监测技术的研发及应用研究，并将其应用到矿山岩爆监测预警研究中。近几年，国内研发了多套具有自主知识产权的微震监测系统，如东北大学与中科院武汉岩土所联合研制的微震监测系统、安徽万泰的微震监测系统、矿冶科技集团微震监测系统等，在灵敏度、响应频率、采样率等指标已达到IMS、ESG等国外主流微震设备指标水平，能够满足矿山、隧道、水利水电等工程岩爆监测的需求。同时，东北大学开发了岩爆数据库管理系统，实现了多工程管理、数据自动处理、岩爆预警等功能，为岩爆智能监测预警提供了参考。

岩爆分类是岩爆预测的基本依据之一。目前较具代表性的岩爆分类主要有依据岩爆强度特征分为强烈、中等、轻微岩爆的分类方法，依据诱发扰动相对时间关系分为即时性岩爆、时滞性岩爆的分类方法；依据发生部位与力学机制分为应变型、结构面滑移型、矿柱岩爆的分类方法等。2021年东北大学岩爆课题组在现场监测中发现，岩爆空间相对关系与巷道走向密切相关。部分岩爆沿巷道断面径向多次发生，部分岩爆沿巷道轴向多次发生，据此提出了径向链式岩爆和轴向链式岩爆的概念，进一步丰富了岩爆分类方法。

岩爆机理研究一直是岩爆研究的核心。近期文献逐渐由单轴、双轴加载条件下岩爆机理研究向真三轴应力加载与动静组合加载条件岩爆发生孕育机理研究过渡。随着模型制作、实验加载、现场监测等技术的发展，岩爆影响因素、岩爆发生过程的研究也更精细。

岩体层理产状、孔隙结构及结构面等对岩爆的影响越来越明晰，梯度应力、卸荷路径、动力扰动等因素也逐渐引起重视，岩爆结果也越来越可靠。但截至目前，由于工程岩体地质条件与真实卸荷路径的复杂性，岩爆机理研究与现场实际仍存在一定偏差。

岩爆预测一直是国内外学者的研究热点。常见的岩爆预测预警方法可归纳为指标判据法、数学模型法和现场监测法等。指标判据法主张采用岩爆影响因素表征岩爆发生机制。近几年的文献研究多从应力、能量出发提出评估指标，如能量释放率、岩爆潜能指标、破坏接近度、相对能量释放指数、超剪应力指标、失衡指数、脆性剪切率、峰值强度应变能指标、应力强度比与峰前峰后应变比乘积的岩爆风险指标等，更重视应力条件与岩体储能特性对岩爆的影响，而且通常考虑多个因素。数学模型法多基于岩爆案例或综合指标判据采用建模方法建立的综合预测预警方法。在传统人工神经网络、支持向量机、模糊数学、灰色系统等方法的基础上，越来越多的几种方法联合方法或改进方法被用于岩爆的预测预警研究，如改进综合赋权法、改进层次分析–物元可拓模型、主成分分析和改进贝叶斯判别法、支持向量机和增强学习算法等。同时，随着大数据技术的发展，基于云模型的岩爆预测预警研究逐渐增多。现场监测法关键在于获得岩爆孕育过程的有效监测信息，通常多采用微震法，近几年电磁辐射法、红外观测法偶见报道，一般多用于辅助监测。据不完全文献统计，岩爆预测预警研究中数学模型法的比重超过一半。

（3）冲击地压

长期以来，冲击地压一直是岩石工程和采矿工程领域研究的热点和难点问题。在冲击地压发生机理方面，学者们围绕巷道冲击地压发生的介质属性、应力环境、能量条件、力学模型、判据与破坏准则等，先后提出强度理论、刚度理论、能量理论、冲击倾向性理论、"三准则"理论、变形失稳理论、三因素理论、应力控制理论、动静载荷叠加诱冲理论、扰动响应失稳理论、冲击启动理论等经典的冲击地压发生理论。近些年来，学者们开始认识到动载荷对冲击地压发生具有重要作用，朱万成等指出动态扰动是触发岩爆的最重要机制之一，动态扰动的贡献与静载地应力条件和动载波形密切相关。王恩元等研究了工作面煤岩体破裂造成的冲击破坏效应，推导了煤体压剪破裂引起的震动位移场远场表达式。朱建波等分析了矿震扰动导致的围岩性能劣化与围岩结构变化对冲击地压的影响，基于矿震扰动载荷应变率阐明了研究矿震诱发冲击地压的理论基础。齐庆新等建立了应力流的计算公式，实现了对冲击地压"三因素"中应力因素的量化。

冲击地压危险性预测初期主要通过工程类比，采用综合指数法、可能性指标法、应力集中评价法及多因素耦合法等，对采动区域危险等级进行静态评价；采用岩石力学方法，通过钻屑法监测及煤岩体应力监测对冲击地压危险性进行动态监测；随后，微震、地音、电磁辐射、声发射、地震波CT反演等地球物理方法广泛用于冲击地压危险性动态监测，并且逐步发展了多参量指标综合监测预警技术，例如，"震动场–应力场"耦合一体化监测预警等。近年来，学者开始将机器学习应用于冲击地压监测预警，包括冲击危险性评价、冲击地压微震信号处理等方面，开展了直接利用数据驱动与物理驱动的方法进行冲击地压时间区域定量预测。

在冲击地压防控方面，经过近40年的理论创新和实践总结，已经初步建立了区域防范、局部解危相结合的冲击地压防治技术体系和"区域先行、局部跟进、分区管理、分类防治"的防治原则。区域防范措施主要是通过合理的开拓部署、采煤方法选择、煤柱尺寸优化以及保护层开采等技术，实现大范围采场低应力状态开采，重点调控冲击地压灾害孕育的应力环境。局部解危技术属于冲击地压防治的跟进性措施，是针对高应力集中或监测异常的局部区域进行卸压的手段，主要是通过煤层大直径钻孔卸压、煤体卸压爆破、煤层注水、顶板深孔断裂爆破和顶板定向水压致裂对煤层、顶底板进行物性弱化与结构调控，降低局部应力集中程度。随着巷道防冲支护技术与装备的发展，冲击地压的防治逐渐由传统的控制"孕育－启动"阶段，发展到调控"孕育－启动－停止"全过程，实现了冲击地压的全过程防治。近年来，在前期研究基础与现场实践，学者们提出了冲击地压源头防治思想，地面压裂作为冲击地压主动源头防治的区域性措施，采用"先压－后采"模式将防治工作由井下扩展至地面，有利于实现应力环境大范围调控。

（4）挤压大变形

由于深部软岩的低强度、易变形及难支护等不利工程特征，使得在施工前期及巷道开挖和资源开采阶段均需进行岩体大变形和挤压势的估计，不仅有利于采取相适应的施工技术、理论分析方法及灾害防控手段以维持工程稳定性，更有利于保证深部作业的高效和安全性。针对矿山大变形灾害，近年来许多学者对挤压大变形发生机制、评价及防控开展了广泛研究和讨论。丁秀丽等针对围岩大变形机制和预测开展了系统研究工作，总结归纳了典型大变形洞室的发生条件，认为高地应力和地下水作为赋存环境，软弱岩体、薄层状岩体、遇水软化泥化岩体、蚀变岩及半成岩作为地层条件，经协同或单独作用，形成多种引起围岩大变形的发生条件，进而归纳总结得到8种基于赋存环境和地层条件的围岩大变形发生机制。刘泉声等针对深部巷道软弱围岩的破裂碎胀大变形预测及围岩控制存在的难题，采用了有限元与离散元耦合程序（FDEM）数值模拟方法，发现巷道的大变形主要是由于围岩的破裂、碎胀造成的，浅部以拉伸破坏为主，向深部过渡到剪切破坏。吴爱祥等为解决井下软弱破碎围岩巷道的支护问题，以巴鲁巴铜矿580米水平运输巷道为研究对象，认为应力集中、围岩软弱破碎、支护强度低以及水的影响是巷道变形的主要影响因素。黄炳香等从力学本质和工程应用的角度明确了巷道强采动和大变形的概念，提出了强采动和大变形的量化评价方法，基于深井强采动巷道围岩所处应力环境及其大变形特征，初步提出了深部采动巷道围岩流变和结构失稳大变形理论框架，其核心思想是巷道围岩结构运动、围岩劣化、梯度应力和偏应力诱导围岩裂隙扩展、软岩流变与结构性流变大变形、破裂岩体长时扩容。

挤压大变形的控制经历了从被动到主动、从端锚到全锚、从单一到组合发展历程，并由此形成了围岩高预应力支护、耦合支护、让压支护及协同支护理论与技术。如高强度、高刚度、高可靠性和低支护密度"三高一低"强力锚杆支护理论与技术，锚杆（索）+钢带+金属网和局部注浆（喷层）等支护构件与工艺优化组合的锚杆耦合支护技术，基于恒阻大变形锚杆、高强让压型锚索箱梁等结构的让压支护技术，锚索钢梁桁架系统、锚杆斜拉锚索梁等组合结构的锚索梁支护技术，锚杆（索）+注浆（喷层）或注浆锚索一体化结构的锚杆注浆联合支护技术及锚杆（索）+U型钢支架/钢管混凝土支架的主被动结合支护技术等。康永水等对我国现阶段软岩支护的研究进展做了系统的总结，从5个方面概括分析了软岩大变形灾害控制技术与方法的研究现状，包括：①以改进型刚性或可缩性支架、复合型衬砌为代表的被动支护方法；②以高强预应力锚杆、锚索为代表的增强型主动支护技术；③以注浆改性为主导思想的软岩改性技术；④让压技术；⑤多重改进方法联合支护技术。何满潮等研发了具有NPR结构的新型恒阻大变形锚杆/索实现大变形有效控制。

（5）突水

深部采矿面临复杂地质环境，常赋存高压地下水和高地应力，矿井水害已成为深部采矿面临的主要灾害之一，其呈现显著的超高水压、超大流量、高隐蔽性、强突发性和强破坏性特点，且突水影响控制因素和类型复杂多变，其相关研究主要体现在突水类型、突水机理、突水预警与突水防控等方面。

突水类型大致可分为顶板、底板、井筒、构造破碎带及老空突水等。顶板突水是采场冒落带、裂隙带或构造带劣化波及顶板含水空间诱发突水；底板突水则是下伏承压含水层水体突破隔水层涌入采场；井筒突水则是深部采矿建井中，井筒施工穿越破碎带和富水地层时造成涌突水；断层突水则是采掘工作扰动、揭露具有导水性能的断层带及岩溶陷落柱等，造成水体突入采场；老空突水则是采动导水裂隙波及老空积水区或隔水煤岩柱抗破坏能力不足造成积水涌出。

而由于矿井突水源头和类型的不同，其突水机理也复杂多变。但总的来说，其本质是由建井、矿产资源开挖过程中，采动应力诱导岩体发生损伤破裂、导水裂隙萌生扩展，进而改变围岩渗流场分布造成的。在岩体结构、采动应力与水环境等多重因素作用下造成区域岩层渗透率的突增演化，引发岩层内水体由渗流至管流转变，且呈现出时空性发展，造成瞬时型或延迟滞后型等多变的突水灾害，其包含了破碎岩体线性与非线性渗流、应力－渗流耦合及蠕变－冲蚀耦合突水等多种演化机制。

在突水灾害预警理论与技术手段方面，近几年发展形成了"突水危险性智能评价、突水智能预测预警"等先进方法。首先，从水岩相互作用下的岩体渗透变形破坏、过水能力演变原理出发，融合水文地球化学、水文信息及其大规模数值计算、多评价模型，利用聚类分析、随机森林模型构建及强化学习等方法，发展了基于多因素、多指标综合系统的人工智能动态评价；其次，从捕捉采场水文、围岩失稳以及水岩温变等前兆特征出发，融合矿井地质构造劣化、顶底板破坏及水文等多参量的实时监测信息，利用大数据、云计算方法逐渐发展应用了采动灾害监测智能预警云平台。

对于突水灾害防治技术手段，防治水工作由过程治理转变至源头预防，局部治理转变至区域治理、井下治理转变至井上下结合治理，措施防范转变至工程治理、治水为主向的治保结合，形成了"探、防、堵、疏、排、截"等系统措施。重点发展了以钻孔瞬变电磁、钻孔电法及井下定向钻孔的近距离探查，以透明地质模型的随钻、随掘、随采过程中地质、水文地质信息动态判识，结合整体区域注浆等完成岩层改造等技术，以及基于灾情监测向量使用随机森林模型等灾后研判预测、高速抢险泵充分抽排水等。

（6）煤与瓦斯突出

煤与瓦斯突出是一种极为复杂的动力灾害，在短时间里煤层突然向外喷射大量的煤与瓦斯，并伴有严重的动力效应，给煤炭资源的安全开采和矿工的生命安全造成极大威胁。随着我国煤矿开采深度的增加，煤矿突出危险性日趋严重复杂，突出灾害事故仍时有发生，迫切需要提升煤与瓦斯突出防治理论与技术的认识水平。

目前，我国对于煤与瓦斯突出理论的研究日益深刻，煤与瓦斯突出灾害防治取得了显著成效。在突出机理方面，许江等分析了突出过程中的温度－气压－应力体系演化过程，推导出多变过程中瓦斯膨胀能的计算方法并探讨了突出过程中的能量演化。程远平等为了揭示构造煤与突出的内在关系，对构造煤与原生煤的孔隙结构、甲烷吸附、解吸、扩散、渗流和力学性质进行对比，并结合突出能量进行了定量分析。梁运培等梳理了突出发生机理的研究进展，指出地应力、瓦斯、煤体物理力学性质仍是防治突出的关键三要素，预测和预警的指标仍以此为基础。舒龙勇等将煤与瓦斯突出机制研究与工程结构相结合，提出煤与瓦斯突出的关键结构体模型，通过理论分析建立煤与瓦斯突出启动的力学判据和能量判据，形成煤与瓦斯突出关键结构体致灾理论。蒋承林等从自然辩证法的角度，界定了突出机理、突出预测技术、突出预测设备及工艺，以及突出预测实践的研究范围、任务和要求，厘清了煤与瓦斯突出机理与突出预测的关系。

物理模拟试验是重现煤与瓦斯突出演化过程、探究突出发生机理的重要途径。袁亮院士团队确定了同时考虑力学模型和能量模型的煤与瓦斯突出物理模拟相似准则，自主研发了一套大尺度真三维煤与瓦斯突出定量物理模拟试验系统以开展突出机理定量化研究。李术才院士团队研发了可考虑不同地质条件、地应力、煤岩体强度、瓦斯压力和施工过程的大型真三维煤与瓦斯突出定量物理模拟试验系统，可实现三维气固耦合条件下石门揭煤诱发煤与瓦斯突出试验模拟。许江等利用多场耦合煤矿动力灾害大型物理模拟试验系统，探究突出煤－瓦斯两相流在不同巷道布置方式下的动力学行为。唐巨鹏等自主研发真三轴煤与瓦斯突出试验系统，分析煤与瓦斯突出孕育阶段煤体破裂规律，探讨深部和浅部突出发生机理的差异，并指出高压瓦斯是突出发动和煤体破碎、粉化的主要能量来源。王恩元等自主研发了可实现煤样一次性成型、渗透性测试和煤－瓦斯两相流可视化等多功能于一体的煤与瓦斯突出模拟试验系统，可开展突出煤 – 瓦斯两相流运移规律及其受煤样渗透性控制作用研究。卢义玉等研制了深部煤岩工程多功能物理模拟试验系统可实现复杂地质条件构建、气体连续供给、自动模拟开挖和实验数据实时监测等功能，在煤与瓦斯突出应用上还原了真实的突出过程。

在突出危险性判识和防控方面。突出危险性判识主要存在危险性预测和监测预警两个方面。危险性预测是利用现场探勘及施工钻孔获取的相关静态指标参数对煤层、煤层区域及局部工作面危险性进行评价，主要有单指标、综合指标及多属性指标非线性理论预测方法。危险性动态监测预警主要是利用现场监测系统获取的连续数据对采掘工作面局部区域的危险性进行实时预测预报，主要包括瓦斯浓度监测预警法、地球物理监测预警法及声电瓦斯综合监测预警法等。为提高突出风险区域的可视化效果，建立了突出预警系统平台，实时显示监测数据、区域风险评价及分级预警结果，对于制定科学的突出防灾救灾措施具有直接指导作用。突出防控始终坚持"区域综合防突措施先行、局部综合防突措施补充"的原则，开展两个"四位一体"防突综合技术措施，至今形成了完善的防控技术体系。区域防突措施方面，主要包括保护层开采技术与大面积预抽煤层瓦斯技术两类，在多煤层增透卸压和大面积消突效果上具有显著的效果。局部防突措施方面，建立了预抽瓦斯、超前钻孔、水力化措施、无水化措施以及深孔预裂爆破等成熟的具有强化瓦斯抽采增透效果的工作面防突技术体系，通过降低煤层外在应力和改变煤体自身力学特性，改善了煤层透气性，实现了瓦斯的高效抽采。目前提出的区域、局部防突措施已在我国突出矿井进行了有效应用，解决了众多瓦斯灾害防治难题。

2. 灾害预警与防控

（1）深部地压新型监测方法

深地采矿工程赋存地质环境极端复杂，高地应力、高地温、高渗透压等问题突出，与浅部地层相比，地质灾害发生频率更高，成灾机理更为复杂。地压监测是防止地压灾害诱发安全事故的关键手段，由于地压灾害的孕育、发生常伴随应力、电磁辐射和微震事件的异常变化等，所以这些信息为实现地压灾害的监测预警提供了基础。

针对深部巷道大变形失稳灾害和采场上覆岩层垮塌灾害，李延河等研制了一种准分布式大量程应变传感器光缆，实现了围岩内部变形测点的米级间距布置；李文平、胡涛、张平松等将分布式光纤应用于采空区覆岩变形监测。

针对深部突涌水灾害，靳德武等以底板"下三带理论为基础，提出集多频连续电法充水水源监测、"井 – 地 – 孔"联合微震采动底板破坏带监测为一体的煤层底板突水三维监测技术思路"；王朋朋等针对深部带压开采工作面区域注浆治理后底板突水仍频发的难题，提出了顶板水力压裂卸压以及底板微震监测、采动应力监测、围岩变形监测和承压水水位监测等多参量监测方法。

针对岩爆和冲击地压灾害，张俊文等提出了应力 – 电磁辐射 – 地音 – 微震监测构成的多元监测预警体系，以实现对采区范围内巷道、采场及覆岩结构破裂的多尺度监测。舒龙勇和Zhou等基于多场冲击地压机理，研发了双震源一体化应力探测及煤岩电荷监测装备、煤岩电荷监测系统以及冲击危险应力连续监测预警技术及装备；谭云亮等提出了以深部开采冲击地压类型为导向的监测预警及组合式卸压解危方法，研发了钻孔施工与监测预警同步一体化技术；陈结等使用工作面实时微震数据、巷道实时应力、地震CT-微震等相关参数，对工作面冲击地压危险性等级进行动静态协同综合实时评价；李德行等利用自主研制的矿用微电流监测仪，开展现场冲击地压测试，验证了微电流法在煤岩体应力观测和动力灾害监测预警中的可行性。

针对深部煤与瓦斯突出灾害，何学秋等提出了微震实时监测与震动波CT探测相结合的区域动态监测新方法，突破了传统区域预测手段在时、空维度上的局限；王恩元等发明了便携式声电监测仪、声电瓦斯实时监测预警突出方法及在线式声电监测传感器和系统，实现了煤与瓦斯突出的综合、实时、自动监测预警。

国内深部灾害监测目前通常以微震监测为主要方法之一，并根据不同灾害类型及孕育特点，结合其他监测手段，逐渐发展成多元、多尺度的灾害监测体系。此外，分布式光纤因其传感器体积小、重量轻、耐腐蚀、可长距离及分布式监测、抗电磁干扰、灵敏度高，等特点，在矿山监测领域开始了初步应用。

（2）深部地压灾害监测预警技术与平台

深部地压灾害监测预警技术与平台是岩石力学、信息工程领域交叉融合的产物，旨在揭示多源多模态监测大数据与岩体损伤破裂的映射关系，建立采场灾变判据与预警系统，防止或减轻灾害造成的损失。

针对瓦斯突出、突水等灾害，郝天轩等采用霍尔特指数平滑法开展实时监测的瓦斯体积分数的数据清洗，以提高监测数据的准确性和完整性，基于BP神经网络模型，完成了监测数据的特征提取，以此搭建了煤与瓦斯突出预测预警Hadoop平台，实现了瓦斯体积分数大数据的动态挖掘与瓦斯突出的高精度预警。高建成等以工作面与断层下盘距离、与应力集中距离、动力现象与瓦斯涌出量等为突出预警指标，搭建了集监控预警综合数据库、采掘进度管理子系统、地质测量管理子系统、防突动态管理子系统、瓦斯地质分析子系统、瓦斯涌出分析子系统、预警信息查询网站、预警短信发布子系统、突出预警管理平台于一体的深部矿井突出综合预警平台，形成了完善的安全保障机制。王恩元等分析了瓦斯灾害与风险隐患的大数据特征，提出了基于安全监测大数据的瓦斯灾害风险隐患识别与突出危险性预警方法，研发了煤矿瓦斯灾害风险隐患大数据监测预警云平台，实现了煤矿瓦斯灾害风险隐患大数据监测、自动识别、预警和结果分级推送等功能。

针对突水灾害，毕波等采用聚类分析、随机森林等算法，实现了各矿井的突水风险区域的识别，进一步结合温度、流量、水位、水质等参数的高精度传感器，构建快速准确突水预警系统，实现了矿井出水点的智能监测，为实施防治水措施提供快速、可靠的依据，极大地避免矿井发生突水事故和减少突水事故产生的损失。侯恩科等依据开采地质条件评价预测结果、隐蔽致灾因素普查结果和水文、瓦斯等实时监测数据，搭建了煤炭安全智能开采地质保障系统，实现了水害、瓦斯等灾害的实时预警，为工作面安全开采提供灾害保障。

针对冲击地压、岩爆、冒顶片帮等动力学灾害，冯夏庭等基于微震监测技术，建立不同类型岩爆发生位置和强度的定量预警模型与软硬件系统，在国内外得到了广泛的应用。窦林名等基于GIS技术、云技术、采矿地球物理等技术，实现了微震、应力、钻屑等多源监测数据的云端化集成，建立了多场多参量综合预警体系与预警模型，克服了单一监测指标预警效能较低弊端，由此搭建了冲击矿压风险智能判识与多参量监测预警云平台，实现了由点、局部、单参量监测至区域多场多参量综合预警的转变。何学秋等基于遗传算法智能寻优的优点，建立了一种集微震、地音、应力、电磁辐射等多源信息监测系统及"时-空-强"预警参量的预警模型，实现了预警参量阈值与权重的优选，进一步搭建了冲击地压多参量集成预警模型及智能判识云平台，实现了理论的落地与推广。陈结等分析了数据驱动和物理驱动模型的优缺点，提出了一种基于物理及数据"双驱动"的冲击地压灾害预警技术，实现了基于物理驱动模型的冲击风险实时评估与基于数据驱动的冲击风险超前预测，并基于Unity3D软件开发了相应的冲击地压三维智能预警平台，实现了冲击地压风险特征信息的动态智能预警预测和危险区域的三维可视化显示。袁亮等开展了冲击地压孕育机理与风险判识及监测预警等技术研究，建立了井下传感器数据的多元海量动态信息的聚合理论与方法，提出了基于漂移特征的潜在煤矿典型动力灾害预测方法与多粒度知识挖掘方法，构建了基于大数据分析和数据挖掘的煤矿动力灾害风险判识和监控预警模型，搭建了煤岩动力灾害多参量监测预警系统，实现了煤矿典型动力灾害隐患在线监测、智能判识、实时预警。朱万成等讨论了监测数据挖掘与数值模拟分析驱动的灾害预测方法的优缺点，提出了一种现场监测和数值模拟相结合的灾害预测预警方法，解决了监测数据驱动模型机理表征难、预警结果不可靠及数值模拟模型物理边界不确定性强的问题，在此基础上，基于云计算、物联网等技术，搭建了现场监测和数值模拟相结合的金属矿山采动灾害监测预警云平台，形成了一套可复制的地质灾害预测预警架构，在新城金矿、阿尔哈达铅锌矿等矿山得以应用推广。

（3）地压灾害防控技术与装备

深部矿山地压灾害的防控随着采矿工序的进行有着明显的变化。采矿设计阶段需要重点考虑采矿方法、巷道布置、矿柱尺寸设计和采场开采顺序的优化；在掘进施工期间要合理选择开挖方式、控制爆破效果，如在岩爆地段尽量采用钻爆法施工、短进尺掘进、减小药量等，同时，会在本阶段采取一系列控制技术进行危险区域地压灾害的防控，例如以超前卸压孔、周边爆破卸压技术为代表的超前卸荷技术，此外以浇水软化、钻孔均匀注水为代表的围岩能量耗散技术也广被接受；在防护加固阶段的主要技术是各种锚固手段，按照不同的地压等级有着针对性的锚固方案，但总体上有着由单一支护向"锚－网－索－喷"多方法联合支护方向发展的趋势。何满潮针对深部岩体大埋深、高应力的特点，提出了地下工程开挖补偿控制理论，该理论从围岩应力角度出发，强调对开挖后岩体施加高预应力以补偿开挖卸荷，实现围岩－支护的共同作用，为深部采矿科学的发展提供了新思路。冯夏庭揭示了不同类型岩爆孕育过程的机制和不同施工方法诱发不同类型岩爆的微震演化规律，讨论岩爆估计方法和基于微震信息的岩爆区域和等级的定量预警方法，给出不同施工方法诱发不同类型岩爆的动态防控技术。潘一山建立了三级支护防治冲击地压理论，提出在远场降低应力和近场围岩降低冲击倾向性基础上，根据矿井最大释放能量设计三级支护参数，实现巷道防冲要求。一些学者从地压防控数字化的角度出发，提出了"开采环境模型－多源实测数据感知－分析与反分析判别－开采工艺调整－地压实测反馈""分类－评价－解危－预警－检验－支护－管理"等新型深井开采地压动态调控模式，此类方法将机械化、智能化的手段引入地压控制之中，成为当下地压防控技术的主流发展方向。

特别地，煤矿与非煤矿山在地压防控中有两点显著区别，一方面煤矿的矿岩控制技术更加多元，除了上述提到的以外，煤矿中还会采用煤体（层）注水、区域的煤体（层）预卸压、顶底板预裂、顶底板大直径钻孔、弱化断层煤柱、人为爆破放顶等煤岩体的结构弱化等措施；另一方面，在煤矿的支护中液压支架起着十分关键地压防控作用，支护方式多为锚杆主动支护和钢架棚被动支护相结合。

新型支护设备主要集中在新型锚固装置的研发上，例如何满潮等自主研发了恒阻大变形锚杆、锚索；潘一山等研制了新型防冲吸能巷道液压支架；CRM600锚杆材料不仅能够满足常规巷道支护的要求，在冲击载荷作用下表现出优越的瞬时延伸性能和吸能能力；抗冲击锚杆、吸能"O"形棚、吸能液压支架为主体的"三级吸能"防冲支护体系也在积极的探索中。

（四）超深矿井建设技术与装备

井巷工程作为进入深部开采的安全通道是进入深部开采的咽喉，因此，深部矿井建设关键技术是实现深部矿产资源开采的重要技术支撑。在超深竖井建设方面，我国还处于初步发展阶段，当前我国已经完成施工的千米以上竖井深度基本在1200米左右。随着未来勘探技术水平的提高，深部矿体逐步被发现，在未来15~20年，我国超深竖井建设深度主要集中在1500~2000米。

我国竖井施工工艺与设备发展历经竖井建设初步发展（1949—1973年）、三部（煤炭部、冶金部、一机部）竖井施工机械化配套科研攻关（1974—1982年）、竖井短段掘砌混合作业施工配套设备研发（1983—2005年）、千米深井凿井技术开发研究（2006—2015年）等四个发展阶段。

在建井技术方面，国外深竖井建设主要采用一次成井，即掘、砌、安一次成井。国外深井建设采用永久井架，多层吊盘作为工作平台，其多层吊盘层数高达 10 层，吊盘高度最高达 150 米高，其吊盘悬吊采用 4 个稳车；在吊盘的底部 3 层用于凿岩、出渣、井壁衬砌，上部各层作为罐道及罐道梁井筒装备；且其竖井施工过程中，充分利用深竖井建设多中段、多水平特点，在凿井的同时，在上部开拓水平应用马头门进行上部中段开拓，大大缩短了矿山建设时间，同时确保深竖井的快速掘进、安装建设。我国煤矿矿井立井建设从开始利用注浆法、沉井法、帷幕法、降水法等方法穿越含水不稳定冲积地层，到目前形成了以冻结法、钻井法为主的特殊凿井方法，实现了穿越东部深厚含水冲积层、西部弱胶结不稳定地层的凿井方法。通过对冻结、地面预注浆为核心的井筒围岩改性加固、堵水技术的研究和发展，以深井控制爆破技术为核心，以新型凿井井架、大直径提升绞车、大吨位稳车、大直径液压凿岩伞钻、容积 4m³ 的大容量底卸式吊桶、斗容 1.0m³ 的中心回转抓岩机、液压控制的整体金属模板、非悬吊的液压迈步式吊盘等大型凿井装备为手段，完善了短掘短砌综合凿井工艺，发展了"冻 – 注 – 凿"同时平行作业技术工艺，形成了千米深井快速掘进关键技术与装备体系。

钻眼爆破破岩是我国竖井短段掘砌混合作业的主要工艺方法。截至目前，竖井凿井过程中，钻眼爆破采用液压凿岩机、多臂液压伞形钻架、双联钻架并配以合理的炮孔布置方式，可实现 200 mPa 坚硬岩石地层的有效爆破破岩。同时，采用光面、光底、减震、弱冲中深孔爆破技术和分段挤压爆破等方式，减小了爆破破岩对围岩的震动破坏，不仅确保了井筒成型符合规定，而且可减少爆振裂隙，确保新岩面具有良好的稳定性，从而确保围岩自身形成承载结构；同时，高威力水胶炸药和长脚线多段毫秒雷管的一次爆破，可充分发挥伞钻和大型抓提设备的工作效率。为了解决钻眼爆破施工，井下作业人员多，作业环境差等问题，研制的竖井钻机钻井直径可达 13 米、钻进深度可达 1000 米，形成了"一钻成井"和"一扩成井"快速钻井技术工艺。

钻爆法施工竖井的排渣主要采用抓岩机和吊桶配合清底，抓岩机的装岩能力与一次爆破岩石量密切相关。通常抓岩工序占整个凿井作业循环时间的 60% 左右，抓岩机的性能直接影响凿井速度，随着凿井设备的发展，研制出了 HZ–6B 型、DTQ0.6B 型和 HZ–10 型中心回转抓岩机，机架回转角度大于 360°，斗容达到 1.0m³，配以 MWY6/0.3 型、MWY6/0.2 型等小型挖掘机清底，排渣能力达到 80m³/h；研制出大容积、轻质、高强的 6~8m³ 大容量座钩式 TZ 系列吊桶和 4m³ 底卸式 TD 系列吊桶，并不断优化吊桶结构，降低了吊桶重心和倾倒的风险，吊桶体材质由 Q345B 调整为 Q460C，吊桶梁选用 35 号钢并加粗吊桶梁。吊桶新型材料的应用不仅提高了其强度，同时减轻了吊桶自重。

在凿井井架方面，随着机械化设备的不断研发，研制出了新型 VI, VI 型、SA 型、SM 型凿井井架，JKZ–4.0，JKZ–4.5 型提升机和 JZ–25/1800，JZ–40/1800 型悬吊稳车等新型大型化凿井装备，通过在井筒内布置多套提升设备，容绳量最高可达 2000 米，提升能力最高达50吨，并保证了足够的悬吊伞钻、排矸及过卷高度，并且角柱跨距和天轮平台尺寸满足了井口施工设备、材料运输及天轮布置要求；同时，研制出了13吨、15吨、18吨、21吨、25吨等新型提升钩头，满足了大直径超深立井安全提升要求。

我国矿山深井凿井工作面在配备伞形钻架、大斗容抓岩机和大容积提升吊桶的同时，研制并配备了大段高整体金属模板和底卸式吊桶运混凝土，形成的机械化短段掘砌混合作业方式取代了单行、平行作业方式，其工序转换时间少、施工速度快、作业人员劳动强度低、综合机械化程度较高，显著提高了竖井凿井速度和质量，目前，砌壁使用最普遍的是MJY型系列整体移动式液压金属模板，迈步式液压模板代替了地面大型稳车、天轮及超长钢丝绳悬吊，段高2.5~5米，质量为6.03~24.7吨，适用井径范围为4.5~8.5米，具有脱模力强、刚度大、变形小、立模拆模方便的特点。一掘一砌正规循环，井壁接茬少，井壁成形质量好，砌壁时间从初始阶段占循环时间的30%下降到15%~20%。研制的迈步式整体模板和吊盘一体化装备，减少了井架、悬吊设施及悬吊的质量，并利用液压油缸和井壁梁窝实现了井筒内凿井装备的无绳悬吊、迈步自调平，同时采用大吊桶和大提升机，实现了一次段高4.6米正规循环掘砌作业，满足了直径8~12米、深度2000米级深大竖井建设需求。

（五）深井提升与运输

1. 深井提升技术与关键装备

随着开采深度增大，提升高度成倍增加，不但使生产效率大幅度下降、生产成本大幅度增加，而且对生产安全构成严重威胁。在20世纪，我国的地下矿山的开采深度大多在800米以上，因此多采用摩擦轮多绳提升机。随着开采深度的增加，钢丝绳提升负荷增加，提升能力大大降低；此外由于钢丝绳加长后的惯量增加，造成提升运行的稳定性降低。进入深部以后，我国千米深井和超深井提升设备在单段经济提升的合理高度有所提高，尤其是多绳摩擦式提升技术在2000米以浅的深井提升中发挥重要作用，可以有效降低深井提升的段数，降低倒段作业的成本。

为了解决提升系统中容易出现的安全问题，朱真才等针对双绳缠绕式煤矿深井提升系统运行过程中钢丝绳张力不平衡和容器倾斜问题，分别建立了提升系统钢丝绳张力主动控制和容器位姿调平非线性控制模型以及相应的主动控制矩阵，有效减少了高低速工况下的钢丝绳张力差以及容器倾角的峰值和均值，一定程度上保障了深井提升系统的安全运行。在此基础上，有学者提出以提升系统整体运行为依据来解决多绳摩擦轮提升钢丝绳的相关问题，通过对现场千米深井提升系统钢丝绳受力不平衡、摩擦蠕动、局部疲劳等影响因素进行跟踪研究，研发了摩擦轮绳槽维护工具的同时总结了一套钢丝绳精细管理方法，延长了钢丝绳的使用寿命。针对深井提升平衡尾绳大摆动的问题，何满潮建立了单元数量自动调整的自由悬挂平衡尾绳提升系统动力学模型，构建了预应力自适应的平衡尾绳导向提升系统（SAP），研发了适用于深井提升的 SAP 提升技术与装备，解决了尾绳大摆动、提升容器大振动等关键问题。

当提升高度超过 3000 米或 4000 米后，单井有绳提升技术由于钢丝绳造成的大负荷、大惯量、大扭矩将是无法解决的问题。有专家学者提出或构建了多级竖井提升、无绳垂直提升技术（直线电机驱动、磁悬浮驱动提升）、水力提升技术、垂直式永磁直线电机辅助驱动等具有创新性、前沿性的构思及仿真模型，并开展了一些基础研究。上述研究为深井提升系统的安全高效运行和创新设计开发提供了重要的理论基础和技术支撑。

2. 深井运输方式与关键装备

井下运输是地下矿山开采的重要组成部分，运输对象主要包括矿物、人员、设备、物料和矸石等。根据工作地点是否固定，可以分为固定式和移动式两类，其中，固定式运输设备包括带式输送机、刮板输送机等，移动式运输设备主要有井下电机车、无轨胶轮车、钢丝绳牵引车等。

深井运输方面，随着开采规模的持续扩大，地下矿的水平运输中段的规模也不断扩大，相应的电机车运输系统变得更加复杂。基于无人驾驶技术的无人化运输系统是解决长距离以及复杂恶劣环境运输问题的关键方法。国内在无轨胶轮车无人驾驶技术方面处于刚起步的状态。利用激光雷达实现对铲运机工作环境的全面监测，利用模糊 PID 控制策略实现了对铲运机的无人驾驶控制。提出了一种井下电机车多目标检测模型（SE-HDC-Mask R-CNN 模型），可有效提取轨道、电机车、信号灯、行人和石块目标，基本满足了无人驾驶电机车障碍物检测需求。提出了以车联网为核心的煤矿井下无轨胶轮车无人驾驶系统架构，分析了系统实现的关键技术：利用基于激光同步定位与建图（SLAM）和超宽带（UWB）/惯性导航系统（INS）的组合定位方式，实现车辆高速移动状态下的精确定位。在近些年研究的基础上，我国研制的国内首台无人驾驶顺槽运输车在山西大同塔山煤矿井下试验成功。

深井运输处于高温、高湿、黑暗、多尘等复杂环境，对运输设备的防爆设计、动力驱动、智能传感、定位导航、井下通信、系统集成等关键技术提出了更高要求。因此，矿井运输高质量的智能化水平是实现深井运输的关键因素，而智能运输系统的设计与改造关键点在于驱动系统、控制系统、运维系统和驾驶系统。

驱动系统方面，矿用输送机的传统驱动系统多采用异步电机 + 减速装置 + 执行机构的传动方式，存在传动线路长、传动效率低、可靠性差等不足。因此固定式运输装备正向永磁变频驱动、直线电机磁悬浮驱动等新型驱动方式发展。国内企业和学校联合研制的带式输送机全永磁智能驱动系统实现了长距离大运量带式输送机的多点永磁直驱与永磁智能张紧。

控制系统和运维系统方面，重载启动、负载不均以及日益增长的维修难度是深井运输面临的难题。输送机常用软启动方式包括液力耦合器（TTT）、可控传动系统（CST）以及变频驱动等来隔离扭振作用，减缓冲击及振动，延长设备使用寿命。针对深井运输设备的故障监测维修，应开发集成在线监测技术、数据通信技术、传感器融合等技术的智能监测系统，以及通过巡检机器人来取代人工巡检。目前，中信开诚和华夏天信公司研制开发的挂轨式机器人主要用于巷道带式输送机巡检；北京天玛智控公司研制的跨轨式机器人应用于综采工作面巡检。

驾驶系统方面，无人驾驶技术是深井运输的关键技术之一。井下电机车的运行轨迹固定，无人驾驶难度相对较低。中国恩菲与铜陵有色冬瓜山铜矿共同开展研发无人驾驶电机车运输系统，于2012年在−875米中段投入应用。此外，紫金山金铜矿的井下电机车无人驾驶项目历经两年时间实现了5G技术的融合改造，吨矿运输人均费用降低2.2%。由于深井恶劣的环境以及人工驾驶的不确定性，将无人驾驶技术应用于无轨胶轮车是深井运输的重要发展方向之一。国能神东布尔台煤矿以型号为WLR-19型防爆锂离子蓄电池无轨胶轮车为基础，部署自动驾驶感知层、决策层、执行层电气设备，以良好的效果完成了初步的试运行。总而言之，未来可致力于研发新型驱动技术，开发可自适应启动、调速、制动的智能协调控制系统，研制巡检机器人以及加强无人驾驶相关方面的研究，以实现深井安全高效运输的目标。

（六）深地采矿通风降温与控尘

1. 通风系统优化理论与方法

随着越来越多的矿井转入深部开采，矿井通风系统更加复杂，通风能力不足、通风阻力大、通风能耗高、通风网络优化调控困难等问题也更加严重，国内许多学者对通风系统优化理论与方法进行了深入全面的研究与分析。胡春亚等对现有通风系统进行研究，通过运用方差膨胀系数（VIF）找出评价矿井通风的各优选指标之间的联系，在众多优选指标中合理地选出适合矿井通风系统优选方案的指标，建立了一个适用于矿井通风系统优化的指标体系。马超通过3DVS矿井通风三维仿真模拟软件对井下通风情况进行模拟，得出影响其矿井通风系统稳定性的相关指标，并基于模糊数学和层次分析法理论建立了矿井模糊评价数学模型，提出评价矿井通风系统稳定性状况的评判标准。佘文远等利用3Dvent和Ventsim软件建立了南温河钨矿三维通风系统网络解算模型，进行了风网解算及风流动态模拟，通过对通风系统设计方案的模拟比较，确定出最终方案，实现了南温河钨矿通风系统的优化设计。吴新忠等针对矿井通风网络分支风量优化问题，以使矿井通风网络的总功率最小为目标，结合矿井模型中风量平衡方程、风压平衡方程等约束条件，提出一种多种群自适应粒子群优化算法（MA-PSO）入深部开采，矿井通风系统更加复杂，通风能力不足、通风阻力大、通风能耗高、通风网络优化调控困难等问题对矿井通风网络实现寻优。邢亮亮通过风流参数进行实时监控，获取所需要的动态参数，建立矿井通风系统优化模型，根据实时监控数据对模型进行计算，并根据分析结果对现场通风系统进行调节，实现矿井井下通风系统的优化。胡建豪基于可调分支对通风网络优化的影响度进行研究，通过逐步减少可调分支数，采用反向增强型烟花算法（OBEFWA）进行通风风量优化控制，验证了算法在有限可调分支下实现通风系统按需分风、节能降耗为目标的有效性。葛恒清以通风能耗为优化目标，提出基于EH2PSO算法的复杂通风网络节能优化调控方法，建立包含通风系统众多约束条件的非线性优化模型，能够在满足通风需求和生产条件限制的基础上，使多风机混合型复杂通风网络通风功耗最低。李伟宏等对矿井智能通风系统进行研究，以矿山数字系统VRMine5.0建立三维矿山通风模型，实现通风网络的动态解算，并利用超声波风速仪和超声非接触式断面扫描技术提高关键巷道风量的测量精度。马路平为了解决原有通风系统间歇时间长、通风效率低等问题，通过对比模糊控制技术与自适应模糊PID控制技术的仿真效果，确定优化选用自适用模糊PID控制技术，并设计了自适应模糊PID变频控制系统，经过现场应用研究发现经过优化后的自适应模糊PID风机变频系统达到了预期的效果，为矿井通风系统的优化设计提供一定的借鉴。方博立利用Ventsim软件对矿井进行通风网络解算并提出合适的通风优化方案，采用改进型灰色层次分析模型对通风模拟解算方案进行评价优选，并提出矿井通风优化评价的类推相似分析法对灰色层次分析法所得出的评价结果进行二次评价。李秉芮等讨论了通风网络优化的基本理论，提出一种以调节风阻为目标函数的新型优化数学模型，并且基于矿井通风网路解算提出一种风量渐近优化计算方法，对通风系统优化设计提供一种方法。

2. 深井高温热害与控制

随着深部地层井巷建设深度的不断增加，高温热害愈加严重，地层温度以平均30℃/km增加，地下1 km以深的地层温度普遍大于30℃。深井高温致灾形式具体体现为：加剧围岩变形破坏、降低锚杆锚固强度、加剧锚护材料腐蚀、增加机械设备故障率、损害工人身心健康、降低工人工作效率。

深井高温热害控制技术有非人工降温技术和人工制冷降温技术两种。非人工降温技术中应用较多的是通过加大通风量或上部低温层预冷等方式，但降温能力小；人工制冷降温技术根据制冷工质不同，可以分为气冷式、冰冷式和水冷式降温技术3大类，人工制冷降温效果较好，但投资大、运营费高、经济效益较低。上述传统被动式降温技术造成了深井采矿高成本问题。

造成深井高温热害的主要原因是高温岩层的"热辐射"，是地热能产生的效应。主动式降温技术不以第三方资源作为冷源，而是就地取材，对深井地热资源进行开发利用，实现矿–热联合开发"矿井热害治理"协同"地热利用"的关键是衔接矿井通风气温调节与地热开采，使井下工作区域维持在舒适环境温度的同时，矿井地热系统采热性能达到最佳。近几年，深井主动式降温技术有了更深入的发展和应用，主要技术如下：

1）利用矿井涌水为冷源进行深井降温：利用已有的排水系统，通过提取矿井涌水中的冷能，置换出工作面空气中的热量，再通过泵站排出地表，用全冷风模式来提高降温和除湿效果。

2）利用矿井通风热湿提取技术进行深井降温：利用井下关键节点分布式热湿风流低位冷凝余热提用技术，形成制冷 - 除湿联合的低位热能原位利用系统，通过热交换介质在系统循环运行过程中的相态、温度以及压力的变化，回收井下相变潜热，同时促使水汽冷凝析出，实现井下局部区域高温高湿环境的调节、改善。

3）利用空气压缩膨胀快速制冷技术进行深井降温：基于空气压缩 - 膨胀状态变化产热和吸热过程快速制冷降低环境温度，并通过深井通风技术和制冷系统有机融合，实现热害防治和按需通风、按需制冷的目标。

3. 粉尘危害与控制

随矿井开采深度增加，矿物岩体物化特性发生显著变化，如岩体硬度升高、煤岩孔裂隙发育程度降低、煤体含水率下降等，造成深井矿物开采过程伴随大量粉尘产生，给井下矿工职业健康与安全造成严重威胁。针对矿井粉尘危害，"十三五"期间，我国重点在矿井粉尘监测技术、粉尘工程防护技术与粉尘个体防护技术三个方面开展了相关研究。

（1）粉尘监测技术

针对矿井高浓度粉尘环境，提出了基于虚拟冲击原理的可满足 BMR 分离效能曲线的呼吸性粉尘连续分离方法，研发了基于虚拟冲击分离器的矿井呼吸性粉尘传感器（量程为 $0 \sim 500 mg/m^3$，误差小于 12%，灵敏度为 $0.01 mg/m^3$）与基于光散射法的粉尘个体监测仪（测量范围 $0 \sim 200 mg/m^3$，相对误差最大为 1.59%）；基于呼吸性粉尘浓度传感器与呼吸性粉尘个体检测仪，提出了井下作业人员累积接尘量实时监测技术；结合呼吸性粉尘累积接尘量、个体呼吸量、粉尘中游离 SiO_2 含量及年龄等因素，建立了矿井尘肺病预警模型，搭建了矿井粉尘职业危害预警信息平台。

（2）粉尘工程防护技术

粉尘工程防护是实现粉尘危害源头治理的有效技术手段。"十三五"期间，在金属非金属矿井粉尘工程防护理论与技术方面，系统表征了金属非金属矿井典型粉尘理化特性，构建了疏水性超细矿尘润湿性多参数影响机制；研究了井下溜井卸矿粉尘产运特性，发现了溜井卸矿粉尘滞后冲击气流运动的规律，构建了卸矿口气水喷雾降尘、矿仓泡沫除尘的多中段联动控除尘技术体系，研发了溜井卸矿多级联动湿式控除尘装备；针对井下爆破瞬间高浓度粉尘与有毒有害气体，研发了井下采场爆破多组分水炮泥减尘降毒技术、井下全断面超细干雾降尘技术、水雾 - 水滴 - 水膜 - 旋流四级矿用湿式振弦除尘技术；研发了金属非金属矿用 Gemini、糖蜜基等环保湿润型抑尘剂。

在煤矿粉尘工程防护理论方面，主要开展了矿井粉尘运移扩散规律、煤尘微观润湿机理、尘雾凝并沉降理论与湿式喷射混凝土除尘理论等研究；在煤矿粉尘工程防护技术方面，针对综采工作面粉尘，研发了局部雾化封闭控除尘技术、空气幕隔尘技术、煤层注水强渗—增润减尘技术及活性磁化水降尘技术；针对综掘工作面粉尘，研发了三向旋流风幕控尘技术、掘进机外喷雾负压二次降尘技术、井下全断面干雾降尘技术、短孔增透快速注水减尘技术、煤矿巷道湿（潮）喷减尘技术、井下干式钻孔孔口负压捕尘技术及矿用高效环保抑尘剂抑尘技术。

（3）粉尘个体防护技术

根据劳动者呼吸频次，研发了具有动力送风和呼吸追随智能控制功能、可实现动力送风与个体吸气高精度同步的低阻高效防尘呼吸口罩。该装置呼吸追随灵敏度高（响应时间<1秒），充满电后持续使用时间不小于12小时，过滤效率满足GB2626-2019的KN95和KP95的要求。研发了基于井下压风管路的送风式正压呼吸装置。

三、国内外现状比较

（一）深地岩石力学

深地岩石力学经历了从一维到三维、从单纯加载到考虑加卸载、从低加载率到高加载率、从试验研究到理论研究、从研究岩石材料到考虑结构空间效应的发展历程，在多场耦合、多应变率效应等方面已取得了长足发展。国内与国际研究相比较有如下特点：

在深地岩石力学试验研究及设备方面，以动静组合加载岩石力学试验系统、真三轴加载试验系统为代表，国内研究人员取得了一系列创新成果。这些成果有助于揭示深部岩石在高地应力和动力扰动作用下的力学响应规律及岩爆、板裂等灾害的诱发机制，对深地岩石力学的发展起到了关键的推动作用。在岩石多场耦合研究方面，基于岩石工程问题所考虑的影响因素更加全面，应力、渗流、温度、化学反应等多场耦合的标志性成果不断涌现。与国外同类成果相比较，虽然国内学者自主研发了一些相关试验装置，但其中的关键部件，还依赖进口。

在计算分析理论和方法方面，国外学者对于岩石力学的本构关系、岩石破坏、强度准则等理论研究开展较早，有较好的积累。国内学者在此基础上结合深部岩体工程实际，进行了有针对性的完善，提出了相应的修正准则和模型，如非线性三维Hoek-Brown准则、硬岩三维弹塑延脆各向异性破坏力学模型和三维时效破坏力学模型等，但与国际研究相比较，深地采矿复杂多场耦合和多应变率条件下原创性的岩石本构关系和强度理论较少，许多常用模型仍是在国外已有的模型的基础上进行修正。

针对深部脆性硬岩破坏是从连续到非连续的过程，国外学者提出了连续－不连续耦合分析法，我国学者也开发了岩石破裂过程分析方法RFPA、基于拉格朗日元的连续－不连续耦合分析法、工程岩体破裂过程细胞自动机分析法等，但可应用于实际工程中的新型数值方法也相对较少，相较于国际大型软件公司的商业软件的广泛应用仍有较大差距，国产软件的发展任重而道远。

（二）深地采矿方法与工艺

国外部分国家进入深部开采的时间远早于我国，其深部采矿理论与技术研究都取得了较好的发展。其中，南非的深井开采研究计划及超深开采研究成果已经成为当前深井采矿设计准则及实践的基础；据不完全统计，当前国外112座有超千米的地下金属矿山，最大采深达4350米，我国开采深度达到或超过千米的地下金属矿山已达16座，也导致国内对深部开采的理论和新工艺的研究滞后。国外深部开采现已主要通过机械化、连续化、智能化、自动化开采，国内的采矿设备在生产效率和智能化等方面与世界先进水平仍有差距，国内一些大型矿山仍从国外进口采掘设备，这也导致了国内难以从设备运行过程获得动态基础数据，进一步限制了国内采掘设备的智能化进程；在深部采矿方法方面，国外深部采矿主要采用充填法或空场嗣后充填法开采。当前我国深部开采主要以上向水平分层充填法和进路式充填法偏多，采场结构尺寸偏大；尽管实现机械化开采，现有的充填采矿法与矿山生产能力不匹配，主要受深部特殊开采条件限制，采矿效率下降、采矿成本明显大幅增加；采矿方法与矿山产能以及深部开采需求不相适应的矛盾，直接影响深部矿山生产管理系统和未来深部资源的安全高效开发。

（三）深地采矿地压灾害预警与防控

近年来，国外同样开展了大量的关于深部灾害监测研究，微震监测、分布式光纤是比较广泛使用的监测手段。与国外相比，国内针对矿山灾害采取的监测手段更为多样，这与国内矿山地质条件相对复杂、安全形势更为严峻具有密切的关系。因此，针对深部工程地压灾害监测问题，无人化、无线化、集成化、智能化的监测方法将成为发展趋势，如基于三维激光扫描、分布式光纤、视觉识别等于一体的岩体位移监测设备，融合微震、应力、电磁辐射等监测信息的集成式监测系统等。国外更加注重高精度、高稳定性智能传感器的研发，旨在为环境感知的真实性和连续性提供保障，同时在金属、非金属矿山灾害预警平台搭建方面成果显著。通过自动化的监测手段获取有效的监测数据，是进行深部采动灾害预测预警的基础，然后，基于监测数据实现预测预警，仍然依赖于预测预警方法及技术的进步。

在预警方法方面，国内外正逐步将工程经验与人工智能方法融合，旨在完成灾害经验判据的量化，以期实现更为精确的灾害预警。国外学者更加重视基于人工智能算法的应用，GA-ENN、UMAP-LSTM、CNN-LSTM、BI-LSTM等多种人工智能算法融合的灾害预警模型得以广泛研究。

在灾害预测预警技术方面，国内大量设备厂商以监测物理量阈值作为预警依据，建立了灾害预警平台，但普遍存在着"重监测、轻预测"等问题。实际上现场监测为我们认识围岩的采动响应和灾害孕育过程提供了一手的资料，这是我们进行灾害预测预警的基础，然后基于历史监测数据预测未来的发展趋势，始终存在很大的不确定性和不可预见性。

冒顶片帮等灾害的孕育和发生，本身与岩体的应力、位移、损伤和破坏密切相关，借助于数值模拟方法，跟踪岩体的变形、损伤与破裂过程是进行灾害预测预警的力学基础。鉴于此，基于监测数据进行岩体建模与数值模拟预测，基于监测数据进一步修正与校验岩体力学数值模拟模型，发现现场监测与数值模拟相结合的矿山灾害监测预警分析方法，是一种具有可行性的技术途径。

国内外所采取的防护措施总体思路上是一致的，均会在各个采矿工序阶段纳入并实施地压防治的关键技术，例如在采矿设计阶段为进行顶板控制而选择顶煤开采法、房柱采矿法或充填采矿法、进行开采顺序和工作面布设合理调整避免形成高静载区；在采掘施工阶段采用爆破卸荷、预裂技术、煤层注水进行能量释放；在支护阶段矿山采用锚索网联合支护治理地压显现，在煤矿开采中采用电液支架与液压支柱、锚杆支护并行的地压防治措施；在地压防控自动化智能化方面，主动地压控制管理系统（PGCMS）在澳大利亚的矿业公司也在进行积极探索，印度学者尝试推出一套能够自动推进且能对支架的状态进行实时监控的地压控制系统。在新型地压灾害防控设备的研制上也主要集中在新型锚杆、新型液压支架等的研制之上，例如澳大利亚学者对锚杆进行局部解耦和增加垫环的方式增强锚杆在地震中的性能；波兰学者在锚杆上增加承载板使其具有更高的承载变形的能力；南非学者为增强锚杆在小地震事件中的性能研制了 Garford 混合锚杆。加拿大学者研制的超级锚杆在承载、抗剪和承受循环动载荷方面都表现出不错的性能。俄罗斯学者研制了可移动式的顶板支架能够在一定程度上缩短掘进周期。

对于深部矿山的地压防治技术与工艺方面，在近年的研究中主要致力于在各个采矿阶段纳入减压、降压的有效措施，通过对比国内外的当前的技术研究有以下显著特点：一方面，在于国内外都致力于各种新型支护设施与装置的研发，基于能量吸收和控制高能量聚集和释放冲击的支护力学原理，建立基于能量调控理论和弱化采动效应的动力灾害防控新装备。另一方面，国内外的研究都在探索与矿山生产和技术条件相适宜的系统化、智能化的综合地压控制技术，当前各种地压控制技术及设备各自成体系，尚未形成系统化的综合地压控制系统，对于地压的控制效果十分有限，而综合性的系统技术的研发，有利于实现地压灾害主动防控，实现采前精准卸压、采掘过程中动态监测、动态防控的有机结合，从而有效防控地压灾害的发生。

（四）超深矿井建设技术与装备

目前，世界上开采深度超过 2000 米的矿山主要集中在南非、加拿大、俄罗斯等国家，其中南非有 14 个矿区开采深度超过 2000 米，部分矿山开采深度超过 3000 米；在 2015 年，大约 40% 的金矿开采在 3000 米以下，开采最深的矿山是位于南非金山盆地西部金矿田的陶托纳（Western Deep No.3 shaft）金矿（3900米）、萨伏卡金矿（3900米）和姆波内格金矿（4500米）三座姊妹矿，其中陶托纳金矿在1957年开凿2000米深竖井。开采深度超过3500米的矿山，主要有克洛夫金矿、西部深层金矿、东兰德金矿（3585米）和德里霍特恩金矿等；2012年，在南非豪登省的南深金矿开凿了世界上最深的竖井（2991.45米），将开采大约4.5亿吨金矿石。在北美，加拿大鹰桥公司的基德·克里格铜金矿开采深度3120米，日矿石产量约7000吨；加拿大克雷顿矿开拓深度达2550米，日产矿石量3000~3500吨；加拿大阿哥尼可老鹰公司的金矿开采深度3048米，其新4#竖井井底深度超过3000米，是世界上采用下向深孔空场嗣后充填法开采最深的矿山。美国北爱达荷的赫卡拉幸运星期五铅锌矿，开凿直径5.5米、深达2900米的深竖井。在北欧开采最深的矿为芬兰的皮哈砂麦矿，其开采深度为1444米；俄罗斯开采最深的矿山为Skalistaja（BC10）矿，其竖井提升深度为2100米。在印度的科拉尔金矿区有3座金矿井采深超过2400米，其中Champion Reef金矿开拓112个中段，开采深度达到3260米，开采诱发产生严重岩爆灾害，致使该矿已停产关闭。在澳洲，开采最深的矿山为昆士兰的伊萨山矿，开采深度为1800米。

综合上述统计可以看出，世界上开采深度超过2000米的矿山主要集中在南非和加拿大、美国等国家。南非深井采矿主要开采黄金、钻石和铀矿，在加拿大主要开采镍、铜、金等贵重金属，且其矿石品位高，矿山开采规模在8000 t/d左右；而我国深井开采矿种为铁矿、铜矿、锌矿、黄金、锰等，相比矿石品位低，需要大断面井筒与大功率提升机、规模化开采来保证矿山企业经济效益。

在建井技术方面，国外深竖井建设主要采用一次成井，即掘、砌、安一次成井。国外深井建设采用永久井架，多层吊盘作为工作平台，其多层吊盘层数高达10层，吊盘高度最高达150米高，其吊盘悬吊采用4个稳车；在吊盘的底部3层用于凿岩、出渣、井壁衬砌，上部各层作为罐道及罐道梁井筒装备；且其竖井施工过程中，充分利用深竖井建设多中段、多水平特点，在凿井的同时，在上部开拓水平应用马头门进行上部中段开拓，大大缩短了矿山建设时间，同时确保深竖井的快速掘进、安装建设。

在竖井钻井技术方面，为了提高凿岩速度，节省劳力，国外已广泛的采用各种凿岩钻架，凿岩钻架一般安设3~10台重型凿岩机或液压自动凿岩机。瑞典为远距离操纵的环形钻架，美国、加拿大、澳大利亚、苏联等国采用各种形式的风动和液压操纵的伞形钻架。而国内研制出了新型Ⅵ、Ⅶ型、SA型、SM型凿井井架，JKZ-4.0、JKZ-4.5型提升机和JZ-25/1800、JZ-40/1800型悬吊稳车等新型大型化凿井装备，通过在井筒内布置多套提升设备，容绳量最高可达2000米，提升能力最高达50吨，并保证了足够的悬吊伞钻、排矸及过卷高度，并且角柱跨距和天轮平台尺寸满足了井口施工设备、材料运输及天轮布置要求；同时，研制出了13吨、15吨、18吨、21吨、25吨等新型提升钩头，满足了大直径超深立井安全提升要求。

在装岩、排渣技术方面，国外十分重视创制新型装岩设备，而且取得了很大成绩。国外竖井井筒装岩机械化水平提高较快，如波兰、苏联竖井抓岩机械化程度达到95%以上。而且抓岩机向着大型化发展，如南非布列切尔型抓岩机的斗容为0.85m³；法国别诺特型斗容0.6m³；瑞典S-180型液压抓岩机斗容0.76m³。而我国随着凿岩设备的发展，研制出了HZ-6B型、DTQ0.6B型和HZ-10型中心回转抓岩机，机架回转角度大于360°，斗容达到1.0m³，配以MWY6/0.3型、MWY6/0.2型等小型挖掘机清底，排渣能力达到80m³/h；研制出大容积、轻质、高强的6~8m³大容量座钩式TZ系列吊桶和4m³底卸式TD系列吊桶，并不断优化吊桶结构，降低了吊桶重心，降低了吊桶倾倒的风险，吊桶桶体材质由Q345B调整为Q460C，吊桶梁选用35号钢并加粗吊桶梁，新型材料的应用不仅提高了其强度，同时减轻了吊桶自重。

在支护技术方面，国外竖井临时支护多用金属网锚杆、喷浆或短段混凝土。永久井壁主要采用现浇混凝土，金属滑动模板配合管子下料或底卸式料斗，以实现支护施工机械化。目前主要是加大模板高度，改善模板结构，向着标准化、通用化方向发展，由工厂成批生产。美国研究使用了一个竖井喷射混凝土施工机械化系统，从地面遥控在井筒内旋转的喷嘴，每小时可喷10米井壁，比用模板施工快10倍。而我国矿山深立井凿井工作面在研制并配备了大段高整体金属模板和底卸式吊桶运混凝土，形成的机械化短段掘砌混合作业方式取代了单行、平行作业方式，其工序转换时间少、施工速度快、作业人员劳动强度低、综合机械化程度较高，显著提高了竖井凿井速度和质量。目前，砌壁使用最普遍的是MJY型系列整体移动式液压金属模板，迈步式液压模板代替了地面大型稳车、天轮及超长钢丝绳悬吊，段高2.5~5米，质量为6.03~24.7吨，适用井径范围为4.5~8.5米，具有脱模力强、刚度大、变形小、立模拆模方便的特点。砌壁时间从初始阶段占循环时间的30%下降到15%~20%。研制的迈步式整体模板和吊盘一体化装备，减少了井架、悬吊设施及悬吊的质量，并利用液压油缸和井壁梁窝实现了井筒内凿井装备的无绳悬吊、迈步自调平，同时采用大吊桶和大提升机，实现了一次段高4.6米正规循环掘砌作业，满足了直径8~12米、深度1500米级深大竖井建设需求。

随着我国浅部资源逐渐减少和枯竭，为满足人民日益增长的生活需求和支撑国民经济繁荣稳定，研究深部千万吨级矿井建设基础理论与关键技术、研制智能装备、研发新材料、探索新工艺成为必然趋势。然而，我国深竖井工程面临地质精准探测、岩爆防控、高温防治、提升装备系统、智能钻井技术等重大挑战。

在深竖井地质精准探测方面，应重点突破高精度高密度全数字三维地震勘探、复杂地质构造槽波地震探测、超前定向长钻孔探查等先进技术瓶颈，实现竖井穿越地层的实时动态监测，提高凿井工作面前方地质条件解释的准确率。在深竖井岩爆防控方面，需重点研究井筒荒断面形状与尺寸优化、扰动较小的非爆破破岩新技术、井筒凿井速度控制、非等厚井壁设计理论与施工技术、井筒围岩超前卸压技术等内容，提高岩爆灾害预测预报的准确性；在深竖井高温防治方面，应重点研究能够阻断工作面与周围岩体热交换通道的新技术、新材料和新工艺，研究深井围岩改性、相变储能支护结构、隔热支护材料和人工制冷协同井下降温技术；同步研发耐高温监测元器件和凿井设备构件，提高井下掘进设备、智能监测设备和围岩衬砌结构的耐久性、可靠性和安全性；在深竖井提升装备系统方面，钻爆法凿井提绞和悬吊装备的安全高效运行是深井建设面临的重大挑战之一，应重点研制轻质高强提升钢丝绳、稳绳和提升容器及其配套构件，研发吊盘、管路等设备的井内无绳吊挂技术，简化凿井井架悬吊布置；在深竖井智能钻井技术方面，涵盖内容包括深部地层极端条件下高效破岩与排渣装备系统的智能控制与运行状态智能调控，复杂环境下竖井掘进机装备智能制造与智能调控技术，深井智能掘进环境监测与精准钻进风险防控，深竖井井壁结构与围岩多场耦合作用智能监控，井下多尺度多源数据融合共网传输、集成与智慧终端展示平台等。

（五）深井提升与运输

在深井提升方面，国外的提升机技术发展较早。例如英国研发的布莱尔多绳缠绕式提升，南非南部深海金矿采用了 DDBW/7100/1.9 型布莱尔多绳双滚筒缠绕式提升系统，提升机直径 7.1 米，有效宽度 1.9 米，缠绕层数式 4 层，提升深度 3000 米，终端载荷 31 吨，年产量约 280 万。此外，加拿大、美国在建的 2000～3000 米超深井已广泛采用布莱尔多绳缠绕式提升机。该提升系统解决了多绳摩擦提升机在深井提升中存在的尾绳问题，不仅可用作双容器多水平提升，而且可用于井筒掘进，少了尾绳，容器底部还能悬挂设备和材料。

近年来，我国在深井提升技术创新和关键装备设计制造方面取得了长足的进步，例如 JK-5×3、2JKZ-5×3.5 等单绳缠绕式提升机以及 JKM-5.5×6（Ⅲ）、JKMD-6×8（Ⅳ）等塔式、落地式摩擦提升机已开发应用于辽宁本溪思山岭铁矿、云南会泽铅锌矿、山东莱州纱岭金矿等 1500 米左右深度水平的竖井并分别承担建井时和成井后的提升工作。虽然现有技术设备满足了千米级深井的基本提升需求，但仍然存在不少缺陷。一方面，提升机、钢丝绳的选型以及相关加工、制造工艺等技术难题严重制约了深井提升向两千米深度水平发展的步伐；另一方面，随着提升速度和载荷的增加，上述传统的提升方式会逐渐出现平衡尾绳大摆动、大振动等现象，导致其提升效率、安全性等显著下降。因此，为了满足国内深部矿山的生产建设需求，解决传统深井提升技术的关键问题以及突破超深井提升技术装备的瓶颈已成为目前国内深井提升的主要研究目的和发展方向。

在深井提升机方面，由于缠绕式提升有较多弊端且局限性强，无法满足日益增长的生产需要，而多绳摩擦式因其具有优越的提升性能，现已得到广泛使用。其中，在"十三五"重点研发计划"深部金属矿建井与提升关键技术"的支持下，针对深井提升面临长距离、高速度、重载荷等挑战，由北京科技大学牵头、长沙矿山研究院有限责任公司、锦州矿山机器（集团）有限公司等多家国内大型企业和科研院所联合攻关开发深竖井大吨位高速提升装备与控制关键技术，成功研制出采用外部楔形支撑结构的 8 绳摩擦式提升系统，提升载荷 53 吨，提升深度 1547.5 米，最大提升速度 18.2m/s，实现了 1500 米以深、单井单套提升能力达到 750 万吨 / 年的深井提升装备能力。与传统多绳摩擦式提升相比，该技术的优势在于提升系统受力分配均匀，钢丝绳寿命延长，转动惯量减小以及运载能力提高。钢丝绳方面，目前国内常用的仍是三角股钢丝绳，其具有抗疲劳、抗挤压、强拉力、长寿命等优点。研究表明，理想的钢丝绳结构需满足更大的破断力、柔韧性以及耐磨性。可以通过为钢丝绳镀层、更换绳芯来减小破断拉力损失，通过增大钢丝绳与摩擦衬垫的接触面积以及在相同绳径下选用更细的钢丝来增强柔韧性和耐磨性。

在深井运输方面，国外早在 20 世纪 80 年代就开始了将无人驾驶技术应用于井下运输的研究，并实现了地下矿用汽车的远程遥控。2007 年底，阿特拉斯·科普柯公司在芬兰的凯米矿山成功进行了地下矿用汽车的自动化试验；2016 年，瑞典沃尔沃公司研发出井下 FMX 无人驾驶运输卡车，在瑞典布利登金属矿井下 1320 米深度水平成功测试行驶 7 千米。国内在无轨胶轮车无人驾驶技术方面目前仍处于刚起步的状态，但各种巡检机械人等无人驾驶专用车辆也在逐年增多，呈现快速发展态势。

（六）深地采矿通风降温与控尘

近些年来，我国在矿井通风系统优化方面做了大量工作，许多学者结合具体矿井针对性地提出了很多矿井通风系统优化的理论方法，并结合 Ventsim（新矿井的通风设计）等各种软件、根据矿井建立各种模型对深地矿井通风系统进行优化，改进各种算法使其适用于深地矿井，建立各种评价矿井通风系统优化的指标体系对通风系统进行优化调控，并针对矿井通风系统的结构参数进行内部优化，对通风网络风量解算进行优化等。但与国外研究相比较，各种通风系统优化的算法、软件等方面很多都是精度上升或者改进而原创性的理论和方法较少，各种通风网络和风量优化算法的应用不具有普适性，针对深地矿井通风网络优化仍缺乏高精度高速度的通风网络解算软件，相较于国际先进通风网络解算软件仍存在较大差距，并且在矿井通风系统优化中进行指标评价时仍然存在应用上的局限。金属矿山通风系统在设计、施工和运行管理阶段仍存在很多亟待解决的问题。

近些年，国内外矿井开采深度逐渐增加，地下 1000 米以深普遍温度大于 40℃，深部高温热害不仅影响围岩力学性质，还严重威胁矿井安全生产和员工职业健康。据不完全统计，目前国外开采深度超过 1000 米的地下矿山有 80 余座，南非姆波内格金矿深度 4359 米，地层温度 65℃，印度某金矿开采深度近 3000 米，地层温度高达 70℃；我国煤矿最大开采深度超 1500 米，有色金属矿山开采深度将近 2000 米，在我国部分矿井 1500 米深地层温度就能超过 40℃。国内外矿山多从源头控制、个体防护、切断热源传播途径、局部制冷降温技术、管理措施等方面对热害进行治理。

我国现阶段高温矿井热害治理主要采取通风与机械制冷方式进行降温，机械制冷方式分为空气压缩式、人工制冷水、人工制冰和二氧化碳冷却等。其中，煤炭工业济南设计研究院研发基于地面冷却散热的煤矿井下集中式水冷降温系统，在赵楼煤矿成功运行；格力电器与中国平煤神马公司联攻克了矿井局部降温设备制冷除湿效果差、新风与水资源消耗大、乏风换热效果差、压缩机工况运行范围窄等难题，成功研制了适用于深部矿井热害治理的新型制冷成套设备，标志着我国空调制冷技术在煤矿特殊环境的应用上取得重大突破。

国外运用的降温技术与国内相似，主要使用机械制冷方式降温，但国外主要采用人工制冰降温技术，作为典型代表的国家有南非与德国。然而，国际上也已经提出"矿-热共采技术"，欧盟"CHPM2030-超深矿体的热、电和金属联合开采"项目正在研究一种新的技术解决方案，拟将地热资源开发、金属开采和电冶金技术相结合，在一个相互关联的过程中实现地热能和矿物的共同开发。

粉尘危害已成为制约金属矿山生产安全、职业健康与环境的突出问题，金属矿山除尘大多采用湿式除尘和袋式除尘技术，现有的除尘技术虽然具有较高的除尘效率，但仍然存在阻力大、能耗高和应用效果不佳的不足。在粉尘浓度连续监测技术方面，英国、美国、德国、日本等国的粉尘监测技术研发起步早、技术较成熟，国外先进的粉尘监测仪器主要有光散射监测仪器、β衰减监测仪器、锥形元件微量振荡天平、颗粒物质量分析仪、Dekati质量监测仪等；我国的粉尘浓度监测技术在监测精度与稳定性方面与发达国家仍存在较大差距，监测技术相关标准尚不完善。针对矿井粉尘工程防护理论与技术，相比于发达国家，在粉尘工程防护理论方面，我国处于跟跑水平，主要集中在粉尘毒理性研究、气固两相流基础理论研究等领域；在矿井粉尘工程防护技术方面，我国处于国际领先水平，主要由于我国井工矿山多、矿井作业人员多，导致矿井粉尘危害问题突出，因此国家对粉尘工程防护技术研究的重视程度高、投入力度大，但我国目前研发的相关技术的适用性与可应用性仍需大幅提高。在粉尘个体防护技术方面，我国与发达国家相关技术装备在过滤效率、呼吸阻力、佩戴舒适度及相关标准方面的仍存在较大差距。

四、深地采矿发展趋势与对策

（一）深地岩石力学与采动致灾机理

面对深地采矿工程学科中不断涌现的新问题与新挑战，岩石本构关系的发展趋势和研究对策主要体现在以下方面：①深地采矿基础本构理论。深部"高地应力+动力扰动"的应力环境通过现有的测试技术已经可以得到很好地模拟，需要更加重视深部软岩挤压大变形问题、硬岩能量快速释放问题、深部岩石强时效变形与损伤现象等。②深地采矿围岩多场耦合本构关系。深部岩体赋存环境更加复杂，岩石往往处于温度-渗流-应力-损伤等多场耦合地质环境，建立全要素耦合本构关系及相应强度准则仍需要跨学科学者付出巨大努力。③结合采矿加卸载路径的岩石本构关系。开采扰动的影响更为显著，在这种情况下，发展的岩石力学本构关系，需要更为清晰地表征采动岩体的加卸载路径的基础上，提出岩石的本构关系，以反映深部采矿的工程应用需求显得尤为重要。④跨时间、空间尺度下的多场耦合作用理论。要充分考虑岩石所处的多场耦合作用场在不同时间跨度、多空间尺度下的耦合作用机理及岩石损伤对数值模拟准确性产生的影响，这些场之间跨尺度的耦合表达，需要新的理论和试验技术。⑤开展深部原位保真取芯的三维动静组合加载岩石力学试验，真正模拟深部开采围岩的真实受力状态；研发基于CT等的深部岩石破裂过程实时精细测试的真三轴试验装置与技术，以及适应深部高应力、高地温、高水压、强干扰环境传感器的现场岩体破裂信号精细精准感知技术。⑥进一步重视大数据和深度学习在岩石力学中的研究和应用，抓住人工智能带来的机遇，为未来深部岩石力学跨越式发展奠定基础。

面对深地采矿工程学科中不断涌现的新问题与新挑战，数值计算方法未来的发展趋势和对策主要体现在如下方面：①深部岩石连续－非连续分析方法：高应力条件下岩石发生变形、损伤到破坏的过程，是岩石力学的基本问题，采用流形元等方法实现岩石连续到非连续全过程的数值模拟，是深部岩石力学数值方法的一个重要方向；②数值计算方法理论创新：结合深地采矿工程工程实际问题，融入人工智能等相关算法，借助于大数据、云计算等新兴技术，推进数值计算方法基础理论和基础算法的创新研究；③面向工程的高性能计算方法：目前新兴起的数值方法大都只能计算二维问题，很难应用于工程实践中；构建能接近深部工程岩体实际破裂过程的分析计算方法，研发具有高效率、高速度和高精度的千万自由度并行计算软件，发展高性能计算是当前深部岩石工程数值方法的重要课题。

（二）深地岩体状态透明化与数字孪生

深地岩体状态透明化和矿山数字化孪生，有助于实现矿山的透明化管理、实时监控、预测预警分析，在降低生产风险和成本的同时，提高生产和资源利用效率。深地岩体状态透明化和数字孪生技术在地下矿山中的应用主要集中在信息共享、模型更新、智能管理等方面。

在信息共享方面，建立便捷、高效、智能的信息平台，针对采掘工程扰动条件下的变形场、渗流场、温度场及应力场等动态地质信息开展实时监控，在矿山现场各个层面布设传感器对矿山运行状态进行充分感知、动态监测，在数字虚拟空间记录实体矿山的演化过程，获取开采空间范围内矿物、岩、土、水、气等多介质、多结构、多态的变化特征和规律围绕开采地质条件精准探查、隐蔽致灾地质体准确探测，形成以多参量、多相、多源、多维度数据体的系统化、规格化、严密化的评价体系，消除深部开采信息滞后，加强多源数据获取与融合可视化展示，为综合防控深地采动灾害提供信息保障。

在模型更新方面，基于深部开采环境的复杂性，通过综合运用矿井地质科学理论、方法、技术，融合井巷建设资料，分析评价矿物成因、赋存条件、地质构造、水文地质、岩体组分及其物理力学性质，充分利用现代地球物理探测技术、地质大数据、物联网、5G通信、人工智能等技术手段，构建具有高度准确性、实时性和连续性的可视化透明矿山，为综合防控深地采动灾害提供数字孪生载体。

在智能管理方面，应利用"大智物移云"、虚拟现实、增强现实等技术，建立资源开发利用全生命周期理论和技术体系，利用人工智能和大数据技术进行数据分析和智能决策，提升矿井防灾、减灾水平，实现矿山地质灾害超前预报。同时，不断提高智能感知装备与技术水平，加强矿山透明信息与灾害预警多学科、多部门的跨界合作，建设友好、安全开采的深部地质环境，促进矿井智能化防灾、减灾能力的提升。

（三）金属矿山开采新技术与工艺

金属矿深部开采面临高地应力、高温、高岩溶水压以及多源强扰动等多场耦合开采环境，实现深部安全高效开采跨越式发展的关键是变革性的开采基础理论与方法。金属矿山深地开采新技术与工艺未来的发展方向：

1）深部非传统开采方法。采用机械掘进、机械凿岩方法，以连续切割技术和设备取代传统爆破采矿工艺进行开采是一个重要的发展方向。机械切割破岩掘进与采矿技术、高压水射流破岩技术、激光破岩技术、顶板诱导崩落技术、诱导致裂破岩技术、等离子爆破破岩技术等相关研发是实现非传统爆破开采的关键。

2）连续大规模充填开采。连续大规模充填开采是进一步推广充填法应用，解决现有采场生产能力制约的关键问题。开发研究能够取代水泥并且低成本、高强度、速凝的新型充填胶凝材料，尾砂浓密理论、技术和设备开发，长距离管道自流输送理论和控制技术，解决充填采矿法采场结构参数与生产能力、充填成本、采矿成本的相互矛盾，实现膏体连续充填作业。

3）实施井下热源控制主动降温、智能通风系统精准控温以及循环通风降温措施建立深部矿产资源和深部地热共采的开创性系统工程。利用深部矿产资源开发的井巷工程提高深部地热开发的热交换面积和地热输送能力，解决地热开发中增强型地热系统（EGS）技术难以克服的关键难题，通过地热开发大幅缩减深井开采降温成本，解决深部矿产资源开采面临的高温热害问题。

（四）深地采矿灾害监测预警与防控

深地采矿灾害监测－预警－加固一体化综合管控技术是采矿工程和信息工程学科交叉融合的产物，是深部灾害智能化预警与防控的关键技术，是深地采矿发展的必然趋势，包含如下发展方向：

1）研究高性能、专用特种环境智能感知装备，统一数据通信协议与框架，实现传感器故障自诊断、数据自校验，以保障多源多模态采动岩体力学响应的连续、精准协同感知，为灾害的预警与防控提供数据支撑。

2）研发可移动便携式大尺寸岩体结构连续扫描设备，开发地下空间无人机载三维激光扫描系统，搭建虚拟现实（VR）等技术驱动的地下空间三维精细化数字孪生场景，为矿山风险状态的云端可视化展示创造条件。

3）发展数据–机理混合驱动的灾害预警技术，形成多源数据融合的采动岩体致灾过程表征方法、监测数据驱动下动态模拟方法及监测–模拟数据融合的灾害风险评价方法，突破监测数据难以表征致灾机理及模拟机理模型不确定性强、时效性差的瓶颈，全面提高灾害预警方法内涵与精度，同时为灾害的防控提供重要依据。

4）攻克基于数字孪生的灾害风险云端管控技术，搭建矿山地质灾害智能监测预警云端管控平台，实现矿山风险状态透明化、灾害预警智能化、灾害管控闭环化，全面提高矿山灾害预警智能化水平。

（五）深地采矿通风降温与控尘

在深地采矿通风降温与控尘方面，未来的发展方向包括如下几个方面：

1. 通风系统优化理论与方法

1）井下物联网大数据的综合集成。通风系统的优化无论是通风网络的优化、通风装备的改进，还是通风风量的优化调控，都需要井下大量数据的实时采集，但现有技术和条件仍无法满足数据的实时集成，基于大数据和人工智能实现数据的实时采集和数值的实时计算能够实现数据的综合集成，为通风系统优化提供依据。

2）智能按需供风。通风系统的优化其目的主要在于按需通风，国内外针对智能按需通风提出很多的算法和技术，但在实际应用中效果仍然不太理想，利用目前先进的计算机技术，找到一种优化理论或技术，在以节能为目标的情况下，实现深地矿井的智能按需供风。

3）智能通风综合应用平台建设。尽管目前大数据、物联网、人工智能、深度学习等技术已经向着深地矿井通风应用起来，但是井下条件的复杂性和多变性制约着它们向井下发展应用，利用这些技术集成人的知识、井下数据、现场监测检验，建立一个智能通风综合应用平台，并能够利用建立起来的智能通风综合应用平台与新兴计算机技术，通过自主学习和自适应机制来进行通风系统的优化。

2. 深井高温热害与控制

1）围岩温度场变化规律和原岩与风流的热交换规律仍然是研究矿井热环境的关键性科学问题。从实验和实测的角度建立围岩变温圈和热耦合数学模型，确定关键计算参数有利于更进一步了解矿井热害的发展变化规律，为其高效的治理提供理论基础。

2）解决深井热害问题的根源在于热源的控制与热环境的改善。因此，大力发展隔热材料和人工降温技术才能从全局的角度解决根本性的问题。然而，隔热材料和人工降温技术的开发和应用是一个系统工程，需要较大的时间成本和经济成本，因此，局部热害防治技术和个体防护技术也应该同步发展。

3）深部矿井高温热害治理应同时采取多种方式进行联合降温，在矿井开采过程中实施主动降温和被动降温措施。深部高温矿井高效、低成本降温的关键是结合矿井通风气温调节与地热开采，一方面通过加大通风量，提高排尘排热风速，最大限度排出矿井开采热量；另一方面将矿井热害治理思路转变为矿井地热利用，实施深部矿产与地热资源勘查、共同开发利用的基础研究，开展深部高温岩层地热能交换、提取、输送的技术与设备研究，加强地热能提取与利用的专用设备和特种技术研发。

3. 粉尘危害与控制

1）矿井粉尘高精度监测技术与装备。系统研究矿井粉尘理化特性，基于物理学、统计数学、电化学、机械学等多学科融合的方法，研发适用于高温、高湿、高粉尘浓度环境下的监测精度高、性能可靠的粉尘连续监测技术及装备。

2）矿井综合智能控除尘技术研究。矿井具有尘源广、产尘量大、逸散性强等特点，依靠单一技术对矿井粉尘实现高效控制的难度高、可能性低。依据井下各尘源产尘特性，针对性研制除尘效率高、体积小、适用性强的粉尘控制技术与装备，形成多技术、多装备联合应用的矿井综合控除尘技术体系是未来深地矿井粉尘高效控制的重要发展方向。

3）矿井单向通风排尘技术研究。矿井粉尘与通风是伴生共长关系，无风即无尘，尘随风起、尘随风动。因此，参考国外矿井通风系统，重新研究我国矿井通风方法，实现井下单向通风是矿井粉尘高效防治的根本性措施。

4）高效低阻、大容尘量个体防尘装备研发。个体防尘用品是对粉尘工程防护技术的重要补充，是保障个体职业健康的最后屏障。研究建立个体防尘用品检测与实用性能评价技术标准，研发新型高效低阻过滤材料、研制人机工效学个体防尘用品是矿井粉尘防治的另一重要方向。

（六）深部矿床流态化开采

目前，世界上煤炭开采深度已达1500米，地热开采深度已超3000米，有色金属矿开采深度超过4350米，油气资源开采深度达8000米。然而，地球资源开采领域所面临的共性问题是：人类深部岩体工程活动大大超前于基础理论研究，传统的采矿学、固体力学等理论面对深部开采活动出现理论失效，导致深部资源开采活动普遍存在着相当程度的盲目性、低效性和不确定性，灾害事故频发，难以预测预报和控制。

从理论上来讲，开采具有极限深度，按照现有的理论预测及勘测结果，当深度超过6000米时，目前的资源开采方式将失效，岩层运动、围岩支护、灾害预警与防治将难以控制。然而，石油、天然气等油气资源开采深度已超过 8000 米，石油钻井早已突破万米，主要原因是油气资源属于流态，其开采为流态化开发，钻机下井、人不下井，通过压差流态传输至地面，这与深地固体矿物资源开采方式有本质不同。因此，要使我国成为深地资源绿色安全开发领域的"领跑者"，就必须颠覆现有的深部资源开发理论与技术，实现煤炭资源从固态开发向流态开发的根本转变。为此，谢和平团队分别于 2014 年 6 月在中国工程院国际工程科技大会上首次提出固体资源流态化开采的学术构想，2016 年 4 月 7 日在"深地颠覆性技术"研讨会上进一步阐述了深地固体资源流态化开采的理论与技术构想。2016 年 8 月 19 日、26 日和 9 月 13 日，由国土资源部与科技部组织的国家重大科技专项"地球深部探测计划"的深部矿产资源编写专家组，将深地固体资源流态化开采的技术构想列为国家重大科技专项的重点攻关内容。

深部原位流态化开采的开采方法、开采工艺和开采模式与现有传统的开采方法、工艺和模式完全不同，现有传统的矿产开采理论、岩石力学理论、支护理论和输运理论都与此不相适应。因此，需要创新性地考虑深部岩体原位环境来构建深部原位流态化开采的颠覆性理论与技术体系。具体包括：深部原位流态化开采采动岩体力学理论、深部原位流态化开采多场可视化理论、深部矿产原位转化多场耦合理论、深部原位输运理论，以及深部原位流态化开采地质保障技术、深部原位流态化开采精准导航技术、深部原位流态化开采智能开拓布局技术、深部原位智能化洗选技术、深部原位采选－充－电－气－热一体化开采技术、深部原位无人化智能输送与提升技术、深部原位能量诱导物理破碎流态化开采技术、深部原位化学转化流态化开采技术、深部原位生物降解流态化开采技术、深部原位煤粉爆燃发电关键技术等 10 项深部原位流态化开采新技术。

（七）基于开挖技术的深地热开发

从当前国际能源角度来看，随着浅部资源的开采殆尽，千米级深部资源开采已成为常态。因此，在保持我国在深部能源开采的优势前提下，进一步探索开发深部地热资源，是解决我国能源结构问题，实现经济发展与环境保护共赢的最终途径。目前国际上流行的方法是基于钻井技术的增强型地热系统（Enhanced Geothermal Systems-Drilling，EGS-D），以高压水力压裂为技术核心，存在水力压裂技术仍不成熟，压裂液污染地下水环境，高压水消耗地表水资源，压裂过程诱发微震活动和孔径小难实现规模开发等难以突破的技术瓶颈，这些问题严重影响了 EGS 的发展。

2016 年，唐春安教授、赵坚教授和王思敬院士合作提出了基于开挖的增强型地热系统（Enhanced Geothermal System based-Excavation，EGS-E），建立了 EGS-E 的科学研究体系。该方法以开挖、爆破和崩落等采矿技术取代了水力压裂技术进行热储改造，以开挖竖井铺设管热管道取代地热钻井技术进行热能提取，克服传统增强型地热系统对热储物理力学性质和地质条件的依赖性，降低水力压裂等技术手段所诱发的次生危害，为深部地热资源的开采提供一种新的解决方案。但该系统仍处于理论研究阶段，目前的成果也只是EGS-E所面临技术难题的冰山一角，距工程实践和大规模生产有很大距离，还有许多科学问题需要解决，比如高温高压环境下岩体爆破和致裂机理，高温高压环境下平台深部岩体掘进支护，高温高压环境下大型机械装备自动化等问题。因此，需要以成熟的开采技术和施工经验，建立一个多学科交叉的深地能源与工程科学平台，为深部地热资源的开采提供理论和技术支撑。该领域主要涉及土木工程、矿业工程、机械工程三个一级学科领域，需要建立有利于优化学科结构，突出学科建设重点，凝练学科发展方向，提升学科领域发展水平的平台，通过融合土木、采矿、能源、机械等多个领域的研究特色，涵盖多个学科的前沿知识和先进技术，促进深部资源的开发和利用，改善能源结构体系，引领世界能源和科技的发展。

参考文献

［1］谢和平．深部岩体力学与开采理论研究进展［J］．煤炭报，2019，44（5）：1283-1305.

［2］古德生，李夕兵．现代金属矿床开采科学技术手册［M］．北京：冶金工业出版社，2006.

［3］谢和平．"深部岩体力学与开采理论"研究构想与预期成果展望［J］．工程科学与技术，2017,49（2）：1-16.

［4］何满潮．深部的概念体系及工程评价指标［J］．岩石力学与工程学报，2005（16）：2854-2858.

［5］何满潮，谢和平，彭苏萍，等．深部开采岩体力学研究［J］．岩石力学与工程学报，2005（16）：2803-2813.

［6］杨军，闵铁军，刘斌慧，等．深部开采灾害及防治研究进展［J］．科学技术与工程，2020，20（36）：14767-14776.

［7］蓝航，陈东科，毛德兵．我国煤矿深部开采现状及灾害防治分析［J］．煤炭科学技术，2016，44（1）：39-46.

［8］张希巍，冯夏庭，孔瑞，等．硬岩应力–应变曲线真三轴仪研制关键技术研究［J］．岩石力学与工程学报，2017，36（11）：2629-2640.

［9］何满潮，刘冬桥，李德建，等．高压伺服真三轴岩爆实验设备：中国，CN110132762B［P］．2020-06-09.

［10］赵光明，许文松，孟祥瑞，等．扰动诱发高应力岩体开挖卸荷围岩失稳机制［J］．煤炭学报,2020,45（3）：936-948.

［11］赵光明，刘崇岩，许文松，等．扰动诱发高应力卸荷岩体破坏特征实验研究［J］．煤炭学报,2021,46（2）：412-423.

［12］马啸，马东东，胡大伟，等．实时高温真三轴试验系统的研制与应用［J］．岩石力学与工程报，2019，38（8）：1605-1614.

［13］李地元，孙志，李夕兵，等．不同应力路径下花岗岩三轴加卸载力学响应及其破坏特征［J］．岩石力学与工程学报，2016，35（S2）：3449-3457.

［14］Xiaodong Ma, John W. Rudnicki, Bezalel C. Haimson. The application of a Matsuoka-Nakai-Lade-Duncan failure criterion to two porous sandstones［J］．International Journal of Rock Mechanics and Mining Sciences，2017，92：9-18.

［15］Zilong Zhou, Xin Cai, Xibing Li, et al. Dynamic Response and Energy Evolution of Sandstone Under Coupled Static-Dynamic Compression: Insights from Experimental Study into Deep Rock Engineering Applications［J］. Rock Mechanics and Rock Engineering, 2020, 53: 1305-1331.

［16］Xuefeng Si, Fengqiang Gong, Xibing Li, et al. Dynamic Mohr-Coulomb and Hoek-Brown strength criteria of sandstone at high strain rates［J］. International Journal of Rock Mechanics and Mining Science, 2019, 115: 48-59.

［17］K. Liu, Q. B. Zhang, G. Wu, J. C. Li, J. Zhao. Dynamic mechanical and fracture behaviour of sandstone under multiaxial loads using a triaxial Hopkinson bar［J］. Rock Mechanics and Rock Engineering, 2019, 52: 2175-2195.

［18］Heping Xie, Jianbo Zhu, Tao Zhou, Jian Zhao. Novel three-dimensional rock dynamic tests using the true triaxial electromagnetic Hopkinson bar system［J］. Rock Mechanics and Rock Engineering, 2021, 54: 2079-2086.

［19］朱万成, 牛雷雷, 李少华, 等. 岩石蠕变－冲击试验研究——现状与展望［J］. 采矿与岩层控制工程学报, 2019, 1（2）: 77-87.

［20］黄万朋, 孙远翔, 陈绍杰. 岩石蠕变扰动效应理论及其在深地动压工程支护中的应用［J］. 岩土工程学报, 2021, 43（9）: 1621-1630.

［21］王波, 高昌炎, 陈学习, 等. 岩石流变扰动效应三轴试验系统［J］. 煤炭学报, 2018, 43（2）: 433-440.

［22］王波, 陆长亮, 刘重阳, 等. 流变扰动效应引起岩石微观损伤演化试验研究［J］. 煤炭学报, 2020, 45（S1）: 247-254.

［23］Zha Ersheng, Zhang Zetian, Zhang Ru, et al. Long-term mechanical and acoustic emission characteristics of creep in deeply buried jinping marble considering excavation disturbance［J］. International Journal of Rock Mechanics and Mining Sciences, 2021, 139（2）: 104603.

［24］刘闽龙, 陈士海, 石伟民, 等. 多次动态扰动下红砂岩时效变形特性研究［J］. 岩土工程学报, 2022, 44（10）: 1917-1924.

［25］李晓照, 张骐烁, 柴博聪, 等. 动力损伤后的脆性岩石静力蠕变断裂模型研究［J］. 力学学报, 2023, 55（4）: 903-914.

［26］Liu XS, Tan YL, Ning JG, et al. Mechanical properties and damage constitutive model of coal in coal-rock combined body［J］. International Journal of Rock Mechanics and Mining Sciences. 2018 2018/10/01/, 110: 140-150.

［27］Liu Y, Dai F. A damage constitutive model for intermittent jointed rocks under cyclic uniaxial compression［J］. International Journal of Rock Mechanics and Mining Sciences. 2018 2018/03/01/, 103: 289-301.

［28］Xu T, Fu M, Yang S-Q, Heap MJ, et al. A numerical meso-scale elasto-plastic damage model for modeling the deformation and fracturing of sandstone under cyclic loading［J］. Rock Mech Rock Eng. 2021 2021/06/28.

［29］Cao P, Youdao W, Yixian W, et al. Study on nonlinear damage creep constitutive model for high-stress soft rock［J］. Environmental Earth Sciences. 2016 2016/05/18, 75（10）: 900.

［30］Wang QY, Zhu WC, Xu T, et al. Wei J. Numerical Simulation of Rock Creep Behavior with a Damage-Based Constitutive Law［J］. International Journal of Geomechanics. 2017 2017/01/01, 17（1）: 04016044.

［31］Yan B, Guo Q, Ren F, Cai M. Modified Nishihara model and experimental verification of deep rock mass under the water-rock interaction［J］. International Journal of Rock Mechanics and Mining Sciences. 2020 2020/04/01/, 128: 104250.

［32］Xu T, Zhou GL, Heap MJ, et al. The modeling of time-dependent deformation and fracturing of brittle rocks under varying confining and pore pressures［J］. Rock Mechanics & Rock Engineering. 2018, 51（10）: 3241-3263.

［33］Xu T, Zhou GL, Heap MJ, et al. The influence of temperature on time-dependent deformation and failure in granite: A mesoscale modeling approach［J］. Rock Mech Rock Eng. 2017 September 01, 50（9）: 2345-2364.

［34］Li C, Bažant ZP, Xie H, et al. Anisotropic microplane constitutive model for coupling creep and damage in layered geomaterials such as gas or oil shale［J］. International Journal of Rock Mechanics and Mining Sciences. 2019, 124: 104074.

［35］朱合华, 蔡武强, 梁文灏. GZZ岩体强度三维分析理论与深埋隧道应力控制设计分析方法. 2023, 42: 1-27.

［36］朱其志. 多尺度岩石损伤力学［M］. 北京: 科学出版社, 2019.

［37］林柏泉, 刘厅, 杨威. 基于动态扩散的煤层多场耦合模型建立及应用［J］. 中国矿业大学学报, 2018, 47（1）: 32-39, 112.

［38］Wancheng Zhu, Liyuan Liu, Jishan Liu, et al. Impact of gas adsorption-induced coal damage on the evolution of coal permeability. International Journal of Rock Mechanics and Mining Sciences, 2018, 101（5）: 89-97.

［39］崔国政, 杨天鸿, 刘洪磊, 等. 基于应力-渗流-损伤耦合作用的煤矿突水模拟［J］. 中国矿业, 2021, 30（5）: 136-142.

［40］Jianmei Wang, Zhao Yangsheng, Ruibiao Mao. Impact of temperature and pressure on the characteristics of two-phase flow in coal. Fuel, 2019, 253（2）: 1325-1332.

［41］郝建峰, 梁冰, 孙维吉, 等. 考虑吸附/解吸热效应的含瓦斯煤热-流-固耦合模型及数值模拟［J］. 采矿与安全工程学报, 2020, 37（6）: 1282-1290.

［42］荣腾龙, 周宏伟, 王路军, 等. 采掘扰动与温度耦合影响下工作面前方煤体渗透率模型研究［J］. 岩土力学, 2019, 40（11）: 4289-4298.

［43］滕腾. 煤层气开采中的热—湿—流—固耦合机理研究［D］. 徐州: 中国矿业大学力学与土木工程学院, 2017: 47-107.

［44］盛金昌, 杜昀宸, 周庆, 等. 岩石THMC多因素耦合试验系统研制与应用［J］. 长江科学院院报, 2019, 36（3）: 145-150.

［45］Quan Gan, Thibault Candela, Brecht Wassing, et al. The use of supercritical CO_2 in deep geothermal reservoirs as a working fluid: Insights from coupled THMC modeling. International Journal of Rock Mechanics & Mining Sciences, 2021, 147（4）: 104872.

［46］Guofeng Song, Xianzhi Song, Fuqiang Xu, et al. Contributions of thermo-poroelastic and chemical effects to the production of enhanced geothermal system based on thermo-hydro-mechanical-chemical modeling. Journal of Cleaner Production, 2022, 377（4）: 134471.

［47］Haoran Xu, Jingru Cheng, Zhihong Zhao. Coupled thermo-hydro-mechanical-chemical modeling on acid fracturing in carbonatite geothermal reservoirs containing a heterogeneous fracture. Renewable Energy, 2021, 172: 145-157.

［48］朱合华. GZZ岩体强度三维分析理论与深埋隧道应力控制设计分析方法［J］. 岩石力学与工程学报, 2023, 42（1）: 1-27.

［49］夏才初. 基于GZZ强度准则考虑应变软化特性的深埋隧道弹塑性解［J］. 岩石力学与工程学报, 2018, 37（11）: 2468-2477.1.

［50］左建平. 深部巷道围岩梯度破坏机理及模型研究［J］. 中国矿业大学学报, 2018, 47（3）: 478-485.

［51］周建. 考虑围岩峰后强度脆性跌落的洞室黏弹塑性解［J］. 煤炭学报, 2019, 44（S2）: 439-446.

［52］经纬. 考虑岩石流变及应变软化的深部巷道围岩变形理论分析［J］. 采矿与安全工程学报, 2021, 38（3）: 538-546.

［53］陈昊祥. 深部圆形巷道围岩能量的调整机制及平衡关系［J］. 岩土工程学报, 2020, 42（10）: 1849-1857.

［54］Guan K, Zhu W, Wei J, et al. A finite strain numerical procedure for a circular tunnel in strain-softening rock mass with large deformation［J］. International Journal of Rock Mechanics and Mining Sciences, 2018, 112:

266-280.

[55] Guan K, Zhu W, Yu Q, et al. A plastic-damage approach to the excavation response of a circular opening in weak rock [J]. Tunnelling and Underground Space Technology, 2022, 126: 104538.

[56] 张坤, 李玉霞, 钟东虎, 等. 超前液压支架群组-锚固耦合支护力学特性研究及实验验证 [J]. 岩石力学与工程学报, 2021, 40(7): 1428-1443.

[57] 姜鹏飞, 康红普, 王志根, 等. 千米深井软岩大巷围岩锚架充协同控制原理、技术及应用 [J]. 煤炭学报, 2020, 45(3): 1020-1035.

[58] Chu Z, Wu Z, Liu B, Liu Q. Coupled analytical solutions for deep-buried circular lined tunnels considering tunnel face advancement and soft rock rheology effects [J]. Tunnelling and Underground Space Technology, 2019, 94: 103111.

[59] 王华宁, 曾广尚, 蒋明镜. 黏弹-塑性岩体中锚注与衬砌联合支护的解析解 [J]. 工程力学, 2016, 33(4): 176-187.

[60] 夏才初, 徐晨, 杜时贵. 考虑应力路径的深埋隧道黏弹-塑性围岩与支护相互作用 [J]. 岩石力学与工程学报, 2021, 40(9): 1789-1802.

[61] 关凯. 巷道挤压大变形及围岩—支护相互作用理论研究 [D]. 东北大学, 2019.

[62] Hou C, Zhu W, Yan B, et al. Analytical and Experimental Study of Cemented Backfill and Pillar Interactions [J]. International Journal of Geomechanics, 2019, 19(8).

[63] ZHOU S, ZHUANG X, et al. Phase field modeling of hydraulic fracture propagation in transversely isotropic poroelastic media [J]. Acta Geotechnica, 2020, 15(9): 2599-2618.

[64] ZHUANG X, LI X, ZHOU S, et al. Three-dimensional phase field feature of longitudinal hydraulic fracture propagation in naturally layered rocks under stress boundaries [J]. Engineering with Computers, 2022. https://link.springer.com/10.1007/s00366-022-01664-z.

[65] Xu B, Xu T, Xue Y C, et al. Phase-field modeling of crack growth and interaction in rock. Geomechanics and Geophysics for Geo-Energy and Geo-Resources, 2022.

[66] Zhou X-P, Wang Y-T. State-of-the-art Review on the progressive failure characteristics of geomaterials in peridynamic theory [J]. Journal of Engineering Mechanics. 2021, 147(1): 03120001-03120001-03120001-03120018.

[67] WANG Y, HAN F, LUBINEAU G. Strength-induced peridynamic modeling and simulation of fractures in brittle materials [J]. Computer Methods in Applied Mechanics and Engineering, 2021, 374: 113558.

[68] LI X F, LI H B, LIU L W, et al. Investigating the crack initiation and propagation mechanism in brittle rocks using grain-based finite-discrete element method [J]. International Journal of Rock Mechanics and Mining Sciences, 2020, 127: 104219.

[69] LI X F, ZHANG Q B, LI H B, et al. Grain-Based Discrete Element Method (GB-DEM) Modelling of Multi-scale Fracturing in Rocks Under Dynamic Loading [J]. Rock Mechanics and Rock Engineering, 2018, 51(12): 3785-3817.

[70] YU X Y, XU T, HEAP M J, et al. Time-dependent deformation and failure of granite based on the virtual crack incorporated numerical manifold method [J]. Computers and Geotechnics, 2021, 133: 104070.

[71] ZHOU G L, XU T, KONIETZKY H, et al. An improved grain-based numerical manifold method to simulate deformation, damage and fracturing of rocks at the grain size level [J/OL]. Engineering Analysis with Boundary Elements, 2022, 134: 107-116.

[72] CHEN Y, ZHENG H, YIN B, et al. The MLS-based numerical manifold method for Darcy flow in heterogeneous porous media [J]. Engineering Analysis with Boundary Elements, 2023, 148: 220-242.

[73] ZHANG L, GUO F, ZHENG H. The MLS-based numerical manifold method for nonlinear transient heat

conduction problems in functionally graded materials［J］. International Communications in Heat and Mass Transfer, 2022, 139: 106428.

［74］彭瑞, 欧阳振华, 孟祥瑞, 等. 逆断层附近非均匀应力场声发射测试与巷道稳定性数值分析［J］. 岩土工程学报, 2019, 41（3）: 509-518.

［75］李邵军, 郑民总, 瞿定军, 等. 基于钻孔变形法的无线地应力测量系统及测试分析［J］. 岩石力学与工程学报, 2021, 40（S1）: 2841-2850.

［76］侯奎奎, 吴钦正, 张凤鹏, 等. 不同地应力测试方法在三山岛金矿2005 m竖井建井区域的应用及其地应力分布规律研究［J］. 岩土力学, 2022, 43（4）: 1093-1102.

［77］许家鼎, 张重远, 綦艳红, 等. 干热岩地应力测量评价方法与前沿挑战［J］. 地球学报, 2023, 44（1）: 200-210.

［78］陈世杰, 肖明, 陈俊涛, 等. 断层对地应力场方向的扰动规律及反演分析方法［J］. 岩石力学与工程学报, 2020, 39（7）: 1434-1444.

［79］刘泉声, 王栋, 朱元广, 等. 支持向量回归算法在地应力场反演中的应用［J］. 岩土力学, 2020, 41（S1）: 319-328.

［80］李飞, 周家兴, 王金安. 基于稀少样本数据的地应力场反演重构方法［J］. 煤炭学报, 2019, 44（5）: 1421-1431.

［81］汪伟, 罗周全, 秦亚光, 等. 深部开采初始地应力场非线性反演新方法［J］. 中南大学学报（自然科学版）, 2017, 48（3）: 804-812.

［82］孙港, 王军祥, 郭连军, 等. 基于IA-BP智能算法的初始地应力场反演研究［J］. 土木与环境工程学报（中英文）, 2023, 45（2）: 89-99.

［83］He Manchao, Wang Qi. Excavation compensation method and key technology for surrounding rock control［J］. Engineering Geology, 2022, 307（5）106784.

［84］蔡美峰. 深部开采围岩稳定性与岩层控制关键理论和技术［J］. 采矿与岩层控制工程学报, 2020, 2（3）: 5-13.

［85］康红普, 姜鹏飞, 黄炳香, 等. 煤矿千米深井巷道围岩支护–改性–卸压协同控制技术［J］. 煤炭学报, 2020, 45（3）: 845-864.

［86］周波, 袁亮, 薛生. 巷道层状顶板三向承载梁承载能力弱化机理研究［J］. 煤炭科学技术, 2019, 47（1）: 199-206.

［87］张农, 韩昌良, 谢正正. 煤巷连续梁控顶理论与高效支护技术［J］. 采矿与岩层控制工程学报, 2019, 1（2）: 48-55.

［88］靖洪文, 孟庆彬, 朱俊福, 等. 深部巷道围岩松动圈稳定控制理论与技术进展［J］. 采矿与安全工程学报, 2020, 37（3）: 429-442.

［89］左建平, 文金浩, 刘德军, 等. 深部巷道等强支护控制理论［J］. 矿业科学学报, 2021, 6（2）: 148-159.

［90］左建平, 文金浩, 胡顺银, 等. 深部煤矿巷道等强梁支护理论模型及模拟研究［J］. 煤炭学报, 2018, 43（S1）: 1-11.

［91］侯朝炯, 王襄禹, 柏建彪, 等. 深部巷道围岩稳定性控制的基本理论与技术研究［J］. 中国矿业大学学报, 2021, 50（1）: 1-12.

［92］侯朝炯. 深部巷道围岩控制的关键技术研究［J］. 中国矿业大学学报, 2017, 46（5）: 970-978.

［93］侯朝炯. 深部巷道围岩控制的有效途径［J］. 中国矿业大学学报, 2017, 46（3）: 467-473.

［94］康红普, 姜鹏飞, 黄炳香, 等. 煤矿千米深井巷道围岩支护–改性–卸压协同控制技术［J］. 煤炭学报, 2020, 45（3）: 845-864.

［95］张农, 韩昌良, 谢正正. 煤巷连续梁控顶理论与高效支护技术［J］. 采矿与岩层控制工程学报, 2019, 1

（2）：48-55.

[96] 赵兴东，朱乾坤，牛佳安，等. 一种新型 J 释能锚杆力学作用机制及其动力冲击实验研究[J]. 岩石力学与工程学报，2020，39（1）：13-21.

[97] 王琦，许硕，江贝，等. 地下工程约束混凝土支护理论与技术研究进展[J]. 煤炭学报，2020，45（8）：2760-2776.

[98] 薛小蒙，莫东旭，罗佳，等. 大直径深孔落矿工艺在低品位厚大矿床开采中的应用[J]. 矿业研究与开发，2020，40（4）：8-11.

[99] 盼学，解联库，万串串，等. 高海拔地下金属矿大规模安全采矿技术及应用[J]. 有色金属（矿山部分），2017，69（4）：5-9.

[100] 孟航，刘文清. 上向扇形中深孔爆破工艺优化[J]. 采矿技术，2019，19（6）：155-156.

[101] 张金钟，李小松，赵承佑，等. 谦比希铜矿上向中深孔爆破参数优化及应用[J]. 黄金，2022，43（10）：44-46，53.

[102] 马晨阳，张汉斌，袁青，等. 基于人工智能方法的地下洞室群爆破振动速度预测[J]. 爆破，2017，34（4）：12-16.

[103] 汪旭光，吴春平. 智能爆破的产生背景及新思维[J]. 金属矿山，2022，No. 553（7）：2-6.

[104] 赵金富. HT71 中深孔采矿钻车升级改造[J]. 设备管理与维修，2019（23）：103-104.

[105] 邹海波，吴文涛，王凯. DL4 型轮胎式采矿台车凿岩机控制系统的设计[J]. 世界有色金属，2017（6）：80-81.

[106] 田佳，李金鹏. 软弱围岩地层隧道大断面机械化施工工法应用[J]. 隧道建设（中英文），2018，38（8）：1350-1360.

[107] 李宏业. 大断面六角形进路爆破试验研究[J]. 爆破，2019，36（4）：49-55，125.

[108] 吴昊骏，纪洪广，龚敏，等. 我国地下矿山凿岩装备应用现状与凿岩智能化发展方向[J]. 金属矿山，2021，No. 535（1）：185-201，212.

[109] 王少锋，孙立成，周子龙，等. 非爆破岩理论和技术发展与展望[J]. 中国有色金属学报，2022，32（12）：3883-3912.

[110] 蒋邦友. 深部复合地层隧道 TBM 施工岩爆孕育及控制机理研究[D]. 中国矿业大学，2017.

[111] 郑志涛. 高地应力岩体超深孔柱状装药爆破三维模型试验研究[D]. 安徽理工大学，2017.

[112] 李彦良. 冲击载荷下深部花岗岩损伤特性及破碎机理研究[D]. 吉林大学，2022.

[113] 雷刚，李元辉，徐世达，等. 基于 FLAC~（3D）模拟的深部岩体爆破损伤规律研究[J]. 金属矿山，2017（10）：135-140.

[114] 杨建华，吴泽南，孙文彬，等. 深部岩体爆破爆炸地震波辐射模式与能量特性数值模拟研究（英文）[J]. Journal of Central South University，2022，29（2）：645-662.

[115] 赵建平，程贝贝，卢伟，等. 深部高地应力下岩石双孔爆破的损伤规律[J]. 工程爆破，2020，26（5）：14-20，41.

[116] 谢理想，卢文波，姜清辉，等. 深部岩体在掏槽爆破过程中的损伤演化机制[J]. 中南大学学报（自然科学版），2017，48（5）：1252-1260.

[117] 杨民刚，陆丽园，夏光. 乳化炸药新型输送方式探讨[J]. 煤矿爆破，2019，37（3）：15-18.

[118] 蒋先尧，胡国斌，卢二伟，等. 炸药垂直输送系统在谦比希铜矿东南矿体的应用[J]. 采矿技术，2021，21（1）：24-26.

[119] 程禹，宋秀铎，古勇军，等. 水力输送下改性双基推进剂药粒的快速安全烘干[J]. 火炸药学报，2021.

[120] 王基禹，赵明生. 混装炸药的能量与岩石性质匹配研究[J]. 爆破，2022，39（4）：138-143，200.

[121] 杨茂森. 关于推广现场混装炸药车技术的一些思考[J]. 爆破，2017，34（1）：160-165.

[122] 陈何. 束状孔爆破机理及增强破岩作用模型研究[D]. 北京：北京科技大学，2021.

[123] 陈何，万串串，王湖鑫. 束状孔当量球形药包爆破漏斗的模型研究[J]. 金属矿山，2021，(5)：36-42.

[124] 陈何，万串串，彭啸鹏. 束状孔爆破增强岩石损失试验[J]. 有色金属（矿山部分），2022，74（3）：24-30.

[125] 高玉兵，杨军，张星宇，等. 深井高应力巷道定向拉张爆破切顶卸压围岩控制技术研究[J]. 岩石力学与工程学报，2019，38（10）：2045-2056.

[126] Drover C, Villaescusa E, Onederra I. Face destressing blast design for hard rock tunnelling at great depth[J]. Tunnelling and Underground Space Technology, 2018, 80: 257-268.

[127] Mitri H S. Destress Blasting–From Theory to Practice[C]//The 4th World Congress on Mechanical, Chemical, and Material Engineering. 2018: 16-18.

[128] 吴春平，滕高礼，张长洪，等. 深部开采单孔爆破漏斗实验[J]. 工程爆破，2017，23（4）：11-13.

[129] 徐颖，顾柯柯，葛进进，等. 装药不耦合系数对初始地应力下岩石爆破裂纹扩展影响的试验研究[J]. 爆破，2022，39（4）：1-9.

[130] 文兴，赵亮，朱青凌，等. 基于爆破漏斗试验的采场凿岩爆破参数优化研究[J]. 矿业研究与开发，2021，41（7）：28-31.

[131] 许梦国，刘红阳，王平，等. 基于RES理论的岩石可钻性综合预测研究[J]. 金属矿山，2022，No.547（1）：113-119.

[132] 周子龙，董晋鹏，王少锋，等. 硬岩隧道TBM施工中的典型掘进破岩难题与对策[J/OL]. 中国有色金属学报，2023，33（4）：1297-1317.

[133] 陈新明，张将令，焦华喆，等. 新型重力式竖井连续掘进机滚动截齿破岩机理[J]. 采矿与安全工程学报，2022，39（3）：576-583, 597.

[134] 林奇斌，曹平，李凯辉，等. 双刃滚刀破岩特性与声发射试验研究（英文）[J]. Journal of Central South University, 2018, 25（2）：357-367.

[135] 张金良，杨凤威，曹智国，等. 高压水射流辅助破岩TBM现场掘进试验研究（英文）[J]. Journal of Central South University, 2022, 29（12）：4066-4077.

[136] 李元辉，卢高明，冯夏庭，等. 微波加热路径对硬岩破碎效果影响试验研究[J]. 岩石力学与工程学报，2017，36（6）：1460-1468.

[137] 王品，尹土兵，李夕兵. 中等加载速率下微波损伤砂岩的动态抗压强度及破坏机理[J]. 中国有色金属学报（英文版），2022，32（11）：3714-3730.

[138] 王少锋，孙立成，周子龙，等. 非爆破岩理论和技术发展与展望[J]. 中国有色金属学报，2022,32（12）：3883-3912.

[139] 中国煤炭科工集团太原研究院有限公司，山西天地煤机装备有限公司. 一种悬臂式微波辅助破岩截割机构、掘进机及微波辅助破岩方法：中国，CN202211003069.0[P]. 2022-11-15.

[140] 颜丙恒，李翠平，吴爱祥，等. 膏体料浆管道输送中粗颗粒迁移的影响因素分析[J]. 中国有色金属学报，2018，28（10）：201.

[141] 杨超，郭利杰，李文臣. 大流量全尾砂膏体料浆管道输送参数计算与分析[J]. 金属矿山，2020（8）：55-60.

[142] Senapati P K, Mishra B K. Feasibility studies on pipeline disposal of concentrated copper tailings slurry for waste minimization[J]. Journal of The Institution of Engineers (India): Series C, 2017, 98: 277-283.

[143] Wu A, Ruan Z, Wang J. Rheological behavior of paste in metal mines[J]. International Journal of Minerals, Metallurgy and Materials, 2022, 29（4）：717-726.

[144] 甘德清，孙海宽，薛振林，等. 高温环境下料浆大流量输送管流特性研究[J]. 金属矿山，2021（5）：43-49.

[145] Qi C, Chen Q, Fourie A, et al. Pressure drop in pipe flow of cemented paste backfill: Experimental and modeling study [J]. Powder Technology, 2018, 333: 9-18.

[146] 王剑, 王贻明, 张敏哲, 等. 基于正交试验的膨胀充填料浆流变特性及管输阻力计算模型研究 [J]. 金属矿山, 2022（4）: 40-45.

[147] 李帅, 王新民, 张钦礼, 等. 超细全尾砂似膏体长距离自流输送的时变特性 [J]. 东北大学学报: 自然科学版, 2016, 37（7）: 1045-1049.

[148] Liu L, Fang Z, Qi C, et al. Numerical study on the pipe flow characteristics of the cemented paste backfill slurry considering hydration effects [J]. Powder technology, 2019, 343: 454-464.

[149] Dong H, Aziz N A, Shafri H Z M, et al. Numerical study on transportation of cemented paste backfill slurry in bend pipe [J]. Processes, 2022, 10（8）: 1454.

[150] Peschken, P. and D. Hoevemeyer, Backfilling of pastes and long distance transport of high density slurries with double piston pumps, in Paste 2017: 20th International Seminar on Paste and Thickened Tailings, A. Wu and R. Jewell, Editors. 2017, University of Science and Technology Beijing: Beijing. p. 125-133.

[151] Creber K J, Kermani M F, McGuinness M, et al. In situ investigation of mine backfill distribution system wear rates in Canadian mines [J]. International Journal of Mining, Reclamation and Environment, 2017, 31（6）: 426-438.

[152] Gharib N, Bharathan B, Amiri L, et al. Flow characteristics and wear prediction of Herschel–Bulkley non–Newtonian paste backfill in pipe elbows [J]. The Canadian Journal of Chemical Engineering, 2017, 95（6）: 1181-1191.

[153] 祝鑫, 仵锋锋, 尹旭岩, 等. 尾砂胶结充填料浆输送管道阻力及磨损分析模拟研究 [J]. 矿业研究与开发, 2022, 42（3）: 120-124.

[154] 郭利杰, 刘光生, 马青海, 金属矿山充填采矿技术应用研究进展. 煤炭学报. 47（12）: p.4182-4200.

[155] 王湃, 李佳庆, 李阳博, 等. 基于ERT的金属矿山充填管道堵塞可视化检测方法 [J]. 中南大学学报: 自然科学版, 2022, 53（2）: 643-652.

[156] 王湃, 刘卓, 加波, 等. 基于ERT技术的矿山充填管道堵塞三维可视化检测方法研究 [J/OL]. 煤炭学报: 1-10.

[157] Qin X, Shen Y, Li M, et al. Visualization detection of slurry transportation pipeline based on electrical capacitance tomography in mining filling [J]. Journal of Central South University, 2022, 29（11）: 3757-3766.

[158] 宋学朋, 柯愈贤, 魏美亮, 等. 基于多维云模型的充填管道堵塞风险评估 [J]. 煤炭科学技术, 2021, 49（9）: 95-102.

[159] Xiao B, Miao S, Xia D, et al. Detecting the backfill pipeline blockage and leakage through LSTM based deep learning model [J]. International Journal of Minerals, （2022）.

[160] 郭瑞. 国内外充填采矿技术发展现状综述 [J]. 智能城市, 2016, 2（7）: 79.

[161] 廖九波. 预控顶高分段充填采矿法在厚大破碎矿体中的应用 [J]. 有色金属（矿山部分）, 2020, 72（6）: 20-24, 29.

[162] 付毅, 邱胜光. 不良矿岩条件下大直径深孔空场嗣后充填采矿技术特征与提升方向 [J]. 矿业研究与开发, 2020, 40（11）: 1-5.

[163] 邵亚平, 崔松, 陈寅, 等. 下行中深孔空场嗣后充填采场结构参数优化研究 [J]. 中国矿业, 2020, 29（S2）: 329-335.

[164] 丁林敏, 谭富生, 廖九波. 复杂矿体分段凿岩阶段出矿嗣后充填采矿法试验研究 [J]. 矿业研究与开发, 2020, 40（3）: 10-14.

[165] 李启月, 刘恺, 李夕兵. 基于协同回采的深部厚大矿体分段充填采矿法 [J]. 工程科学学报, 2016, 38

［166］王耀．分段空场嗣后充填法在某铜矿深部开采中的研究［J］．采矿技术，2017，17（2）：4-5，11.
［167］赵杨，李向东，朱远乐，等．基于FLAC3D金川二矿区双中段充填法开采回采顺序研究［J］．华中师范大学学报，2022，56（2）：270-279.
［168］李亚，刘育明，马俊生，等．国外深井充填法矿山开采技术综述［J］．中国矿山工程，2018，47（6）：1-6.
［169］刘杰．充填采矿法的应用现状及发展［J］．当代化工研究，2020（7）：8-9.
［170］吴爱祥，胡华，古德生．地下金属矿山连续开采模式初探［J］．中国矿业，1999，8（3）：28-31.
［171］吴爱祥，韩斌，古德生，等．国内外地下金属矿山连续开采技术研究的发展［J］．中国矿山工程，2002，8（1）：1-4.
［172］徐东升，戴兴国，廖国燕．金属矿地下连续开采技术探讨［J］．中国矿山工程，1999，8（3）：36-38.
［173］杨小聪，杨志强，解联库，等．地下金属矿山新型无矿柱连续开采方法试验研究［J］．金属矿山，2013，No. 445（7）：35-37.
［174］周英芳，王文胜，邵珠江，等．无矿柱梯段式连续回采充填法的试验研究［J］．采矿技术，2010，10（1）：8-10，21.
［175］董世华．冬瓜山矿床盘区隔离矿柱回采工艺优化方案［J］．金属矿山，2022，No. 547（1）：107-112.
［176］董凯程，陈何．近地表矿体地下组合式连续开采技术研究［J］．有色金属（矿山部分），2021，73（4）：12-17.
［177］邬金，李元辉，司呈斌，等．深埋厚大矿体采场结构参数优化［J］．金属矿山，2014，No. 461（11）：11-15.
［178］刘育明．超大规模深井开采若干技术解决方案探讨［J］．中国矿山工程，2016，45（6）：64-69.
［179］李伟波．大台沟铁矿超深地下开采的战略思考［J］．中国矿业，2012，21（S1）：247-256，271.
［180］Li X B, Wang S F, Wang S Y, 2018. Experimental investigation of the influence of confining stress on hard rock fragmentation using a conical pick［J］. Rock Mechanics and Rock Engineering, 51: 255-277.
［181］Wang S F, Li X B, Yao J R, et al, 2019a. Experimental investigation of rock breakage by a conical pick and its application to non-explosive mechanized mining in deep hard rock［J］. International Journal of Rock Mechanics and Mining Sciences, 122: 104063.
［182］王少锋，李夕兵，宫凤强，等，2021．深部硬岩截割特性与机械化破岩试验研究［J］．中南大学学报（自然科学版），52（8）：2772-2782.
［183］王少锋，李夕兵，王善勇，等．深部硬岩截割特性及可截割性改善方法［J］．中国有色金属学报，2022，32（3）：895-907.
［184］李玉选，黄丹，杨小聪，等．金属矿山悬臂式掘进机采掘配套设备选型研究［J］．矿业研究与开发，2022，42（6）：166-171.
［185］展明鹏，马军强，姚强岭．铝土矿综合机械化开采及应用研究［J］．矿业研究与开发，2022，42（1）：1-5.
［186］徐祖德，邓涛，郎鹏程．缓倾斜中厚磷矿Ⅱ矿层综合机械化采矿技术可行性研究［J］．煤炭技术，2021，40（6）：72-75.
［187］熊有为，刘福春，刘恩彦，等．地下非煤矿山非爆连续开采技术探索与实践［J］．中国钨业，2021，36（4）：45-54.
［188］古德生，胡建华，罗周全．深部矿床大矿段多采区作业链协同连续采矿方法［P］．湖南：CN106640077A，2017-05-10.
［189］Xu Yu, Li Zijun, Chen Yin, et al. Synergetic mining of geothermal energy in deep mines: An innovative method for heat hazard control［J］. Applied Thermal Engineering, 2022, 210.
［190］Xu Yu, Li Zijun, Tao Ming, et al. An investigation into the effect of water injection parameters on synergetic mining of geothermal energy in mines［J］. Journal of Cleaner Production, 2023, 382.

［191］史秀志，陈辉，周健，等．一种深部高应力环境下自稳窿形采场布置采矿方法［P］．湖南省：CN106640080B，2018-06-01．

［192］陈庆发，甘泉，李维健，等．临时顶柱诱导崩落与无底柱分段崩落组合采矿法［P］．广西壮族自治区：CN114592867A，2022-06-07．

［193］何荣兴，任凤玉，谭宝会，等．诱导破岩采矿关键技术问题探讨［J］．金属矿山，2017（9）：14-19．

［194］姚金蕊，梁伟章，赵国彦，等．高应力磷矿体诱导致裂及机械化开采实践［J］．矿业研究与开发，2017，37（9）：1-3．

［195］何荣兴，任凤玉，宋德林，等．和睦山铁矿倾斜厚矿体诱导冒落规律研究［J］．采矿与安全工程学报，2017，34（5）：899-904．

［196］曹建立，谭宝会，刘洋，等．多空区层状矿体诱导冒落机理及拉底方案优选［J］．东北大学学报（自然科学版），2020，41（1）：119-124．

［197］王禹．高地应力硬岩钻孔诱导卸荷与多截齿协同破岩规律研究［D］．辽宁工程技术大学，2019．

［198］王昆．预应力矸石混凝土柱支撑体系及其采煤方法研究［D］．太原理工大学，2020．

［199］戴华阳，郭俊廷，阎跃观，等．″采－充－留″协调开采技术原理与应用［J］．煤炭学报，2014，39（8）：1602-1610．

［200］白二虎，郭文兵，谭毅，等．″条采留巷充填法″绿色协调开采技术［J］．煤炭学报，2018，43（S1）：21-27．

［201］冯国瑞，杜献杰，郭育霞，等．结构充填开采基础理论与地下空间利用构想［J］．煤炭学报，2019，44（1）：74-84．

［202］张吉雄，屠世浩，曹亦俊，等．煤矿井下煤矸智能分选与充填技术及工程应用［J］．中国矿业大学学报，2021，50（3）：417-430．

［203］柏建彪，张自政，王襄禹，等．高水材料充填沿空留巷应力控制与围岩强化机理及应用［J］．煤炭科学技术，2022，50（6）：16-28．

［204］屠世浩，郝定溢，李文龙，等．″采选充＋X″一体化矿井选择性开采理论与技术体系构建［J］．采矿与安全工程学报，2020，37（1）：81-92．

［205］王亚军，何满潮，王琦，等．无煤柱自成巷N00工法采留一体化装备与围岩控制关键设计［J］．煤炭学报，2022，47（11）：4011-4022．

［206］He Manchao，Wang Qi，Wu Qunying．Innovation and future of mining rock mechanics［J］．Journal of Rock Mechanics and Geotechnical Engineering，2021，13（1-21）．

［207］郭志飚，王琼，王昊昊，等．切顶成巷碎石帮泥岩碎胀特性及侧压力分析［J］．中国矿业大学学报，2018，47（5）：987-994．

［208］杨军，王宏宇，王亚军，等．切顶卸压无煤柱自成巷顶板断裂特征研究［J］．采矿与安全工程学报，2019，36（6）：1137-1144．

［209］Wang Qi，Jiang Zhenhua，Jiang Bei，et. al. Research on an automatic roadway formation method in deep mining areas by roof cutting with high-strength bolt-grouting［J］．International Journal of Rock Mechanics and Mining Sciences，2020，128：104264．

［210］袁亮．我国深部煤与瓦斯共采战略思考［J］．煤炭学报，2016，41（1）：1-6．

［211］张波，薛攀源，刘浪，等．深部充填矿井的矿床－地热协同开采方法探索［J］．煤炭学报，2021，46（9）：2824-2837．

［212］曾一凡，刘晓秀，武强，等．双碳背景下″煤－水－热″正效协同共采理论与技术构想［J/OL］．煤炭学报：1-13［2023-04-03］．

［213］李猛，张吉雄，黄鹏，等．深部矸石充填采场顶板下沉控制因素及影响规律研究［J］．采矿与安全工程学报，2022，39（2）：227-238．

［214］张吉雄，屠世浩，曹亦俊，等．煤矿井下煤矸智能分选与充填技术及工程应用［J］．中国矿业大学学报，2021，50（3）：417-430．

［215］Liu W，Chen J，Jiang DY，et al. Tightness and suitability evaluation of abandoned salt caverns served as hydrocarbon energies storage under adverse geological conditions（AGC）.Applied Energy，2016，178：703-720．

［216］Yang CH，Wang TT，Qu DA，et al. Feasibility analysis of using horizontal caverns for underground gas storage：A case study of Yunying salt district．Journal of Natural Gas Science and Engineering，2016，36：252-266．

［217］Li JL，Xu WJ，Zheng JJ，et al. Yang CH. Modeling the mining of energy storage salt caverns using a structural dynamic mesh．Energy，2020，193，116730．

［218］Soubeyran A，Rouabhi A，Coquelet C．Thermodynamic analysis of carbon dioxide storage in salt caverns to improve the Power-to-Gas process．Applied Energy，2019，242：1090-1107．

［219］Mortazavi A，Nasab H．Analysis of the behavior of large underground oil storage caverns in salt rock．International Journal for Numerical and Analytical Methods in Geomechanics，2017，41（4）：602-624．

［220］Liu，W．，Zhang，X．，Fan，J．et al. Evaluation of Potential for Salt Cavern Gas Storage and Integration of Brine Extraction：Cavern Utilization，Yangtze River Delta Region［J］．Nat Resour Res 29，3275-3290（2020）．

［221］Liu，W．，Zhang，X．，Li，H．et al. Investigation on the Deformation and Strength Characteristics of Rock Salt Under Different Confining Pressures［J］．Geotech Geol Eng 38，5703-5717（2020）．

［222］袁光杰，夏焱，金根泰，等．国内外地下储库现状及工程技术发展趋势［J］．石油钻探技术，2017，45（4）：8-14．

［223］冉莉娜，武志德，韩冰洁．盐穴在地下能源存储领域的应用及发展［J］．科技导报，2013，31（35）：76-79．

［224］王洪浩，李江海，李维波．盐穴在储能技术中的应用［J］．科学，2016，68（1）：46-48，4．

［225］陈结，姜德义，刘伟，等．盐矿水溶造腔及溶腔综合利用研究进展［J］．中国科学基金，2021，35（6）：911-916．

［226］易亮，姜德义，陈结，等．小井间距双井水溶造腔模型试验研究［J］．地下空间与工程学报，2017（S1）：8．

［227］Jiang D，Li Z，Liu W，et al. Construction simulating and controlling of the two-well-vertical（TWV）salt caverns with gas blanket［J］．Journal of Natural Gas Science and Engineering，2021，96：104291．

［228］Chen J，Lu D，Liu W，et al. Stability study and optimization design of small-spacing two-well（SSTW）salt caverns for natural gas storages［J］．Journal of Energy Storage，2020，27（Feb.）：101131.1-101131.11．

［229］谢和平，高峰，鞠杨，等．深地煤炭资源流态化开采理论与技术构想［J］．煤炭学报，2017，42（3）：547-556．

［230］王兆会，唐岳松，李猛，等．深埋薄基岩采场覆岩冒落拱与拱脚高耸岩梁复合承载结构形成机理与应用［J］．煤炭学报，2022：1-13．

［231］蔡金龙，涂敏，张华磊．侏罗系弱胶结软岩回采巷道变形失稳机理及围岩控制技术研究［J］．采矿与安全工程学报，2020，37（6）：1114-1121．

［232］王红伟，宋远洋，焦建强，等．大倾角煤层断层带回采巷道动载失稳机理［J］．采矿与安全工程学报，2022，39（5）：971-991．

［233］张廷伟，谭文慧，范磊，等．平顶山矿区深部巷道围岩蝶形破坏机理及控制对策［J］．湖南科技大学学报（自然科学版），2020，35（2）：10-17．

［234］李利萍，潘一山．深部煤岩超低摩擦效应能量特征试验研究［J］．煤炭学报，2020，45（S1）：202-210．

［235］李杰，王明洋，陈昊祥，等．深部非线性岩石动力学的理论发展及应用［J］．中国科学：物理学 力学 天文学，2020，50（2）：17-24．

[236] 袁锦锋，董亚宁，郑威，等. 基于微震矩张量的矿山围岩破坏机制分析[J]. 现代矿业，2022（7）：223-228.

[237] 侯公羽，胡涛，李子祥，等. 基于BOFDA的覆岩采动"两带"变形表征研究[J]. 采矿与安全工程学报，2020，37（2）：224-236.

[238] 任凤玉，张晶，何荣兴，等. 复杂条件下不规则空区围岩冒落时空演化特征研究[J]. 金属矿山，2022，549（3）：28-34.

[239] 胡娟新. 地下金属矿山采场顶板冒落危险性研究[J]. 世界有色金属，2021，580（16）：76-77.

[240] 李强. 基于RBF神经网络的重复采动下端面顶板失稳预警模型研究[D]. 贵阳：贵州大学，2022.

[241] 秦岩，盛武. 基于贝叶斯网络的煤矿顶板事故致因研究[J]. 矿业安全与环保，2022，49（3）：136-142.

[242] Jie Wang, Bin Hu, Longjun Dong, et al. Safety Pre-Control of Stope Roof Fall Accidents Using Combined Event Tree and Fuzzy Numbers in China's Underground Noncoal Mines[J]. IEEE Access，2020（8）：177615-177621.

[243] 王佳慧，高迪，陈江峰，等. 基于层次分析法的煤层顶板稳定性评价[J]. 煤炭技术，2022，41（8）：20-23.

[244] 邢艳冬，周建亮，孟凡旺，等. 基于熵权—灰色关联分析的煤矿施工作业中顶板灾情评价[J]. 煤炭技术，2023，42（2）：126-130.

[245] 赵革，付建新，姜绍军，等. 基于和谐度评价的顶板冒落敏感性分析[J]. 矿业研究与开发，2018，38（12）：89-92.

[246] 秦溯，李云安，孙琳，等. 基于区间非概率可靠性方法的岩溶区桩基下溶洞顶板稳定性评价[J]. 水文地质工程地质，2019，46（5）：81-87.

[247] 王宏伟，田政，王晴，等. 采动诱发断层覆岩耦合失稳的突变效应研究[J]. 煤炭学报，2023：1-14.

[248] 赵明华，陈言章，肖尧，等. 基于三铰拱突变模型的岩溶区嵌岩桩溶洞顶板稳定性分析[J]. 防灾减灾工程学报，2020，40（2）：167-173.

[249] 马天辉，刘飞，唐春安. 深埋隧洞岩爆微震监测预警技术[J]. 实验室研究与探索. 2020，39（3）：6-10.

[250] 吕斌，付廉杰，黄浦乐，等. TBM隧洞岩爆监测预警与控制技术研究[J]. 水利规划与设计. 2022（7）：62-67.

[251] 谷建强. 基于微震监测的秦岭隧洞岩性转换带岩爆孕育机制[J]. 人民长江. 2022，53（4）：106-111.

[252] 董振涛. 深埋特大引水隧洞岩爆微震监测预警方法设计[J]. 水利科学与寒区工程. 2022，5（11）：114-117.

[253] 姚志宾，牛文静，张宇，等. 岩爆数据库管理系统开发及应用[J]. 工程科学学报. 2022，44（5）：865-875.

[254] 夏元友，刘昌昊，刘夕奇，等. 均布与梯度应力加载路径下岩爆破坏特征试验[J]. 中国安全科学学报. 2020，30（5）：149-155.

[255] 奈曼卿，胡会平，梁潇，等. 大尺寸试件在梯度应力作用下的岩爆孕育声发射特性[J]. 金属矿山. 2022（3）：71-77.

[256] 张平，任松，张闯，等. 循环扰动和高温作用下砂岩的岩爆倾向性及破坏特征研究[J]. 岩土力学. 2023：1-13.

[257] He Manchao, Ren Fuqiang, Liu Dongqiao. Rockburst mechanism research and its control[J]. International Journal of Mining Science and Technology，2018，28（5）：829-837.

[258] 何满潮，李杰宇，任富强，等. 不同层理倾角砂岩单向双面卸荷岩爆弹射速度实验研究[J]. 岩石力学与工程学报. 2021，40（3）：433-447.

[259] 乔兰, 董金水, 刘建, 等. 我国地下金属矿山岩爆灾害发生机制及预测方法研究进展[J]. 金属矿山. 2022: 1-21.

[260] 李鹏翔, 陈炳瑞, 周扬一, 等. 硬岩岩爆预测预警研究进展[J]. 煤炭学报. 2019, 44(S2): 447-465.

[261] 郭雷, 李夕兵, 岩小明. 岩爆研究进展及发展趋势[J]. 采矿技术. 2006, 6(1): 16-20.

[262] 高安森, 戚承志, 单仁亮. 断裂滑移型岩爆风险评价和预警方法研究现状[J]. 矿业科学学报. 2022, 7(6): 643-654.

[263] 欧阳林, 张如九, 刘耀儒, 等. 深埋隧洞岩爆防控技术及典型工程应用现状综述[J]. 长江科学院院报. 2022, 39(12): 161-170.

[264] 林道远. 基于能量耗散机制的深埋隧洞岩爆防控技术研究[D]. 大连理工大学, 2022.

[265] 周航, 廖昕, 陈仕阔, 等. 基于组合赋权和未确知测度的深埋隧道岩爆危险性评价——以川藏铁路桑珠岭隧道为例[J]. 地球科学. 2021: 1-21.

[266] 赵昕强, 王洁子. 基于蝴蝶突变模型与BP神经网络的岩爆烈度预测[J]. 新疆有色金属. 2022, 45(1): 95-96.

[267] 温廷新, 陈晓宇. 基于组合赋权的混合粒子群优化支持向量机的岩爆倾向性预测[J]. 安全与环境学报. 2018, 18(2): 440-445.

[268] 陈则黄, 李克钢, 李明亮, 等. 基于PCA-SOFM模型的岩爆烈度等级预测[J]. 地下空间与工程学报. 2022, 18(S2): 934-942.

[269] 胡炜, 杨兴国, 周宏伟, 等. 基于灰色关联分析的岩爆预测方法研究[J]. 人民长江. 2011, 42(9): 38-42.

[270] 张书国, 戴岭, 袁小虎. 深部地下工程岩爆灾害模糊综合预测模型[J]. 洛阳理工学院学报(自然科学版). 2022, 32(3): 17-20, 30.

[271] 李克钢, 李明亮, 秦庆词. 基于改进综合赋权的岩爆倾向性评价方法研究[J]. 岩石力学与工程学报. 2020, 39(S1): 2751-2762.

[272] 侯克鹏, 邵琳, 李岳峰, 等. 基于改进层次分析-物元可拓的岩爆预测模型[J]. 贵州大学学报(自然科学版). 2022, 39(3): 67-73.

[273] 刘晓悦, 杨伟, 张雪梅. 基于改进层次法与CRITIC法的多维云模型岩爆预测[J]. 湖南大学学报(自然科学版) 2021, 48(2): 118-124.

[274] 胡建华, 黄鹏苤, 周坦, 等. 岩爆倾向性的改进有限云评价模型与工程应用[J]. 中国安全科学学报. 2022, 32(2): 90-98.

[275] 刘晓悦, 杨伟, 张雪梅. 基于改进层次法与CRITIC法的多维云模型岩爆预测[J]. 湖南大学学报(自然科学版). 2021, 48(2): 118-124.

[276] 周春华, 李云安, 尹健民, 等. 电磁辐射法在某水电站岩爆监测中的工程应用[J]. 地下空间与工程学报. 2020, 16(3): 882-890.

[277] 张艳博, 杨震, 姚旭龙, 等. 基于红外辐射时空演化的巷道岩爆实时预警方法实验研究[J]. 采矿与安全工程学报. 2018, 35(2): 299-307.

[278] 宋月歆, 任富强, 刘冬桥. 大理岩应变型岩爆红外前兆特征试验研究[J]. 岩土工程学报. 2022: 1-10.

[279] Zhu W C, Li Z H, Zhu L, et al. Numerical simulation on rockburst of underground opening triggered by dynamic disturbance [J]. Tunnelling and Underground Space Technology, 2010. 25: 587-599.

[280] 王恩元, 冯俊军, 张奇明, 等. 冲击地压应力波作用机理[J]. 煤炭学报, 2020, 45(1): 100-110.

[281] 朱建波, 马斌文, 谢和平, 等. 煤矿矿震与冲击地压的区别与联系及矿震扰动诱冲初探[J]. 煤炭学报, 2022, 47(9): 3396-3409.

[282] 齐庆新, 王守光, 李海涛, 等. 冲击地压应力流理论及其数值实现[J]. 煤炭学报, 2022, 47(1):

172-179.

[283] 丁秀丽, 张雨霆, 黄书岭学. 隧洞围岩大变形机制、挤压大变形预测及应用[J]. 岩石力学与工程学报, 2023, 42（3）: 521-544.

[284] 刘泉声, 邓鹏海, 毕晨, 等. 深部巷道软弱围岩破裂碎胀过程及锚喷–注浆加固FDEM数值模拟[J]. 岩土力学, 2019, 40（10）: 4065-4083.

[285] 吴爱祥, 胡凯建, 黄明清, 等. 软弱破碎围岩运输巷道变形机理及修复支护[J]. 中南大学学报（自然科学版）, 2017, 48（8）: 2162-2168.

[286] 黄炳香, 张农, 靖洪文, 等. 深井采动巷道围岩流变和结构失稳大变形理论[J]. 煤炭学报, 2020, 45（3）: 911-926.

[287] 康永水, 耿志, 刘泉声, 等. 我国软岩大变形灾害控制技术与方法研究进展[J]. 岩土力学, 2022, 43（8）: 2035-2059.

[288] 何满潮, 李晨, 宫伟力, 等. NPR锚杆/索支护原理及大变形控制技术[J]. 岩石力学与工程学报, 2016, 35（8）: 1513-1529.

[289] 李利平, 贾超, 孙子正, 等. 深部重大工程灾害监测与防控技术研究现状及发展趋势[J]. 中南大学学报（自然科学版）, 2021, 52（8）: 2539-2556.

[290] 崔芳鹏, 武强, 林元惠, 等. 中国煤矿水害综合防治技术与方法研究[J]. 矿业科学学报, 2018, 3（3）: 219-228.

[291] 隋旺华. 矿山采掘岩体渗透变形灾变机理及防控Ⅰ: 顶板溃水溃砂[J]. 地球科学与环境学报, 2022, 44（6）: 903-921.

[292] 尹立明, 郭惟嘉, 路畅. 深井底板突水模式及其突变特征分析[J]. 采矿与安全工程学报, 2017, 34（3）: 459-463.

[293] 张同钊, 纪洪广, 权道路, 等. 金属矿深竖井井筒涌水特征及控制方法研究[J]. 矿业研究与开发, 2022, 42（7）: 92-96.

[294] 王军, 刘景军, 王延平. 滨海矿山深部开采水压—水温—围岩应力监测与突水机理[J]. 金属矿山, 2022, 552（6）: 177-183.

[295] 侯宪港, 杨天鸿, 李振拴, 等. 山西省老空水害类型及主要特征分析[J]. 采矿与安全工程学报, 2020, 37（5）: 1009-1018.

[296] 蓝航, 陈东科, 毛德兵. 我国煤矿深部开采现状及灾害防治分析[J]. 煤炭科学技术, 2016, 44（1）: 39-46.

[297] 赵永, 杨天鸿, 王述红, 等. 基于微震反演裂隙的采动岩体损伤分析方法及其工程应用[J]. 岩土工程学报, 2022, 44（2）: 305-314.

[298] 马丹, 侯文涛, 张吉雄, 等. 空心岩样径向渗流–轴向应力特征与巷道围岩渗透突变机理[J]. 煤炭学报, 2022, 47（3）: 1180-1195.

[299] 李海燕, 张红军, 李术才, 等. 断层滞后型突水渗–流转化机制及数值模拟研究[J]. 采矿与安全工程学报, 2017, 34（2）: 323-329.

[300] 乔伟, 王志文, 李文平, 等. 煤矿顶板离层水害形成机制、致灾机理及防治技术[J]. 煤炭学报, 2021, 46（2）: 507-522.

[301] 杨天鸿, 师文豪, 刘洪磊, 等. 基于流态转捩的非线性渗流模型及在陷落柱突水机理分析中的应用[J]. 煤炭学报, 2017, 42（2）: 315-321.

[302] 马丹, 段宏宇, 张吉雄, 等. 断层破碎带岩体突水灾害的蠕变–冲蚀耦合力学特性试验研究[J]. 岩石力学与工程学报, 2021, 40（9）: 1751-1763.

[303] 隋旺华. 矿山采掘岩体渗透变形灾变机理及防控Ⅰ: 顶板溃水溃砂[J]. 地球科学与环境学报, 2022, 44（6）: 903-921.

[304] 颜丙乾, 任奋华, 蔡美峰, 等. 基于 PCA 和 MCMC 的贝叶斯方法的海下矿山水害源识别分析 [J]. 工程科学学报, 2019, 41 (11): 1412–1421.

[305] 刘守强, 武强, 李哲, 等. 多煤层底板单一含水层矿区突水变权脆弱性评价与应用 [J]. 中国矿业大学学报, 2021, 50 (3): 587–597.

[306] 陈懋, 姚锡文, 许开立. 基于 AHP-EWM- 云模型的金属矿井突水危险性评价 [J]. 有色金属工程, 2022, 12 (11): 102–110.

[307] 赵颖旺, 武强, 王潇, 等. 基于人工智能的矿井水害灾情研判及预测研究 [J]. 中国矿业大学学报, 2023, 52 (1): 10–19.

[308] 马克, 孙兴业, 唐春安, 等. 基于微震矩张量反演的中国董家河煤矿突水预警方法研究（英文）[J]. Journal of Central South University, 2020, 27 (10): 3133–3148.

[309] 乔伟, 靳德武, 王皓, 等. 基于云服务的煤矿水害监测大数据智能预警平台构建 [J]. 煤炭学报, 2020, 45 (7): 2619–2627.

[310] 余国锋, 袁亮, 任波, 等. 底板突水灾害大数据预测预警平台 [J]. 煤炭学报, 2021, 46 (11): 3502–3514.

[311] 武强, 郭小铭, 边凯, 等. 开展水害致灾因素普查防范煤矿水害事故发生 [J]. 中国煤炭, 2023, 49 (1): 3–15.

[312] 胡雄武, 徐虎, 彭苏萍, 等. 煤层采动覆岩富水性变化规律瞬变电磁法动态监测 [J]. 煤炭学报, 2021, 46 (5): 1576–1586.

[313] 何继善. 广域电磁法和拟流场法精细探测技术——以井工一矿水害探测为例 [J]. Engineering, 2018, 4 (5): 188–205.

[314] 尹尚先, 王屹, 尹慧超, 等. 深部底板奥灰薄灰突水机理及全时空防治技术 [J]. 煤炭学报, 2020, 45 (5): 1855–1864.

[315] 袁亮, 张平松. 煤矿透明地质模型动态重构的关键技术与路径思考 [J]. 煤炭学报, 2023, 48 (1): 1–14.

[316] 刘志新, 薛国强, 张小楷. 利用极化率参数监测煤矿滞后突水的可行性 [J]. 地球物理学报, 2022, 65 (8): 3186–3197.

[317] 董书宁, 刘其声, 王皓, 等. 煤层底板水害超前区域治理理论框架与关键技术 [J]. 煤田地质与勘探, 2023, 51 (1): 185–195.

[318] 柏宇星, 孔繁余, 赵飞, 等. 新型矿用高速抢险泵的设计与性能分析 [J]. 机械工程学报, 2020, 56 (18): 244–253.

[319] 许江, 周斌, 彭守建, 等. 基于热 – 流 – 固体系参数演变的煤与瓦斯突出能量演化 [J]. 煤炭学报, 2020, 45 (1): 213–222.

[320] 程远平, 雷杨. 构造煤和煤与瓦斯突出关系的研究 [J]. 煤炭学报, 2021, 46 (1): 180–198.

[321] 梁运培, 郑梦浩, 李全贵, 等. 我国煤与瓦斯突出预测与预警研究综述 [J]. 煤炭学报, 2023.

[322] 舒龙勇, 王凯, 齐庆新, 等. 煤与瓦斯突出关键结构体致灾机制 [J]. 岩石力学与工程学报, 2017, 36 (2): 347–356.

[323] 唐俊, 蒋承林, 李晓伟, 等. 煤与瓦斯突出机理与突出预测的关系及研究进展 [J]. 煤矿安全, 2016, 47 (4): 186–190.

[324] 张庆贺, 袁亮, 王汉鹏, 等. 煤与瓦斯突出物理模拟相似准则建立与分析 [J]. 煤炭学报, 2016, 41 (11): 2773–2779.

[325] 袁亮, 王伟, 王汉鹏, 等. 巷道掘进揭煤诱导煤与瓦斯突出模拟试验系统 [J]. 中国矿业大学学报, 2020, 49 (2): 205–214.

[326] 李术才, 李清川, 王汉鹏, 等. 大型真三维煤与瓦斯突出定量物理模拟试验系统研发 [J]. 煤炭学报, 2018, 43 (S1): 121–129.

［327］ 许江, 程亮, 魏仁忠, 等. T型巷道中突出煤-瓦斯两相流动力学试验研究［J］. 岩土力学, 2022, 43（6）: 1423-1433.

［328］ 唐巨鹏, 郝娜, 潘一山, 等. 基于声发射能量分析的煤与瓦斯突出前兆特征试验研究［J］. 岩石力学与工程学报, 2021, 40（1）: 31-42.

［329］ 唐巨鹏, 任凌冉, 潘一山, 等. 深部煤与瓦斯突出孕育全过程声发射前兆信号变化规律研究［J］. 实验力学, 2021, 36（6）: 827-837.

［330］ 张超林, 王恩元, 王奕博, 等. 多功能煤与瓦斯突出模拟试验系统研制与应用［J］. 岩石力学与工程学报, 2022, 41（5）: 995-1007.

［331］ 卢义玉, 彭子烨, 夏彬伟, 等. 深部煤岩工程多功能物理模拟试验系统——煤与瓦斯突出模拟实验［J］. 煤炭学报, 2020, 45（S1）: 272-283.

［332］ He Xueqiu, Chen Wenxue, Nie Baisheng, et al. Classification technique for danger classes of coal and gas outburst in deep coal mines［J］. Safety Science, 2010, 48（2）: 173-178.

［333］ Niu, Yue, Wang Enyuan, Li, Zhonghui, et al. Identification of Coal and Gas Outburst-Hazardous Zones by Electric Potential Inversion During Mining Process in Deep Coal Seam［J］. Rock Mechanics and Rock Engineering, 2022, 55（6）: 3439-3450.

［334］ Du Junsheng, Chen Jie, Pu Yuanyuan, et al. Risk assessment of dynamic disasters in deep coal mines based on multi-source, multi-parameter indexes, and engineering application［J］. Process Safety and Environment Protection, 2021, 155: 575-586.

［335］ Chen Jie, Zhu Chao, Du Junsheng, et al. A quantitative pre-warning for coalburst hazardous zones in a deep coal mine based on the spatio-temporal forecast of microseismicevents［J］. Process Safety and Environmental Protection, 2022, 159: 1105-1112.

［336］ 王宏图, 黄光利, 袁志刚, 等. 急倾斜上保护层开采瓦斯越流固-气耦合模型及保护范围［J］. 岩土力学, 2014, 35（5）: 1377-1382.

［337］ 王恩元, 张国锐, 张超林, 等. 我国煤与瓦斯突出防治理论技术研究进展与展望［J］. 煤炭学报, 2022, 47（1）: 297-322.

［338］ 李延河, 杨战标, 朱元广, 等. 基于弱光纤光栅传感技术的围岩变形监测研究［J/OL］. 煤炭科学技术: 1-9［2023-03-08］.

［339］ Liu Y, Li W, He J, et al. Application of Brillouin optical time domain reflectometry to dynamic monitoring of overburden deformation and failure caused by underground mining［J］. International Journal of Rock Mechanics and Mining Sciences, 2018, 106: 133-143.

［340］ Hu T, Hou G, Li Z. The field monitoring experiment of the roof strata movement in coal mining based on DFOS［J］. Sensors, 2020, 20（5）: 1318.

［341］ Sun B, Zhang P, Wu R, et al. Research on the overburden deformation and migration law in deep and extra-thick coal seam mining［J］. Journal of Applied Geophysics, 2021, 190: 104337.

［342］ 靳德武, 赵春虎, 段建华, 等. 煤层底板水害三维监测与智能预警系统研究［J］. 煤炭学报, 2020, 45（6）: 2256-2264.

［343］ 王朋朋, 赵毅鑫, 姜耀东, 等. 邢东矿深部带压开采底板突水特征及控制技术［J］. 煤炭学报, 2020, 45（7）: 2444-2454.

［344］ 张俊文, 宋治祥, 刘金亮, 等. 煤矿深部开采冲击地压灾害结构调控技术架构［J］. 煤炭科学技术, 2022, 50（2）: 27-36.

［345］ 舒龙勇, 王凯, 齐庆新, 等. 煤巷掘进面应力场演化特征及突出危险性评价模型［J］. 采矿与安全工程学报, 2017, 34（2）: 259-267.

［346］ Zhou, Aitao, et al. "A roadway driving technique for preventing coal and gas outbursts in deep coal mines."

Environmental Earth Sciences 76（2017）：1-10.
[347] 谭云亮，郭伟耀，辛恒奇，等．煤矿深部开采冲击地压监测解危关键技术研究[J]．煤炭学报，2019，44（1）：160-172.
[348] 陈结，杜俊生，蒲源源，等．冲击地压"双驱动"智能预警架构与工程应用[J]．煤炭学报，2022，47（2）：791-806.
[349] 李德行，王恩元，岳建华，等．煤岩动力灾害预测的微电流技术及其应用研究[J]．岩石力学与工程学报，2022，41（4）：764-774.
[350] 何学秋，王安虎，窦林名，等．突出危险煤层微震区域动态监测技术[J]．煤炭学报，2018，43（11）：3122-3129.
[351] 王恩元，刘晓斐，何学秋，等．煤岩动力灾害声电协同监测技术及预警应用[J]．中国矿业大学学报，2018，47（5）：942-948.
[352] 郝天轩，张春林．基于Hadoop平台的瓦斯突出预测预警方法研究[J]．中国安全科学学报，2017，27（11）：61-66.
[353] 高建成，宁小亮，覃木广．深部动力灾害煤层防突预警技术在平煤十三矿的应用[J]．煤矿安全，2020，51（5）：150-153.
[354] 王恩元，李忠辉，李保林，等．煤矿瓦斯灾害风险隐患大数据监测预警云平台与应用[J]．煤炭科学技术，2022，50（1）：142-150.
[355] 毕波，陈永春，谢毫，等．多源数据挖掘下潘谢矿区深部灰岩水突水预警研究[J]．煤田地质与勘探，2022，50（2）：81-88.
[356] 王世斌，侯恩科，王双明，等．煤炭安全智能开采地质保障系统软件开发与应用[J]．煤炭科学技术，2022，50（7）：13-24.
[357] 冯夏庭，刘建波，陈炳瑞，等．深部金属矿山岩爆监测、预警和控制[J]．Engineering，2017，3（4）：233-249.
[358] 窦林名，王盛川，巩思园，等．冲击矿压风险智能判识与监测预警云平台[J]．煤炭学报，2020，45（6）：2248-2255.
[359] 何生全，何学秋，宋大钊，等．冲击地压多参量集成预警模型及智能判识云平台[J]．中国矿业大学学报，2022，51（5）：850-862.
[360] 陈结，杜俊生，蒲源源，等．冲击地压"双驱动"智能预警架构与工程应用[J]．煤炭学报，2022，47（2）：791-806.
[361] 袁亮．煤矿典型动力灾害风险判识及监控预警技术研究进展[J]．煤炭学报，2020，45（5）：1557-1566.
[362] 朱万成，任敏，代风，等．现场监测与数值模拟相结合的矿山灾害预测预警方法[J]．金属矿山，2020，No. 523（1）：151-162.
[363] 徐晓冬，朱万成，张鹏海，等．金属矿山采动灾害监测预警云平台搭建与初步应用[J]．金属矿山，2021，No. 538（4）：160-171.
[364] 吴爱祥，周靓，尹升华，等．全尾砂絮凝沉降的影响因素[J]．中国有色金属学报，2016，26（2）：439-446.
[365] 李利平，贾超，孙子正，等．深部重大工程灾害监测与防控技术研究现状及发展趋势[J]．中南大学学报（自然科学版），2021，52（8）：2539-2556.
[366] 张涛，胡静云，林峰，等．金属矿千米深井高应力特性岩爆发生规律与防治措施研究[J]．采矿技术，2017，17（4）：28-32，63.
[367] 江飞飞，周辉，刘畅，等．地下金属矿山岩爆研究进展及预测与防治[J]．岩石力学与工程学报，2019，38（5）：956-972.

[368] He Manchao, Wang Qi. Excavation compensation method and key technology for surrounding rock control［J］. Engineering geology, 2022, 307.

[369] 冯夏庭, 肖亚勋, 丰光亮, 等. 岩爆孕育过程研究［J］. 岩石力学与工程学报, 2019, 38（4）：649-673.

[370] 潘一山, 齐庆新, 王爱文, 等. 煤矿冲击地压巷道三级支护理论与技术［J］. 煤炭学报, 2020, 45（5）：1585-1594.

[371] 秦秀山, 陈何, 刘建坡, 等. 深部大矿段采动环境监测及地压动态调控技术［J］. 中国有色金属学报, 2022, 32（12）：3871-3882.

[372] 翟明华, 姜福兴, 齐庆新, 等. 冲击地压分类防治体系研究与应用［J］. 煤炭学报, 2017, 42（12）：3116-3124.

[373] 齐庆新, 赵善坤, 李海涛, 等. 我国煤矿冲击地压防治的几个关键问题［J］. 煤矿安全, 2020, 51（10）：135-143, 151.

[374] 齐庆新, 李一哲, 赵善坤, 等. 我国煤矿冲击地压发展70年：理论与技术体系的建立与思考［J］. 煤炭科学技术, 2019, 47（9）：1-40.

[375] 李鹏, 蔡美峰, 郭奇峰, 等. 煤矿断层错动型冲击地压研究现状与发展趋势［J］. 哈尔滨工业大学学报, 2018, 50（3）：1-17.

[376] 王桂峰, 窦林名, 蔡武, 等. 冲击地压的不稳定能量触发机制研究［J］. 中国矿业大学学报, 2018, 47（1）：190-196.

[377] 周睿, 张占存, 闫斌移. 关键层效应影响下逆断层活化响应范围力学分析［J］. 煤矿安全, 2016, 47（10）：194-197.

[378] 李晨, 何满潮, 宫伟力. 恒阻大变形锚杆负泊松比效应的冲击动力学分析［J］. 煤炭学报, 2016, 41（6）：1393-1399.

[379] 潘一山, 齐庆新, 王爱文, 等. 煤矿冲击地压巷道三级支护理论与技术［J］. 煤炭学报, 2020, 45（5）：1585-1594.

[380] 林健, 吴拥政, 丁吉, 等. 冲击矿压巷道支护锚杆杆体材料优选［J］. 煤炭学报, 2016, 41（3）：552-556.

[381] 刘见中, 孙海涛, 雷毅, 等. 煤矿区煤层气开发利用新技术现状及发展趋势［J］. 煤炭学报, 2020, 45（1）：258-267.

[382] 刘志强, 宋朝阳, 纪洪广, 等. 深部矿产资源开采矿井建设模式及其关键技术［J］. 煤炭学报, 2021, 46（3）：826-845.

[383] 赵兴东. 超深竖井建设基础理论与发展趋势［J］. 金属矿山, 2018（4）：1-10.

[384] 刘志强, 宋朝阳, 纪洪广, 等. 深部矿产资源开采矿井建设模式及其关键技术［J］. 煤炭学报, 2021, 46（3）：826-845.

[385] 刘志强. 矿井建设技术［M］. 北京：科学出版社, 2018.

[386] 龙志阳, 桂良玉. 千米深井凿井技术研究［J］. 建井技术, 2011, 32（Z1）：15-20.

[387] 刘志强, 吴玉华, 王从平, 等. 钻井法凿井"一钻成井"工艺［J］. 建井技术, 2011, 32（S1）：8-10.

[388] 祁和刚, 蒲耀年. 深立井施工技术现状及发展展望［J］. 建井技术, 2013, 34（5）：4-7.

[389] 刘志强, 王博, 杜健民, 李明楼. 新型单平台凿井井架在深大立井井筒施工中的应用［J］. 煤炭科学技术, 2017, 45（10）：24-29.

[390] 肖瑞玲. 立井施工技术发展综述［J］. 煤炭科学技术, 2015, 43（8）：13-17, 22.

[391] 王鹏越, 张小美, 龙志阳, 等. 千米深井基岩快速掘砌施工工艺研究［J］. 建井技术, 2011, 32（Z1）：26-28.

[392] 纪洪广. "十三五"国家重点研发计划重点专项项目"深部金属矿建井与提升关键技术"开始实施［J］.

岩石力学与工程学报，2016，35（9）：1.

［393］徐辉东，杨仁树，刘林林，等 . 大直径超深立井凿井新型提绞装备研究及应用［J］. 煤炭科学技术，2015，43（7）：89-92，140.

［394］左帅，李艾民 . 迈步式液压金属模板的研究设计［J］. 煤矿机械，2011，32（5）：20-22.

［395］谭杰，刘志强，宋朝阳，等 . 我国矿山竖井凿井技术现状与发展趋势［J］. 金属矿山，2021，No. 539（5）：13-24.

［396］朱真才，李翔，沈刚，等 . 双绳缠绕式煤矿深井提升系统钢丝绳张力主动控制方法［J］. 煤炭学报，2020，45（1）：464-473.

［397］李翔，朱真才，沈刚，等 . 双绳缠绕式煤矿深井提升系统容器位姿调平控制方法［J］. 煤炭学报，2020，45（12）：4228-4239.

［398］万金鹏，刘轶，国继征，等 . 千米深井提升系统钢丝绳精细运行技术研究［J］. 煤炭科学技术，2020，48（S2）：219-222.

［399］何满潮 . 深井提升动力学研究［J］. 力学进展，2021，51（3）：702-728.

［400］李夕兵，周健，王少锋，等 . 深部固体资源开采评述与探索［J］. 中国有色金属学报，2017，27（6）：1236-1262.

［401］蔡美峰，薛鼎龙，任奋华 . 金属矿深部开采现状与发展战略［J］. 工程科学学报，2019，41（4）：417-426.

［402］庄吉庆，鲍久圣，刘勇，等 . 千米深井特大型箕斗直线电机辅助提升系统及控制策略［J］. 煤炭科学技术，2022，50（10）：207-215.

［403］鲍久圣，刘琴，葛世荣，等 . 矿山运输装备智能化技术研究现状及发展趋势［J］. 智能矿山，2020，1（1）：78-88.

［404］葛世荣，杨小林，鲍久圣，等 . 大运距重型带式输送机永磁智能驱动与张紧成套技术［R］. 徐州：中国矿业大学，2019.

［405］张守祥，张学亮，张磊，等 . 综采巡检机器人关键技术研究［J］. 煤炭科学技术，2022，50（1）：247-255.

［406］贺海涛，廖志伟，郭卫 . 煤矿井下无轨胶轮车无人驾驶技术研究与探索［J］. 煤炭科学技术，2022，50（S1）：212-217.

［407］胡春亚，杨胜强，胡新成，等 . 矿井通风系统新指标体系的建立与应用［J］. 煤炭技术，2016，35（10）：171-173.

［408］马超 . 磷矿山通风系统优化与应用［D］. 江西理工大学，2017.

［409］佘文远，张华辉，丘永富 . 基于3Dvent和Ventsim的南温河钨矿复杂通风系统优化设计［J］. 世界有色金属，2017（7）：212-214.

［410］吴新忠，张兆龙，程健维，等 . 矿井通风网络的多种群自适应粒子群算法优化研究［J］. 煤炭工程，2019，51（2）：75-81.

［411］邢亮亮 . 矿井通风系统风流参数动态监测及风量调节优化［J］. 机械管理开发，2020，35（9）：25-26，29.

［412］胡建豪 . 基于烟花算法的矿井通风网络风量优化研究及应用［D］. 中国矿业大学，2020.

［413］葛恒清 . 基于PSO算法的煤矿通风系统优化与调控［D］. 中国矿业大学，2020.

［414］李伟宏，魏志丹 . 矿井智能通风控制系统研究及应用［J］. 工矿自动化，2021，47（S1）：72-74，84.

［415］马路平 . 矿井主要通风机系统改造和智能调控研究［J］. 机械管理开发，2021，36（12）：225-227.

［416］方博立 . 某铜矿老区通风方案优化选择及类推相似评价［D］. 昆明理工大学，2022.

［417］李秉芮，王伟，陈凤梅，刘娜 . 基于矿井通风网路解算的优化计算方法［J］. 安全与环境学报，2022，22（3）：1240-1246.

[418] 蔡美峰, 薛鼎龙, 任奋华. 金属矿深部开采现状与发展战略[J]. 工程科学学报, 2019, 41 (4): 417-426.

[419] 郭平业, 卜墨华, 张鹏, 等. 矿山地热防控与利用研究进展[J]. 工程科学学报, 2022, 44 (10): 1632-1651.

[420] 蔡美峰, 多吉, 陈湘生, 等. 深部矿产和地热资源共采战略研究[J]. 中国工程科学, 2021, 23 (6): 43-51.

[421] 刘志强, 陈湘生, 宋朝阳, 等. 我国深部高温地层井巷建设发展路径与关键技术分析[J]. 工程科学学报, 2022, 44 (10): 1733-1745.

[422] 王运敏, 李刚, 徐宇, 等. 我国深部矿井热环境调控研究近20a进展及展望[J]. 金属矿山, 2023, 3: 1-13.

[423] 李德文, 赵政, 郭胜均, 等. "十三五"煤矿粉尘职业危害防治技术及发展方向[J]. 矿业安全与环保, 2022, 49 (4): 51-58.

[424] 徐修平, 李刚, 金龙哲, 等. 矿井采运过程典型粉尘防治技术装备研发与应用[J]. 金属矿山, 2022 (5): 177-184.

[425] 程卫民, 周刚, 陈连军, 等. 我国煤矿粉尘防治理论与技术20年研究进展及展望[J]. 煤炭科学技术, 2020, 48 (2): 1-20.

[426] 陈建武. 呼吸追随型电动送风防尘口罩. 中国安全生产科学研究院, 2020.

[427] 吴爱祥, 王勇, 张敏哲, 等. 金属矿山地下开采关键技术新进展与展望[J]. 金属矿山, 2021 (1): 1-13.

[428] 刘会林, 任进鹏. 探究我国金属矿山地下采矿装备的现状及进展[J]. 科技经济市场, 2015 (11): 121.

[429] Konicek P, Waclawik P. Stress changes and seismicity monitoring of hard coal longwall mining in high rockburst risk areas [J]. Tunnelling and Underground Space Technology, 2018, 81: 237-251.

[430] Leake M R, Conrad W J, Westman E C, et al. Microseismic monitoring and analysis of induced seismicity source mechanisms in a retreating room and pillar coal mine in the Eastern United States [J]. Underground Space, 2017, 2 (2): 115-124.

[431] De Santis F, Renaud V, Gunzburger Y, et al. In situ monitoring and 3D geomechanical numerical modelling to evaluate seismic and aseismic rock deformation in response to deep mining [J]. International Journal of Rock Mechanics and Mining Sciences, 2020, 129: 104273.

[432] Sengani F. The use of ground penetrating radar to distinguish between seismic and non-seismic hazards in hard rock mining [J]. Tunnelling and Underground Space Technology, 2020, 103: 103470.

[433] Madjdabadi B, Valley B, Dusseault M B, et al. Experimental evaluation of a distributed Brillouin sensing system for detection of relative movement of rock blocks in underground mining [J]. International Journal of Rock Mechanics and Mining Sciences, 2017, 100 (93): 138-151.

[434] Jo B W, Khan R M A, Javaid O. Arduino-based intelligent gases monitoring and information sharing Internet-of-Things system for underground coal mines [J]. Journal of Ambient Intelligence and Smart Environments, 2019, 11 (2): 183-194.

[435] Jo B W, Khan R M A. An event reporting and early-warning safety system based on the internet of things for underground coal mines: A case study [J]. Applied Sciences, 2017, 7 (9): 925.

[436] Nordström E, Dineva S, Nordlund E. Back analysis of short-term seismic hazard indicators of larger seismic events in deep underground mines (lkab, kiirunavaara mine, sweden) [J]. Pure and Applied Geophysics, 2020, 177: 763-785.

[437] Isleyen E, Duzgun S, Carter R M K. Interpretable deep learning for roof fall hazard detection in underground mines [J]. Journal of Rock Mechanics and Geotechnical Engineering, 2021, 13 (6): 1246-1255.

［438］Shirani Faradonbeh R，Taheri A. Long-term prediction of rockburst hazard in deep underground openings using three robust data mining techniques［J］. Engineering with Computers，2019，35（2）：659-675.

［439］Kumari K，Dey P，Kumar C，et al. UMAP and LSTM based fire status and explosibility prediction for sealed-off area in underground coal mine［J］. Process Safety and Environmental Protection，2021，146：837-852.

［440］Dey P，Chaulya S K，Kumar S. Hybrid CNN-LSTM and IoT-based coal mine hazards monitoring and prediction system［J］. Process Safety and Environmental Protection，2021，152：249-263.

［441］Dey P，Saurabh K，Kumar C，et al. T-sne and variational auto-encoder with a bi-lstm neural network-based model for prediction of gas concentration in a sealed-off area of underground coal mines［J］. Soft Computing，2021，25：14183-14207.

［442］王恩元，李忠辉，李保林，等. 煤矿瓦斯灾害风险隐患大数据监测预警云平台与应用［J］. 煤炭科学技术，2022，50（1）：142-150.

［443］朱万成，任敏，代风，等. 现场监测与数值模拟相结合的矿山灾害预测预警方法［J］. 金属矿山，2020（1）：151-162.

［444］Marian D P，Onica I，Marian R R，et al. Finite element analysis of the state of stresses on the structures of buildings influenced by underground mining of hard coal seams in the jiu valley basin（Romania）［J］. Sustainability，2020，12（4）：1598.

［445］Iannacchione A，Miller T，Esterhuizen G，et al. Evaluation of stress-control layout at the Subtropolis Mine，Petersburg，Ohio［J］. International journal of mining science and technology，2020，30（1）：77-83.

［446］Sotoudeh F，Nehring M，Kizil M，et al. Production scheduling optimisation for sublevel stoping mines using mathematical programming：A review of literature and future directions［J］. Resources Policy，2020，68：101809.

［447］余学义，穆驰，王皓，等. 孟加拉国Barapukuria矿厚煤层分层协调减灾开采模式［J］. 煤炭学报，2022，47（6）：2352-2359.

［448］Hashemi A S，Katsabanis P. Tunnel face preconditioning using destress blasting in deep underground excavations［J］. Tunnelling and Underground Space Technology，2021，117：104126.

［449］Konicek P，Waclawik P. Stress changes and seismicity monitoring of hard coal longwall mining in high rockburst risk areas［J］. Tunnelling and Underground Space Technology，2018，81：237-251.

［450］Wojtecki Ł，Mendecki M J，Zuberek W M. Determination of destress blasting effectiveness using seismic source parameters［J］. Rock Mechanics and Rock Engineering，2017，50（12）：3233-3244.

［451］Sainoki A，Emad M Z，Mitri H S. Study on the efficiency of destress blasting in deep mine drift development［J］. Canadian Geotechnical Journal，2017，54（4）：518-528.

［452］Vennes I，Mitri H，Chinnasane D R，et al. Effect of stress anisotropy on the efficiency of large-scale destress blasting［J］. Rock Mechanics and Rock Engineering，2021，54：31-46.

［453］Rodríguez W，Vallejos J A，Landeros P. Seismic Rock Mass Response to Tunnel Development with Destress Blasting in High-Stress Conditions［J］. Rock Mechanics and Rock Engineering，2022：1-23.

［454］Yardimci A G，Karakus M. A new protective destressing technique in underground hard coal mining［J］. International Journal of Rock Mechanics and Mining Sciences，2020，130：104327.

［455］Ptacek J. Rockburst in ostrava-karvina coalfield［C］//ISRM European Rock Mechanics Symposium-EUROCK 2017. OnePetro，2017.

［456］Mo S，Tutuk K，Saydam S. Management of floor heave at Bulga Underground Operations-A case study［J］. International Journal of Mining Science and Technology，2019，29（1）：73-78.

［457］Andrews P G，Butcher R J，Ekkerd J. The geotechnical evolution of deep-level mechanized destress mining at South Deep mine［J］. Journal of the Southern African Institute of Mining and Metallurgy，2020，120（1）：

33-40.

[458] Klimov V V. Geomechanical feasibility of underground coal mining technology using control systems of electro-hydraulic shield supports for longwall mining [C]//IOP Conference Series: Materials Science and Engineering. IOP Publishing, 2019, 560（1）：012067.

[459] Emery J, Canbulat I, Zhang C. Fundamentals of modern ground control management in Australian underground coal mines [J]. International Journal of Mining Science and Technology, 2020, 30（5）：573-582.

[460] Singh A, Kumar D, Hötzel J. IoT Based information and communication system for enhancing underground mines safety and productivity: Genesis, taxonomy and open issues [J]. Ad Hoc Networks, 2018, 78：115-129.

[461] Masoudi R, Sharifzadeh M, Ghorbani M. Partially decoupling and collar bonding of the encapsulated rebar rockbolts to improve their performance in seismic prone deep underground excavations [J]. International Journal of Mining Science and Technology, 2019, 29（3）：409-418.

[462] Skrzypkowski K, Korzeniowski W, Zagórski K, et al. Modified rock bolt support for mining method with controlled roof bending [J]. Energies, 2020, 13（8）：1868.

[463] Sengani F. Trials of the Garford hybrid dynamic bolt reinforcement system at a deep-level gold mine in South Africa [J]. Journal of the Southern African Institute of Mining and Metallurgy, 2018, 118（3）：289-296.

[464] Cai M, Champaigne D, Coulombe J G, et al. Development of two new rockbolts for safe and rapid tunneling in burst-prone ground [J]. Tunnelling and Underground Space Technology, 2019, 91：103010.

[465] Klishin V I, Fryanov V N, Pavlova L D, et al. Rock Mass–Multifunction Mobile Roof Support Interaction in Mining [J]. Journal of Mining Science, 2021, 57：361-369.

[466] Christopher Pollon. Digging deeper for answers [J]. CIM Magazine, 2017, 12（2）：36-37.

[467] Schweitzer J K, Johnson R A. Geotechnical classification of deep and ultra-deep witwatersrand mining areas, South Africa [J]. Mineralium Deposita, 1997 32：335-348.

[468] Norm Tollinsky. Companies tackle challenges of deep mining [J]. Sudbury Mining Solutions Journal, 2004, 1（2）：6.

[469] Lynn Willies. A visit to the Kolar Gold Field, India [J]. Bulletin of the Peak District Mines Historical Society, 1991, 11（4）：217-221.

[470] 赵兴东. 超深竖井建设基础理论与发展趋势 [J]. 金属矿山, 2018（4）：10.

[471] 安国梁. 我国的竖井井筒施工技术 [M]. 宁波：煤炭工业出版社, 1999.

[472] 刘刚. 井巷工程 [M]. 徐州：中国矿业大学出版社, 2005.

[473] 周兴旺. 2007 全国矿山建设学术会论文集 [M], 西安：西安地图出版社, 2007.

[474] 王鹏越, 张小美, 龙志阳, 等. 千米深井基岩快速掘砌施工工艺研究 [J]. 建井技术, 2011, 32（2）：26-30.

[475] 纪洪广. "十三五"国家重点研发计划重点专项项目"深部金属矿建井与提升关键技术"开始实施 [J]. 岩石力学与工程学报, 2016, 35（9）：1.

[476] 徐辉东, 杨仁树, 刘林林, 等. 大直径超深立井凿井新型提绞装备研究及应用 [J]. 煤炭科学技术, 2015, 43（7）：89-92.

[477] 毛光宁, 译. 康拉兹堡竖井凿井技术 [J]. 建井技术, 2005, 26（3）：86-88.

[478] 鲍久圣, 刘琴, 葛世荣, 等. 矿山运输装备智能化技术研究现状及发展趋势 [J]. 智能矿山, 2020, 1（1）：78-88.

[479] 祁和刚, 蒲耀年. 深立井施工技术现状及发展展望 [J]. 建井技术, 2013, 34（5）：4-7.

[480] 刘志强, 王博, 杜健民, 等. 新型单平台凿井井架在深大立井井筒施工中的应用 [J]. 煤炭科学技术, 2017, 45（10）：24-29.

[481] 龙志阳, 桂良玉. 千米深井凿井技术研究[J]. 建井技术, 2011, 32(1): 16-18.

[482] 刘志强. 矿井建设技术[M]. 北京: 科学出版社, 2018.

[483] 左帅, 李艾民. 迈步式液压金属模板的研究设计[J]. 煤矿机械, 2011, 32(5): 20-22.

[484] 谭杰, 刘志强, 宋朝阳, 等. 我国矿山竖井凿井技术现状及发展趋势[J]. 金属矿山, 2021(5): 12.

[485] 蔡美峰. 深部开采围岩稳定性与岩层控制关键理论和技术[J]. 采矿与岩层控制工程学报, 2020, 2(3): 33-37.

[486] 蔡美峰, 冀东, 郭奇峰. 基于地应力现场实测与开采扰动能量积聚理论的岩爆预测研究[J]. 岩石力学与工程学报, 2013, 32(10): 1973-1980.

[487] 刘志强, 陈湘生, 宋朝阳, 等. 我国深部高温地层井巷建设发展路径与关键技术分析[J]. 工程科学学报, 2022, 44(10): 13.

[488] 王国法, 任怀伟, 庞义辉, 等. 煤矿智能化（初级阶段）技术体系研究与工程进展[J]. 煤炭科学技术, 2020, 48(7): 1-27.

[489] 吴冷峻, 周伟, 贾敏涛, 等. 我国金属矿山矿井通风系统评述[J]. 现代矿业, 2018, 5: 1-7.

[490] 陈科旭, 程力, 孙玉强, 等. 山东黄金集团深部矿山热害特征与治理措施研究[J]. 现代矿业, 2022, 5: 171-177.

[491] 李刚, 吴将有, 金龙哲, 等. 我国金属矿山粉尘防治技术研究现状及展望[J]. 金属矿山, 2021, 1: 154-167.

[492] Li X B, Wang S F, Wang S Y. Experimental investigation of the influence of confining stress on hard rock fragmentation using aconical pick. Rock Mech Rock Eng, 2018, 51(1): 255.

[493] Hallada M R, Walter R F, Seiffert S L. High-power laser rockcutting and drilling in mining operations: Initial feasibility tests. High-Power Laser Ablation III, 2000, 4065: 614.

[494] Kosyrev F K, Rodin A V. Laser destruction and treatment of rocks// 9th International Conference on Advanced Laser Technologies (ALT 01). Constanta, 2002: 4762: 166.

[495] Zhang F P, Peng J Y, Qiu Z G, et al. Rock-like brittle materialfragmentation under coupled static stress and spherical charge explosion. Eng Geol, 2017, 220: 266.

[496] 吴爱祥, 杨莹, 程海勇, 等. 中国膏体技术发展现状与趋势. 工程科学学报, 2018, 40(5): 517.

[497] 吴爱祥, 李红, 杨柳华, 等. 深地开采, 膏体先行. 黄金, 2020, 41(9): 51.

[498] 吴爱祥, 王勇, 张敏哲, 等. 金属矿山地下开采关键技术新进展与展望. 金属矿山, 2021(1): 1.

[499] 尹升华, 郝硕, 张海胜, 等. 废石全尾砂充填料浆的水平衡模型及成本寻优. 中国有色金属学报, https://kns.cnki.net/kcms/detail/43.1238.tg.20210831.1433.016.html.

[500] Andrault D, Monteux J, Le Bars M, et al. The deep Earth may notbe cooling down. Earth Planet Sci Lett, 2016, 443: 195.

[501] Wu X H, Cai M F, Ren F H, et al. Heat exchange coolingtechnology of high temperature roadway in deep mine. J Central.

[502] South Univ Sci Technol, 2021, 52(3): 890.

[503] 谭爱平, 刘春德, 邓庆绪. 金属矿山风险监测物联网关键技术研究现状与发展趋势[J]. 金属矿山, 2020(1): 26-36.

[504] 张丽华, 马晓敏. "矿鸿"加速落地 生态价值显现[N]. 中国矿业报, 2021-09-27(1).

[505] 张庆华, 马国龙. 我国煤矿重大灾害预警技术现状及智能化发展展望[J]. 智能矿山, 2020, 1(1): 52-62.

[506] 郭奇峰, 蔡美峰, 吴星辉, 等. 面向2035年的金属矿深部多场智能开采发展战略[J]. 工程科学学报, 2022, 44(4): 476-486.

[507] 梁运培, 郑梦浩, 李全贵, 等. 我国煤与瓦斯突出预测与预警研究综述[J/OL]. 煤炭学报: 1-24

［2023-03-30］.

［508］周福宝，辛海会，魏连江，等. 矿井智能通风理论与技术研究进展［J］. 煤炭科学技术，2023，51（1）：313-328.

［509］崔益源，李坤，梅国栋，等. 深井热害分析与控制技术研究进展［J］. 有色金属（矿山部分），2021，73（2）：128-134.

［510］蒋仲安，曾发镔，王亚朋. 我国金属矿山采运过程典型作业场所粉尘污染控制研究现状与展望［J］. 金属矿山，2021，1：135-153.

［511］Zhao J，Tang C A，Wang S J. Excavation based enhanced geothermal system（EGS-E）：Introduction to a new concept［J］. Geomechanics and Geophysics for Geo-Energy and Geo-Resources，2020，6（1）.

［512］唐春安，赵坚，王思敬. 基于开挖技术的增强型地热系统EGS-E概念模型［J］. 地热能，2021（5）：3.

智能化采矿研究进展

一、引言

（一）智能矿山的概念

智能矿山是以数字矿山和自动化矿山为基础，利用系统工程理论、物联网、大数据和人工智能等技术，构建矿山信息物理系统，充分挖掘和利用矿山从勘探、建设和生成过程中产生的数据，建立物理矿山和其虚拟模型、经济模型的映射关系，提升矿山全过程的自动化生产和最优决策水平，达到资源利用率和资产效率的最大化，实现矿山绿色、智能、安全、高效生产。

（二）智能矿山建设任务

矿业是人类经济社会发展中不可替代的基础产业，矿山开发建设是矿业发展的中心任务，现代矿山建设是需要高科技支撑的产业，建设智能矿山是世界矿业发展的大趋势。新技术革命促进矿业向绿色、安全、智能、高效转型，推动全球矿业价值链转变。5G、大数据、人工智能、区块链、物联网、遥感探测等新技术与矿业开发技术进行深度融合，为矿山数字化、智能化运行奠定了坚实基础。我国是世界采矿大国，矿山开发建设与工程技术水平已处于世界前列，矿山智能化建设已成为新时期我国矿业高质量发展的主题，我国矿山智能化建设也取得了显著成效。

（1）基础设施的数字化改造与建设

1）矿山企业加快部署了环境感知终端、智能传感器、智能摄像机、无线通信终端、无线定位终端等数字化工具和设备，融合图像识别、射频识别、电磁感应等关键技术，实现了矿山环境数据、采矿装备状态信息、工况参数、选矿离线化检验数据、移动巡检数据等生产数据的全面采集，实时感知生产过程和关键装备运行数据和状态。

2）矿山企业加快应用智能凿岩台车、智能锚杆台车、智能铲运机、智能卡车、智能装药车等具备自主行使与自主作业功能的智能化采矿装备进行凿岩、装药、支护、铲装、运输等作业，降低了人员劳动强度，提高了生产安全性、质量稳定性和生产效率。

3）矿山企业配备了高系统容量、高传输速率、多容错机制、低延时的高性能网络设备，采用分布式工业控制网络，建设了基于软件定义的敏捷网络，实现了网络资源优化配置。

（2）基于业务驱动的智能生产系统建设

1）矿山资源数字化：在三维可视化平台下，建设了集地质资源管理、测量管理、采矿智能设计等功能于一体的矿山资源数字化系统，实现了矿山地质资源信息的精确把握与实时更新，使地质资源信息在矿山地质、测量和采矿之间数字化流转，实现了矿山地质资源信息的准确把握、高效处理和实时共享的目标。

2）采矿生产过程智能控制：在凿岩、装药、出矿、支护、溜井放矿、运输提升等采矿重点作业环节，存在设备分散、工序离散、作业环境恶劣、安全隐患突出等问题，矿山企业借助机理建模、虚拟仿真、自动控制、人工智能等多种手段，着力提升了装备水平、实现了自动控制与自主运行，以及作业过程的自动化、智能化与现场无人少人化。

3）选矿生产过程智能控制：建设了装备远程智能监控和预测性维护系统，提高了装备运转率；建设了有色金属选矿全流程智能化操作系统，形成了专家规则控制，实现了少人无人操作调控，稳定工艺流程，优化操作岗位，稳定选矿工艺技术指标。

4）本质安全管理：在矿山原有安全生产六大系统的基础上，集成GIS、MIS、监测监控、物联网等技术，针对人、机、环、管四个要素，从集成化、系统化的角度出发，将人员行为安全、作业环境安全、设备运转安全、安全制度保障等安全生产要素全面集成和智能化提升，形成了以全面评估、闭环管理、实时联动、智能预警为特征的主动安全管理保障体系，实现了面向人–机–环–管的全方位主动安全管理。

5）生产经营管理：采用业务驱动和数字驱动相结合的管理理念，围绕设备、能耗、化验、计量、物流等矿山核心业务主线，建设了集成、智能、协同的生产经营管理系统。

6）矿山虚拟仿真：矿山企业建设了全流程的矿山虚拟仿真系统。根据事故场景确定最优救援方案和利用VR模拟技术进行技能培训及应急逃生训练。

（3）基于服务型制造的智能服务应用建设

创新了矿山企业管理服务模式，开发了封装应用软件或数据服务接口，将有色金属矿山采选知识和技术模型化、模块化、标准化和软件化，并积极与行业工业互联网平台对接，形成工业App。

（4）基于工业大数据的协同创新平台建设

矿山企业构建了集数据资源库、先进数字化工具、虚拟仿真环境等于一体的协同创新体系，打通矿山地质、测量、采矿、选矿等全流程数据链，提升了基于大数据分析的生产智能控制、生产现场优化等能力，加速了矿山生产向自决策、自适应转变。

1）规范数据治理：对矿山地质、测量、采矿、选矿等全流程各个环节所产生的各类数据进行汇总，建立了统一的数据存储与管理平台；选择合理安全的数据存储架构及高效稳定的数据计算引擎和处理工具。

2）数据应用创新：基于数据驱动的理念，采用工业大数据挖掘技术从纷繁的海量数据中挖掘数据价值，采用描述性分析、预测性分析、诊断性分析和指导性分析等分项方法，对矿山生产过程和经营管理活动中的各业务场景进行应用创新。

（三）智能采矿面临的主要问题

当前，错综复杂的国际环境和新形势，对我国矿山智能化建设提出了更高要求，由于受到技术、装备、人才、理念、制度等多方面因素制约，我国矿山智能化建设面临多重挑战，必须认真思考如何应对这些挑战，才能更好地推动矿山智能化建设实现高质量发展。

（1）智能化矿山建设认识不统一

矿山企业发展至今，对企业有信息化向智能化发展的趋势和路径认识不足。将智能化建设错误认为投入大、技术难和实用性差，重点落在实现开采装备智能化等局部场景。

（2）智能矿山数字化生态脆弱

矿山智能化建设需要构建矿山全生命周期、全产业链、全要素的数字化生态，打通从矿山智能化建设到全产业数字化转型发展路径，形成以"数据驱动"为核心的系统智能化柔性生产供给运行模式。但目前矿山行业数字化生态体系尚在形成雏形阶段，数字化生态环境十分脆弱，总体呈现出产业链不完整、技术链片面性、资源投入不平衡、标准体系难统一、机制体制不协同等现状。

（3）数据标准不统一

由于一开始就缺乏顶层设计与规划，我国矿山在进行信息化建设时，缺乏相关标准的指导与约束，企业和企业之间、企业各个系统之间的互联互通难度大、成本高，导致数据共享和数据流转不畅，影响了数据价值的释放。

（4）"信息孤岛"现象依然严重

我国矿山信息化建设发展到今天，各类子系统已基本实现了网络化集成，但是各系统获取的海量数据却无法得到有效共享，更谈不上进行融合分析。这种各系统单兵作战的模式，使得"信息孤岛"现象在矿山行业异常突出，现代信息技术的强大优势还有待深入挖掘。

（5）缺乏多学科交叉应用

矿山面临的许多问题都需要结合多学科的知识才能得到有效解决，将多学科的知识软件进行集成应用是其解决途径。然而目前缺乏一个统一、开放的公共平台，无法为多学科知识的融合分析提供渠道。

二、智能化采矿理论、技术及装备发展新进展

（一）智能化顶层设计与系统构架

1. 露天矿智能开采

露天智能开采是通过集成先进的感知、计算、通信、控制等信息技术和自动控制技术，构建露天开采过程中人、机、物、环境、信息等要素相互映射、适时交互、高效协同的复杂系统，实现系统内资源配置和运行的按需响应、快速迭代、动态优化，实现露天矿生产及管理的智能感知、辨识、记忆、分析计算、判断和决策，达到整个矿山的无人化或少人化，实现露天开采的绿色、智能、安全、高效。图1为露天矿智能开采总体架构图，如图1所示，该系统总体架构主要包含以下四个方面：

（1）数据采集层

数据采集层基于全球定位系统、无线通信、地理信息、新一代物联传感及无人机低空摄影等多种前沿技术，以空地一体化方式综合应用矿区定位终端、驾驶行为分析仪、边坡环境视频监控、多传感器融合、高精度测绘无人机等端边硬件设备，通过远程通信接口，采集露天矿所有自动化系统数据，自动以实时数据交换方式向数据仓库的数据交换平台交换数据。

（2）基础设施层

基础设施层主要包含智能运算平台、大数据融合平台和物联网平台三大板块，涉及工业控制网加5G专网、算力处理设备、智能终端设备、智能控制器、计算服务器、数据采集服务器、数据分析服务器、实时数据库服务器、网络安全设备等硬件资源。以生产信息全集成为基础，搭建协议服务、采集/监控服务、应用系统服务、业务系统服务等环境，应用机器学习、机理建模、数据挖掘及状态评估与预测等前沿技术对海量数据进行分析和变现，构建露天矿生产大数据管理系统及数据仓库，为生产执行层和业务展示层提供基础和数据支撑，并为第三方应用功能提供相关数据接口。

（3）生产执行层

生产执行层基于上层管理平台下达的计划等执行任务，向下层终端设备下达相应的指令信息。该模块主要对露天矿生产过程进行监控管理，即实时监控露天矿作业设备运行状态与边坡、粉尘等环境状况，动态跟踪生产调度计划执行情况，实现对露天开采全作业流程的控制与管理，确保生产计划的顺利进行。

（4）业务展示层

业务展示层基于三维智能建模技术及智慧大屏集中控制技术，通过绘制露天矿山三维场景一张图，实现对露天开采过程的可视化高效管理。支持对接矿山车辆GPS系统、磅房系统、视频系统、边坡监测系统等多个子系统，实现对矿山系统平台的统一管理，并以

可视化图表形式对各项生产指标进行多维度展示与统计。支持配置移动门户权限以实现开采过程数据实时查询。

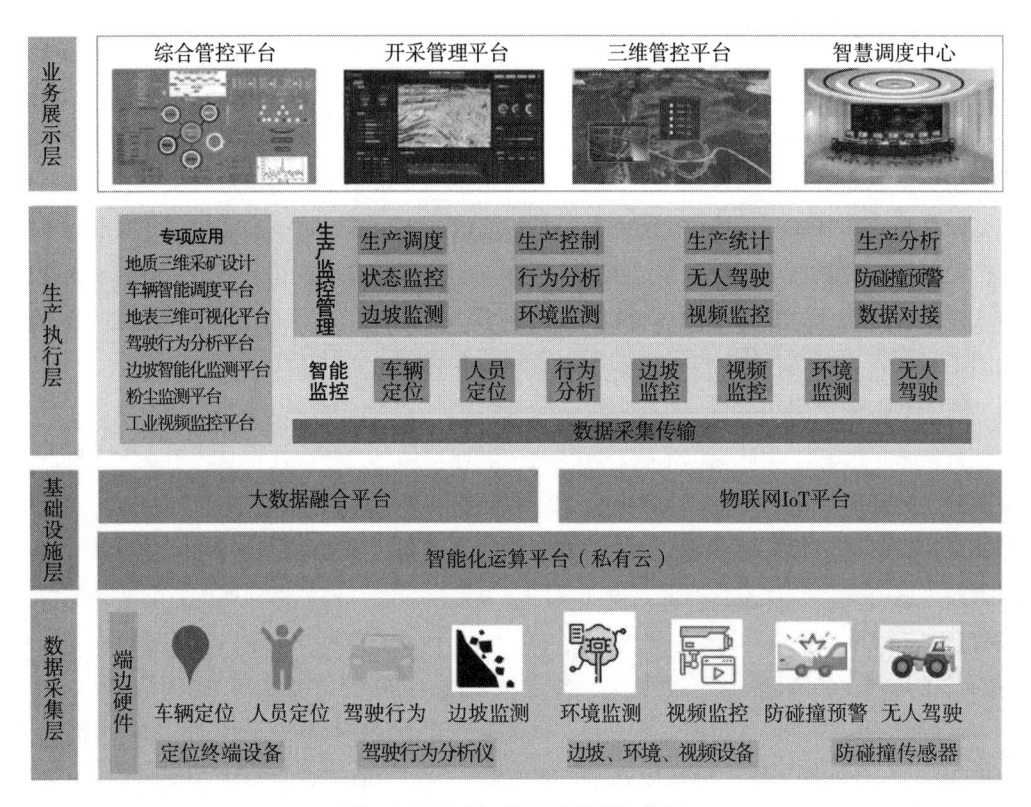

图 1 露天矿智能开采总体架构图

2. 地下矿智能开采

智能化顶层设计与系统构架是地下矿智能开采的基础，为智能化采矿提供了必要的框架和蓝图。近年来，随着人工智能、大数据、物联网等技术的快速发展，地下矿山智能化的应用场景越来越广泛，矿山智能化顶层设计和系统架构也一直在不断发展。

地下矿山智能化顶层设计应该充分考虑智能化开采阶段各生产要素和基础设施的变化，按照数字化、智能化的基本要求，结合矿山现状和业务需求进行综合设计，最终实现高效、安全、环保、可持续的开采。在进行矿山智能化顶层设计时，主要包括以下四个方面：

1）数据采集与处理：通过物联网等技术，实现对矿山内部和外部的数据采集和处理，包括传感器、控制器、视频监控等设备，将采集的数据进行存储、处理和分析。

2）智能控制：通过智能控制技术，实现对矿山内部的各种设备和系统的智能控制，包括智能巡检、智能维护、自动化控制等技术。

3）智能决策：通过人工智能等技术，对矿山内部的数据进行分析和处理，实现对矿山生产过程的优化和智能决策。包括机器学习、深度学习、模式识别、数据挖掘等技术。

4）信息安全：在矿山智能化系统中，信息安全是一个非常重要的方面。需要通过网络安全、数据加密等技术，保护矿山的数据安全和系统的稳定性。

系统构架则是指整个智能化采矿系统的结构和组成。在构架设计阶段，需要考虑的因素包括系统的可扩展性、可维护性、可靠性等。由于矿山智能化系统的构架因具体的矿山情况、技术应用等因素而异，因此没有一个固定的标准构架，但是通常包括以下六个主要模块：

1）数据采集模块：用于采集矿山生产、设备、环境等各方面的实时数据，包括传感器、监控设备、无人机等，以确保数据的准确性和及时性。

2）数据传输模块：将采集到的数据传输到云平台或本地服务器进行存储和处理，包括通信设备、网络设备等。

3）数据处理和分析模块：对采集到的数据进行处理和分析，包括大数据平台、数据仓库、数据分析算法等，以提供决策支持、优化生产等功能。

4）智能化控制模块：根据数据处理和分析结果，对矿山的生产、设备、环境等进行智能化控制，包括自动化控制系统、人工智能算法等。

5）信息管理模块：管理矿山各类信息，包括人员、设备、物资等，以实现信息化管理，包括 ERP、CRM 等。

6）应用服务模块：提供矿山各类应用服务，包括视频监控、环境监测、设备管理、生产调度等。

总之，矿山智能化的顶层设计和系统架构正在不断发展和完善，未来将会有更多的新技术和新应用被引入。

（二）智能开采采掘工程特点

1. 露天智能开采

露天开采是我国矿产资源开采的重要方式，大力发展露天智能开采乃至无人开采技术，革新露天开采模式，减少作业人员，提高生产效率与安全性是当前我国露天开采的必然选择和必经之路。露天矿智能开采采掘工程特点主要体现在露天开采时空数据集成化、作业设备与采掘工艺智能化、生产计划与过程管控一体化三个方面。

（1）露天开采时空数据集成化

随着人工智能、大数据、物联网、云计算等新兴技术不断深化应用到矿业领域，矿山大数据逐步展露出强大的生产力，露天开采时空数据集成化特征日益显著，生产管理也逐渐进入"数据驱动"的大数据管理阶段，主要表现在以下两个方面：①将施工数据、微震监测数据、采矿生产数据等动态数据与 3D 可视化模型集成形成 4D 时空数据模型；②将具有市场波动性的矿石价格和生产成本等多源属性作为第五维度进行集成，形成具有空间维、时间维、属性维数据集成能力的精细化 5D 排产模型，从而实现多源多维数据的统一存储、集成化管理，按不同需求提取开展空间、时序和时空等多类数据分析。多源多维开采时空数据集成化将采矿过程中生产数据、品位、价格与成本等经济参数及其动态变化融合到露天矿采掘生产计划的编制中，以实现对采掘计划执行结果的预知、预演，在露天矿开采过程中随时间、空间变化进行动态调整，快速应对市场变化，推动矿业企业转型升级。露天开采时空数据集成化已逐渐成为露天智能开采采掘工程特点最突出的特点之一，其既是新一代信息技术、技术经济及智能优化技术在采矿工程中应用的必然发展，也是深入研究金属露天矿战略发展理论方法、实现智能采矿的前提条件。

（2）作业设备与采掘工艺智能化

露天矿智能开采另一个特点为露天矿自动化作业设备与智慧化工艺的大范围应用，主要表现在穿孔爆破作业智能化、采掘设备智能化、运输设备智能化、破碎过程智能化与设备故障实时诊断智能化五个方面。

1）穿孔爆破作业智能化：基于地理信息系统、虚拟现实、地质统计学等方法，结合岩石爆破理论和爆破技术，露天矿穿爆工程智能化三维设计系统得到了广泛推广与应用，实现了钻孔设备的精准定位、爆破参数设计、爆破过程模拟和爆破效果预测分析等穿爆精细化作业。

2）采掘设备智能化：通过矿用传感器、人工智能和 3S（GIS、GPS、RS）等技术来实现电铲的智能化、精准化作业，在作业过程中确定电铲正确的合理位置、铲斗的合理挖掘方式；装车时可准确识别卡车位置以及车斗内物料的堆积形状，为铲斗悬停位置提供引导，保证卡车的满载率。

3）运输设备智能化：利用 3S 等技术大型运输卡车的定位、作业位置分配、卡车集群调度、最优运输路径规划、排土作业自动停靠等方面，并在简单路况下实现卡车无人驾驶；研发推广智能化胶带运输机在露天矿山的应用，降低运输成本。

4）破碎工艺智能化：利用物料块度图像识别、破碎过程震动传感、电器自动化控制调节等技术，通过实时图像处理，判断物料形状、块度大小，分析不同块度占比反馈爆破效果，智能调节给料速度、破碎辊转向及转速，实现高效作业。

5）设备故障实时诊断智能化：基于信号高速同步传输与嵌入式技术，实现机电设备故障实时分析与远程智能检测诊断，克服设备故障诊断对专业人员的过度依赖。

（3）生产计划与过程管控一体化

生产计划与过程管控一体化主要表现采用人工智能、物联传感等前沿技术实现各种生产活动数据的传输与展示，在设备智能化基础上，与生产计划进行有机衔接，实现生产目标整体最优下穿孔、爆破、采装、运输、排土、破碎各工艺环节自动优化决策，同时实现辅助生产环节智能化，即构建全流程智能开采综合管控一体化平台，通过智能数据关联分析将精细化配矿模型、多目标调度模型及工业大数据智能决策模型相结合，确保生产计划的顺利执行，最终实现露天矿无人开采智能管控。

2. 地下矿山智能开采

随着信息技术的不断发展和广泛应用，矿业领域也逐渐实现了从传统的人工开采向智能化开采的转变。地下矿山智能开采是智能化矿山发展的重要方向之一，其采掘工程特点主要表现在以下四个方面：

（1）无人化采掘

地下矿山智能开采的第一个重要特点是无人化采掘。传统的地下开采需要投入大量的人力，而现代化的智能开采则可以实现无人化采掘，通过使用自动化导航、无人驾驶等技术，使采掘过程更加高效、安全和可靠。

1）自动化导航技术的应用：无人化掘进需要实现自主导航和路径规划，传统的导航方法需要依靠外部设备或人工干预，而通过使用自动化导航技术，可以实现无人化掘进的自主导航和路径规划，提高了掘进的效率。

2）无人机在矿山开采中的应用：无人机可以对地下采场进行快速的勘察，为无人化开采提供重要的基础数据。同时，无人机还可以用于矿山巡查、安全监测等方面，提高了生产的安全性。

3）无人驾驶技术的应用：通过传感器、激光雷达等设备，实现对矿山设备和车辆的自主控制和运行，提高了设备运行的稳定性。

（2）自适应控制

地下矿山智能开采的第二个特点是自适应控制。智能采掘设备可以根据地质条件、矿体性质等因素进行自适应调整，以确保开采效果最佳，并尽可能减少资源浪费和环境污染。

1）智能控制算法的优化：针对矿山开采过程中存在的非线性、时变等复杂问题，一些新的优化算法逐渐应用，例如基于深度强化学习的控制算法、基于模糊神经网络的控制算法等。

2）传感器技术的创新：传感器技术是智能控制的关键，针对开采中的不同环境和工况，开发了一些新的传感器技术，例如基于光纤传感器的应变监测技术、基于电磁波的岩体探测技术等。

3）智能设备的应用：智能设备是矿山开采的重要组成部分，近年来研发了一些新的智能设备，例如智能机器人、遥控凿岩台车、遥控铲运机等，这些设备的应用可以提高矿山开采的可控性。

（3）信息化技术应用

地下矿山智能开采的第三个特点是信息化技术应用。信息化技术的应用可以实现对地下矿山的全面感知和虚拟仿真，提高采掘过程的效率和精细化管理，为科学决策提供支持。

1）传感技术的应用：通过广泛应用各种传感器技术，如测压传感器、温度传感器、流量传感器、视觉传感器等，实现对矿山生产全过程的实时监测。

2）虚拟现实技术：通过虚拟一系列的地下矿作业场景，模拟采矿作业过程和空间环境，实现矿山采掘工程的可视化。

3）物联网技术：通过连接各种设备和传感器，实现对矿山生产过程的实时监控和数据采集，使"人–机–环"感知信息能够有效地汇集，为矿山管理提供更为准确的信息。

4）5G技术：5G网络的高速、低延迟和大带宽特性，可为地下矿山提供更为稳定和快速的通信服务，为矿山智能化提供更加坚实的基础支持。

（4）数字化系统支持

地下矿山智能开采的第四个特点是数字化系统支持。智能采掘需要依赖于数字化系统的支持，通过实时监测、数据分析和预测等方式，为采掘过程提供可靠的保障和支持。

1）数据采集平台：通过各种数据采集协议，对矿山采掘过程中的各种数据进行实时采集和处理，为地下矿山智能开采过程的实时监测、分析和控制提供数据支持。

2）智能化控制系统：采用人工智能、机器学习等技术，对地下矿山开采过程进行智能化控制，实现自动化开采、智能化调度和优化运营等目标。

3）大数据分析与决策支持系统：通过对矿山生产数据的大规模分析和挖掘，提供科学的数据支持和决策依据，为矿山开采过程的优化提供指导。

综上所述，地下矿山智能开采的采掘工程特点主要表现在无人化采掘、自适应控制、信息化技术应用和数字化系统支持等方面。这些特点使得智能化采矿更加高效、安全、可靠和可持续，将为矿业领域的发展带来新的机遇和挑战。

（三）智能矿山信息基础设施新进展

1. 矿山感知

矿山感知离不开传感器，广义地来说，传感器（sensor）是一种能把物理量或化学量转变成便于利用的电信号的器件。国际电工委员会（International Electrotechnical Committee，IEC）的定义为："传感器是测量系统中的一种前置部件，它将输入变量转换成可供测量的信号。"而在矿山的实际应用中，通常都是通过有某种信息处理（模拟或数字）能力的传感器组成传感器系统，实现听觉（声敏传感器）、视觉（光敏传感器）、嗅觉（气敏传感器）、味觉（化学传感器）和触觉（压敏、温敏、流体传感器）等五大类感知功能。

矿山对传感器设定的很多技术条件包括对噪声不敏感、校准简易、耐用性、抗环境影响的能力，以及安全性、低成本、宽测量范围小尺寸、重量轻和高强度、宽工作温度范围等提出了具体的要求。随着智能矿山建设，以及CMOS兼容的MEMS技术的发展，微型智能传感器的发展得到了有力的技术支撑，传感器已成为自动化系统和机器人技术中的关键部件，当前，数字化转型和智能化升级成为矿山的必经之路，作为系统中的一个结构组成，矿用传感器其重要性变得越来越明显。

随着矿山物联网系统的建设，空间、地应力、环境、地表生态等矿山环境感知成为主要内容。依托矿山 BIM、规划设计数据、生产测量和激光扫描、3D-GIS 建立矿山感知"一张图工程"，基于手持、车载、无人机等激光雷达和工业相机，实现矿山三维重建和 SLAM，能够全面感知矿山空间环境。

矿用传感器是生产环境监测监控的主要测量部件，是构成生产监测控制系统不可缺少的组成部分，为矿山安全生产提供了可靠保障。矿山水文、矿压、环境等监测系统，其中环境感知中的粉尘传感器、CO 传感器、甲烷传感器、温度传感器、湿度传感器的稳定性、灵敏度、选择性以及抗腐蚀性的特性尤为重要。在矿山全矿监控监测系统中，单台监测分站在同一监测点对温度、压力、液位、瓦斯浓度、水质等多种物理量进行监测成为价格便宜灵活性高的选择。另外，矿用传感器的超远距离传输技术和矿用无线传感器技术得到全面的应用。针对矿山数据传输网络，利用分散布置在煤矿综采工作面、运输巷道、回风巷道内的无线传感器互相协作，构成矿用无线传感器分布式网络对所有传感器的数据进行采集管理，并通过以太网或者其他方式传输到地面。随着绿色矿山的建设和对矿区地表生态环境的监测，包括 D-INSAR、高分影像、无人机、三维激光扫描、GPS 以及热成像等"空天地"一体化传感器为矿山植被和污染、边坡和排土场稳定性、沉降区和尾矿库等进行全面监控，无人驾驶和机器人系统在矿山的推广应用，让各种环境传感器得到更为全面的应用，矿山各种传感器的应用为智慧矿山建设、管理和运维的全要素、全过程、全生命周期赋能，全面提升矿山规划、建设、管理的智能化水平。

设备、矿石和人是矿业生产过程中的劳动力三要素，设备运行监控方面包括生产设备运行、供电系统调度监控、运输系统监测监控等不同种类的矿用传感器得到全面应用，随着振动、声音、温度等传感器技术和数据处理算法的成熟，各种机械设备故障检测和预防性维护系统在矿山得到全面应用，基于北斗和 GPS 技术的设备和人员定位成为露天矿的首选，在地下矿山和特殊场景，A-GPS 定位技术、超声波定位技术、蓝牙技术、红外线技术、射频识别技术、超宽带技术、无线局域网络、光跟踪定位技术，以及图像分析、信标定位、计算机视觉定位技术等全面应用到人员和设备定位，基于位置的服务为矿山安全管理和设备管理提供了关键信息。近年来，矿石流位、矿块、粒度和重量的在线感知成为矿山生产精细化管理和快速管控的手段。这些传感器的应用，量化了各工段对矿石流性能的指标，为矿山智能控制提供了数据支持，在矿山智能化升级改造中得到广泛应用。

2. 网络与通信

数字化转型赋能了传统垂直行业，软件定义设备、大数据、云计算、区块链、网络安全、虚拟现实和增强现实等新技术，为信息产业上下游全生态链应用提供了发展空间，而这些新技术落地应用基本都是基于通信技术的发展。在矿山领域，当前采用的通信技术除了工业环网，其主要无线网络技术还是以 4G、Wi-Fi、ZigBee 等为主，受制于矿山开采活动存在于较封闭的乃至地表下千米以上的环境之中，传统通信技术不足以支撑矿山智能化转型所需要的数据传输与实时处理的需求。

我国矿山作业目前正处于机械化操作时代，随着矿山工业往数字化、自动化、智能化发展，对通信网络的要求也逐步提高。5G 以全新的网络架构，高带宽、低时延、海量连接的能力，已经成为各垂直行业智能化转型的关键。将 5G 技术应用于智慧矿山，可以实现矿山生产环节的智能感知、泛在连接、精准控制，催生成熟多个智慧矿山应用场景，比如智能采煤、智能掘进、智能巡检、无人矿卡等。5G 与智慧矿山的深度融合，将促进矿山数字化、少人化、无人化的转型，提升企业的安全生产水平，降低生产成本，提高经济效益。

5G 成为新时期各行业创新发展的新动能，5G 面向万物互联，覆盖超大带宽超高速率 eMBB、低延时高可靠 uRLLC、超大连接 mMTC 三大场景。5G 网络切片、边缘计算等关键技术将为各行业创新应用带来新的发展机遇，满足用户更低时延、更高安全性等业务需求。

矿山总体组网架构，可以采用物理专网，QoS、DNN、切片的形式，满足矿企对数据安全的要求，实现数据流量本地卸载，数据不出园区，核心网 5GC 的用户面处理设备 UPF 必须下沉到矿区。UPF 的下沉同时也能为矿山关键应用降低端到端时延，数据流直接通过 MEC 接入本地应用，增强室内外无线覆盖，避免迂回带来的附加时延。

矿山 5G 专网专用、超级上行、用户专用接入打造矿卡无人驾驶、无人化采掘、井下融合组网、高清视频监测场景四大应用场景，满足露天矿山、井下矿山的智能建设要求。

面向露天矿山，复用公网核心网，为降低时延和保证数据安全，基于 UPF 本地分流方案，5G 专网建设迎合"无人化""少人化"发展趋势，重点推广无人矿卡作业、无人化采掘两大场景，打造本质安全型矿山。

露天矿应用场景一：无人矿卡作业，通过 5G 网络实现矿卡无人驾驶及编组作业，有效解决矿区安全驾驶及工作效率问题，实现降本增效。矿区无人驾驶依托于 5G 专用网络，在矿卡本体加装激光雷达、毫米波雷达、高清摄像头、差分 GPS 定位等数据采集终端和车辆。控制终端实现矿卡改装工作，基于边缘计算能力和矿山无人调度系统平台，利用 V2X 通信技术（基于 5G 专网及 LTE）以及无人驾驶控制系统实现无人矿卡作业。

露天矿应用场景二：矿山工程机械 5G 远程控制，通过 5G 网络提供远程控制通路，实现钻、铲、装全程无人操作。露天矿无人化采掘场景基于 5G 专用网络，在工程机械远程控制本体加装远程操控系统及配套的控制传感以及视频监控终端。基于远程控制操作台和视频监控平台，实现基于矿用工程机械的远程控制，满足矿区无人化采掘场景需求。

针对地下矿山的一网承载、多网融合将工作面数据回传及设备控制，办公区 5G 无线网络覆盖，矿区数据信息化本地分流。

井下矿应用场景一：井下融合组网，利用 5G 与已有网络建设融合，解决井下融合组网问题，适应井下快速变化的工作环境，并最大化复用已有网络投资。将移动 5G 基站引入井下，融合 4G、光纤环网、Wi-Fi 等技术，实现井下巷道各区域的无线覆盖，保证端到端安全、可靠、稳定，满足基本通信需求的基础上，赋能生产环节。智能融合通信管控平台，实现矿山行业语音、视频、数据的统一接入、调度、管理、联动，以及矿山融合组网的统一管理。

井下矿应用场景二：生产远程实时控制，对地下矿山矿石开采全流程生产作业的低延迟、高效率的远程管控及任务的上传及下发是能否实现矿山智能化转型的基础要求，也是最为核心的关键环节。对于传统矿山而言，因受制于网络架构的冗杂、传输协议的不统一、网络的高延迟等，使得地表的控制中心只能对一些非核心作业流程、不要求实时管控的设备进行控制。基于 5G 网络的特性，建立以 5G + 有线 + Wi-Fi 的多网融合系统，可为地下矿生产运营及管控提供技术支撑。

井下矿应用场景三：视频监控与识别，地面控制中心需要对井下采掘情况实时监控，基于 5G + MEC + 高清隔爆摄像头 + 人工智能（AIOT）技术，充分利用 5G 大量采集的自动化、信息化、视频化数据资源，实现类人判断，危险场所替换人、安全管理不靠人、提示不安全行为看护人、识别不安全状态保护人。

井下矿应用场景四：智能巡检，通过在工作面部署矿用 5G 基站 + 矿用前端边缘计算 MEC，将采集到的设备状态、姿态、位置和环境参数等数据以及现场音、视频信息实时回传至采煤控制中心，控制中心的操作员发出操作指令，通过 5G 高可靠低时延网络下发给采矿设备，采矿设备执行相应的指令，实现采煤工作面三机一架的有序协同联动和连续高效作业。5G 网络的大宽带低时延特性，使得控制中心可以实时感知采煤现场的环境和设备工作状态，从而实现采矿设备的远程操作。

5G 网络与机器学习、人工智能、工业互联网等多种先进技术的融合将全面促进矿山"矿石流"的信息化管控、无人化开采、智能化运营，可进一步解决数据利用率低、展示能力弱、传输不可靠、远程控制实时性差、智能决策效率低等问题。智能矿山是新技术在矿业领域应用而带来的未来矿山的目标，在工业互联网的架构之上，借助 5G 技术的优势，彻底解决矿山数据从采集、传输、到分析决策全流程的数据烟囱问题，进而逐步实现生产流程的优化和管理流程的重塑。

5G 网络通过平台云化、全网覆盖、全终端可达的技术优势，打造矿山工业互联网平台，通过物联网技术和矿山数字孪生，将大数据处理及人工智能全面应用到矿山生产管控的全生命周期，向矿山决策和 管理人员提供及时有效的生产、成本、效益决策信息，实现生产和经营双流程自主决策，助力矿山进一步提升生产运营管理水平及能力。

3. 存储与计算

在存储方面。固态硬盘、云存储、分布式存储等技术已经成为主流。云存储解决了数据备份、共享、远程访问等问题，成为企业、个人备份数据的首选。分布式存储则通过将数据分散存储在多个节点上，提高了数据安全性和可靠性。在企业私有云数据中心的建设过程中，超融合存储系统的建设是发展的趋势。超融合存储技术将存储、计算、网络等多个功能集成在一起，形成一个统一的、自我管理的存储系统，其使用软件定义的方式，将存储、计算和网络虚拟化，实现了资源的共享和管理，同时也提高了存储的可用性和性能。目前市面上有很多超融合存储产品，在国外主要有 Nutanix、VMware vSAN、HPE SimpliVity、Dell EMC VxRail、Cisco HyperFlex 等。中国国内的超融合存储市场竞争激烈，主要的厂商和产品包括：华为 FusionStorage、联想 ThinkAgile HX、浪潮 HyperConverged Appliance、中兴通信 CloudEngine 16800、超云 HyperCloud、迈普达 HyperFlex、神州数码 Hyper-Converged Infrastructure、烽火通信 iHyperConverged 和华三通信 iStack 等产品。

在计算方面。GPU 计算、边缘计算、量子计算等技术正在崛起。GPU 计算通过利用图形处理器的并行计算能力，加速了深度学习等计算密集型应用。边缘计算则将计算能力移至离数据源更近的地方，减少了数据传输的延迟和成本。最新的量子计算则利用量子力学的特性，解决了传统计算无法解决的问题。存储与计算技术可以在矿山生产经营过程中高效处理大量的矿山数据，可以提高矿山的生产效率、管理效率、安全性和环保水平，具有重要的意义和价值。未来存储与计算技术将继续向着高速、大容量、安全、可靠、智能化方向发展。

在大数据分析方面。大数据指的是规模巨大、结构复杂、处理速度快、价值潜力大的数据集合。这些数据通常来自各种不同的来源，包括传感器、社交媒体、交易记录、移动设备、互联网等，它们以不同的格式和形式存在，如文本、图像、音频、视频等。大数据的价值在于能够从这些数据中提取出有用的信息和知识，帮助企业、政府、学术机构等做出更好的决策和判断。大数据技术包括数据采集、存储、处理、分析、可视化等，需要运用各种技术手段和工具来实现。在矿业领域应用上，通过大数据技术，可以对矿山的生产数据进行分析，从而了解矿山的生产状况、生产效率等情况，为矿山管理提供数据支持；利用大数据技术，可以对矿山设备进行实时监测，及时发现设备的故障和问题，从而提高设备的可靠性和稳定性。通过大数据技术，可以对矿山的资源进行预测和管理，从而提高资源的利用率和效率；利用大数据技术，可以对矿山的安全情况进行实时监控和预警，及时发现安全隐患，保障矿山的安全生产；通过大数据技术，可以对矿山的环境进行监测和治理，保护矿山周边的生态环境。大数据在矿山的应用前景非常广阔，可以为矿山管理和生产带来巨大的效益和价值。目前，国内矿山行业建设的大数据平台如下表所示：

表 1　国内矿山行业建设大数据平台

序号	名称	建设单位
1	矿业大数据云平台	中国矿业大学与中国矿业报社
2	矿业大数据中心	中国有色矿业集团公司
3	矿业智能云平台	中国铝业公司
4	矿山数据云平台	中国煤炭科工集团公司
5	煤炭大数据平台	中国煤炭工业协会

在物联网技术应用方面。物联网技术是指通过互联网连接各种物理设备和物品，实现智能化、自动化、远程控制和监测的一种技术。它将传感器、嵌入式系统、网络通信、云计算等技术相结合，使物品之间能够相互通信、协作、共享数据，从而实现更加智能、高效、安全的生产和生活。物联网技术的应用范围广泛，包括智能家居、智能交通、智能医疗、智能制造等领域。在矿山领域，物联网技术可以实时监测矿井内的温度、氧气浓度、瓦斯浓度等参数，及时预警，减少矿难事故的发生，用以提高安全性；物联网技术可以实现对矿山设备的实时监测和管理，实现设备自动化控制，提高生产效率；物联网技术可以实现对矿山设备的远程监控和维护，降低了维护成本；物联网技术可以实现对矿山环境的实时监测和管理，减少污染和浪费。中国矿业领域目前建成的主要平台有：①中煤物联网平台，中国煤炭科工集团有限公司；②矿云物联网平台，北京矿云科技有限公司；③矿智能物联网平台，山东矿智能科技有限公司；④矿联网平台，煤炭科学研究总院。

（四）矿山生产技术数字化新进展

1. 资源建模与评估

随着计算机技术的进一步发展，矿山数字化、信息化和智能化建设已经成为矿山行业未来发展的重要方向。三维模型（包括地质模型和工程模型）的建立是推进矿山数字化、智能化的重要基础，同时也是全生命周期的矿山信息模型（MIM）理论的重要支撑。在需要建立的三维模型中，矿体模型是矿山全生命周期开采活动的核心。建立可靠的三维矿体模型是进行矿产资源储量计算和后期开采设计的重要基础。资源模型通常包括表达内部地质信息的属性模型和表达边界几何信息的结构模型。

根据表达方式的不同，可以将以结构模型为建模对象的矿体建模方法分为两大类型：显式建模与隐式建模。显式建模方法采用网格模型来显式表达矿体的几何模型，隐式建模方法则采用隐式函数来隐式表达矿体的几何模型。近些年来国内外许多学者对三维地质建模进行了大量研究工作，出现了系列数据模型与建模技术，比如，基于类三棱柱体的三维数据模型、似三棱柱构模方法，以及其他一些复杂地质体三维建模技术。然而，在越来越多的实践过程中发现，传统的矿体显式建模方法由于自动化程度低、模型不能动态更新等缺点极大地限制了矿山数字化、信息化和智能化的建设。新兴的隐式建模方法是一种非常适合于构造交互式约束条件和模型便于动态更新的方法。该方法将基于不同地质数据所构造的几何空间通过距离函数转换为隐式函数场，以数学函数的方式表达三维模型，所重构的曲面被表示为隐式函数的零水平集。

资源模型的评价通过空间插值建立属性模型的方式来进行。空间插值是通过已知空间数据来推求未知空间数据的方法，即通过已知数据点来计算未知数据点或通过已知区域内数据点计算相关区域内所有点的方法，其本质是使用少数已知点对整个未知空间区域进行预测。属性模型通过体元记录矿山地质体内部物化信息，体元模型的数据量与其分辨率成正比，数据量大及处理时间长是体元模型的共有特征。地学领域的研究范围或对象都比较大，分辨率高，而且属性分布不均匀，通常采用八叉树模型进行结点合并与压缩，其结点数量十分庞大，因此，海量数据是真三维地学建模遇到的关键问题之一。近年来，随着三维地学属性数据获取与生成手段的快速发展，海量数据问题日益突出。八叉树模型一般在内存中构造，将指针概念推广到外存，采用外存指针对海量八叉树结点数据进行组织和管理。属性建模技术主要研究外存八叉树模型的构建技术、基于属性模型的结构模型的快速栅格化算法、属性模型的查询技术、属性模型的可视化技术，其中属性模型的构建算法与结构模型的栅格化算法实现结构模型与属性模型之间的转换。

2. 矿山规划与设计

数字化开采规划与设计是在数字化矿床模型的基础上，以三维矿业软件为工具、计算机模拟为手段、安全高效开采为目标，进行矿山开采系统优化设计的过程。根据矿山开采方式的不同，分为露天开采规划与设计和地下开采规划与设计。

矿山开采规划与设计是一个充分发挥专家经验和主观能动性的创造性活动。数字化是将许多复杂多变的信息转变为可以度量的数字、数据，建立起适当的数字化模型，进行统一处理的客观而具有科学性的过程。数字化开采规划与设计是两者的融合与统一，是采矿技术、计算机技术、网络技术与管理科学的交叉、融合、发展与应用的结果。与传统设计模式相比，其在过程、方法、效率和效果方面都将发生巨大的改变。数字化开采规划与设计通常运用运筹学理论或最优化方法建立优化数学模型并求解，最终得到一个技术上可行、能够使矿床开采的总体经济效益达到最大的方案。

露天开采规划与设计主要包括开采境界优化、开拓运输系统设计、台阶爆破设计以及采场配矿等内容。境界优化指在露天矿山实体模型、块体模型和相应经济参数的基础上、运用运筹学理论或最优化方法进行最终境界优选的过程。由于露天开采的对象是复杂多变的地质岩体、无序的品位分布及多变的经济参数等一系列非线性动态问题，从而提出露天境界优化理论。露天境界优化方法主要包括：浮动圆锥法、动态规划法、LG 图论法和网络最大流法等。基于境界优化最优结果模型，优选开拓运输系统方式，可进行开拓运输系统等方案的设计。在配矿方面，基于地质统计学和运筹学的配矿方法，可以实现对爆堆品位的准确推估，自动圈定爆堆采掘范围，输出最优配矿方案，指导装运设备的生产过程，提高露天矿配矿效率。

地下开采规划与设计主要包括开采方案优化、首采区域优选、采场划分及优化、开拓系统设计、采切工程设计、爆破设计、矿井通风设计等内容。矿山设计和生产中有许多技术决策对整个矿床的开采效益有重大影响，如开采顺序与生产能力的确定、边界品位的选择等，必须通过优化才能实现决策科学化和效益最大化。在三维矿业软件中，可以利用矿体三维模型和块段模型，完成各盘区布置方案模型的划分与每个采场、矿柱、隔离矿柱的划分与矿量、品位、工程量等指标计算。对不同方案的指标结果进行分析,从中选取最优方案。也可以运用数据库技术、三维实体建模技术、三维表面建模技术、图形运算功能建立矿山地质数据库、矿床模型、构造模型、地表模型和工程模型,并以地质统计学原理和方法,对建立的矿床块段模型进行品位推估,形成三维模型及资源模型的数据仓库,在此基础上开展开拓系统、采切工程等设计。

3. 矿山生产计划编制

矿山企业的生产与经营管理是一个既庞大又复杂的系统,主要包括决策管理层、计划调度层、经营业务层、生产管理层等,而其中矿山采掘计划编制是核心决策任务。根据开采方式的不同,矿山生产计划主要分露天矿采剥进度计划和地下矿采掘进度计划。依据计划总时间跨度和计划周期长度,矿山生产计划分为长期及中长期计划和短期计划。长期计划的计划周期一般为一年,计划总时间跨度为矿山整个开采寿命。设计中,以年为单位编制的采剥进度计划称为长期及中长期计划,其中三五年的称为中长期计划,五年以上的称为长期计划。短期计划的每一计划期一般为一个季度或者几个月,时间跨度一般为一年。

生产计划编制的主要方法有:手工法、计算机模拟法以及优化法等。自20世纪60年代初计算机及运筹学引入采矿工程后,人们开始按两种不同的逻辑模式,从两个方向进行矿山生产计划计算机编制系统的研究工作,一是采用优化方法确定矿山生产计划;二是利用模拟方法确定矿山生产计划。近年来,人们又引入人工智能技术,试图综合应用人工智能、优化法和模拟法来有效地解决矿山生产计划的优化编制问题。但由于矿山生产计划编制的技术约束条件众多,导致各种优化方法时间复杂度高,计算量大,从而无法解决实际上的大规模生产计划编制问题。目前,最成熟的方法还是采用模拟法对手工操作方法进行计算机模拟,通过不断的调整,得出一系列的方案,不仅能从中找到最符合实际情况的方案,还可以反过来对生产技术条件提出改进意见,真正达到指导生产的作用。

露天矿采剥进度计划编制的总体目标就是确定一个技术上可行、矿床开采总体经济效益最大、贯穿整个矿山开采寿命的矿岩采剥顺序。所谓总体经济效益最大,即是在矿床开采过程中所实现的总净现值最大。而所谓技术上可行,即指采剥进度计划必须满足一系列技术上的约束条件,主要有:①每个计划期内为选厂提供较为稳定的矿石量和入选品位;②每个计划期的矿岩采剥量应与可利用的采剥设备生产能力相适应;③各台阶水平的推进必须满足正常生产要求的时空发展关系,即最小工作平盘宽度、安全平台宽度、工作台阶的超前关系、采场延深与台阶水平推进的速度关系等。

地下矿采掘进度计划的编制是一个复杂的系统工程,是地下矿山进行生产组织的主要依据。它是根据各采场回采顺序的合理超前关系、矿块生产能力和新水平的准备时间等条件编制出来的,在编制时应按时间和工程划分层次,最合理地安排各开采项目(矿体、阶段、分段、矿块、矿房、矿柱、盘区、进路等)中各类采掘工程(生产勘探、开拓、采准、切割、回采矿柱和处理空区等）的工作量、工期、施工顺序和设备、人力、资源的安排。

4. 采矿技术协同

矿产资源开采过程中涉及的参与方、部门、专业岗位众多，跨时空、跨学科间的协作与数据交换频繁。采矿技术协同是在信息技术的支持下，对矿山生产技术全过程地、测、采技术业务进行数字化处理与管理的流程化、标准化与集成化的协作平台。它是在流程化与标准化管理的基础上，借助互联网、数据库技术、云计算等信息技术，以业务数据与业务流程为驱动，构建一个统一的矿山生产技术全过程技术业务处理及管理的数字化作业环境，使各参与方、各部门、各专业岗位在同一平台上协同作业，实现矿山生产技术全过程地、测、采技术业务数据互联互通、高度共享与集成，全面提升团队的跨时空、跨学科协作能力和工作效率，提高业务处理及管理效率。

采矿技术协同的核心内容包括：①业务数据的集中存储，实现精准有效管理各种结构化、非结构化的数据及数据间的关系，且提供良好的安全访问机制。②业务工作的集中管理，实现对设计参数、约束条件、技术指标及技术资源等环境参数进行集中、统一、分层管理，对参数实现有效管控。③业务流程的集中控制，实现从"做什么"到"怎么做""做成什么样"的转变，实现业务流程的有效跟踪、管控、考核。

采矿技术协同集成了矿山生产技术全过程所有业务以及所有业务所涉及的各参与方、各部门、各专业岗位对应的角色，也集成了矿山生产技术全过程的所有信息。矿山生产技术全过程所有业务随业务流程流转的过程中，需要各参与方、各部门、各岗位的专业技术人员、专业工程师、部门领导与主管领导等角色进行相应的业务处理，包括业务技术工作与业务管理工作的处理；在业务处理的过程中，相应的获取与生成开采环境、资源、工程以及活动等信息，获取的信息来源于数字模型且将业务处理过程中生成的信息反馈给数字模型；随着业务流程的不断流转，各种多源、异质以及动态性等特点的信息不断被生成、修改以及更新，信息量呈几何倍数增长。

采矿技术协同架构由数据层、数据交换层、协同平台层、业务软件层与业务层组成，并以数据标准化与业务流程规范化为基础，以互联网、数据库、云计算等信息技术为手段，形成业务数据集中存储、业务工作集中管理与业务流程集中控制的高度集成与共享的协同作业平台。其中数据层主要是存储矿山生产技术全过程开采环境、资源、工程与活动等标准化的数据；数据交换层则主要是将来自不同生产厂商产品的来源数据格式转换标准数据格式以存储于数据层，并能将数据层的标准数据格式转换为不同生产厂商产品的需求数据格式，实现不同生产厂商产品对数据格式的要求；协同平台层则是通过业务流程实现业务层中矿山生产技术全过程各业务的高速流转，并通过协同平台上的工具软件标准接口连接业务软件层的各业务软件，以处理业务层的各业务，其中各业务处理所需数据来自数据层且经数据转换层转换为业务软件所需的数据格式，且业务处理与管理过程产生的数据则通过数据转换层转换为标准数据格式并存储于数据层。

（五）矿山（矿井）生产作业智能化新进展

1. 金属矿固定设备的自动化

（1）溜破系统自动化

溜破与胶带自动控制无人值守系统采用先进可靠的过程优化自动控制系统，通过搭建相关硬件平台、网络架构和系统组态，对整个生产过程和各项运行指标进行自动化控制和信息化管理。其功能包括溜井和矿仓的料位实时监测，设备的远程控制、就地启停、状态监控，胶带运行的安全监测、智能巡检、温度探测，破碎机－振动放矿机－胶带及电气设备的动态检测与采集、数据实时双向传输及设备 联动等功能。通过中控室自动完成整个生产工序的启停操作，实现工艺过程、工艺参数的自动调节和控制，达到提高产品质量和生产回收率、降低生产能耗，最终达到减人和固定设施无人值守的目标。

（2）皮带运输自动化系统

采用皮带自动纠偏装置、增加温度振动传感器，实现皮带旋转结构的温振在线监测，建立电机及传动健康监测系统，充分结合电机电流、电机转速、温升信号、振动信号等数据，建立电机、减速机健康诊断模型，异常趋势产生时，实现预警，提示巡检人员重点关注，避免电机、减速机造成更加严重的损害。通过增加巡检机器人系统，改造皮带检测开关实现智能编码定位，增加皮带纵向撕裂检测系统，完善主机温度、振动检测手段、电机减速机健康诊断等技术手段，实现皮带运输系统无人值守控制，建立集中控制操作模式，减少现场看护性操作岗位转为巡检岗位，实现出矿流程一键启停。通过对各类生产数据的分析利用，优化完善控制系统，提供生产调度决策支持，工艺过程、工艺参数调节控制，降低能耗，设备状态监测与设备安全管理，达到保障设备安全、减少故障停机时间和提高设备作业率的目的。

（3）电机车无人驾驶系统

有轨运输电机车无人驾驶技术的三个主要目标为保障矿山生产中运输环节的本质安全、高效运行、数字化辅助提升管理水平。目前该技术已在冬瓜山铜矿、红牛铜矿、德兴铜矿等多座矿山得到实际应用，同时行业技术标准正在编制中。无人驾驶关键技术目前已经覆盖整个矿山运输作业面，包括移动无线通信系统，研发列车首尾双电机车牵引的双机联动和负载平衡技术、电机车自动运行和自动卸载、翻笼自动对位卸矿、多放矿机连续自动装矿、复杂铁运系统自动运行、自动摘挂钩等创新控制技术，以及线路识别、防碰撞、防溜车、无人机械驻车等安全保障技术，构建了运输系统全数字化集群控制平台，实现了矿山有轨运输环节的全数字化管理。

（4）智能通风系统

随着矿井生产活动的进行与延伸，各作业点的用风需求发生着动态变化。智能通风系统可根据井下排尘、排烟、除湿、除热的需求，动态地调整矿井通风系统风量分布，以满足不同作业点的用风需求，为井下营造良好的生产环境。在矿井通风网络精准建模的基础上，预测不同作业点的用风需求，并通过智能控制系统，实现风机、风门、风窗等通风构筑物的有机集群控制，在保障用风安全的基础上，有效地提高风量风压的有效利用率，从而实现通风系统的绿色低碳化运转，这是智能通风系统的核心内涵。以镍轮南为例，矿井完成智能通风系统改造后，通风能耗降低 50.6%，破除了扩大生产与风量有限之间的矛盾，保障了井下工作环境的用风安全，促进了生产的正常运转。我国矿井智能通风系统，在设计理念、控制手段、高精传感以及管理水平，正朝着国际先进水平迈进，预期在十四五阶段，建立成熟的技术体系与装备供应链条。

（5）排水自动化系统

矿山智能排水与泵站无人值守系统将视频监视、智能控制与通信系统深度融合，将高低压智能配电、水泵远程监控、智能巡检、门禁管理、环境监测和自动化排水系统进行整合，在保证排水泵站安全可靠运行的基础上，实现地表中控室远程监控井下无人值守变电所和水泵的运行情况、高压真空配电装置和通信网络的综合监测与控制、供电设备和泵站的"三遥"控制，以及自动生成多种记录和统计报表等功能，达到节能减排，降低成本、减少劳动定员和提高经济效益的目标。

（6）供配电自动化系统

通过对高压供配电、采区低压变电所、现场动力配电箱的每条供配电回路进行电力运行数据采集和远程分合闸操作，实现供配电、自动化控制、通信系统的深度融合，使得融合控制系统采集的电力系统海量运行数据为矿山大数据分析和智能诊断提供基础数据，是矿山智能配电建设的基础。与传统的低压配电技术相比，融合控制系统具有性价比高、安全可靠的特点，可以实现对每条回路的远程控制和安全可靠的电气设备运行保护，具有完善的管理和统计功能，完全满足矿山生产和管理需求，可以大幅减少相关操作和维护人员。

（7）充填自动化系统

伴随大数据、云计算、物联网、5G 等新一代信息技术的发展，矿山充填系统朝着自动化乃至智能化方向不断迈进，充填系统数据的实时获取、及时传送、即时分析、瞬时调控为其高度自动化运行奠定了重要基础。充填系统高度自动化的关键点在于料浆制备阶段的精准调控、输送过程的精细管控，最终实现充填料浆浓度的稳定迁移，目的是基于新一代信息技术的赋能，服务充填过程，为其低成本、高稳态、高效率、高性能提供基础，解决过去充填自动化（稳定充填料浆浓度的调控）的滞后性、粗糙性、波动性问题，协同进行充填输送过程管道参数及时监测分析，特别针对深井充填，提高增阻减压系统的实时监测与管控，实现深井充填料浆稳态输送的全过程信息化。

针对充填系统的高度自动化，以稳定输送浓度为目标，保证其即时调控，瞬时稳定，波动小，不影响后续输送工艺；以节约充填成本为导向，采取先进的调控工艺与手段，保证充填性能要求的前提，尽可能减少胶凝材料的使用量；以满管输送料浆为要求，结合增阻减压系统的实时监测管控，依据充填倍线的变化，保证剩余压头的稳态与管道输送的稳定。综上所述，采用新一代信息技术，实现充填系统的高度自动化，旨在保证充填料浆低成本与浓度的稳定迁移。

2. 金属矿移动装备的智能化

（1）凿岩智能化

地下开采凿岩智能化设备主要包括智能凿岩台车、智能中深孔全液压凿岩台车和地下高气压智能潜孔钻机。

1）智能凿岩台车：智能凿岩台车所装配的智能系统可分为3种辅助模式：一是全人工操作，台车只辅助计算控制大臂、推进梁平移，通过操作界面显示出来；二是单孔自动化，台车实现定位及钻孔位置显示，人工进行对孔定位操作后一键单孔自动凿岩；三是全断面自动化，台车定位后，凿岩系统实现全自动导航找孔凿岩。

由于控制系统、定位精度及补偿、电液控制、孔序规划、钻孔参数自动匹配及卡钎处理、无线通信等相关技术面临诸多复杂问题，从目前凿岩台车在我国金属矿山的应用现状可以看出，金属矿山多倾向于采用山特维克生产的智能凿岩台车，且真正采用全断面自动化凿岩设备的案例较少。

据最新消息，三山岛金矿已经实现了基于5G技术的远程遥控操作Sandvik DD310型凿岩台车，遥控系统基于无线通信、视频传输、自动化控制等最新技术，将操作人员的井下现场作业变革为地表远程作业。谦比希东南矿体采用了Sandvik DD422i智能化双臂凿岩台车，可实现自动寻孔、定位和打孔功能，双臂同时进行凿岩作业，最大炮孔深度可达5.3米，双臂可覆盖的凿岩面积为60m^2。凿岩时DD422i凿岩台车可根据不同岩石条件，自动调整凿岩参数，无须操作人员对任何凿岩参数进行修改；具备自动防卡钎功能，出现卡钎现象时，凿岩台车会自动调整凿岩参数，自动快速解决卡钎问题。DD422i凿岩台车配备先进的Navigation台车定位系统、巷道工程管理及iSURE智能化设计软件，凿岩时通过设定定位面保证所有炮孔孔底在同一水平面，爆破后掌子面均非常平整，断面成型良好，可有效控制凿岩精度。

2）智能中深孔全液压凿岩台车：智能中深孔全液压凿岩台车是地下金属矿生产的主要设备之一，是以PLC群底层控制系统为支撑的高度智能化柔性化装备，其智能化功能主要体现在具备智能开孔、智能凿岩、智能防卡、包容寻优、频率匹配、岩石特性采集、自动接卸杆和异常工况处理等，可实现在无人干预下自主完成整个凿岩作业的高智能化控制，显著提高凿岩效率。

Simba M4C型凿岩台车主要用于地下矿山采矿中深孔施工，作为一款智能凿岩台车，具备采矿中深孔数据的导入与输出功能，实现整排全自动凿岩，自动记录工作过程数据。

Simba M4C 型凿岩台车配置压力、深度、角度等各种类型传感器，设备工况实时显示，自我检测，输入采矿中深孔参数后，通过导航操作，设备自主控制完成整排炮孔的凿岩，可实现 1 人在地面远程操作控制多台凿岩设备。目前初步的智能中深孔凿岩在梅山铁矿、杏山铁矿得到应用。

3）地下高气压智能潜孔钻机：地下高气压智能潜孔钻机是地下金属矿潜孔凿岩的重要设备之一，主要由工作机构、变位机构、车架底盘、控制系统、风水系统、电气系统、液压系统及机罩等部分组成。在设备行走导航与炮孔定位技术、潜孔凿岩参数自动匹配及智能控制技术、自动防卡纠偏技术、多钻杆存储及智能化机械手技术、钻机智能控制与通信技术等技术研究基础上开发形成的地下高气压智能潜孔钻机，以实现自主行驶、全自动接卸杆、凿岩参数自动匹配、随钻参数自动采集、凿岩偏斜率自动控制、自动防卡杆等多项智能控制功能。

Simba M4C ITH 型潜孔式电脑凿岩台车采用地表监控，设备地下自动寻孔作业，作业完毕后数据可自动上传，每台台车不移位可打 2 个大直径下向深孔。通过远程遥控，可实现每 2 人可监控 3 台电脑凿岩台车。目前，大直径深孔阶段空场嗣后充填采矿法已经是大规模矿山开采的主要采矿方法之一，在建矿山如岔路口钼矿、思山岭铁矿、马城铁矿等均采用了地下高气压智能潜孔钻机。

（2）装药智能化

地下装药车是集原料运输、炸药混制、炮孔装填于一体的机电一体化高科技产品，具有成本低廉、结构紧凑、自动化程度高、适用范围广、劳动强度小等特点。因此，地下装药车的智能化发展，代表了地下装药技术的发展方向。地下矿用智能炸药装药车的核心技术主要包括车辆自主行驶及壁障技术、工作臂远程（视距）无线遥控及自动寻孔技术、输药管自动送退管及炮孔底部识别技术等。

由于其复杂的环境、烦琐的操作、超高的安全性以及科学技术的限制，地下装药智能化的发展相对缓慢。"十二五"计划期间，北京矿冶研究总院，成功开发了地下矿山智能现场混装车。在自主行使方面，该车借助于调度平台和电子地图的指引，可以完成自主路线规划的无人化行走、车辆位置的精确定位；借助激光扫描，实现避障行走。在智能寻孔方面，采用了激光测距仪/单摄像头综合炮孔识别方案，多级精确炮孔定位。在智能装药方面，克服了装药与返药控制等关键技术，增加了与服务器数据交互：炮孔位置、设计装药参数的下传；装药结果、实时状态的上传与存储。进一步实现了自动化、无人化、智能化，为国内智能装药技术的发展奠定了基础。先后在杏山铁矿、镜铁山矿、甲玛铜矿得到应用。

（3）铲装智能化

铲装智能化根据发展阶段分为视距控制、视频遥控、远程控制、半自动与全自动等，目前根据矿山需要视距控制应用较为广泛。随着无线网络通信技术、基站信号切换技术、视频处理技术和自动化控制等新技术的发展，远程控制的全自动铲运机得到快速发展。将操作人员完全从危险区域隔离出来，使人员可以在更安全的地表远程遥控操作平台，经过高带宽低延时通信网络连接现场机车上的车载控制单元及安装在机车上的多路红外高清摄像头，实时观察现场，可以像在现场一样操作控制设备工作，既能节约人力资源，又能有效地提高矿井安全系数。

铲装远程控制系统主要包含远程遥控操作平台、车载系统、视频系统、隔离光栅系统（选配）、通信系统。监控中心的操作平台接入通信专网，在设备工作区域内布置基站，设备在工作区域工作时车载 CPE 将视频、车辆状态信息发射出去，由基站接收并通过通信专网转发到监控中心，同理监控中心的控制信息由通信专网到达设备作业面的基站，由基站发射到达车载 CPE。网络形成后远程操控人员通过显示器操控设备作业，车辆前后装有高清红外摄像头，可将现场作业环境清晰地反馈给操作人员。

铲装智能化应用方面，张庄铁矿较早地开展了应用。在井下选定一个采区内建立无线网络通信平台，选取 1 台国产铲运机进行技术改造，使用远程遥控实现铲运机的铲、装、卸、自主导向行走功能，在张庄矿地表办公室内建立远程控制中心，用于遥控铲运机的远程操作、状态监测和数据处理。目前已实现单台铲运机地表远程遥控装卸矿、自主导向行走、人工干预自动拐弯的功能。谦比希东南矿体采用了 Sandvik LH514 铲运机和 Sandvik AutoMine Loading 自动化控制系统组成，铲运机额定载重 14 吨，AutoMine Loading 系统由操作平台、自动化铲运机、门禁系统、通信系统组成。自动化铲运机系统只需远程操作铲装环节，行走环节自动化作业，设备运行平稳，运行速度较人为操作快 20%；设备在自动化状态下可减少碰撞和故障，延长设备寿命，维护成本也会降低；可更大程度地利用交接班时间进行作业，大大提高了设备利用率；操作工在舒适的工作环境下远程操作，远离危险的生产区域，安全性大大提高；生产区域变化后，系统可快速安装和预配置，完成系统启动。另外，铲装智能化在普朗铜矿、三山岛金矿、凡口铅锌矿、罗和铁矿、锡铁山铅锌矿等矿山得到了不同程度的应用。

（4）运输智能化

运输智能化包含了皮带运输自动化系统、电机车无人驾驶系统和自动化卡车运输系统。前文已经对皮带运输自动化系统和电机车无人驾驶系统进行了详细阐述。本节主要围绕自动化卡车运输系统来分析运输智能化新进展。

地下智能矿用汽车是井下运输的重要支撑设备。目前我国已研发出 35 吨交流电传动智能矿用汽车，采用双动力电传动全轮驱动技术，实现了视距遥控、远程遥控及自主行驶等模式，实现了电动化、网联化和智能化，并在山东黄金矿业股份有限公司进行了工业试验，实现了巷道空间检测、智能辅助驾驶、遥控和自主运行功能。

东南矿体在 800 米中段使用 Sandvik AutoMine Hauling 卡车运输自动化系统，使用 TH540（额定载重 40 吨）卡车运输矿石。该系统由无线网络、自动化卡车、平板放矿机、主溜井破碎锤和任务控制系统 5 部分组成。自动化运输中段平均运距为 1800 米，使用 3 台矿用卡车可满足 6500t/d 的矿废运输任务。作业中通过远程控制平板放矿机放矿，卡车自动行走和卸矿，仅需一名操作工即可完成多台矿用卡车，放矿机的远程操作和系统照看。自动化卡车的使用将使生产效率提高 10%～15%，设备使用率提升 10%，卡车数量减少 30%；且降低成本，表现在降低维护成本，延长部件和轮胎的寿命，节约燃油消耗，减少操作和维护人员数量。

3. 煤矿采掘装备智能化新进展

（1）采煤机

采煤机作为煤炭开采的主要采煤设备，经过近半个世纪的研发与实践，形成以滚筒式采煤机作为主要型式的采煤机体系，目前基本满足国内开采高度从 0.8～9.0 米不同开采需要。

采煤机的自动化（智能化）是实现智能综采的关键，目前我国已经在采煤机的自主定位、轨道调直、运行调速、截割煤调速等方面取得关键性突破。实现智能化综采的技术难点在于实现采煤机智能截割。采煤机通常采用记忆截割，其流程是第一刀截割是由人工操作进行调高，将滚筒截割轨迹记忆下来；第二刀截割时，采煤机滚筒自动跟踪前一刀的记忆轨迹曲线进行自动调高；在后刀截割过程中当顶板发生起伏变化时，就需要在顶板起伏变化的地方按当前顶板的实际情况进行人工调高。

近年来，除了记忆截割，也有不少智能截割技术相继被提出，比如通过电流、振动、噪声、压力等截割信息、地理信息模型、图像识别、理论模型预测等多信息融合，结合深度学习算法识别煤岩分界面，进而实现采煤机的智能截割。

另外，采煤机设计制造手段也在不断增强，基于三维实体模型分析了铸造缺陷，优化了采煤机结构；突破了采煤机材料研制难题，研发了高强度复杂铸造壳体调质处理工艺和锻造材料精炼方法，提高采煤机结构强度和运行可靠性；薄煤层采煤机配套能力和智能化水平不断提升，通过改变电机布置方式来解决薄煤层采煤机机面高度较高难题，成功研制截割电机并行布置、多电机纵横布置，以及半悬和全悬机身等多种不同机身布置方式的薄煤层滚筒式采煤机，装机功率 238～1200kW，最小采高 0.8 米，满足了薄和较薄煤层开采需要。

在未来，随着传感器技术的发展，以及人工智能与大数据技术的深度融合，采煤机的智能化得到更充分的发挥。

（2）液压支架

目前，采煤工作面液压支架均配备有电液控制系统，具备对液压支架的降、移、升、拉架、推移刮板输送机等的远程控制功能，可以实现对本架、邻架及隔架的相关操作，以及成组手动和自动控制，包括成组手动/自动移架、手动/成组自动推溜、手动/成组自动伸收护帮板等。液压支架一般安装有倾角传感器、压力传感器、行程传感器、位移传感器等，结合液压支架主体骨架的结构参数，可以对液压支架的支护高度、支护姿态进行解算，具备对液压支架支护状态进行智能监测的功能；液压支架一般具有自动补压、自动喷雾功能，通过对液压支架的初撑力进行监测，当液压支架未达到初撑力时，则会触发自动补压装置，通过支架控制器打开升立柱电磁阀，补充立柱压力；在液压支架跟机过程中，通过对采煤机的位置进行监测，当采煤机截割至液压支架的位置时，液压支架启动喷雾功能，实现架前自动辅助采煤机喷雾；液压支架一般安装有云台摄像仪，部分矿井进行了多台摄像仪图像的视频拼接，用于监测工作面情况，并对整个工作面的设备进行可视化管理。

近年来，液压支架的设计、制造水平也取得了长足进步，一次采全高液压支架的最大支护高度已经达到8.8米，综采放顶煤液压支架的最大支护高度已经达到7.0米，单台液压支架重量达到100吨。目前，正在针对曹家滩煤矿特厚坚硬煤层研发最大支撑高度达到10.0米的超大采高液压支架，该型号液压支架的成功应用，将再次刷新大采高一次采全高工作面的世界最大开采高度。

（3）输送机（刮板输送机、皮带输送机）

目前，采煤工作面刮板输送机正逐步采用变频调速一体机进行驱动，能够实现刮板输送机的变频软启动控制；通过在刮板输送机安装可编程控制箱，可以对刮板输送机的电机转矩、电流等进行监测，根据采集的电机转矩、电流等信息，对刮板输送机上的煤流负荷进行推算，实现对煤流负荷进行检测的功能。刮板输送机一般具备运行工况监测功能，主要监测刮板机电机电压电流、电机转速、减速机润滑油位、冷却水温度、电机绕组温度、电机运行模式、电机正反转情况等。刮板输送机一般配备油缸压力传感器，控制分站通过监测的压力值判断是否需张紧链条，实现刮板输送机链条的自动张紧控制及断链停机报告等。转载机一般配备有自移系统，能够实现转载机的本地手动和自动遥控控制。

顺槽胶带输送机一般均采用矿用隔爆兼本质安全型变频调速装置，配备有胶带输送机八大保护系统，通过煤量扫描仪实现对皮带煤量的监测，通过红外摄像头实现对温度的监测，通过机器视觉技术可以对胶带输送机上煤流中的异物进行智能识别，并对部分违规操作（违规穿越皮带等）进行识别。基于煤量识别及变频控制装置，可以基于煤流量实现对顺槽胶带输送机的智能调速控制。

（4）工作面端头设备智能化（转载、破碎）

工作面两端头及巷道超前支护区域一般均采用端头液压支架、超前液压支架进行支护，端头支架、超前液压支架一般也会配备电液控制系统、压力传感器、行程传感器、位移传感器等，具备自动补液、自动喷雾、远程集中控制功能。

由于受到工作面设备选型配套及布置方式的影响，一次采全高工作面主要采用两柱掩护式端头液压支架，可以实现远程集中控制，放顶煤工作面则一般采用两片式结构的端头液压支架；顺槽超前液压支架一般采用四连杆稳定机构，能够实现超前液压支架的自动推移，具备就地控制、遥控控制及远程集中控制功能。为了消除超前液压支架在移动过程中对巷道顶板带来的反复支撑破坏，近年来逐渐发展应用单元式超前液压支架，并通过创新单轨吊式自移装置，实现对单元式超前液压支架的自动推移。

（5）煤矿掘进装备智能化

近年来，掘进配套自动化、智能化、一体化技术等高效掘进装备关键技术研发取得较快进展，初步构建了适用于不同煤层条件的煤矿智能化快速掘进工艺技术与装备体系，掘进效率显著提升。

在地质条件较好矿区，研发使用掘锚一体机为代表的煤巷快速掘进装备。以"掘锚一体机＋锚运破＋大跨距转载"成套装备为基础，精准导航为引导，多机协同控制为核心，建设基于"GIS＋三维可视化"的远程集控系统。在条件复杂的地区，采用悬臂式掘锚护一体机、临时支护系统，在黄陵等矿区进行推广应用，月进尺突破 600 米。中煤科工的钻锚一体化方案集锚杆自动支护、巷道表面喷涂护表、随掘变形动态监测于一体，将传统锚杆支护分为 6 道标准工序，目前已进入井下工业试验阶段。在岩巷掘进方面，全断面掘进机 TBM（Tunnel Boring Machine）技术带来了掘进方式的重要变革。陕西延长石油榆林可可盖煤矿研发使用敞开式全断面掘进系统，具有安全性能好、成巷质量高、掘进速度快等优点，破解了岩巷掘进的难题，实现智能快速建井。

（6）煤矿支护装备智能化

在煤矿巷道掘进过程中，为了控制巷道的变形，必须要采取相应的巷道支护措施。按照支护的时间和强度来分类，煤矿掘进支护技术可以分为被动支护技术和主动支护技术。在煤矿井下掘进过程中，需要采用永久支护以及临时支护，目前，掘锚一体机的广泛应用大幅度提升了永久支护的效率。与永久支护相比，巷道的临时支护自动化程度要低很多，一种有效的方法就是研发智能机器人。通过对机器人进行各种训练，使其能处理煤矿井下复杂条件下的临时支护问题。应用智能化机器人后，一方面可以减轻工人的劳动强度，主要是通过机器人来安装临时支护设备；另一方面可以提高临时支护设备的安装效率，主要是通过机器人实现材料设备运输和安装一体化。

4. 煤矿智能辅助运输、通风

（1）煤矿井下无人驾驶

煤矿井下无轨胶轮车作为煤矿井下辅助运输的重要组成部分，是井工煤矿关键运输设备之一，主要用于井下生产需用物料和人员运输，具有动力性能好、通过性强、机动灵活、多能、经济的优点，是制约煤炭开采量及生产效率的瓶颈，对煤矿开采效率和安全生产影响重大。

早在 20 世纪 50 年代，国外就开始无人驾驶车辆的研制，而现今世界无人驾驶车辆主要的研究方向是在高速公路环境和城市道路环境下的无人驾驶车辆的研制，而针对煤矿井下等特殊环境下的无人驾驶车辆，是在近年才开始逐渐走进大众视野，要实现无人驾驶的真正普及，还有许多制约因素亟待解决。

目前，以 WLR-19 型防爆锂离子蓄电池无轨胶轮车为基础，部署了自动驾驶感知层、决策层以及执行层电气设备，实现了车辆路径规划、停避障、行人预警、风门联动、坡道启停，自适应巡航等功能，在国能神东布尔台煤矿进行了应用。

（2）煤矿智能通风

矿井智能通风是矿山智能化建设的基石，是保障我国煤炭工业转型升级和高质量发展的核心技术之一。矿井通风系统经历了由机械通风到局部智能通风再到全局智能通风的 3 个阶段。近年来，基于"互联网+"和现代矿山物联网技术，提出了一些新的矿井通风智能化理论与技术。矿井智能通风成果之前多集中在智能化系统的组成、通风参数采集、风网解算与调控等局部方面，单点式的成果较多，整体性研究还处于起步阶段。同时在感知、决策与应急处置等方面智能化研究中存在技术难点，需加紧突破，以期实现通风基础参数智能感知、通风网络调控智能决策、通风灾变应急控制为一体的智能通风架构体系。

矿井通风参数精准监测是实现实时网络解算、按需供风、异常预警、应急决策、灾变调控等系统功能的动态信息流，为矿井智能通风系统的安全可靠运行提供根本保障。近年来国内外学者积极攻克通风参数的精准监测难题，提出了通风参数感知和多参数优化配置的新方法，建立了通风状态预警分析模型，形成了系列技术装备和成套监测预警技术，为通风智能化建设奠定了感知基础。

通风网络解算是智能通风与控制的底层核心技术。近年来，国内外学者从风网的拓扑结构和状态方程入手，已对自然分风、按需供风计算和风阻调节等理论难题进行了深入探索，并将已发展的风网解算方法广泛应用于按需调风优化、均压、联合调节、在线闭环调控、测风优化布置、通风状态超前预测、通风系统故障诊断、通风设施调控等智能通风领域，为智能通风理论的突破提供了科学依据与可行方法。

矿井通风系统故障的快速准确诊断是保证通风系统智能化的稳定运行，也是实现风流智能调控的关键。目前矿井通风故障诊断主要是利用矿井通风系统监测数据及矿井通风可视化仿真、神经网络技术综合分析通风动力、通风网络、通风设施等方面故障。其中，主要涉及的问题至少包括：故障源和故障原因诊断、传感器的优化布置、故障诊断方法问题。

目前，智能通风的建设初步解决了矿井通风管理工作面临的时效性差、强度大等问题，但仍需要持续改进，要重视规划融合大数据分析、数据挖掘等技术，发挥智能化方法在通风系统故障分析、灾害智能预警等方面的应用；要深入测试分析煤矿井下高湿、高粉尘等恶劣工况条件下传感器精度衰减变化规律，形成智能化装备的运维保障制度；要通过常态化运行深入考察智能通风装备可靠性，论证智能化分析预警模型的适用性，并率先在条件好的矿区开展瓦检、测风队伍减员提效的先行先试，在得到验证的基础上逐步推广。

5. 生产系统的智能化

（1）露天矿智能调度

露天矿卡车集群作业智能调度系统在露天矿卡车集群作业环境下，综合应用4G/5G通信技术、高精度定位技术、模式识别、智能控制及群体智能优化调度等多项前沿技术，研发滴滴派单式卡车集群作业调度系统，并与生产计划进行有机衔接，提出智能配矿－智能调度－无人计量流程化作业管控模式，从而形成一种信息化、智能化、集成化的新型矿山卡车集群调度指挥生产管控系统。该系统主要包含以下四项关键技术的研发。图2为露天矿卡车集群作业智能调度系统总体架构图。

1）车铲作业匹配智能优化技术。利用GPS或车载北斗高精度定位终端、RFID跟踪技术及4G/5G通信技术，获取车铲作业设备动态数据，构建车铲生产调度优化模型，进行车流均衡规划、最优路径优化、车铲智能匹配、动态配比、实时语音监控，实现铲不等车、车不等铲，大幅减少卡车排队等待时间。

2）滴滴式集群作业自动派单技术。将露天矿配矿作业计划与智能调度方案进行有机衔接，结合"滴滴派单"模式，根据当前车辆装、运、卸实时状态进行一单一派智能派车，卡车司机与电铲操作员可在手机客户端自主选择是否接单，实现了露天矿无人驾驶及有人混合编队的实时智能派单调度，提高配矿品位的稳定性与卡车运输效率，降低作业设备及投资成本。

3）矿岩运输无人自动计量技术。在生产调度的基础上，通过近景摄像头、道闸机、远距离阅读器以及车载终端等设备建立无人值守过磅点，通过自动计量模型分析卡车、电铲的空间位置关系，对卡车的运矿量、电铲的装矿量进行自动计量统计分析，实时掌握车

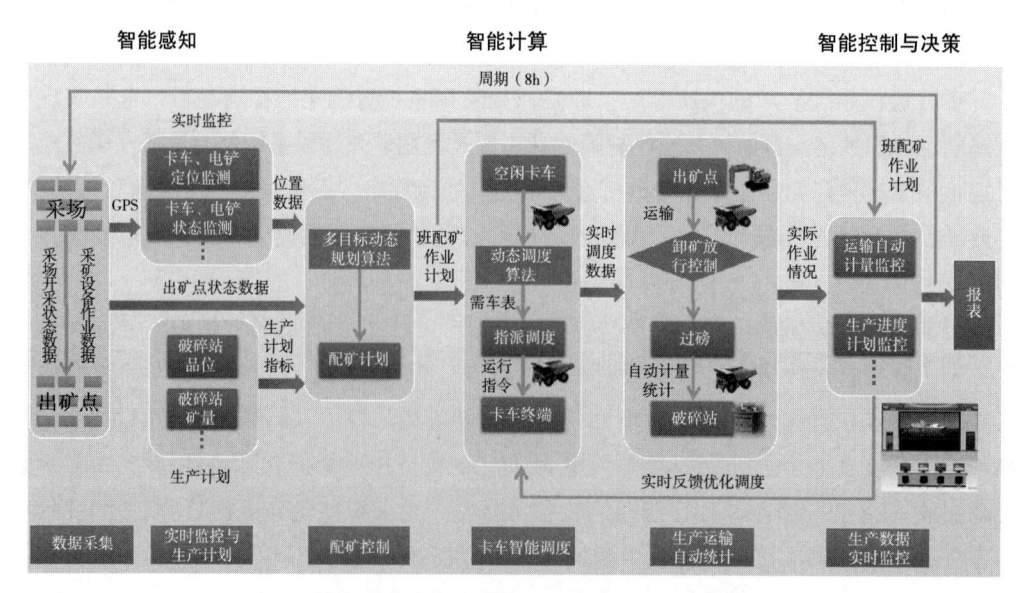

图2 露天矿卡车集群作业智能调度系统总体架构图

铲作业情况。

4）生产作业数据动态监测技术。在实时统计分析的基础上，利用生产数据实时监测与控制技术，动态跟踪生产计划的完成情况，对未达预期目标情况进行实时报警控制，确保生产计划的顺利进行。利用无人机摄影及物联感知技术建立矿区全貌实景模型，实现对在线作业设备的实时位置监测、轨迹回放与状况监控。

露天矿卡车集群作业智能调度系统将露天矿山复杂多样的生产管理集成于一个开放的、标准化的网络环境下，以露天矿生产计划为依据，对卡车电铲进行"滴滴"式派单调度，有效缓解了劳动力成本攀升、运输效率低下、安全事故频发等一系列问题，该成果已成功应用于国内洛钼、中钢、广纳、内蒙古天宇等12家矿山企业生产中，提高了设备利用效率与企业生产管理水平。本技术成果可应用到国内乃至世界的各种大、中、小型露天矿有人及无人露天矿山的生产中，通过使用此项技术可以有效提升矿产资源的综合利用率，保证配矿品位均衡，减少人员成本，大大提升矿山企业的经济效益，并为推动我国矿山企业的科技进步起到重要作用。

（2）地下矿智能调度（智能管控平台）

地下矿智能调度与控制主要是以无线综合定位系统、信息提取技术以及可视化操作平台为基础，以数据仓库、模型库及知识库及开采装备的实时动态参数为变量，运用运筹学、统计学等技术，对开采装备实时动态数据进行归类、处理和分析，运用调度最优算法，提取隐含的、潜在的和未知的有用信息和模式，在智能生产决策推理的基础上，获取最优化调度特征指标，通过智能调度信息平台和指令发布系统，向采装设备实时发布调度信息。最终实现对工程现场"全要素（现场人员、车辆、机具等）、全过程（进出场、活动轨迹、同进同出等）、全方位（人员定位、到岗到位、高危作业等）"的矿山业务管理和生产作业面（群）的实时调度。

矿卡集群调度以矿山月、天、班生产计划为目标。调度人员可根据矿山情况，实现对井下矿卡任务、目标、路线等的实时指令下达。根据最优化算法、整数规划等方法，动态调度矿卡任务，最大效率完成每日生产计划。对于地下矿山环境特殊，会车地数量少且固定的情况，通过优化会车策略，提高地下矿山多矿卡自动驾驶效率。在整个矿山放矿过程中，通过对溜井料位信息的实时监测，动态指派往各个溜井的车辆，避免溜井放空的情况，保障矿山溜井的安全使用，提高溜井的使用寿命。通过对接无人驾驶系统接口，获得矿卡的实时定位数据，并在高精地图实时展示，监控矿卡的运输过程。并自动根据矿卡装、卸循环过程中的数据信息，统计生产完成量、完成比、效率、故障、矿卡的油料消耗等指标。

综合业务流和数据流驱动的生产安全执行系统体系结构，搭建适用于地下矿山生产智能管控平台。基于综合调度业务需求实现以"数字化"为核心，"三维可视化"为载体，实现生产和调度信息的有机集成。通过把生产资源（供应部库存物资信息、工区临时库存物资信息）、人力资源（在岗工人、休假工人、钳工、电工、焊工等各种人员数据）、产品库存数据、监控采集生产过程的现场数据（如现场采掘情况、矿石产量、物料配送）等进行最优化调度以提高生产效率；经过一段时间的调度数据收集，系统结合大数据分析、智能排产算法等应用，自主生成设备调度路线、生产调度路线最短和消耗最低的生产方案；系统向公司管理层提供战略判断和决策依据的数据支撑。

以矿山生产数据为基础，建立基于组态化技术的矿山全流程作业情况实时监控与快速反馈机制；以矿业权、资源动态管理为核心，覆盖资源储量全生命周期（地探、生探、开采设计、选矿）的矿产资源管理系统，结合矿山生产管理数据，确保矿产资源储量信息的同步更新，实现矿床开采全过程中资源储量变动与消耗、资源利用指标的精细化管理；以矿山作业计划为指导，跟踪生产过程数据和生产指标，基于生产完成度的作业计划动态调整及作业装备实时调度，提高设备运行效率及装备的规范化管理。解决了传统矿山信息化建设过程中信息系统繁多，系统间存在交互和数据壁垒，数据孤岛严重的问题，攻克了业务流程不畅，存在大量重复填报、动态监测不足、生产指挥低效、无法实时调度优化等难题。

（六）矿山（矿井）生产管理智能化发展新进展

1. 生产执行管理

生产执行管理是对采矿生产全过程进行更加精细化的管理。采矿生产不但要管理采矿工程全工序，还需要将现有信息化系统产生的数据进行融合，综合利用各类数据为采矿生产指导和服务；管理过程数据包括对生产过程台账数据、验收数据等按其生产流程进行管理；需要根据采矿生产及相关工作的需要，对生产过程情况及其生产数据进行统计和分析。

通过对生产控制过程数据信息的采集、分析、集成整合，实现采选生产数据信息的共享，进行科学动态地调度管理生产资源，及时优化和组织生产，确保生产流程畅通、工艺过程稳定，提高生产效率，保证质量，减少消耗，降低成本，提高效益，实现企业生产管理信息化、信息资源化、传输网络化、管理科学化的现代企业目标。

通过对矿山生产全生命周期流程和数据的精细化管理，首先，可以解决矿山生产过程数据和资料繁、乱、杂等管理和存储问题，实现对数据的统一管理。其次，能够二次挖潜和利用已有的矿山生产过程信息，拓展应用的领域，充分发挥生产过程信息的优势。同时，通过与矿山其他系统进行数据对接，保证数据的一致性、完整性、及时性和信息高度融合，打破生产过程中的信息"孤岛"现象，实现不同系统和装备间信息的高度共享。培养和打造一支专业生产管理信息化管理队伍，组建完善的产业及生产过程信息化标准和网络体系，便于实现办公自动化、手段现代化、管理科学化，实现矿产资源信息及时、准确地上报、汇总，辅助更新管理海量数据，形成公司的网络资料共享和交流平台。此外，还能够更合理开发利用资源，对产业布局、产品结构进行系统的规划管理和调整，以满足公司对的矿产资源的规划管理和产业结构调整的需要（图3）。

图3 生产执行系统功能架构

2. 生产安全管控

矿山生产安全管控是对矿山安全生产管理过程中涉及的地质、采矿、选矿等生产过程中相关的工艺、能源、设备、物料、质检化验、人员及管理等业务流程中的采出矿量信息、重点设备运行状态等关键技术指标信息、安全环保监测信息实时监管,辅助矿山安全生产控制。基于矿石流的生产业务全流程长,产品生产工艺比较复杂,生产业务管控和分析的难度大。以往矿山信息化系统的建设都是分系统、业务及管理范围进行单个或者单业务地建设,这些系统只能解决某个点或某些方面的问题,当生产过程发生问题的时候,往往是由多个点和面产生的连锁问题。因此,以矿山生产管理为业务主线,将生产计划、排产排班、设备管理、系统管理、质量管理等专业管理内容串联起来,实现基于生产进度的生产全过程、全业务"一条线"信息采集和过程管控(图4)。

矿山三维可视化管控平台以矿山安全、环保、生产管理为中心,以矿山生产和安全监测数据及空间数据库为基础,以矿山资源与开采环境三维可视化和虚拟环境为平台,利用三维GIS、虚拟现实VR等技术手段,将矿山地上地下场景、矿床地质体、井巷工程、采矿、选矿、尾矿处理生产工艺过程及其引起的相关现象进行三维数字化建模,实现对矿山生产环境、生产状况、安全监测、人员和设备状态的实时高仿真显示,探讨在真三维环境

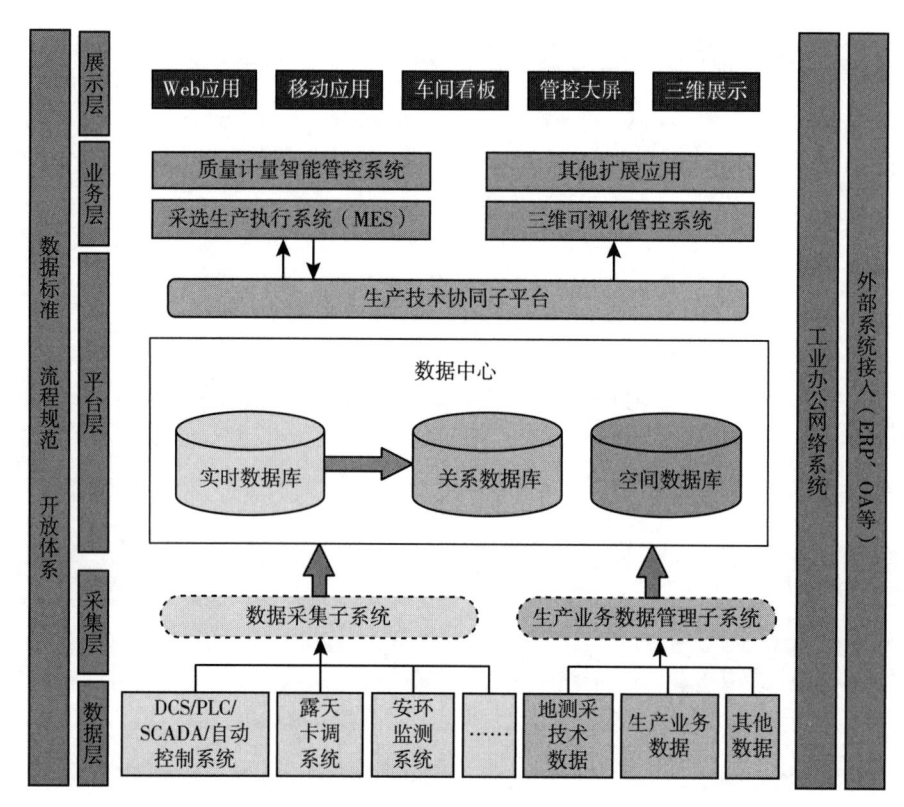

图 4　智能管控平台技术架构

中集成矿山开发与运行的相关信息，解决数字矿山建设过程中基础信息不足、信息孤岛和可视化等方面的问题。

通过构建三维可视化管控平台，对矿山各系统进行集中管控和集成处理，对矿山资源与开采环境的动态三维虚拟仿真，实现矿山生产全景实时平行再现、历史回放、生产虚拟推演、生产全程调配与指挥，以及安全及时预警预报，辅助矿山安全生产监管等。对自动化系统、安全监控系统及其他生产数据高度集成，自下而上全面管理安全、生产、运输、设备、检修、计划等各业务数据。实现数据资源的集成融合、深度挖掘及数据可视化展现，实现矿山日常安全、生产、应急调度指挥的精准化、可视化、全程、实时管控。

遵循数据"来源唯一、自动生成、一次录入、共享共用"原则，通过各业务、系统和相关数据的贯通，提高数据的完整性、准确性和一致性。基于真实生产数据，提供统计、分析与预测预警服务，在生产计划、排产排班、设备调度、设备定位、人员定位等过程中实现一张蓝图看到底。让矿山各级管理人员及时、全面、准确地了解和掌握生产现场数据，实时掌握安全生产状况，为公司决策管理人员精准调度指挥提供支持依据。

3. 大数据决策

矿山运用大数据、BIM、GIS、物联网等技术，可以实现地上地下全息透明管理和智能辅助决策。基于大数据分析结果完成生产计划的自动编排、调度信息的综合展示、重点工程跟踪和控制、产量精确计量与计效、投入产出分析与展示环境与设备异常报警与处置、生产调度和经营调度管理、预警信息显示和发布、数据钻取展示和输出、调度台账及报表的生成、监测监控三维组态与实时数据统计显示、调度指令发布和信息反馈、调度过程追忆和调度效果展示。

通过对生产数据进行在线全方位监测，为平台运营分析提供基础数据支持。针对监测的数据与系统设置阈值进行对比，发现异常快速预警形成异常事件。对异常事件的走向趋势进行预测，并对重点的影响因素进行预判。对事件实际影响因素进行深度分析，并针对该因素制定事件的可能解决方案。对事件详情相关数据汇总统计，在大屏上进行可视化报表呈现和移动 App 同步推送。根据决策支持事件智库数据，制定相关的专题报告，并将可用的解决方案在报告中呈现，形成决策方案的引导。

此外，对生产运营数据的智能分析，实现战略决策、经营管理、生产过程管理、风险管控等情况的全盘掌控。运用生产运营分析模型评估生产运营现状，同时提供生产运营情况的趋势预测。通过采集、分析、加工内外部信息资源，管理、发布信息，实时响应管理层战略决策、全面支撑经营管理中信息数据需求，进行事件预警、事件评估，利用决策支持事件智库，为决策提供事件处理方案。

矿山通过建设基于数字化信息系统和自动化系统的生产运营数据智能分析平台，运用爬虫（pull-based/push-based）、传感器（声音/震动/化学/电流/……）、日志文件（NCSA/W3C/Microsoft）等方式获取生产数据，利用数据集成（提取、变换、装载）、数据清洗（发现问题数据、更正数据）、冗余消除（冗余监测、数据压缩）处理海量的矿山生产数据和企业其他矿山的生产数据。运用灰色理论、一元/多元线性回归、指数平滑法、移动平均法等建立生产运营分析模型，利用日常时间处理方案经验形成决策时间支持库。运用模型对大量生产数据进行分析和走向趋势预测，利用决策支持事件智库，最大程度地协助企业了解内部的生产情况和企业其他同类企业的生产情况，让企业可以更加全面和客观地了解企业生产数据，为企业制定和调整生产管理、项目策划、公关策略、营销计划等决策提供全面、客观、务实的数据支持。同时，系统处理事件的积累和分析事件的增长，自我进行深度学习并丰富决策支持事件智库，为后期更好地提供事件分析和处置方案提供更丰富的后台数据支撑。

（七）矿山（矿井）安全智能保障新进展

1. 安全认知

（1）人员安全培训

针对矿山安全培训存在的培训模式单一、培训周期长、培训效果不佳、培训费用高昂、培训资源无法共享等问题，矿业从业人员安全意识与安全技能提高不明显，矿山安全生产形势严峻复杂。因此，矿山行业相关企业通过借助虚拟现实技术、计算机技术、多媒体技术、计算机图形学等新一代信息技术，以真实的矿山生产场景为基础，融合人机交互方式，打造矿山安全虚拟实训系统，让受训者通过可视化的操作界面对矿山生产过程进行多维动态虚拟仿真。

矿山安全虚拟实训主要包括事故警示教育培训与应急救援演练培训，其中事故警示教育培训采用虚拟现实技术等新一代信息技术，构建矿山冒顶片帮、车辆伤害事故、物体打击、高处坠落、机械伤害、火灾、放炮、中毒窒息等事故发生过程的虚拟仿真场景，对矿山事故场景进行虚拟动态仿真，并对事故发生的原因、责任认定、防范整改措施以及事故应急措施进行实训分析与考核；应急救援演练培训也是采用虚拟现实技术等新一代信息技术，构建应急救援知识学习的场景、应急预案模拟场景，以及应急知识与应急救援演练考核场景等，以帮助矿业从业者熟悉矿山作业环境、掌握应急预案、应急救援的风险响应等级、职责分工、急救知识等（图5）。

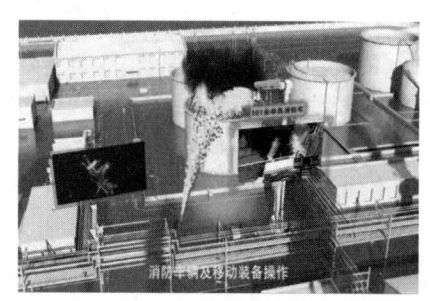

（a）事故警示教育培训　　　　　　　（b）应急救援演练培训

图5　人员安全培训

（2）矿山装备实训

凿岩台车、铲运机、锚杆台车等矿山设备在现实场景下训练具有危险程度高、培训成本高、培训过程监管难等问题，而传统的PC、VR场景下的设备培训更偏重于设备的认知及理论知识的学习。因此，针对矿山装备培训现状以及远程遥控采矿的发展趋势，借助虚拟现实技术、计算机技术、多媒体技术、计算机图形学等新一代信息技术，将虚拟仿真的设备模型与现实打造的仿真操作台系统相结合，高仿真与高还原矿山设备与作业场景，并利用硬件设备和操控面板驱动系统运行，打造矿山装备虚拟实训系统。

矿山装备虚拟实训系统是通过三维动画、动态标签、语音提示等方法对矿山装备进行拆解、组装、规范操作、点检、作业实训、行驶考核以及作业考核等，实现对矿山装备结构认知、点检训练、作业训练、行驶任务考核、作业任务的考核。矿山设备虚拟实训系统实现了软件加硬件的全新实训模式，其中硬件层面，以真实矿山设备为设计原型，最大程度上降低培训门槛，加速学习成果转化；软件层面，包含结构认知功能、点检训练功能、作业实训功能、综合考核功能等，并有丰富的虚拟环境可供选择；系统采用微端管理模式进行账号管理与数据分析，不仅让培训人员在训练与考核后查看操作记录了解不足之处，也能让管理人员清楚了解每一个培训人员的培训效果，让培训和考核均有数据记录。该系统不仅具有真实的操作体验感，而且能极大地提升了矿山设备的培训效率，降低了培训成本，减少了培训伤害风险（图6）。

图6 矿山装备虚拟实训

2. 灾害智能监测

（1）露天矿山边坡监测

随着监测技术的快速发展，露天矿边坡监测技术已经由简易形变监测，发展到远程自动化与智能化监测。依据监测信息的来源方式不同，露天矿边坡监测技术分为地下监测技术、地面监测技术与空间监测技术。其中地下监测技术主要采用测斜仪、位移计、测缝仪、应变计等监测设备进行监测，地面监测技术则主要采用经纬仪、水准仪、全站仪、三维激光扫描仪、测量机器人、地基雷达等设备进行监测，空间监测技术则主要采用GPS、卫星遥感、摄影测量等技术进行监测。目前露天矿边坡监测技术发展与应用的热点是将地下监测技术、地面监测技术与空间监测技术三者综合集成，形成空天地一体化监测技术，以快速、准确地获取露天矿边坡监测信息。

在露天边坡监测信息的基础上，借助计算机技术、计算机图形学、数据分析技术、人工智能技术等技术与手段，对露天矿边坡信息进行数据处理、可视化、智能化分析等，实现对露天矿边坡稳定性的准确、快速监测、评价与预测。

（2）地下矿山地压监测

地下矿地压监测是利用监测技术，监测预警因地下开采活动引起的地压现象，以有效预防地压灾害，保障矿山安全生产。目前广泛采用的矿山地压监测手段分为点监测与区域监测，其中点监测包括位移监测、应力监测与应变监测，区域监测主要包括微震监测、声发射监测、电磁辐射监测等。点监测技术能够对单个测点进行精细的监测和分析，但是无法全面了解矿山的地质情况；区域监测技术能够全面了解矿山地质情况，但是监测的数据相对单点监测技术来说较为粗糙。因此，将点监测技术和区域监测技术相结合，同时监测单个点和整个矿山地质环境，以实现更全面、准确的矿山地压监测，已经成为矿山地压监测的发展趋势之一。

目前矿山地压监测的最新技术主要包括微震监测技术、岩层位移监测技术、光纤传感监测技术、声波监测技术、地电阻率监测技术等，其中微震监测技术具有响应速度快、精度高、实时性强等优点，能够对矿山地压变化进行实时、连续、非破坏性地监测，是目前应用最广泛的矿山地压监测技术之一。且随着人工智能、云计算、新型传感技术等新一代信息技术的发展，矿山地压监测正朝着自动化、智能化方向不断发展，以提高矿山地压监测的精度和效率，保障矿山安全。

（3）尾矿库安全监测

尾矿库的安全监测对于确保矿山的安全运营和环境保护至关重要，是矿业企业和相关部门非常重视的领域，其能及时发现和识别潜在的安全隐患和环境风险，为尾矿库的安全管理和环保提供科学依据。尾矿库的安全监测包括尾矿库的坝体稳定性监测、尾矿库区的监测、排洪设施的监测等。其中尾矿库坝体稳定性监测主要采用智能全站仪、智能经纬仪、雷达、三维激光扫描仪、GNSS设备、位移计等多种技术手段进行监测和分析以确保及时发现坝体变形和破坏情况，并采取相应的安全措施；尾矿库区的监测主要采用水位计、液位计、雨量计、遥感影像仪、地质雷达、遥感技术、无人机等先进技术手段对尾矿库区进行监测和分析，以便及时掌握库区变化情况；排洪设施监测主要采用流量计、水位计、压力传感器、水质分析仪、数据采集器遥感技术和智能监控系统等技术手段对排洪设施进行实时监测和预警。

近年来，随着人工智能、大数据、云计算、传感器等技术的发展，通过应用无人机、新型的位移传感器、压力传感器等设备，发展相应的人工智能算法和机器学习技术，建立尾矿库实时监测和预警系统，对尾矿库的坝体稳定性、库区环境和排洪设施等进行高精度、高分辨率的监测，对监测数据进行实时处理和分析，及时发现异常情况，保障尾矿库的安全，防止尾矿库事故的发生。

3. 安全管理

（1）风险分级管控

安全风险分级管控作为生产安全事故双重预防机制核心之一，是通过建立危险源识别、风险评估、风险管控等基础工作标准，识别生产活动中存在的危险源，并采取适当的风险评估方法确定其风险程度和分级，再制定相应适用的管理控制措施，实现将事故风险控制在可接受程度。安全风险分级管控是安全管理的重要手段，随着信息技术的不断发展,安全风险分级管控正在向更加系统化的方向发展,将信息化技术应用于风险评估和控制,可以更加精准地识别和评估危险源,并制定相应的管理控制措施;安全风险分级管控正在向更加综合化的方向发展,除了对事故风险进行评估和管控,还需要考虑其他方面的风险,如环境、质量、健康等,以实现企业的可持续发展;此外,安全风险分级管控正逐渐向标准化方向发展,国内外已经出台了一系列安全风险管理标准,如 GB/T 28001《职业健康安全管理体系》、ISO 45001《职业健康安全管理体系》等,使安全风险分级管控在企业间的比较和交流更加便捷;最后,安全风险分级管控正在向更加人性化的方向发展,不仅要关注技术和流程的安全控制,还需要关注人的因素,如员工的安全意识、行为习惯等,通过培训和教育提高员工的安全意识和安全素质。

因此,安全风险分级管控正朝着更加系统化、综合化、标准化和人性化的方向不断发展,以更好地满足矿山企业对安全风险管理的需求。

（2）隐患排查治理

隐患排查治理作为生产安全事故双重预防机制核心之一,它主要是指通过建立隐患排查类别、隐患排查表、隐患等级等基础工作标准,然后按计划开展隐患排查,并针对排查发现的隐患进行登记、整改、验收销案的全过程闭环管理,从而构筑起防范事故发生的最后一道防线。随着技术的不断进步和安全管理意识的不断提高,隐患排查治理也在不断发展和创新：一是信息化管理,即利用信息化手段,建立隐患排查系统,实现隐患的在线登记、整改、验收、销案等管理,提高隐患排查效率和精准度;二是大数据分析,通过对隐患排查数据进行大数据分析,挖掘隐患排查的规律和趋势,提高隐患排查的科学性和精准性,进一步提高生产安全管理水平;三是风险评估技术,即使用先进的风险评估技术,如风险矩阵法等,提高风险评估的准确性和全面性;四是全员参与,即隐患排查治理需要全员参与,通过安全教育、培训和技能提升等手段,提高员工对安全隐患的认知和预防能力,从源头上减少安全事故的发生。

隐患排查治理是矿山企业安全管理的基础和核心,随着技术的不断进步和管理理念的不断创新,隐患排查治理也在不断发展和完善。矿山企业需要不断提高安全管理水平,从源头上预防安全事故的发生。

（3）应急调度管理

应急调度管理是根据风险分级管控环节确定的重大较大风险,通过制定应急预案、配置应急保障资源、配备应急值守人员、开展应急演练,达到对重大较大风险预警信息的及时接收处理、应急调度指挥和处置能力提升的目的,从而实现控制事故范围、减少事故损失的效果。随着信息技术的不断发展和应用,应急调度管理也在不断创新和完善：一是应急管理信息化,通过应急管理信息化系统的建设和应用,实现应急预案、资源、值守等信息的集中管理和快速调度,提高应急响应和处置的效率和准确度;二是应急调度管理职能化,通过无人机技术与人工智能技术,在应急调度管理过程,对事故现场的实时监测和数据采集，对复杂情况的分析和决策，提高应急调度的智能化水平，增强应急响应的准确性和效率；三是联合应急救援机制，各部门之间建立联合应急救援机制，实现资源共享和信息共享，提高应急处置的协同性和效率；四是绿色应急调度，采用绿色应急调度方式，尽量减少应急处置对环境的影响，实现应急处置和环保的统一。

应急调度管理是保障矿山企业安全生产和人员安全的重要手段，矿山企业需要建立完善的应急预案和管理机制，提高应急响应能力和处置能力，确保在突发事件发生时，能够迅速、高效地进行应急响应和处置，减少事故的损失和影响。

三、国内外智能化现状

（一）国内外智能矿山发展历程

1. 煤矿智能矿山发展历程

煤矿智能化是煤炭工业高质量发展的核心技术支撑。自党的十八大以来，习近平总书记从保障国家能源安全的全局高度，提出了"四个革命、一个合作"能源安全新战略，煤炭安全绿色智能化开采和清洁高效低碳化利用是建设现代化煤炭经济体系、实现煤炭工业高质量发展的主攻方向，是提高能源供给质量、推动能源革命的必然选择。

目前，我国在液压支架、液压支架、刮板输送机、远程控制、智能化工作面协同控制系统、智能快速掘进和采准系统、智能辅运无人驾驶系统等方面开展了自动化（智能化）设备研发与应用工作，并取得了许多关键性技术突破。

美国也是目前煤炭地下开采技术先进的国家，2019年美国地下开采煤炭产量2.44亿吨，其中长壁开采占55%，房柱开采占45%，世界其他各国主要是露天开采。美国自18世纪开始采煤以来，便开发使用了人工房柱式开采方式。20世纪20年代后期，机械化房柱式开采技术问世，并于20世纪40年代后期达到了全机械化开采的水平。

美国的自动化长壁开采始于1984年的电动液压支架技术，并一直发展至今。第一代的半自动长壁开采系统问世于1995年，随着传感器技术和物联网（IOT）技术发展，长壁开采技术也在逐步改进。自动化长壁开采技术的发展一直以提高设备可靠性、提高矿工健康水平和安全生产为主要目标，其中包括控制粉尘技术，近距离传感器技术，防碰撞和远程控制技术。自动化技术分为工作面单个设备的自动化和整个长壁生产系统的自动化。长壁生产系统的自动化研发分为三个阶段：采煤机启动支架随之推进技术（SISA），半自动化长壁采煤系统和采煤机远程控制技术。

2. 金属矿智能矿山发展历程

国外对于智能矿山的研究最早开始于20世纪90年代，芬兰、加拿大、瑞典等矿业发达国家分别制定了矿山智能化建设的战略计划，重点是实现矿山生产的远程遥控和自动化采矿。1992年，芬兰提出的智能矿山（Intellimine）计划涉及采矿过程实时控制、资源实时管理、矿山信息网建设、新机械应用和自动控制等28个专题，拟通过采用高新技术提高矿山生产效率和经济效益，实现硬岩露天矿和地下矿山的设备自动化和生产实时控制。加拿大国际镍公司（Inco）从20世纪90年代初开始研究遥控采矿技术，拟于2050年实现矿山无人采矿，通过卫星操纵矿山的所有设备，实现机械自动采矿。与此同时，瑞典也制定了向矿山自动化进军的"Grountecknik 2000"战略计划，其中以基律纳铁矿最具代表性。基律纳铁矿的智能化主要得益于大型机械设备、智能遥控系统的投入使用，在20世纪70年代中期实现了地下电机车的自动化，20世纪90年代实现了凿岩设备和多铲运机的自动化。

除此之外，力拓、必和必拓、英美资源等全球矿业巨头纷纷在智能矿山和无人矿山方向发力。2008年，力拓集团就启动了基于技术提升效率的"未来矿山"计划，部署了围绕计算机控制中心展开的无人驾驶卡车、无人驾驶火车、自动钻机、自动挖掘机和推土机等无人化设备。2017年，力拓在澳大利亚西部皮尔巴拉地区测试了一辆全自动无人驾驶火车，成功完成了世界上首个火车无人驾驶任务，相比于有人值守列车平均速度提高了6%。2018年，英美资源启动"未来智能矿山"计划，该公司计划从四个方面将未来矿山建设成为"集约型矿山""无水化矿山""现代化矿山"和"智能矿山"。美国Modular Mining公司成功开发出一个大范围的采矿调度系统，采用计算机、无线数据通信、调度优化以及全球卫星定位系统（GPS）技术进行露天矿生产的计算机实时控制与管理，并成功应用于工业中，已使露天矿近乎实现了无人采矿。

我国数字化矿山的研究及建设起步相对较晚，国内从20世纪90年代也开展自动化、数字化采矿相关的研究工作。1999年首届"国际数字地球"大会上首次提出"数字矿山（Digital Mine）"的概念，其核心就是利用技术使设备从机械化走向自动化，并由计算机网络对矿山形成统一管控体系。"数字矿山"概念经过十余的发展迈入了新阶段，即"智能矿山"。到目前为止，国内的矿山智能化建设主要经历了单机自动化、综合自动化、局部智能化等发展阶段，未来将进入全面智能化阶段。

单机自动化阶段（20世纪90年代）：该阶段的典型特征为分类传感技术和二维GIS平台得到应用、单机传输通道得以形成，实现了可编程控制、远程集控运行、报警与闭锁。解决了传统控制器占用空间大、成本高等问题，现场总线的连接方式提高了矿用设备控制的可靠性，减少了设备的停机时间。但由于有线网络通信是信号传输的唯一方式，单机系统只能在本地采集信号，各系统之间难以进行信息交换，形成子系统信息孤岛的格局，通信网络严重制约了矿山自动化的发展。

综合自动化阶段（21世纪初）：该阶段的典型特征为综合集成平台与3DGIS数字平台得到应用、高速网络通道形成，实现了初级数据处理、初级系统联动、信息综合发布。无线传感网络及以太网技术以其强大的通信速率和信道容量将各子系统连接在一起，解决了子系统信息孤岛问题，实现了全矿信息的共享。但传感器与各种装备没有联网，智能应用于本系统，设备之间无法进行协同控制，且数据仅进行了简单的处理，没有得到高效利用。

局部智能化阶段（2010年至今）：是当前中国矿山所处阶段，该阶段的典型特征为BIM、大数据、云计算技术得到应用，实现了局部闭环运行、多个系统联动及专业决策。人工智能及大数据等新兴科技使设备之间实现了协同控制，为矿山分析决策、动态预测提供了新渠道。人工智能和自动化、机器人技术结合，实现了矿山生产复杂流程的自动化。但装备的智能化水平还需提升，信息的语义化描述没有形成统一的标准，信息通信技术和传统矿山技术的融合应用还停留在初级阶段。

全面智能化阶段（未来）：智能矿山4.0时代的到来，达到透明化矿井和全矿井控制协同化的水平。智慧物与自动化机器人广泛应用，云端计算及边缘计算深度融合，实现数据的高效复杂处理。大数据及人工智能为基础的智慧应用能满足矿山日常需求。需要进一步优化各类传感器，同时大量智慧体及各级子系统需接入云平台，通过更高效的智能决策方案来满足日益增长的智能化需求。

（二）国际智能矿山发展现状

1. 国际煤矿智能矿山发展现状

目前美国井工煤矿长壁开采方法属于最先进的井工开采技术，自动化、信息化、智能化相关技术广泛应用，已经实现了自动化开采和采煤机远程控制，装备先进可靠，用人精简高效，员工健康和安全有保障。1995年，美国第一代的半自动长壁开采系统问世，经过单机自动化、系统自动化和远程控制3个阶段。2018年美国原煤生产效率8 295吨/（人·年）。目前美国的智能化长壁采煤工作面单台设备可靠性达到98.5%以上，整个矿井系统的可靠性达到80%以上，采煤工作面需要4～8名工作人员，全矿需350～600人；房柱式开采技术也实现了开采系统的自动化、信息化、智能化。

澳大利亚露天煤矿开采理念先进，选用世界一流装备制造商产品，装备载重量大、可靠性高，无人驾驶矿车实现了1000km以上的远程控制。2005年，澳大利亚LASC试验成功，长壁工作面自动化技术（LASC）能够实时监测长壁工作面情况，且已经开始向数字化方向发展，井工煤矿单矿规模大幅提高，生产率普遍提升；该技术随后被广泛应用于澳大利亚煤矿，自动化的开采过程既提高了矿井生产力，又使矿工远离了危险的采煤工作面；2017年以来，澳大利亚煤矿又从自动化逐步迈向数字化的智能化发展新阶段；2018年澳大利亚原煤生产效率10900吨/（人·年），为所有国家中最高水平。

德国井工开采已经结束，但德国的智能化开采技术仍处于世界先进水平，煤矿开采设备在世界市场占有比较优势；德国采矿业依托工业4.0战略提出"采矿4.0"，以机械化、自动化、信息化为基础，建立智能化的新型生产模式和产业结构，最终的目标是实现自动化无人工作面采煤，最大限度地减少井下辅助运输和岗点作业人数，降低劳动强度，减少事故发生概率，提升矿井自动化、智能化生产水平。推动了智能化开采技术在煤矿开采中的广泛应用。

经过近百年对房柱式采煤技术不断改进和配套，在形成的以连续采煤机为中心的设备体系基础上（图7），国际上逐步开发设备的多样化、信息化、人性化与智能化，尤其更加注重职业安全与健康的相关研究，包括粉尘、噪声的控制。

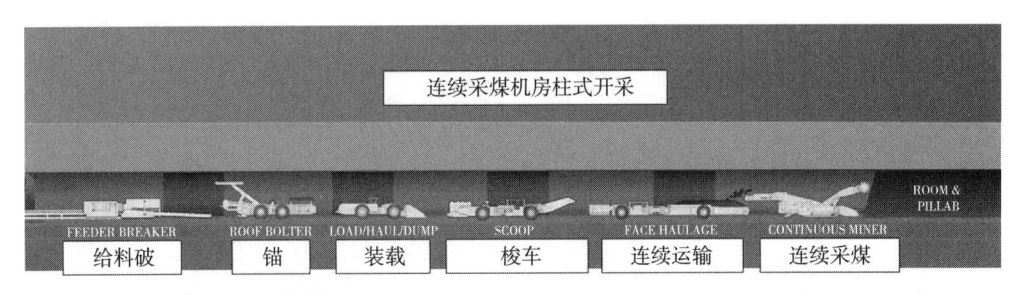

图7 以连续采煤机为中心的房柱式开采设备体系示意图

小松（Joy）、卡特皮勒、艾克夫、山德维克等设备制造商，针对不同煤层厚度、不同的切割滚筒形态、不同功率与开采能力，制造了适合各种赋存条件下的系列连续采煤机，尤其是针对薄煤层房柱式开采，矮机身与高强度连续采煤机的开发在近20年的取得了重大突破。

目前井工开采使用型号最多的连续采煤机，是来自小松（原Joy Global Underground Mining LLC）的Joy12CM系列连采机，自1948年发明后，已经为全球供应了超过6000台连续采煤机。在美国煤炭产量排名前20的煤矿，98%用的连采机均来自久益（Joy），Joy12CM系列连采机始终保持在北美销量第一的位置。12CM12是中－厚煤层最畅销的机型（图8），12CM15是中等厚度煤层开采最畅销的产品（图9）。小松制造商（Joy）开发的14CM系列连续采煤机能适应于各种薄煤层条件，为使用房柱式采煤的矿井创造了许多产量纪录。

图8 Joy12CM12型连续采煤机 　　图9 Joy12CM15型连续采煤机

小松基于连续采煤机房柱式开采开发了 Joy 智联系统（Joy connect）（图 10），该系统可以适用于房柱式开采的所有装备，从连续运输设备、顶板锚杆、给料破碎机和传送带中收集与生产相关的数据与信息，包括电压、电流、温度、压力和流量，以及一些操作信息，都可以汇集到 Joy 智联系统。数据被传输到地表，在调度室进行分析并转换成有用的信息反馈给生产设备。

图 10　Joy 智联系统（Joy connect）

房柱式采煤工作面 Faceboss 控制系统实现了包括操作员辅助工具、自动切割排序、高级诊断和性能监测分析的远程控制，并且配合终端人性化的操作界面，使操作人员能够以最高的生产率与最低的成本进行平衡，监控并操作设备。Faceboss 是井下所有 Joy 装备的标准控制系统平台，见图 11，确保所有设备都能得到相同水平的优化，并且通过多种方式最大化房柱式开采的生产力。

2015 年美国矿山安全与健康管理局（MSHA）发布了一项联邦法规，要求所有连续采煤机必须使用接近预警系统，见图 12。

图 11　Faceboss 控制系统

图 12 连续采煤机 SmartZone 接近预警系统

因此,许多连采机制造商均开发了相关系统,例如 Joy12CM 与 14CM 系列连采机均装配有 SmartZone 接近预警系统,以提醒工作人员在大型装备周围工作时避开危险区域。该系统能实现低能见度与模糊视线范围内的探测,可安装于房柱式开采的各种设备上。

小松的 Wethead 湿式切割系统是一种很受煤矿认可的工作面粉尘控制解决方案,该系统在切割滚筒的每个钻头后面都加入了细喷雾装置,用来避免摩擦起火事故发生,同时降低呼吸性粉尘浓度。水喷雾作为冷却剂和润湿剂,有效解决了工作面火花与粉尘问题(图13),Wethead 湿式切割系统另一个作用是用水作为润滑剂延长了钻头寿命,同时水的消耗量降到了最低。

图 13 Wethead 湿式切割系统切割岩石时粉尘控制效果图

小松系列连采机在噪声控制技术开发也取得了很大进展。第一个关键技术是低噪双链齿输送机链条和两个平行八齿链轮增加扭转刚度,这种链轮配置有效降低了输送链断裂的危险。第二个关键技术是使用 Joy 聚合物涂层的输送链可以为采煤机降低额外 3 分贝噪声。

美国安全与职业健康研究院(NIOSH)、肯纳公司(Kennametal)与克里橡胶公司(Corry Rubber)针对房柱式采煤锚杆作业的噪声进行了长时间的研究。对于地下采矿噪声源分析表明,顶板锚杆的支护作业是造成矿工听力损失的主要原因之一。锚杆支护作业的噪声源主要位于钻杆与顶板交界下方 100~200mm 处。随着钻杆在打锚杆过程中不断地深入,钻杆夹头处的噪声也逐步增加,而顶板处的噪声并未减小。研究表明,通过使用一种灵活的减震材料将卡盘与钻杆、钻头与钻杆进行隔离,大大降低了噪声的声级。减少传递到钻杆的振动意味着更少的接触,这等于产生了更少的噪声。美国安全与职业健康研究院（NIOSH）在井下正常工作条件下对该系统进行了测试，初步数据表明，该减震隔离器可以显著降低3~5分贝的噪声。另一中新技术是肯纳公司（Kennametal）发明的锚杆钻机粉尘收集器，这是一个类似钻头系统的附件，可以将顶板粉尘吸收在钻头真空系统中，避免粉尘被操作人员呼吸至体内。

IM360高级虚拟仿真实训模拟器（图14），能模拟实际现场房柱开采连续采煤机操作环境，通过系统开发的定制培训课程，完整复制了煤层赋存地质概况、煤岩强度、顶板高度以及其他重要的特性。学员通过操作连续采煤机观察矿井的地质环境，然后接受培训师的教学与指导，当操作员在模拟中达到了相应水平的要求，就会被批准进入井下实际操作。

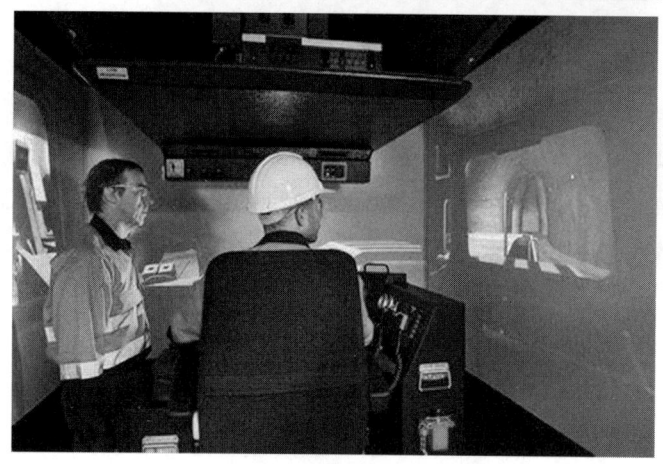

图14　IM360高级虚拟仿真实训模拟器

连采机操作员的实际工作表现数据从培训前后90天时间范围内进行收集分析，以观察虚拟仿真实训的改进效果。对实际工作表现以每班进尺来衡量，在进行IM360高级虚拟仿真实训后，房柱开采连采机操作员的季度产量平均提高了12%。

房柱式开采技术在美国及一些采煤国家仍然被许多矿井使用，虽然近30年来开采工艺的变化不大，但对房柱式开采相关的科技创新并未停止，尤其在近十年，对于开采装备多样化，开采系统的自动化、信息化、智能化相关技术开发的成果显著。另外，对操作人员的职业安全与健康的研究也更加深入，噪声与粉尘控制仍然是职业健康研究的首要课题。

2. 国际金属矿智能矿山发展现状

（1）加拿大智能矿山发展现状

加拿大是全球矿业资源储量最丰富的国家之一，智能矿山的发展也日益成熟。加拿大矿山企业通过引入智能化技术，实现了高效、安全、环保、智能的矿业生产模式。以加拿大国际镍公司（Inco）为例，从20世纪80年代初开始研究遥控采矿技术，目标是实现整个采矿过程的遥控操作。目前，加拿大已经完成论证并开始实施采矿自动化项目（MAP）五年计划——基于国际镍公司研发的地下高频宽带通信系统，研发遥控操作、自主操作和自调整系统等核心技术。这使加拿大在采矿自动化技术方面处于国际领先地位，保持了采矿工业的竞争优势，并形成了新的支柱技术产业。加拿大还制定出一项拟在2050年实现的远景规划，即在加拿大北部边远地区建设一个无人化矿山，通过卫星操控矿山的所有设备，实现机械破碎和自动采矿。

（2）澳大利亚智能矿山发展现状

澳大利亚是全球最大的矿业国家之一，也是智能矿山的领先国家。澳大利亚的智能矿山开采率已经超过50%，其中不乏采用自动化设备进行生产的矿山。位于西澳大利亚的皮尔巴拉地区蕴藏着丰富的铁矿资源，在这里力拓经营着世界级的一体化铁矿生产运营网络自动火车系统（AutoHaulTM），是世界上首个全自动、长距离的重载铁路系统，覆盖了16座矿山、4个专用装船码头、1800千米长的铁路网络和配套基础设施。目前，铁路系统运力和港口装船能力已达到3.6亿吨/年。全部的生产运营活动由距离皮尔巴拉1500千米外的珀斯运营中心统筹管理，可远程控制矿山、铁路系统和港口的运营情况，包括无人卡车、自动钻机和自动火车等设备的远程操作。2018年年底，力拓批准投资26亿美元准备将Koodaideri铁矿项目打造成全球首个纯智能矿山。该项目采用70多项创新技术，建设全面集成的矿山生产和模拟系统，包括加工厂数字化模拟系统、自动化矿山和模拟系统、自动化车间等。该矿山通过力拓集团的矿山自动化系统（MAS）将海量的生产数据与精确分析、人工智能、机器学习技术相结合，将数据转变为生产运营活动的深度分析信息，以提高生产活动的安全性和生产力。

（3）瑞典智能矿山发展现状

瑞典矿业巨头LKAB公司是欧洲最大的铁矿石生产商，经营着世界上最大的铁矿之一——基律纳铁矿。基律纳铁矿自从20世纪六七十年代开展智能化建设以来，在设备远程遥控和自动化方面取得了突破性进展。目前，基律纳铁矿采场凿岩、装运和提升都已实现智能化和自动化作业，凿岩台车和铲运机都已实现无人驾驶作业。除此之外，瑞典的山特维克公司、阿特拉斯科普柯公司等国际著名的采矿设备公司均在大力发展智能采矿装备及相关技术。他们不仅开发的大量采矿设备具有很好的自动化或智能化功能，而且开发了多种智能矿山的技术与装备系统，如AutoMine系统、OptiMine系统和MineLan系统。AutoMine是一个用于自主和远程操作生产设备的系统，主要包括地下矿装载与运输系统、露天矿凿岩系统。OptiMine 是分析和优化地下硬岩开采生产和工艺的全面解决方案，基于开放式的系统架构将不同供应商生产的设备进行有效地数据集成，以改善矿山的生产运营状况。利用以上技术，这些采矿设备公司正逐步由原来单一的设备供应商向技术解决方案供应商转变。

（4）美国智能矿山发展现状

Modular Mining 公司是一家总部位于美国且致力于向全球矿业客户提供智能完备的矿山管理解决方案，主要提供矿山设备维护与可靠性分析、自动运输系统、车队智能管理等解决方案。该公司从 1979 年开始涉足智慧矿山，开发了一系列"智慧矿山套件"（Modular's IntelliMine suite），推出的"矿山车队智能化调度管理系统"（DISPATCH Fleet Management system）在市场上获得了巨大的成功。该系统可以根据卡车预计的到达时间、燃料水平、预期的行进路线、电铲优先权等生产现状，动态地将运输任务分配给装载点，并实时调度卡车执行运输任务。另外，矿山维护管理系统（MineCare）可以对矿山生产设备进行一体化管理和维护，包括对设备进行实时的可视化健康追踪，精细到零部件级别的故障侦测和预警，同时向操作员提供设备的实时状态。该系统的应用可以延长矿山机械的使用寿命，有效减少维护保养成本，并大幅提高生产效率。该公司研发的设备导向定位系统（ProVision）可以为露天矿提供高达 1 厘米的高精度定位。这种精确的引导有助于增加移动的总吨数并提高物料移动的准确性，同时降低与采矿计划之外工作相关的成本。

（三）国内外智能矿山的比较

与国外相比，我国井工煤矿开采技术整体上经历了"跟跑""并跑"两个阶段，目前部分领域进入"领跑"阶段；露天煤矿开采技术经历了"跟跑""并跑"两个阶段。

1990—1999 年，我国井工煤矿开采技术整体上处于"跟跑"阶段，重点研发了中厚煤层普通综采装备，煤矿安全高效开采技术和重大装备制造能力取得重大进步，10 年间大型煤矿原煤生产效率提高 85.53%。2000—2009 年，井工煤矿开采技术整体上处于"并跑"阶段，攻克了厚煤层综采技术瓶颈，研制成功了大采高综采成套技术与装备；建成将近 40 处千万吨级煤矿，矿井生产效率指标与美国和澳大利亚先进矿井处于同一水平。2010 年以来，井工煤矿开采技术部分领域进入"领跑"阶段，8.8 米超大采高综采技术与装备成功应用，单个工作面年产突破 16Mt，刷新世界超大采高综采工作面采高、产量与工效纪录；建成世界上规模领先的 494 处智能化采掘工作面，开创井工煤矿智能化开采新局面。

20 世纪 80 年代以后，我国露天开采技术处于"跟跑"阶段，先后建成五大露天煤矿，大型露天开采主要设备研制列入国家重点攻关项目，露天开采技术取得长足进步；2000 年之后，我国露天开采技术逐步迈入"并跑"阶段，五大露天逐步达到世界一流现代化露天煤矿水平，2018 年大型露天煤矿原煤生产人员效率达到 96.03 吨/工，超过美国露天煤矿平均生产效率,仅低于澳大利亚露天煤矿的生产效率,我国露天煤矿开采水平接近世界先进水平。

随着综合机械化开采技术的全面发展和新一代信息技术的应用,智能化开采技术应运而生,推动了我国从煤矿综合机械化向煤矿智能化的重大技术变革。智能化开采是指:应用物联网、云计算、大数据、人工智能等先进技术,使工作面采煤机、液压支架、输送机(含刮板式输送机、转载机、破碎机、可伸缩带式输送机)及电液动力设备等形成具有自主感知、自主决策和自动控制运行功能的智能系统,实现工作面落煤(截割或放顶煤)、支护、运煤作业工况自适应和工序协同控制的开采方式(作业空间)。智能化开采的显著特点是工作面装备与系统具有智能感知、智能决策和智能控制三个智能化要素(智能化开采三要素)。三要素中,智能感知是基础,智能决策是重点,智能控制是结果。工作面设备基于智能感知系统实时自主感知围岩条件及外部环境变化,利用智能决策系统进行自主分析与决策,通过智能控制系统调整设备运行参数和状态,实现采煤工作面智能化开采。

虽然我国在煤炭智能化开采方面所做出的努力已经取得一些成果,实现了煤炭开采可视化远程干预控制、采煤机记忆截割、液压支架电液控制系统相结合的智能化无人开采技术模式创新,打破了液压支架自适应控制的瓶颈,攻克了自动化放煤的关键问题,实现了工作面三机协调联动,"综采自动化与可视化远程干预"智能化无人开采模式已经初步成型,且已经在全国范围内推行。另外,与煤炭智能自适应开采模式相匹配的无人化开采技术正在全面研究当中。但目前我国智能化开采技术尚处于初级阶段,且相较于国外起步较晚,在智能化开采工作面生产设备中,承担主要生产任务的采煤机、运输机、液压支架的智能化程度较高,但辅助运输、通风等环节智能化程度略显不足,智能控制平台建设尚不成熟,控制系统性能较差,受限于现有的传感器敏感性、工作稳定性不够等,智能化开采感知和决策系统仅能满足生产设备自身工况的感知和调节需求,对外部生产环境变化感知的能力较弱,无法在环境变化时动态决策完成自身工况的调整。因此智能化开采工作面只适用于地质条件较为简单的工作面生产,所以对于国外煤层赋存条件简单的情况,能够很好地实现智能化开采,而国内的煤层大多赋存条件复杂,工作面环境较差,所以相较于国外,国内还需要继续对复杂条件下的煤层智能化开采的实现进行科研攻关。

当前煤矿智能化发展的两大主要任务是夯实地基与增强内核。以5G、工业互联网等为基础的数字基础设施可看作是煤矿智能化的"地基",智能化生产技术与系统是其"内核"。一方面,工业互联网是第四次工业革命的关键支撑,5G是新一代信息通信技术演进升级的重要方向,因此已经有更多的煤企、高校和通信技术服务商组建了多种形式的联合实验室或研发中心,例如,国家能源集团与华为签署战略合作协议、中国煤炭科工集团、中国矿业大学(北京)与中国联通组建地下空间5G技术创新应用联合实验室等。另一方面,我国学者也坚持深入研究,分别从时空变化条件下的矿井地质精准建模理论方法、面向矿井复杂环境的自适应感知理论方法、矿山多源异构数据融合及信息动态关联理论方法、复杂条件下采掘设备群的智能理论方法和面向复杂矿井环境的动态协同控制与决策理论方法等基础理论和关键技术及创新应用方面不断增强内核。

据不完全统计，截至2022年年底，全国已建成近一千个智能化采掘工作面，初步实现了"有人巡视、无人操作"的智能开采。但是，我国煤矿智能化建设仍处于培育示范阶段，发展还不充分、不平衡，距离全面实现无人化智能开采还有较大的差距。我国煤矿智能化建设还面临诸多挑战和"痛点"，亟须加快技术创新，突破技术"瓶颈"。

四、智能化采矿发展趋势与对策

（一）智能采矿发展趋势

未来随着矿业与"5G、大数据、人工智能"等新一代信息技术的不断融合，中国矿山智能化应用将持续加深。"边缘智能""无人驾驶""数字孪生""矿业减碳""智能柔性保供"等具有落地的迫切需求和潜力，我们从这五个方面分析智能矿山发展的未来趋势。

1. 边缘智能

未来，智能矿山的装备智能化发展迅速，同时前端传感器与云服务的结合日趋成熟，为智能矿山的云边端发展提供了良好的可行性条件。边缘重要性逐渐凸显，数据量大、实时性与负载均衡对"云－端"模式提出新挑战，为进一步发展"云－边－端"协同的智能矿山总体架构提供必要性。

2. 装备智能化

有轨设备的无人驾驶应用较成熟，可实现一个人控制多台电机车，接下来将在矿山大面积推广应用。在无轨设备智能化方面，由于露天矿相比井工矿，通信、定位能力以及道路状况具有发展无人驾驶优势，因此无人驾驶率先在露天矿实现落地应用。未来，随着现有少数矿山地下无轨装备智能化应用越来越成熟，地下矿的无人驾驶也将全面铺开。

3. 数字孪生

目前，我国多数智能矿山实现了离散数字孪生的连接和可见。近期的发展目标是实现复合数字孪生互联与数据联动，远期目标是实现矿山数字孪生的数据驱动与持续智能，最终目标是实现数字孪生的生态服务与价值共生，即集合产业上下游数字孪生组织，成为以链主为核心的产业级数字孪生。

4. 矿业减碳

随着碳中和、碳达峰政策的出台，矿山绿色化、减碳化发展刻不容缓；同时，智能矿山因大大提效降本，减少不必要的浪费，其本质是实现绿色、安全、高效的矿山。

未来智能矿山的绿色发展将从战略规划、标准规范、技术支撑、人才培养等方面出发，高效、可持续地实现减碳。

5. 智能柔性保供

过年煤炭国际能源供应紧张态势和我国煤炭短期出现的市场大幅波动现象，"一刀切"式的"去煤化"和煤炭"双控"既不符合国家能源战略，也不利于"双碳"战略实施。煤炭仍将是我国能源安全的稳定器和压舱石，也是我国向现代能源体系平稳发展的重要过渡桥梁。

要进一步强化我国煤炭安全生产能力建设。在加大煤炭资源勘查力度的同时，要形成以大型智能化煤矿为主体的煤炭生产结构，建立煤炭产能收缩与释放机制，当水电、风电、太阳能等能源处于正常发电运行阶段，煤矿收缩产能、控制产量；当不能正常发电或能力不足时，煤矿释放产能、提高产量，发挥煤炭兜底保障作用。

要加大智能绿色开采技术研究，构建煤矿开采全过程的数据链条技术，实现煤矿决策的智能化和运行的自动化，这种煤炭智能柔性开发供应响应模型，可以解决及时响应市场需求的问题。

（二）智能采矿发展对策

1. 制定整体战略规划

矿山治理需要有科学的数据管理理念与制度，应以业务需求为导向，以自身优势领域为基础，制定长远的发展战略规划，并从根据顶层设计，规划数字化、智能化领域的转型方案，以保障智能矿山整体运行的协调性和应用实效性。

战略规划并非一成不变，应根据变化的市场环境，不断做调整，以准确把握行业发展趋势。

2. 加强人才团队建设

矿山行业面临人才流失难题，应实施科学人才战略，建立一套完整的选人、用人体系。

培育采矿、选矿、冶炼等不同业务环节的信息化、自动化、智能化各个方面的专业技术团队，满足矿山管理流和业务流各个环节的需求。

3. 核心关键技术突破

为提高数据的利用率，矿山行业应打通所有子系统的数据接口，统一异源异构数据，打造数据中台，为矿山整体数字化、智能化转型打下扎实基础。

矿山企业应利用数据中台和知识图谱等技术，实现智能分析、预警、决策和柔性生产，实现不同业务环节、不同专业部门之间的高效协同。

4. 推行市场化运作

中国矿山行业逐步市场化，核心在于要将企业经营机制、资本结构、管理方式、人力资源等市场化，以适应市场需求和变化。

在数字化时代背景下，矿山行业可以通过与外部优秀的智能化服务商合作，进行数字化与智能化转型升级，从而实现精细化管理，提高矿产，降低运营成本。

索 引

B

保水开采 41，49，54，55，86，89，92~93，123，129，156，

C

采动灾害 22，79，111，137，164，167，176，183~184，204
采矿工程 Q1，Q2，3~10，22，33，52~54，56~58，63，67，71~72，93，98，106，124，143~145，148，161，165，182~184，218，227，240，
采矿技术 Q1，6，11，21，31，53~54，57~59，72，75，78，89，95，97，105~106，122~124，126，128~129，132~133，139，141，153，155，157，184，187，193，195~196，200，204，226，228，249，255
采矿理论 72，107，143，176，215
采矿系统工程 72
采矿装备 30~31，67，72，91，97，207，212~213，255，
采选充一体化 12，49，69，112，156，158~159
冲击地压 11，33~34，38~40，47，50，56，66~67，81，142，153，161~162，165~168，200，203~205

D

地热开采 13，19，77，173，186
地下水库 12，54~55，61，89，93~94，123，130~131

F

发展趋势 X1，Q1，3，16，58，63，77，80，122，124~126，137，141，149，176~177，182~183，198，200~201，204~206，209~210，222，244，246，258~259
非爆开采 91
废弃矿井 8，58，61~62，112，118~119，138

G

膏体充填 13，19~20，48，55，77~78，96~

索 引

97，115，117，124，131~132，136，138

H

厚煤层开采　12，36~37，43~45，49，67，110，130

J

金属矿　Q2，4~5，7，10~14，16~23，25~29，31~32，53，73，77~80，85~86，88，91，97，99，107，111~112，117，122~123，126~127，131~133，135~139，141，153~155，158，167，174，176，180~182，184，186，188，193~197，199~202，204~211，213，229，231~232，248，255

K

矿产资源　Q1，3~8，10~13，16~19，21~23，31~32，54，62，64，67，69，71，80，85~88，99，119，123，128，140，153，158，159，163，168，184，187，205，217，225，228，239~240

矿山安全　3，9，22，27，72，81，91，142，221，241~246，252

矿山固废　77

矿业减碳　59，258

矿业经济　3

L

流态化开采　62，64~65，70，78，138，158，186~187，198

露天矿无人驾驶　31，238

绿色采矿　Q2，54，57~58，85，89~90，95，111，122，126，

M

煤矸石　41，60~61，85，93，115~116

煤矿　5，8，11~12，21，33~49，54~55，57~64，66，69~70，78，81，89~94，97，104，109~111，114，118~121，123，128~134，137~141，149，156~157，159，164，166~172，174~175，177，181~182，188，190，192~193，196~208，210，221，234~237，248，250~251，253，256~259

煤炭地下气化　57，65，86，99，100~101，103~104，124，133~134，141

煤与瓦斯共采　12，55，86，156，197

P

排土场　41，114，125，138~140，221

R

软岩巷道　67~68

S

深部地应力　147，150

深地采矿　Q2，142~144，159，165，172，175~176，181~185

深海采矿　11，16~17，31，57，71，75~76，80

深空资源　70

T

透明地质　35，42，59，164，202

W

围岩支护　144，148~149，186，192

尾矿　18，20~21，85~86，88，107，112~

114，116~117，125，127，131，138~139，141，152，221，241，246

无人化开采　35，43，72，219，223，257

X

协同开采　13，54~55，67，77，99，155~157，197

卸压开采　36，47

Y

岩石破裂机制　14~15

岩石强度准则　15，144

研究现状　3，73，76~77，80，128，137，139，141，163，200~201，204~206，209~211

原地浸出　17~18，107~108

Z

智能化采矿　Q2，11，124，212~213，215~217，220，258